# 灌区节水的尺度效应评价及调控

高占义　陈皓锐　王少丽　刘　静　著

中国水利水电出版社
www.waterpub.com.cn
·北京·

## 内 容 提 要

本书依据作者承担的国家重点研发计划、国家自然科学基金、水利部公益性行业科研专项经费项目和 973 项目研究工作编著而成。全书共分 9 章，第 1 章阐述了尺度问题的研究背景、水科学尺度研究的基本问题和研究进展；第 2 章介绍了研究区概况和资料获取；第 3 章给出了尺度划分方式和用水效率评价指标选择；第 4 章和第 5 章针对不同类型的两个研究区分别构建了水平衡要素模拟模型并进行了验证；第 6 章和第 7 章揭示了河北石津灌区用水效率尺度效应，并对尺度转换方法进行了探索；第 8 章和第 9 章分析了东北三江平原别拉洪河水稻灌区节水的尺度效应，并提出了多水源调控模式。

本书可供从事水资源利用、农业水土工程研究与管理的人员，灌区管理人员，以及高等院校相关专业的师生阅读参考。

**图书在版编目（CIP）数据**

灌区节水的尺度效应评价及调控 / 高占义等著. -- 北京 : 中国水利水电出版社, 2019.8
ISBN 978-7-5170-8260-6

Ⅰ. ①灌… Ⅱ. ①高… Ⅲ. ①灌区－节约用水 Ⅳ. ①S274

中国版本图书馆CIP数据核字(2019)第271396号

| | |
|---|---|
| 书　　名 | **灌区节水的尺度效应评价及调控**<br>GUANQU JIESHUI DE CHIDU XIAOYING PINGJIA JI TIAOKONG |
| 作　　者 | 高占义　陈皓锐　王少丽　刘　静　著 |
| 出版发行 | 中国水利水电出版社<br>（北京市海淀区玉渊潭南路 1 号 D 座　100038）<br>网址：www.waterpub.com.cn<br>E-mail：sales@waterpub.com.cn<br>电话：（010）68367658（营销中心） |
| 经　　售 | 北京科水图书销售中心（零售）<br>电话：（010）88383994、63202643、68545874<br>全国各地新华书店和相关出版物销售网点 |
| 排　　版 | 中国水利水电出版社微机排版中心 |
| 印　　刷 | 清淞永业（天津）印刷有限公司 |
| 规　　格 | 184mm×260mm　16 开本　16 印张　390 千字 |
| 版　　次 | 2019 年 8 月第 1 版　2019 年 8 月第 1 次印刷 |
| 印　　数 | 001—500 册 |
| 定　　价 | **120.00** 元 |

# 前言

我国共有灌溉面积 $7.20\times10^7hm^2$，其中耕地灌溉面积 $6.59\times10^7hm^2$，占全国耕地面积的48.7%。每年在灌溉面积上生产的粮食占全国总产量的75%，生产的经济作物占90%以上，特别是在灌溉面积比较大的13个粮食主产省，年粮食总产量占全国比重的75%，外销商品粮占全国比重的88%。可见，灌溉是保障国家粮食安全的重要支撑。随着社会经济发展，我国水资源供给将长期处于偏紧态势，在保障粮食安全的需求约束和灌溉水量的供给约束双重条件下，高效合理地进行节水灌溉是唯一的出路，为此，国家出台了一系列政策和措施推动农业灌溉节水行动，有力地推动了灌溉用水效率的大幅提升。

《全国农业可持续发展规划（2015—2030年）》提出要实施水资源红线管理，到2020年和2030年农田灌溉水有效利用系数分别达到0.55和0.6以上，进一步推广节水灌溉，到2020年和2030年，农田有效灌溉率分别达到55%和57%，节水灌溉率分别达到64%和75%。国内外提出了一系列农业灌溉用水效率评估指标来描述一个地区农业水资源的管理、利用水平和节水农业技术措施的实施效果，这些指标为农业水资源利用水平的系统评价，以及不同区域发展程度的横向比较提供了一个客观量化的依据。但由于部分在小尺度被视作损失的水量在更大的系统上可能被重复利用，单个尺度用水效率的提高并不意味着灌溉系统用水效率的提升，加之区域空间变异性和灌溉系统的非线性特征，灌溉用水效率和节水效果具有尺度效应。如果缺乏对这一现象的科学认识，将会给节水实践带来一些困惑，如：①不同区域、不同类型灌区的灌溉用水效率指标随尺度改变而变化的规律是什么样？出现这种规律的机理性原因何在？②节水措施对不同尺度产生的效果有何内在关联？如何使不同尺度节水效果达到一致？③何谓真实节水？真实节水量的评估指标是什么？怎么达到真实节水？④灌区的节水潜力究竟有多大？⑤如何根据小尺度的用水效率推导大尺度的用水效率？如何根据小尺度的节水效果评估节水措施在大尺度上的节水效果？由于缺乏定量的理论研究成果说明在田间尺度采用节水灌溉技术后对灌区尺度甚至流域尺度有何影响，使得基于田间尺度的节水灌溉技术的推广受到限制，决策者不能由田间尺度的研究成果去制定灌区科学的灌溉计划以及流域水土资源的合理利用规划；而要评估不同尺度上的真实节水潜力，从而选择正确的节水灌溉措施以及水资源调配策略，获得真实节水效果，必须对灌溉用水效率尺度效应的机理进行定量研究，弄清不同尺度水循环要素的相互影响和内在联系，建立不同尺度水平衡要素和节水效果的定量转换关系；不仅如此，节水效果评估指标选择、不同区域节水主攻方向、渠道衬砌的合理性和实施比例等技术问题，也均与灌溉用水效率的尺度效应有关。

围绕灌溉节水的尺度效应及调控，本书作者依托国家重点研发计划课题“多尺度水盐诊断与预测技术及方法”（2017YFC0403302）、国家重点基础研究发展计划项目（973）专题“单株—群体—农田—农业水分利用效率的尺度效应与不同尺度灌溉水利用效率的计算方法”（2006CB403406）、国家自然科学基金青年项目“井渠结合灌溉模式下灌溉水利用效率的空间尺度效应及其转换”（51209226）、国家自然科学基金面上项目“灌区节水效果尺度效应的产生机制及其耦合方法”（51779273）、水利部公益性行业科研专项项目“节水灌溉的尺度效应及用水效率与效益评价”（201401007）、武汉大学水资源与水电工程科学国家重点实验室开放基金项目“不同尺度节水效果互馈机理研究”（2015NSG01）等课题，历经近10年的持续研究，系统提出了灌区用水效率和节水尺度效应理论体系，并在以下5个方面具有一定特色和创新：一是针对河北石津灌区和东北三江平原典型水稻灌区，构建了能够准确描述多水源条件下降水—灌溉水—地表水—土壤水—地下水多物理过程耦合，以及渠道输配水—地表排水及沟道拦蓄—回归水再利用多用水环节影响的灌区水文过程模拟模型；二是界定了时间和空间尺度，确定了表征作物—田间—灌域—灌区等多尺度用水效率链和节水效果评估指标体系；三是揭示了多种灌溉用水效率和水分生产率的时空尺度效应及其产生机理；四是探索了节水扰动—不同尺度水循环和回归水及重复利用量的响应—节水效果的尺度效应这一关系链的作用机理，分析了节水的尺度效应，并筛选了相应的节水和多水源调控模式；五是推导了耦合空间变异和回归水重复利用双重影响的用水效率空间尺度转换模型，提出了量化两种因素对尺度效应影响权重的计算方法。

全书由参与上述项目的科研人员合作撰写。书稿的撰写分工如下：第1章由陈皓锐、高占义、王少丽、刘静撰写；第2章由刘静、王少丽、陈皓锐撰写；第3章由陈皓锐、高占义、王少丽撰写；第4章由陈皓锐、伍靖伟、金银龙撰写；第5章由刘静、高占义、王少丽撰写；第6章由陈皓锐、伍靖伟、王建鹏撰写；第7章由陈皓锐、伍靖伟、彭振阳撰写；第8章由刘静、高占义、王少丽撰写；第9章由刘静、王少丽、高占义撰写。全书由高占义和陈皓锐统稿。

在研究过程中，得到了黑龙江省农田水利管理总站吕纯波教授级高工，黑龙江省农垦总局水务局康百赢教授级高工，黑龙江省农垦总局建三江管局水务局赵青教授级高工、赵永清高工，黑龙江省前进农场水务局崔绍峰、姜森、于成坤，河北省石津灌区管理局郭宗信教授级高工、白清洁、刘光第、孟建法、任希文、祁顺杰等专家的大力支持。此外，武汉大学水利水电学院黄介生教授、杨金忠教授等对本研究也做出了一定指导，在此一并表示感谢。

由于节水尺度效应的复杂性，加之研究水平和时间资料所限，书中难免存在有待完善的不足之处，恳请同行及相关专家批评指正。

**作者**

2019 年 6 月

# 目 录

# 第1章　绪　　论

## 1.1　研　究　背　景

### 1.1.1　水与粮食

我国是世界上人口最多的农业大国，也是水资源、耕地资源相对短缺的国家。立足国内资源，解决好十几亿人的吃饭问题，始终是国家经济社会发展中的头等大事。在近10年时间内，我国粮食自给率基本保持在95%以上。虽然我国粮食生产取得了巨大的成就，粮食总量基本平衡，粮食供给近期无忧，但粮食供给长期偏紧的态势没有改变（翟浩辉，2009年），粮食生产的基础还不牢固，促进粮食稳定发展、保障国家粮食安全依然是我国经济社会发展最艰巨的任务。尤其是随着人口的增加，粮食刚性需求进一步加大，保障国家粮食安全的任务将更加艰巨。到2020年和2030年，我国人口将达到14.2亿和14.5亿（国务院，2017年），若按人均395kg/年的粮食安全标准（国家发展和改革委员会，2008年），粮食总需求量分别为5.61亿t/年和5.73亿t/年。根据近15年我国粮食年均总产量5.30亿t计算（图1.1），未来很长一段时间，我国粮食安全将存在一定自给风险。加之气候变化影响凸显，粮食产量波动的风险和不确定性将进一步增大，势必给粮食安全带来更大的挑战。

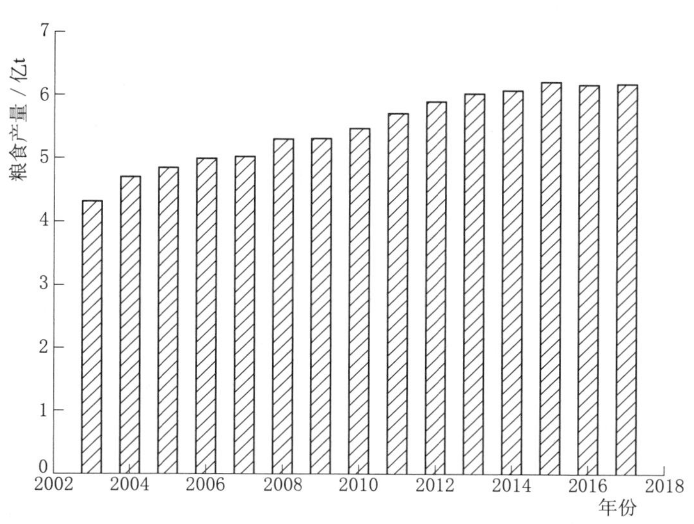


图1.1　2003—2017年我国粮食总产量

水利是农业的命脉，没有完善的灌溉设施，就没有稳固的粮食安全。截至2015年年底，我国共有灌溉面积$7.20\times10^{7}hm^{2}$（约7206.67亿$m^{2}$），其中耕地灌溉面积$6.59\times10^{7}hm^{2}$

(约 6586.67 亿 $m^2$)，占全国耕地面积的 48.7%（中国灌溉排水发展中心，2015 年）。每年在灌溉面积上生产的粮食占全国总产量的 75%，生产的经济作物占 90%以上，特别是在灌溉面积比较大的 13 个粮食主产省，年粮食总产量占全国比重的 75%，外销商品粮占全国的 88%。另外，2000 年以来的几次粮食大减产，都是因发生了大面积的干旱所致（李仰斌，2009 年）。每年年均因旱成灾面积达 $1.53\times10^7hm^2$ 左右（约 1533.33 亿 $m^2$）（鄂竟平，2009 年），全国每年因缺水少产粮食 700 亿～800 亿 kg（智研咨询集团，2014 年）。可见粮食安全对灌溉有着极大的依赖性，所以为解决未来我国粮食供需矛盾问题，通过新增和完善灌排设施，从而挖掘现有耕地的产粮能力将是一条非常重要的途径。

2016 年我国水资源总量为 32466.4 亿 $m^3$（中华人民共和国水利部，2016 年），可利用水资源量约为 10000 亿～11000 亿 $m^3$（张岳，2003 年）。目前总供水量为 6040.2 亿 $m^3$（2016 年），占可利用水资源量的 50%～60%，占水资源总量的 18.6%，已达到很高的开发利用程度。据预测，2030 年全国总需水量将达 10000 亿 $m^3$，全国将缺水 4000 亿 $m^3$，而在过去 50 年水资源开采利用较容易、难度较小的情况下，我国供水量也仅增加 4000 亿 $m^3$，因此寄希望于在水资源开发利用难度较大的情况下大幅增加总供水量是不现实的，而且过度开发还会导致一系列的生态环境问题。不仅如此，在用水结构上，建国初期我国农业用水量占总用水量的 97%，2016 年只占 62.4%，下降了约 35%，未来农业用水被挤占的现象还将持续。总的来说，农业灌溉供水量的“开源”潜力有限，在农业用水总量基本不增加甚至减少的情况下，提高水资源利用率和利用效率，即“节流”将成为解决农业用水矛盾的战略选择（姜文来，2011 年），未来农业增产只能依靠提高单方水的产出（梅旭荣，2009 年）。正如原水利部部长陈雷所说“解决农业缺水矛盾的根本出路在于大力普及推广节水灌溉技术和在全国范围内节约农业灌溉用水”（陈雷，2003 年）。

事实上，近 30 年来，正是通过各种措施如灌区节水改造、节水灌溉技术推广等方式不断提高农业灌溉水的利用效率和效益，才保证了粮食生产增加 50%，而灌溉用水量连续 30 年零增长（王晓东，2009 年）。即便如此，目前我国农业灌溉用水的效率和效益仍然偏低，粗放型灌溉方式没有从根本上得到扭转，加之农业灌溉用水在总用水量中比重较大，故而还有较大的潜力可挖。根据测算，2015 年全国灌溉用水有效利用系数平均值为 0.536（中国灌溉排水发展中心，2015 年），与国外先进国家的 0.7～0.8 相比还较低，仍有较大的提升空间。全国节水灌溉面积只占农田有效灌溉面积的 43.10%，并且相当多的为较低水平（鄂竟平，2009 年）。按照现有用水效率概念，若灌区灌溉用水利用率每提高 10%，可节约近 400 亿 $m^3$ 水量，相当于一条黄河的径流量，基本可解决现有灌溉面积的用水问题，再提高 5%，可以扩大灌溉面积 6000 万亩（水利部发展研究中心，2009 年）。如果科学地发展节水农业，若灌溉用水的利用率提高 0.10，按现状灌溉用水量 3375 亿 $m^3$ 计算（中国灌溉排水发展中心，2015 年），则可节水 337.5 亿 $m^3$，按 $1.5kg/m^3$ 计，可增产 0.51 亿 t 粮食。

不难看出，在未来我国粮食安全战略需求和农业水资源短缺、灌溉用水占用水总量比重较大而灌溉总供水量开源潜力较小、农业灌溉用水效率仍然较低的现状条件下，大力发展高效节水农业、提高农业灌溉用水效率有着极其重要的现实意义，尤其是在北方资源性缺水地区，如何提高灌溉水资源的利用效率和效益从而达到节水、增产目的，更是需要重

点关注和研究的问题。

### 1.1.2 灌溉用水效率和节水的尺度效应

灌区农田水分循环过程的起点为灌溉水源，灌溉水源一般包括降水、地表水源和地下水源。地表水源和地下水源一般通过不同级别的渠道或管道进入田间，在输配水过程中，直接弃（退）水、水面蒸发和土面蒸发、闸门漏失水量、渗漏水量没有到达田间用于灌溉作物，在传统意义中被当作损失量。进入田间的降水和灌溉水量，一部分渗入土壤中，成为土壤水，另一部分形成田面积水或作物枝叶截留，从而产生水面蒸发、地表径流或者排水流出农田；而渗入土壤中的水量一部分储存在作物根系层中被作物吸收用于生长，另外一部分通过壤中流排入沟道或者深层渗漏进入地下水含水层。从传统的农田水利工程学科概念上来讲，进入田间的水量中，除储存在作物根系层中供给作物吸收利用的那部分水量外，其他水量皆被视作损失。所以从整个农田水分循环过程来看，输配水过程中的损失水量、田间积水水面蒸发、地表排水、地下排水、田间深层渗漏水量都被视作灌溉过程中的损失水量。在这些损失水量中，最终进入未被污染的地下含水层和排水沟道或河道的水量在理论上都可以被重复利用，称为理论回归水量（董斌，2002 年）。如图 1.2 所示，渠系渗漏水量、田间深层渗漏进入地下水含水层以及地表排水进入排水沟道的水量都可被机井或泵站抽取起来，重新用于本田块或附近田块的灌溉，这也意味着灌溉水源中的部分水量来自于灌溉过程中被视作损失的理论回归水量。

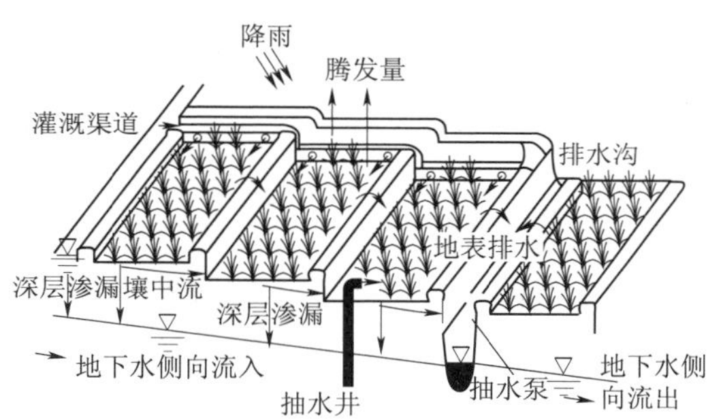


图 1.2 灌区回归水重复利用示意图

在上述农田水循环过程中，若仅关注单个田块的作物根系层土壤带，此时，损失水量主要包括壤中流、田间深层渗漏水量、田间地表积水蒸发、地表排水量等流出作物根系层边界的水量；当把视角向下延伸至饱和带时，即关注单个田块的整个非饱和-饱和带时，田间深层渗漏对地下水的补给量部分通过机井提取上来重新用于本田块的灌溉，则该部分水量显然不应该视作损失水量；进一步扩展视角，当关注多个田块及田块之间的排水沟时，某个田块的壤中流、地表排水进入排水沟后，可能被水泵抽取出来用于附近田块灌溉，另外，单个田块地下水侧向流出量也可能流至其他田块后被机井抽取出来重新利用，所以很多在单个田块尺度下被视作损失的水量在更大的尺度下并不能被视作是损失；如果进一步将渠道纳入关注的范围，此时增加了各种渠系损失量，但是这些损失的水量有一部分能够进入地下含水层或者通过退水进入排水沟从而被抽取出来重新利用。从上述分析可以看出，随着空间尺度的扩大（垂向和水平两个方向），原本在小尺度上被视作损失的水量回归后在大尺度上被重复利用，而大尺度上也增加了许多在小尺度上不存在的水量损失途径和更多的空间变异个体。这些因素综合作用导致了农业灌溉用水效率随着空间尺度的增大而发生变化，这就是灌溉用水效率的空间尺度效应。

不仅如此，用水效率在时间上也存在着尺度效应。小尺度损失的水量回归进入地下水

含水层或沟道、河流后被重新利用的过程需要持续一段时间，回归水量和重复利用水量大小与关注时间的长短有着密切的关系，尤其是对于地下水大埋深区域，田间深层渗漏和渠系渗漏损失补给地下水含水层的过程非常缓慢，可能会持续数个月甚至数年（李雪峰等，2004年；周春华等，2007年），有限时间内地下水获取的总入渗补给量随着入渗深度而减小，随着入渗时间延长而增大（张光辉等，2007年）。所以在一个很短的时间尺度内，小尺度损失的水量回归被重新利用的比例相对较小，随着时间尺度的增长，这部分回归且被重复利用的水量比例逐渐增大。可见当时间尺度发生变化时，由于回归水量和重复利用水量的差异，即便是同一个空间尺度的灌溉用水效率也可能发生变化，造成灌溉用水效率的时间尺度效应，此时不同空间尺度的灌溉用水效率更是会出现时空双重尺度效应。

上述时空尺度效应的存在有一个很重要的前提，即不考虑回归水重复利用的经济问题，而仅仅从资源的角度来定义损失的内涵。事实上，在对传统意义上损失的水量进行重复利用的过程中需要二次甚至多次投资，而且在重复利用过程中还存在多次耗能问题，仅仅只从水资源的角度考虑而忽略水资源利用过程中的经济问题是片面的，容易导致对水资源利用状况的“盲目乐观论”。若是将回归水重复利用的经济问题纳入约束条件考虑，则上面论述的尺度效应结论可能有所差异。所以从考虑问题的广度来看，传统的农业灌溉领域提出的用水效率指标显然比仅从水资源的角度所提出的用水效率指标更具优势，因为这些传统指标能够从资源和经济两方面综合考虑水资源的利用状况，加之物理概念清楚、方便实用，因此在灌溉工程设计、运行和管理水平评估等方面被广泛应用。

虽然传统的灌溉用水效率指标同时考虑了水的资源性和开发利用过程中的经济性问题，但是这些指标在考虑水的资源特性时往往从农作物的角度出发，认为凡是没有用来供给作物生长的水资源皆为损失，这就不可避免地导致传统指标在考虑水的资源性方面过于局限，随着尺度扩大后供水目标的多样化，工业、生态、环境等各个方面都会产生效益，很多传统指标中的损失需要被重新理解。不仅如此，不同层次的利益相关者也随着尺度的扩大而越来越多，他们关注的视角也不仅仅只局限于农作物，这也要求必须关注不同层次和尺度上的水资源利用效率问题以满足各方需求。此外，在资源性缺水地区，生态、环境、社会等各方面对水资源有极大的敏感性和依赖性，从可持续发展的角度来看，水的资源性要比利用过程中的经济性重要得多，从而暂时对经济性问题不予考虑或者将其置于相对其次的位置，而将关注重点放在资源性方面，这也要求考虑水资源利用过程中的尺度问题。

在节水效果评估方法上，传统思路是先分项计算各节水措施所带来的田间灌溉节水量，再将各分项措施计算的节水量之和作为综合节水量，若计算灌区尺度上的节水效果，则直接将田间尺度的计算结果除以渠系水利用系数得到。当尺度扩展到灌区后，增加了田间尺度不存在的水分循环过程如回归水及其重复利用等，而现有方法仍然根据“输入-输出”的简单反馈关系进行节水效果推求，认为大尺度的节水效果是小尺度单环节节水效果的线性叠加（田间和渠系节水效果叠加）。而事实上，灌区水循环涉及降水-灌溉水-地表水-土壤水-地下水等多物理过程、渠道输配水-地表排水及沟道拦蓄-回归水再利用等多用水环节以及作物、田间、灌域、灌区等多空间尺度，各物理过程、用水环节和空间尺度相互作用、制约和影响，加之回归水及其重复利用过程往往跨越多个尺度，使得不同尺度水平衡要素对节水的响应表现出复杂非线性特征，进而导致不同尺度节水效果也表现出非线性关

系。因此，要正确评估多种措施综合作用下的节水效果，必须从基于“总体输入-输出”的简单影响分析提升到基于“多尺度水循环过程”的复杂反馈研究，分析节水-水循环和回归水及其重复利用量-节水效果尺度效应关系链的作用过程，揭示节水尺度效应产生的机理。

此外，不同的主体和目标使得节水有不同的含义，且该含义与研究尺度的大小密切相关。对于单个农民而言，只关注所承包田块的用水问题，节水的目的是通过节灌制度尽量减少田块进口处的引水量，并提高作物产量。对于农民用水户协会而言，需要通过衬砌和进行各个农户轮灌制度的合理衔接，来减少渠道在输配水过程中的损失，并权衡排水再利用的电费（如果水质和灌溉设施允许的话）和引水灌溉水费的成本，从而尽可能减少水费成本。对于灌区供水单位而言，需要关注渠道输配水过程中的水量损失，并通过合理调度各种水源和供水建筑物来保证区域内的灌溉用水需求，提高灌溉保证率和灌溉及时性。

## 1.2　水科学尺度研究的基本问题

目前在水科学相关领域内，至少对三个方面明确提出了尺度效应的问题并进行了相关研究：第一个是水文尺度问题，主要集中在对不同尺度和网格分辨率的水文模型匹配和耦合上、不同尺度产汇流特征、不同尺度水循环要素（如ET、地表径流量等）的尺度效应，以及不同尺度河网水系或渠系特征的差异；第二个是灌溉用水效率的尺度效应问题，主要探讨不同尺度用水效率、节水潜力、节水的尺度效应等；第三个是土壤水方面，主要研究土壤水盐运移及相关参数的尺度效应。这三方面的研究内容既有差异又有一定联系，加之不同领域的研究者对一些基本问题的描述往往从本学科出发，因此很容易引起困惑，故而有必要首先对尺度效应的相关基本问题做一定的说明，在叙述过程中，将以灌溉用水效率的尺度效应为主，同时简要说明相关其他学科中对这些基本问题的观点。

### 1.2.1　尺度及尺度效应

尺度是近年来在地学、生态、水文、气象、遥感等领域出现频率较高的一个词汇（苏理宏等，2001年），不同的学科对尺度内涵的定义有一定差异，表1.1给出了不同学科对尺度的定义及标准术语。

**表1.1　尺度及其相关概念（Turner et al.，1989年）**

| 术语 | 含　义 | 使用领域 |
|---|---|---|
| 尺度 | 一个事物或过程经历时间的长短或在空间上涵盖的范围大小 | 广泛使用 |
| 绝对尺度 | 实际的距离、方向、形状和几何特性等 | 景观生态学 |
| 相对尺度 | 利用相对距离、方向、形状和几何特性及特定函数关系表达绝对尺度 | |
| 比例尺 | 地图距离和地球表面实际距离的比例 | 地图学 |
| 分辨率 | 测量的精确程度，空间采样单元的大小 | 遥感 |
| 粒径 | 给定数据的最大分辨率 | 景观生态学 |
| 范围 | 研究区域的大小或考虑的时间范围 | 广泛使用 |
| 支集 | 度量或定义（属性）值的空间 | 地统计学 |
| 步长 | 相邻现象、采样或分析单元间隔的量度 | 空间分析生态学 |

虽然不同学科中尺度的名称和具体含义有所差异，但概括而言两层含义，一是研究对象的最小可辨识单元，即粒度（Grain），包括空间粒度和时间粒度；二是研究对象的持续范围，即幅度（Extent），包括空间幅度和时间幅度（戚晓明，2006年）。对于幅度一定的某一对象，当采取不同的粒度去衡量时，获得的结果会有差异，这就是由于粒度的不同所导致的尺度效应，比如不同时空分辨率的遥感影像所获取的破译结果有所差异、某一区域水循环模拟时由于划分不同的网格数量所导致模拟结果的差异、某一田块中土壤采样密度的不同所导致的土壤参数数理特征的差异等。另外一种尺度效应产生的背景是两个对象的幅度不同，比如某一局部地貌特征可能毫无规律而言，但大范围的地貌往往呈现一定的规律性，而小范围的地貌特征与大范围的地貌特征存在尺度效应，又比如次降雨入渗补给系数与年降雨入渗补给系数往往存在差异，则短时间的降雨入渗补给特征与长时段的降雨入渗补给特征存在尺度效应，再比如小区的产汇流和流域的产汇流过程存在差异等。在对由于幅度的差异而导致的尺度效应进行研究时，首先需要针对大小两个幅度进行本征描述，若在描述过程中对大小两个尺度采用的粒度不同，则又会导致粒度差异所导致的尺度效应，所以由于幅度所产生的尺度效应往往还交织着由粒度所产生的尺度效应，因此其研究难度更大。

在水科学领域，水文科学工作者在20世纪80年代最早提出了尺度的概念（谢先红，2008年），随后Bloschl等给出了比较全面的解释。他认为尺度的含义包括过程尺度（Process scale）、观测尺度（Observation scale）和模拟尺度（Model scale）。过程尺度是自然界本身体现出来的特征，无法人为控制，如空间范围、持续时间、周期和相关长度；观测尺度取决于观测手段和角度，如观测范围、间距和观测仪器取样大小等；模拟尺度从空间上分距地尺度和山坡尺度，从时间上分为小时、日、月、年等尺度。Bloschl给出尺度的三种含义实际同时包含着粒度与幅度两个内涵，因此水文领域的尺度问题也对应着粒度差异导致的尺度效应和幅度差异导致的尺度效应两个方向。第一个方向主要是探讨如何设置合适的时空尺度来获取模拟效果的最优和模型运行效率的最高或者如何将不同分辨率的模型进行耦合，比如不同数量的网格（Mo et al.，2009年），不同面积的子流域（Manoj et al.，2004年），不同分辨率处理下的输入数据（Chaplot et al.，2005年）对模拟效果的影响等；第二个方向的研究内容则要丰富得多，主要是探讨不同幅度下水文相关问题的尺度效应，比如怎样将GCM模拟的气候要素降尺度输入到相对小尺度的水文模型中（丛振涛等，2010年），不同尺度产汇流特征（Dunne et al.，1991年），不同尺度水循环要素（蔡甲冰等，2010年）和相关水力参数（Wood et al.，1992年；王康等，2007年）的尺度效应以及河网水系、渠系或塘堰等实体特征的尺度差异（刘丙军等，2005年；Liebe et al.，2005年）等，在这一过程中，若大小两个尺度观测或模拟过程中所采用的粒度不同，又会交织着粒度的尺度效应。

一般而言，粒度差异导致的尺度效应在划分尺度时往往更为灵活，而由幅度差异导致的尺度效应在划分尺度时往往遵循一定的规律。在水文学科领域，一般是按照定性与定量相结合的尺度划分方式，其中定量依据的指标一般是按照面积、长度和时间长短。如Dooge（1986年）将水文时空尺度划分为9个等级，空间上分别为：全球$10^7$m、大陆$10^6$m、大流域$10^5$m、小流域$10^4$m、子流域$10^3$m、水文模块$10^2$m、代表性单元$10^{-2}$m、

连续介质点 $10^{-5}$m、水分子 $10^{-8}$m；时间上为：地球演变 $10^{9}$年、侵蚀循环 $10^{6}$年、太阳黑子 10 年、地球轨道 1 年、月球轨道 1 月、地球自转 1 日、试验过程 1s、连续介质点 $10^{-6}$s、水分子 $10^{-12}$s。郝振纯（2005 年）将空间尺度分为全球 $10^{7}$km²、大区域 $10^{5}$km²、流域 $10^{2}$km²、小单元 1km²、试验点 $10^{-6}$km²、分子 $10^{-20}$km²；时间尺度划分为：地质时期 $10^{4}$年、历史时期 $10^{2}$年、年际变化 1 年、年内变化 1 月、试验过程 1s、分子过程 $10^{-10}$s。戚晓明等（2006 年）认为水文尺度在空间上可分为：大尺度大于 $10^{2}$km、过渡尺度 30～$10^{2}$km、中尺度 3～30km、过渡尺度 $10^{-2}$～3km、小尺度小于 $10^{-2}$km 或实验、坡面、集水区、流域、洲际和全球尺度。

土壤水科学领域对尺度效应的研究方向与水文科学类似，也包括粒度和幅度两个方向。粒度产生的尺度效应主要研究不同采样网格下土壤的统计特征（变异性、分形）的差异（徐英等，2004 年），基于这一研究内容，粒度产生的尺度效应通常被定义为“土壤特征的变化对采样网格尺度大小的依赖”（刘晶等，2006 年）。幅度的尺度效应主要研究土壤水力参数或土壤水盐运移空间变异性随幅度改变而发生变化的规律，这一点与水文学科中对不同尺度相关水力参数和不同尺度产汇流特征的研究内涵是相同的，不同的是土壤水科学领域研究的尺度一般较小，而引起两个学科领域内幅度尺度效应的具体原因是有所差异的。尽管如此，从本质上来说，土壤水科学与水文学科的尺度问题的研究内涵和研究思想基本上是一致的。

灌溉用水效率尺度效应研究所属的灌溉水文学是水文学科与农田水利、土壤学、作物学、生态学等的交叉领域。与传统水文学科相比，灌溉水文学更偏重于应用性目的，因此在研究灌溉用水效率尺度效应时，尽管也存在粒度和幅度两个方面的尺度效应问题——正如水文尺度研究一样，但目前多侧重于研究幅度方面的尺度效应问题，所以灌溉水文学中的尺度效应通常被定义为“由于空间范围大小和时间周期长短的变化对评价指标产生不同的效果”（范岳，2008 年）、“时空尺度的变化所引起的不同效果”（代俊峰等，2008 年）、“节水灌溉措施在各尺度上的节水效果以及一种尺度上的节水效果在其他尺度上的影响”（茆智，2003 年）等。尽管如此，粒度尺度效应也是灌溉水文学中尺度效应研究的基本方向之一，正如“产生尺度效应的原因还源于对不同尺度节水效果进行分析描述所采用的技术和方法之间的差异性”（谢先红等，2007 年）这一表述中的“差异性”显然应该包含粒度差异。

目前，在灌区水文学提及较多的是“节水的尺度效应”（谢先红等，2007 年），“节水”实际代表着一种对所研究系统的外在干扰力，由于灌溉系统本身具有的非线性特征，在受到外力扰动时，不同尺度的水循环特征和过程、用水效率出现了不同的响应，可以称之为动态的尺度效应，这也是为什么 Harvey（2000 年）和 Bugmann（1997 年）认为叠加在自然系统的各种扰动状态也是水文尺度产生的原因之一。事实上，即便无任何外力扰动，研究系统也会由于其系统非线性特征而自发地表现出幅度上的尺度效应，这可以称之为静态的尺度效应。所以灌溉用水效率分为动态和静态尺度效应两个层次，静态尺度效应是对系统非线性特征的认识和揭示，是研究的基础，而动态尺度效应则主要为了满足研究的应用性目的，如评价不同节水措施在不同尺度的节水效果等。

灌溉用水效率尺度效应研究内容分为两部分。第一部分是透彻理解灌区不同尺度水循环和转化规律，可以称之为不同尺度的本征模拟（谢先红等，2007）。由于灌区是一个受人类活动高度影响的区域，其中的水循环不仅包含自然流域中的降水、蒸发、渗流和径流，还需要考虑灌溉、排水、蓄水等人为活动的影响，而且涉及地表水、土壤水、地下水、作物等多个系统，因此需要研究这些系统中不同尺度水循环和物质交换过程的观测和模拟技术。与自然流域的建模过程一样，灌区水循环模型构建过程中也会遇到如何将点尺度获取的模型参数值扩展到大尺度上的问题，这也属于这部分的研究内容。第二部分的主要目的是揭示尺度效应、阐述尺度效应产生的机理并进行尺度转换，主要是基于灌溉用水效率尺度效应产生原因而进行。灌溉用水效率尺度效应产生的主要原因是灌区内各种要素（包括水平衡要素、水转化过程、渠系和塘堰等实体、土壤参数、水力参数等）的时空变异性和回归水再利用所导致（在下一节会详细论述）。针对第一个原因，主要研究灌区内各种要素的尺度非线性效应，这与水文尺度和土壤水中尺度问题研究内涵是相同的，只是具体对象有所差异。对于第二个原因，主要研究灌溉用水效率评估指标体系的构建，以及回归水再利用对用水效率尺度效应的影响等，针对第二个原因的研究内容是传统水文尺度研究中所不具有的，因为灌溉用水效率除了包含着客观的水平衡要素、产量外，还包含着“水量损失”这一主观因素的影响，由于不同的对象对“哪部分水量属于损失?”这一问题的理解不同，因而人为地造成了灌溉用水效率的尺度效应。从这一点来看，灌溉用水效率尺度效应研究的内容更为丰富，也更为复杂。

在灌溉用水效率尺度划分方面，时间上主要分为时、天、月、年等，空间上主要是从定性的角度进行区分，如 Cook 等（2006 年）认为评价水分生产率指标的空间域可划分为单株尺度（Plot）、田间尺度（Field）、子流域尺度（Sub - basin）和流域尺度（Basin），Droogers 等（2001 年）在评估不同尺度水分生产率指标时考虑的是田间尺度（Field Scale）、灌区尺度（Irrigation - scheme Scale）、子流域尺度（Sub - basin Scale）和流域尺度（Basin Scale），茆智（2003 年）、崔远来等（2007 年）、谢先红等（2007 年；2008 年）、代俊峰等（2008 年）认为尺度可分为小尺度（单个或多个田块）、中尺度（局部灌区范围）和大尺度（灌区或流域范围）。之所以多以定性的方式来划分尺度，主要原因是应用学科研究的根本目的在于为利益相关者的决策或措施制定提供支持，不同的利益相关者有不同的关注尺度（表 1.2），只有对这些尺度进行研究才更有现实意义。

**表 1.2 不同尺度利益相关者关注目标（Palanisami et al.，2006 年）**

| 利益相关者 | 关注尺度 | 关 注 目 标 |
|---|---|---|
| 作物生理学家 | 植株 | 充分利用光能和水资源保证作物生长 |
| 农学家 | 田间 | 获取充足的作物产量 |
| 农民 | 田间 | 收入最大化 |
| 灌溉工程师 | 灌区 | 高效合理地输配水 |
| 政策制定者 | 流域 | 最大化综合效益（经济、社会、环境等） |

尽管已有的成果为尺度划分提供了很好的参考，但尺度划分应该遵循的一般原则是什么呢？李双成（2005 年）认为，某一尺度上系统的性能是由诸多不同内涵的过程共同作用的结果，且其中存在着一个优势主导过程。全部的过程作为自然本质和客体特性会随尺

度的变化而变化。因此可将过程视作具有尺度依赖性的自变量，将某一尺度上系统的性能视作因变量。在对空间尺度进行无限离散化后，相邻尺度自变量存在着尺度异质性，这种异质性主要表现在两个方面：一是不同的自变量作用的尺度域不同，即不同的尺度存在着自变量数量的差异；二是自变量值的尺度变化速率不一样，即不同自变量尺度变化敏感性存在差异。但从系统的总体效果来讲，在进行尺度无限离散的前提下，相邻尺度上的因变量具有连续性和相似性，即主导优势过程是不会变化的，在这个范围内进行尺度转换相对较为容易。但随着尺度的叠加，异质性逐渐聚集，当超过某一临界值时，这种连续性和相似性将被破坏，使得主导过程发生变化，此时尺度转换较为复杂。

从上述分析不难看出，尺度效应具有“横断性质”，即尺度效应存在着一些突变的控制断面。在研究过程中，相邻的取样尺度必须有一定的跨度以包含这种控制断面，但不能过大，否则会忽略了大量的细节，无法展现自变量的异质变化过程，给后续的尺度转换研究造成很大的难度；同样尺度取样跨度也不能过小，否则使得相邻取样尺度以相似性为主，未能包含突变的控制断面。

基于这一考虑，范岳（2008 年）提出划分尺度时应遵循下述三点原则：

（1）宏观异质原则：宏观异质原则是尺度划分首要考虑原则，相邻的取样尺度必须有一定的宏观异质性，即不同的尺度应该存在不同的系统特征和主导因素。

（2）可操作性原则：为增大研究成果的适用性和可操作性，在满足上述原则的基础上，尺度选择应尽量与可操作性兼容，在目前的管理体制下，尤其要与行政管理单位相衔接，以便于研究数据的获取。

（3）经济性原则：在满足上述两个原则的前提下，结合研究者的人力、物力、财力考虑，选择适当数量的分析尺度。

按照上述原则，结合目前灌区管理体制，建议按照表 1.3 进行尺度划分。控制尺度主要根据宏观异质性原则和可操作性原则选取，具有“横断性质”，相邻的控制尺度之间的主导过程和系统特征存在明显的变化。同时根据可操作性原则和经济性原则在相邻控制尺度之间设置一定数量的过渡尺度，用来分析控制断面之间的细节，使尺度效应变化趋势分析更为详细。

**表 1.3 空间尺度划分**

| 尺度类型 | 尺度名称 | 尺度范围 | 关注的群体 | 尺度说明 |
|---|---|---|---|---|
| 控制尺度 | 流域尺度 | 一个流域控制范围 | 流域管理机构、行政区域水管理机构 | 较灌区尺度增加了更多的用水部门，涉及的行政区域更广，社会经济因素影响更大。水循环和土地利用非常复杂。主要研究水权的分配、生态和水土保持、产汇流机制和过程、不同供水效益的区分和量化等 |
| | 灌区尺度 | 一个灌区控制的范围 | 灌区管理局<br>灌溉工程师 | 较田间尺度增加了灌溉渠系，同时也出现了空间变异性和回归水利用。水循环过程和土地利用都非常复杂。供水目标多样化，渠系塘堰较多，受人类影响因素较大。上边界为作物冠层，下边界为不透水层。主要研究空间变异性、地表水地下水联合利用、回归水再利用的量化、大尺度水平衡要素的获取等 |

续表

| 尺度类型 | 尺度名称 | 尺度范围 | 关注的群体 | 尺　度　说　明 |
|---|---|---|---|---|
| 控制尺度 | 田间尺度 | 单个田块或相连的多个田块 | 农户灌溉科研人员 | 在根区尺度的基础上将下边界向下扩展至潜水层底板，考虑地表水和地下水联合调度使用，存在对根系层深层渗漏损失水量的回归利用 |
| | 根区尺度 | 单株作物或成片作物 | 农户农学家 | 主要研究水分在SPAC系统中的运动，涉及灌溉方式、根系吸水、作物生长等方面的研究。空间参数变异可近似忽略。此尺度可方便地进行控制，开展较为详细的观测实验。上边界为作物冠层，下边界为作物根系层底部 |
| | 叶片尺度 | 单个植株 | 植物生理学家 | 单个植株，研究水分在植株体内的运动和作物的生理活动、光合作用、干物质生产等 |
| 过渡尺度 | 子流域尺度 | 一个子流域控制范围 | 子流域管理机构、行政区域水管理机构 | 灌区尺度和流域尺度的过渡，考虑的因素同流域尺度 |
| | 局部灌区尺度 | 灌区内局部区域 | 灌区管理所、站或农民用水户协会 | 田间尺度和灌区尺度的过渡尺度，根据目前灌区管理体制，可根据经济性原则考虑设置支渠和干渠尺度，主要是填补田间尺度和灌区尺度之间变化趋势分析，考虑的因素同灌区尺度 |

为了使过渡尺度更具连续性，考虑到在模拟时所划分的子流域往往与表1.3中部分尺度不太一致，从而难以得到各个尺度的水平衡要素，有学者采取临次渐进法（最小模拟单元为基础、尺度逐级嵌套增大）划分尺度（图1.3）（Hafeez et al.，2007年；谢先红，2008年），这样一方面可以方便地取得各种水平衡要素，另外也使得所取的尺度更具连续性。

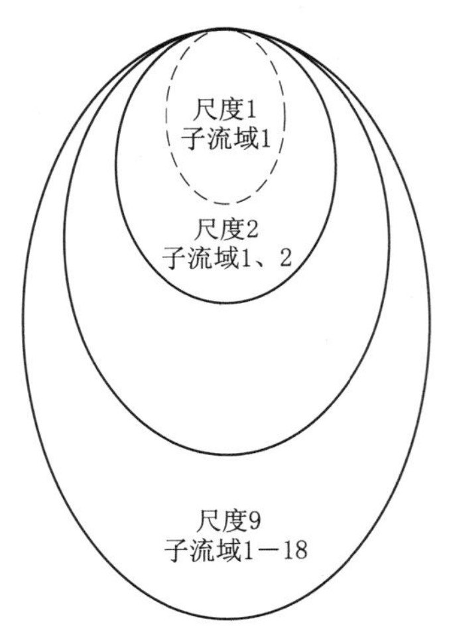

图1.3　尺度划分的子流域嵌套方式

### 1.2.2　尺度效应产生的原因

大尺度会增加许多小尺度并不存在的水分损失途径，从而使得前者比后者的用水效率要低。比如在灌水过程中，可能由于灌水不均匀使得一部分水量损失，从而造成根区尺度上的评价指标比叶片尺度的要低；再比如当尺度从田间扩大到灌区尺度时，由于增加了输水过程中的渠道损失，使得灌区尺度上的评价指标比田间尺度的要低……另外，大尺度所包含的各个小尺度上的土地利用、降雨、土壤性质等参数不可能完全一致，参数的异质性会随尺度的增大而逐渐凸显，从而使得大尺度的水分利用效果并非小尺度的线性聚合，造成评价指标会随尺度大小发生变化。此外，大尺度可能对其所含的小尺度范围内的排水进行再利用，使得原本被算作小尺度水量损失的排水得到了利用，从而使得在大尺度上的水分利用效率要比小尺度上的水分利用效率更高。由此可见，灌溉用水效率尺度效应是多种因素共同作用的结果，正如Solomon et al.（1999年）所说：“由于存在回归水的再利用，灌区尺度上的灌溉效率要比单

个田块上的要大，但若回归水的利用值较低，灌区尺度上的灌溉效率也有可能因为其损失途径的增多而比单个田块上的灌溉效率要低。”

很多研究者都注意到了上面这些因素，并提出了灌溉用水效率或节水的尺度效应产生原因，包括：①回归水及其重复利用（茆智，2005年；崔远来等，2007年；杨金忠等，2010年）；②不同水分利用率和水分生产率等评价指标间的差异（董斌等，2003年）；③灌区水分运动在不同时空尺度上存在差异性（Schulze，2000年）；④空间异质性和时空变异性在自然界中的广泛存在（许迪，2006年）；⑤不同尺度节水效果进行分析描述所采用的技术和方法之间的差异性（谢先红等，2007年）。

其中最后一条是导致粒度尺度效应产生的原因，暂且不提。在导致幅度尺度效应产生的四条原因中，前面两条在内涵上是一致的，其根本原因在于不同的节水者或者用水部门有不同的利益诉求，其关注的水分循环过程和时空尺度也有所差异。这些利益相关者将连续的水循环过程人为分割成不同时空尺度的几个独立部分，认为没有符合其用水目的的水量便是损失。正是对水循环过程的主观切割以及用孤立的视角来看待“水量损失”的内涵，使得用水效率出现尺度效应。对此，李霖（2005年）有很好的表述：“不同的空间尺度是受人的感知能力限制的，其中包括人的喜好和选择（视角搜寻）。因为没有已经定义好的正确的尺度来分析现象，所以尺度也就随人的感知而存在并发生变化。结果，人类的需求也就决定了问题的关键。”导致幅度尺度效应产生的第三和第四条原因本质上也是一致的，即灌溉系统各种要素的时空异质性导致系统的非线性特征，大尺度并非小尺度的简单聚合。

综上所述，若不考虑粒度产生的尺度效应，则导致灌溉用水效率尺度效应的原因可分为两类：一是主观的视角差异所导致，属主观方面，是外因，可以简称为回归水再利用；二是客观的空间变异性及非线性特征所致，属客观方面，是内因，可以简称为空间变异性。这一类原因是导致水文学、土壤学和灌溉水文学等诸多学科产生尺度效应的普遍性原因，对这一点，水文科学研究者有更详尽的表述（Harvey，2000年；Schulze，2000年）：

（1）表面过程的空间异质性，如地貌、土壤、降雨、蒸发和土地利用等的时空不均匀分布。

（2）响应的非线性，如山坡过程和河道过程的响应快慢不同。

（3）过程的临界阈值，如根据不同的决定因素，将产流机制分为蓄满产流和超渗产流。

（4）随着尺度的变化，占主导地位的过程在发生改变。

（5）在研究过程中发现的一些新特性，比如边缘效应。

（6）人类活动的影响，如修建大坝、引水或者土地利用变化等。

由此可见，灌溉用水效率尺度效应是主观与客观、内因与外因共同作用的结果，比起单纯由客观的异质性导致的水文尺度问题来说，灌溉用水效率尺度效应研究内涵更为丰富，难度也更大，正如Danielle（1999年）在解释绝对尺度和相对尺度时所说的“相对尺度是人们观察这个世界的一个窗口……相对尺度（与绝对尺度相比）意味着概念和观念上的转变，因此其转换更为复杂”。而在灌溉用水效率中，“损失”的内涵便是相对的。

### 1.2.3 尺度转换

尺度转换又称标度化或尺度推绎（Scaling），是指利用某一尺度上所获得的信息和知识来推测其他尺度上的现象，它是不同时间和空间层次上过程的联结（邬建国，2000年）。在这一过程中，包含三个方面的内容（Turner et al.，1991年）：①尺度的放大或缩小；②系统要素和结构随尺度变化的重新组合或表现；③根据某一尺度上的信息（要素、结构、特征等），按照一定的规律或方法，推测、研究其他尺度上的问题。

目前，尺度转换有三种分类方法（Schulze，2000年）：第一种是按照尺度转换的方向分为尺度上推（Up-scaling）或者尺度下推（Down-scaling），或者称升尺度和降尺度。其中前者是指将小尺度的信息推绎到大尺度上的过程，包括分配和聚解（吕一河等，2001年），是一种信息的聚合（Becker et al.，1999年）。后者是指将大尺度上的信息推绎到小尺度上的过程，包括解集和选择，是一种信息的分解（Becker et al.，1999年）；第二种是按照尺度转换模型过程不同，分为显式尺度转换（Explicit scaling）和隐式尺度转换（Implicit scaling），其中前者是指在数字集成或综合分析的基础上，在时空尺度上对局部模型的相应参数进行尺度上推，后者是指针对特定的环境条件，在模型构建过程中就将与尺度有关的特征要素考虑在内，这样模型本身就体现了尺度转换的系统过程；第三种分类是按照时空纬度的不同，分为空间尺度推绎和时间尺度推绎，前者指在空间范围上进行，后者指在时间幅度上开展。

尺度转换具有非常大的复杂性和困难性，这一点已成为生态学、地学、水文学家的共识（Bugmann，1997年；Schulze，2000年；Gao et al.，2001年）。导致这种复杂性和困难性的原因，一方面是因为系统空间异质性和非线性特征等多种因素都可能导致尺度效应的发生，所以其转换过程需要同时关注所有的影响因素；另一方面是因为尺度转换误差来源的多样性、研究结果的不确定性，以及尺度转换结论验证的困难性导致（赵文武等，2002年）。李双成等（2005年）提出地理尺度转换中的10个关键问题，包括：①空间异质性如何随尺度改变？②过程研究中速率变量如何随尺度改变？③优势或主导过程如何随尺度改变？④过程特性如何随尺度改变？⑤敏感性如何随尺度改变？⑥可预测性如何随尺度改变？⑦什么是简单聚合与解聚的充分条件？⑧干扰因素的尺度效应如何表达？⑨尺度转换能否跨越多个尺度或尺度域？⑩噪声成分是否随尺度发生变化？这些问题的复杂性使得尺度转换统一范式的构建具有极大的挑战性。

尺度转换必须针对不同的尺度效应产生原因进行。目前，对于由客观原因（空间异质性）导致的尺度效应，一般采用两种思路（胡和平等，2007年）。

第一种思路是基于概率和统计理论将微观尺度的数学物理方程尺度升至宏观尺度。这一过程中，转换的对象可以是方程结构本身所蕴涵的物理规律，也可是方程中涉及的相关变量和参数。这种思路有很大的局限性。首先是统计理论一般很少考虑物理成因以及尺度域的影响，当转换的尺度包含多个尺度域（包含有横断性质的尺度）时，其物理过程可能会发生变异，比如从小尺度延展到大尺度时，小尺度上的水文过程机理在大尺度上几乎模糊到一种无法辨认的程度（Noilhan et al.，1995年），反之，大尺度上的水文机理在微观尺度上同样产生变异。其次统计理论一般都有特定的假设前提，目前采用

这些统计方法进行尺度转换的结论是否真正有效还没有科学的验证方法。正是因为意识到尺度转换研究中只重技术（统计方法）而不重理论研究（物理机制）的倾向（芮孝芳等，2007 年），Sidle（2006 年）指出应该重视试验监测和物理过程的研究，而不是只成为“计算机水文学家”。

第二种尺度转换的思路是基于物理机制直接建立宏观尺度的数学物理方程，并以本构关系的形式将空间变异性的影响耦合到控制方程中。谢先红（2008 年）也认为这一种思路具有非常深刻的意义，因为很多自然现象在微观上是随机的，在宏观上往往表现出一定规律。在水文科学领域，Reggiani（1998 年；1999 年）将热力学理论用于水文模型的构建，称为基于代表性单元流域的水文模拟方法（Representative Elementary Watershed，REW），Beven（2002 年）认为 REW 理论是建立尺度协调理论的重大创新。与单纯根据统计理论来建立不同尺度关联的思路相比，这种思路更具有机理性，而且也能够考虑到导致尺度效应产生的更多的影响因素。但这种思路难度较大，目前还缺少系统化的研究成果。

分布式水文模型被认为是进行水文尺度转换的一种有效途径，与单纯使用统计方法相比，分布式模型能够在一定程度上反映不同尺度的物理机制。但使用分布式模型解决尺度转换问题的关键是找出信息在不同尺度之间进行转换的规律，建立合理的模型结构。需要进行尺度转换的对象包括物理控制方程和各种参数、变量，所以在分布式模型中采用何种技术和方法构建尺度转换函数，决定于分布式模型在整个尺度转换思路上隶属于上面所说的两种思路中的哪一种。目前使用的分布式模型大部分没有考虑物理规律的变异性，往往将不同尺度的物理规律不加限制地直接挪用。另外，在模型参数和变量的尺度转换方面，也多采用统计理论进行，而缺乏对空间异质性的物理成因的研究。如使用较多的参数均化或者是某种与特征尺度相关联的统计分布函数形式、协方差函数都属于统计方法的范畴。综上所述，本质上来说分布式模型也只是前面叙述两种尺度转换思路的表达形式和载体，目前也没有从根本上解决尺度转换问题（刘贤赵，2004 年）。

灌溉用水效率尺度效应除了客观方面原因造成外，还有主观方面的因素，即由不同的利益相关者关注的角度差异导致。针对这一原因导致的尺度效应，一般根据水量平衡原理来进行转换。总体思路是首先剖析主观因素造成的水平衡要素和用水效率指标内涵的尺度差异，然后基于水平衡框架对不同尺度损失和相关水文变量的内涵进行物理机制上的尺度关联从而达到消除尺度效应的目的。所以对于灌溉用水效率的尺度转换，第一步需要剔除掉主观因素导致的尺度效应，第二步再尝试进行因客观因素导致的尺度效应转换，尤其要避免在没有解决主观因素导致的尺度效应之前就盲目采用各种统计理论进行客观因素导致的尺度效应的转换。

总之，尺度转换问题是尺度效应研究的最高层次，目前尚无有效的办法解决这一科学难题，分布式水文模型与相关统计理论是目前解决水文尺度问题的最佳方法，但其中还存在诸多问题有待进一步研究。灌溉用水效率尺度转换除了要采用水文尺度转换的一般思路和相关方法解决由于客观因素导致的尺度效应外，还要利用水量平衡框架解决主观因素导致的尺度效应，其研究难度更大。

## 1.3　节水尺度效应研究进展

灌溉用水效率分为动态和静态尺度效应两个层次，后者是研究的基础，属理论基础研究，前者则主要为了满足研究的应用性目的，属应用研究。从研究内容上来讲，静态尺度效应研究主要包括尺度划分、灌溉用水效率指标选择、不同尺度水平衡要素获取、灌溉用水效率尺度效应揭示和尺度转换5个方面。动态尺度效应的研究内容相对宽泛，主要包括不同尺度灌溉用水效率提高机理和节水效果的内在关系、不同尺度节水措施和政策制定、不同尺度节水潜力评估、某一尺度节水措施对其他尺度的影响、节水对区域水循环和生态环境的影响等。所以灌溉用水效率研究可以分为两个层次共六部分内容，而且从逻辑上来讲，这六部分内容又呈层层递进的关系，图1.4可以很好地展现各个层次、各部分研究内容的逻辑关系。

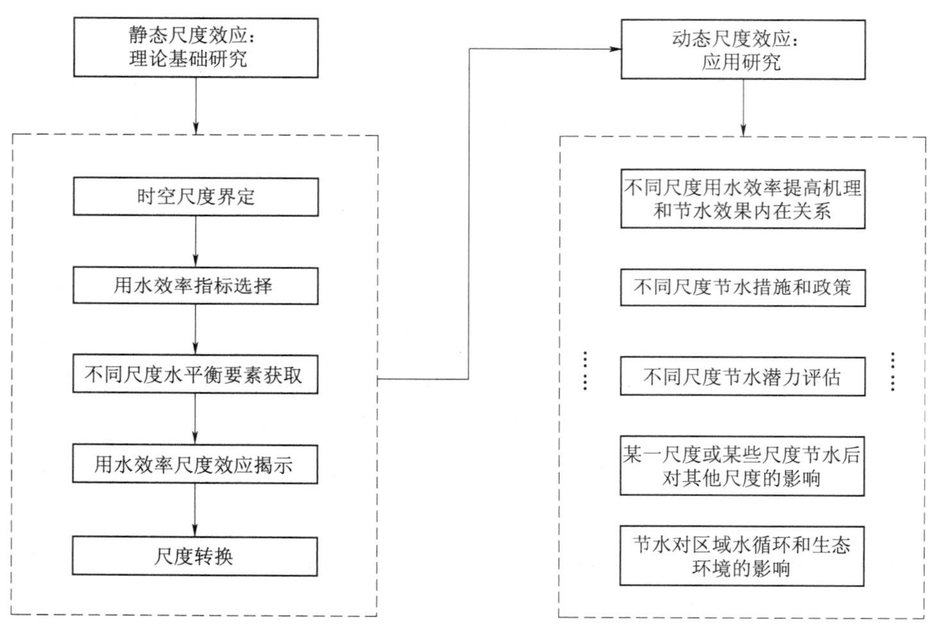


图1.4　灌溉用水效率尺度效应研究总体框架

目前，国内外研究基本涉及了不同层次的全部研究内容，但研究深度有所差异，下面针对各个研究内容单独进行综述，由于尺度划分在1.2.1节中已论述，本节不再赘述。

### 1.3.1　灌溉用水效率指标

目前关于灌溉用水效率的评价指标类型很多，考虑角度不同，评价指标内涵也不同，其名称也有很大差异。实际上，这些评价指标概括起来主要有两大类，即水量比例指标和水分生产率指标。在对这些指标进行综述时，不拘泥于具体名称的差异，而主要根据其内涵进行分类阐述。

（1）水量比例指标

水量比例指标是指水平衡要素之间的评估和比较，因其不涉及产量和效益，因此也可

称作水量评价指标。由于这类指标纯粹是一个水量之间的比值，故无因次。分子和分母分别选取不同的水平衡要素，可组成不同的评价指标。

1932 年，Israelsen 将过去一直沿用的灌溉制度的定义上升到理论的高度，并提出灌溉效率（Irrigation efficiency）这一最早的水量比例指标，这一指标从水量的角度描述了为满足作物生长而必须供给的灌溉水量，1944 年，他又提出水分利用效率指标（Water application efficiency），并将其定义为"一个灌溉系统的作物消耗的灌溉水与从河流或其他自然水源引入系统内的水量比"。随后，一系列内涵和出发点相近的水量比例指标被相继提出，如 Bos et al.（1974 年；1980 年；1985 年；1990 年；1997 年）、ICID（1978 年）、Merriam et al.（1978 年；1983 年）于 1974—1997 年相继提出了输水效率（Conveyance efficiency，配水渠系接受的水量与水源输出水量之比）、配水效率（Distribution efficiency，田间接受水量与配水渠系接受水量之比）、田间灌溉效率（Field application efficiency，作物净需水量与田间接受水量之比）、灌溉渠系效率（Irrigation system efficiency，田间接受水量与水源输出水量之比）、灌溉系统效率指标（Overall project efficiency，作物净需水量与水源输出水量之比）、水分利用效率（Water use efficiency，作物需水量与总供水量之比），Levine（1982 年）、Keller（1986 年）、Weller et al.（1989 年）、Sharma et al.（1991 年）、Bos et al.（1994 年）、Perry（1996 年）、Molden et al.（1998 年）相继提出的相对供水量指标（Relative water supply 或 Relative irrigation supply，其表达形式一般为前述各种指标分子分母互换）。此外，还有直接评估渠系利用程度和管理水平的一些指标，如 IIMI（1987 年）、Francis（1989 年）、Molden et al.（1998 年）于 1987—1998 年相继提出了输配水评估比例（Delivery performance，实际供水量与设计供水量的比例）、输水可靠性指标（Reliability Index，实际输水量与设计供水量相差 10%以内次数的比例）、输水能力指标（Water delivery capacity，渠首供水能力与需水高峰期耗水量的比例）。这些指标能够反映灌溉水被输送到田间的损失情况和田间的利用情况，是设计灌溉工程和其他输水系统较好的工具，也能够反映灌溉工程的状况、能力、灌溉管理和田间灌溉水平，可称之为传统水量比例指标。国内目前采用的传统水量比例指标多来自于国际上的研究成果，其内涵与上述各指标大同小异，只是多称为"系数"，而不似国际上经常所称的"效率"，如现在工程设计中较为常见的渠系水利用系数、渠道水利用系数、灌溉水利用系数、田间水利用系数等。

上述传统指标认为凡是未初次用来满足研究区域内净腾发量的水量皆属于损失，比如裸地和水面的蒸发量、输水过程中的渗漏损失、根系层的深层渗漏，以及由于输水量过大而造成的排水量等。事实上，这些在初次输配水过程中的遗漏水量在其他地方和时间很可能被二次回归利用，因此传统指标未考虑回归水的利用情况。不仅如此，传统指标简单地把研究区域的作物腾发量当作唯一的供水效益，因此在用水部门较多、非农业效益被纳入考虑的流域尺度上无法单独用此指标来进行用水水平的评估。考虑到传统指标的上述两个缺陷，一些学者在传统指标的基础上，从两个方面对水量比例指标的内涵进行了拓展（熊佳，2008 年）：一方面是针对"有益消耗"和"无益消耗"、"生产性消耗"和"非生产性消耗"的界定，另外一方面则是考虑水资源的重复利用。如 Jensen（1977 年）提出净灌溉效率的概念，该指标在传统指标的基础上考虑了损失水量的重复利用比例，Willardson et al.（1994 年）则建议采用消耗性使用比例、可重复利用比例等来考虑有益消耗与水资源的回归利用问题；Keller（1995 年）等提出“有效灌溉效率”定义，修正了传统指标对于田间净灌溉水量的定义，认为应该将可重复利用的地表径流、深层渗漏从原定义中删除。Perry（1996 年）与 Burt et al.（1997 年）提出了收益性和非收益性消耗比例概念。国内方面，陈伟等（2005 年）认为因未考虑到回归水的重复利用，采用现有灌溉水利用系数等指标计算节水量可能会导致错误结论，指出计算灌溉节水量时应扣除区域内损失后可重复利用水量，并提出了考虑回归水重复利用的节水灌溉水资源利用系数的概念，用于实际灌溉节水量的计算。沈逸轩等（2003 年）通过比较传统指标与考虑回归水重复利用比例指标的计算结果，认为传统指标由于忽略了回归水利用导致水资源利用效率有很大出入。张文亮等（1996 年）认为传统灌溉水利用系数应该予以修正，并提出了新的灌溉水利用系数“在数值上等于进入田间的净灌溉水量与灌溉回归水利用量之和与从水源引进的灌溉总水量的比值”。

这些新的指标在传统指标的基础上，从不同的角度考虑回归水再利用，在反映对水资源的真实利用效率的功能上内涵更为准确，与传统指标相比应用范围更广。但随着研究的深入和各种指标的不断提出，急需将这些指标统一在某个系统化的理论框架下，从而有助于更好地理解各种指标在研究中所处的位置以及它们之间的内在关联，避免出现更多的迷惑和困扰。Molden et al.（1997 年）提出的水平衡框架很好地弥补了这一研究需要，他们所提出的水平衡计算框架站在系统角度较为详细地描述了水资源在某一区域的转化和消耗过程，该框架充分考虑了回归水的利用问题以及供水的多目标问题，过去的所有指标基本都能在该框架下找到自己的位置，至此，水量评估指标才真正进入系统化的阶段。尽管该框架的各种概念比较清楚，但其中诸多的水平衡要素难以准确获取，而且该框架还难以反映水质的影响以及回归利用的经济问题（崔远来等，2007 年）。不仅如此，随着尺度的扩大，供水目标进一步丰富，框架中界定的“有益”与“无益”、“生产”与“非生产”的内涵需要不断地丰富、完善和具体化。另外，传统的各种水量评估指标已经在实践中被反复使用且形成习惯，基于水平衡框架提出的各种新指标如何与传统指标衔接、传统指标是否具有应用价值等问题，仍需进一步探讨和研究。

（2）水分生产率指标

传统的水分生产率指标是考虑了作物产量的一类评价指标的统称，反映的是消耗单位水量所生产的作物的产量，单位为 $kg/m^3$，体现了用水的最终目标，即夺取高产，包括这一内涵的指标还有水分生产率、水分利用效率、农业水生产力等，虽然上述部分指标的内涵比传统水分生产率指标更为宽泛，但为了行文和引用文献的方便，统一采用水分生产率的叫法，并且着重于对其所代表的内涵进行说明和阐述。

由于对消耗水量考察的范围及着眼点的不同，目前国内外关于传统水分生产率的解释有多种析义，总体概括起来，分为微观和宏观两个方面。宏观尺度上主要针对灌溉水管理方面，较为常见的有农田总供水利用效率（消耗水量为作物生长期间调用的灌溉水量与有效降雨量之和）、田间水分利用效率（消耗水量为作物生长期间总水量之和，包括灌溉水量、降雨量、土壤储水量和地下水补给量）、灌溉水利用效率、降水利用效率和腾发量水分生产率（沈荣开等，2001 年；段爱旺，2005 年）；微观上主要针对作物生理学方面，分

为叶片水平上的WUE和群体水平上的WUE（王会肖等，2000年）。传统的水分生产率指标内涵关键取决于作为分母的消耗水量的内涵，所以水分生产率指标内涵的发展历程基本与水量比例指标类似，所有的宏观方面的水分生产率指标也可以统一在IWMI提出的水平衡框架内。

关于传统水分生产率指标的争论，一方面来自于作为分母的水量是否考虑了回归水的重复利用，另外一方面还来自于作为分子的作物产量应该如何扩展其内涵从而满足更大尺度的使用。在小尺度或者单纯以农业灌溉为主要供水目的的区域，水分生产率指标的分子可以用粮食产量来描述（雷波等，2009年），当尺度扩大至流域或供水目标多样化的区域时，仅用粮食产量作为分子显然难以满足研究要求，而应该包含其他的生产性消耗产出和有益消耗中的非生产消耗水量产出。大尺度的水量产出在很多情况下无法用实物表示，因此往往要用经济价值进行比较，至此水分生产率的内涵就由物理产出转向了经济产出，一些研究开始致力于将水资源生产率评价与水资源经济效益评估相结合。如Kirda et al.（1999年）认为农业水资源利用经济效益概念的提出促使灌溉管理的理念由过去的满足作物需水量向灌溉经济效益最大化转变，Perry（1996年）将这种观点定义为灌溉最优化。Dennis（2002年）和Rosegrant et al.（2008年）都在探讨灌溉最优化的本质时分析了水资源短缺和充足这两个条件下灌溉净收入的最大化问题。当尺度进一步扩大至整个社会时，经济产出又无法满足研究目标，此时应该进一步考虑社会效益、生态效益、环境效益，从而使得水分生产率的内涵由经济产出扩展至社会产出。在这一研究层次上，Dennis（2002年）扩展了灌溉最优化的观点，考虑了食物安全问题、区域和国家灌溉政策问题、灌溉效率和环境影响问题，以及可持续性问题。Rosegrant et al.（2008年）还探讨了灌溉的社会净收益最大化问题、水资源稀缺的价值问题，以及放弃农业的影响问题。这些研究的一个重要特点就是不仅考虑到了水资源利用量的限制和工程技术问题，还考虑到了水价、水权以及国家和地区水资源政策等因素，以及水资源的环境功能等方面对水资源利用和开发的影响，从更广泛的角度对水资源利用效用进行了评价。

综上所述，水分生产率指标的发展遵循两个方向，分母主要考察不同水量的内涵和回归水利用问题，这一方向与水量比例指标遇到的挑战是相同的；另外一个方向则是分子的内涵逐渐由单纯的粮食产量扩展至经济产出最后扩充至社会产出，虽然这一发展线索包含在IWMI提出的水平衡框架内，但必须根据研究范围和对象不断丰富IWMI中关于“有益消耗”和“无益消耗”的界定、“非生产性消耗”与“生产性消耗”的界定，而在流域乃至国家尺度上，对这些内涵进行合理的界定并用适当的形式表达出来是具有很大挑战性的，或许需要更多学科的知识才能得以实现。

### 1.3.2 不同尺度水平衡要素获取

田间观测是利用观测仪器直接测定部分水平衡要素值的一种常规方法，监测的内容包括作物系统、农田土壤系统、农田气候系统、灌溉系统和技术经济系统。田间试验观测方法的优点是限制条件少、适用范围大，其精度依赖于各平衡分量测定方法和技术。目前小尺度上的田间观测方法较为成熟，可用于观测的仪器也较多，但观测的对象以供水系统为主，对排水和耗水系统的观测有待进一步完善。而且，在各分量测定中，有效降水量、地下水补给量、深层渗漏量和腾发量较难确定。随着尺度的增大，下垫面的变化以及气象因子的变异性使得大尺度田间观测试验的开展存在较大的难度。

鉴于田间观测试验在量化水平衡要素过程中时间和空间上的局限性，建立不同尺度上的模型模拟水分在 GSPAC 系统中的运动被视作研究尺度效应的一种更灵活、有效的方法。如 Droogers et al.（2001 年）对土耳其西部一个流域进行水平衡要素的监测和资料的收集，并结合 SWAP 模型和 SLURP 模型计算并分析了部分指标随尺度变化的趋势。Huang et al.（2003 年）采用三维地下水模型 FEMWATER 分析了淹灌条件下水稻田中水平和阶梯田埂周围的深层渗漏和侧渗。Marinov et al.（2007 年）耦合 SWAT 与 MODFLOW 模型来模拟水平衡要素和溶质在区域尺度上的运动。适应于尺度效应研究的模型应该包括 GSPAC 系统所涉及的各个子系统，如大气水子系统、地表调蓄子系统、地表水子系统、土壤水子系统和地下水子系统。相应的模型包括 SPAC 系统模型、地表径流模型、地下水模型、作物生长模型、流域水资源综合管理模型。由于灌区下垫面条件复杂，不同实体土壤水和地下水交换频繁，且水分运动过程和迁移路径受到作物种植、河沟调蓄、闸泵控制、排水方式、外排条件、城镇化、田埂拦蓄等人工措施的干预，使得区域水文过程和运动规律表现出显著的自然-社会二元水循环特征及与自然流域的显著差异（郭旭宁等，2010 年；Lagacherie et al.，2010 年）。构建灌区分布式水循环模型时需要考虑灌区二元水分运动特征，其构建思路包括两种：一是在原有流域水文模型的基础上进行相应的改进（Jang et al.，2010 年；Xie et al.，2011 年）；二是扩展田间小尺度土壤水-地下水模型并将其用于区域尺度（Noory et al.，2011）。但现有的大部分区域水循环模型的基础数据前处理主要基于地表高程数据（DEM）确定模拟单元和水流路径，而灌区内部田块出入口多且流向复杂，基于 DEM 的模型空间离散方式难以真实反映人类活动影响强烈的灌区实际情况（Aurousseau et al.，2009 年；Lagacherie et al.，2010 年），其原因在于 DEM 分辨率的限制，模型对沟渠系统则难以细致刻画，从而造成灌排网络失真，使得排水通过沟道系统逐级排入河道的过程被刻画成直接通过田块排入河道的坡面汇流过程，影响了汇流时间和过程的准确模拟，也影响了回归水量的量化。另外，虽然灌区各级河沟分布图、田块分布图、田块排水点分布等矢量数据比较容易获取，但这些数据在空间离散和水流方向识别过程中却没有被充分利用。因此，如何针对人工-自然综合作用形成的地貌条件，利用容易获取的灌区空间信息数据，自动提取以田块、沟渠为基本单元的空间离散结果以及单元间水力连接的空间拓扑联系，并在此基础上充分耦合所有水分迁移过程和人工干预环节，从而构建灌区分布式模型是需要进一步研究的内容。

近年来，越来越多的学者把遥感数据作为模型有效的数据源，将地理信息系统作为有效的数据处理工具，并将三者进行整合研究。如王仕琴（2006 年）对 MODFLOW 与 GIS 的整合研究进行了总结；毕华兴等（2002 年）提出了 GIS、RS 与模型联系整合研究的基本框架，并指出 RS 和 GIS 在水循环过程和变量的测定以及水文模型的研究方面有着广泛的应用前景；Van Dam et al.（2003）在计算印度 Sirsa 地区的水分生产率时，用 RS 来分析获取区域尺度的种植结构、腾发量和作物产量，并利用 GIS 来综合分析各种基础数据。

### 1.3.3 灌溉用水效率尺度效应揭示

国内外已有诸多成果对不同用水效率指标尺度效应进行了揭示，这些指标分别包括传

统指标和考虑回归水利用的新指标。

在传统指标方面，Bastiaanssen et al.（2003 年）通过资料收集、水量平衡模型模拟，以及 RS 破译得到了巴基斯坦 Indus 灌区的水平衡要素，然后将面积从上游逐级往下游扩展，计算了灌溉水分生产率和腾发量水分生产率随面积变化的规律，结果表明两个指标基本都是随面积增大而逐渐减小，但渠灌水分生产率的尺度效应更显著，且随着尺度的增大，灌溉水分生产率逐渐与腾发量水分生产率指标值趋向一致。其原因是因为上游土壤更肥沃引起的高产量导致的这一结果。Palanisami et al.（2006 年）计算了印度不同类型灌区（井灌、塘堰水库、渠灌）作物、田间和系统三个尺度的灌溉水分生产率，发现随着尺度增大，指标逐渐减小，原因是尺度增大后损失增多。Seckler et al.（2003 年）也直接指出传统指标随着尺度增大而逐渐减小。国内方面，雷波（2010 年）采用尺度嵌套的办法，分析了腾发量水分生产率随尺度变化的规律，结果表明该指标随尺度增大而逐渐减小，但最后会趋于稳定，主要原因是该指标不用考虑回归水再利用，但尺度增大后无效蒸发会增多。孙文（2014 年）通过对内蒙古河套灌区不同尺度的灌溉水利用效率进行计算分析，发现随着尺度的增大灌溉水利用效率逐渐减小。郑和祥等（2014 年）研究了锡林河流域田间小尺度和区域中尺度上作物水分生产率的变化，发现区域中尺度的水分生产率比田间小尺度偏低2%～10%。范岳（2008 年）针对灌溉水分生产率和农田总供水水分生产率、崔远来（2009）针对灌溉水利用系数、胡广录等（2009 年）针对灌溉水分生产率也都发现了这个规律。由此可见，目前研究者对传统指标随尺度变化规律的研究结果基本都是随着尺度增大而减小，但这一论点也不可一概而论。如 Droogers et al.（2001 年）发现土耳其 Gediz 流域 SRB 灌区从田间到流域的灌溉水分生产率逐渐增大，原因是小尺度只计算了棉花的产量，而大尺度还包括了其他的作物。事实上，传统指标随尺度分别出现增大或减小两种规律并不奇怪，因为传统指标不考虑回归水利用，尺度增大损失途径增多后自然可能使得指标值减小，但大尺度中包含了诸多的空间变异个体，这些空间变异个体不仅包含着与小尺度产量有所差异的同种作物，还有可能包含了其他种类的作物，这种空间变异性造成的尺度效应没有固定的规律可循。所以传统指标随尺度改变而呈现何种规律主要取决于空间变异性以及损失途径增多两者的综合作用。

在新指标上，主要是对基于 IWMI 水平衡框架的相关指标进行尺度效应的揭示，这些指标与传统指标的差异主要在于考虑了回归水的重复利用。新指标随尺度变化的规律更为复杂，诸多学者发现回归水利用导致了用水效率指标的提高。Molden et al.（1999 年）对斯里兰卡 Anuradhapura 地区 Malwatu Oya 河流域内几个串联的塘堰灌区进行水收支分析，并计算了几种指标随尺度变化规律，结果表明消耗水量占毛入流量和可利用水量的比例随着尺度的提升而逐渐增大，在单个塘堰灌区，只有 45%的毛入流量被消耗掉，而在整个流域，消耗的水量占毛入流量的比例高达 92%，说明小尺度的出流量大部分在流域内被回归利用。Hafeez et al.（2007 年）对菲律宾 Upper Pumpanga River 灌区 1500～18000$hm^2$的面积上不同尺度回归水进行计算后发现，面积每增加 1000$hm^2$，通过抽水井和水库对损失水量的重复利用量分别为 1.3$Mm^3$和 4.6$Mm^3$。国内方面，崔远来等（2006 年；2007 年）、董斌等（2002 年；2005 年）通过田间试验和遥感等技术对湖北漳河灌区的不同指标随尺度变化的规律进行了揭示，结果表明回归水的重复利用使得大部分指标总体上呈现随尺度增大而变大的规律。谢先红等（2009年）以湖北漳河灌区为背景，基于改进的分布式水文模型，模拟得到“间歇”灌溉和“薄浅湿晒”灌溉模式下不同尺度水平衡要素和作物产量分布。结果表明：两种灌溉模式下的灌溉水分生产率和毛入流水分生产率在小于某一临界尺度时，都随尺度增大而增大。但是新指标也并非必定随尺度增大而增大，上述研究者在各自的研究过程中其实也发现了这一问题，并指出由于尺度差异，大尺度种植比例的降低使得用水效率指标随尺度增大而减小。

由此可见，回归水的再利用与空间变异性共同作用于用水效率指标的尺度效应，空间变异过大（如在大尺度将不同作物、不同土地利用类型的研究对象综合纳入水收支考虑）会掩盖回归水利用的作用效果。同样，回归水量较小也可能使得用水效率指标不再随尺度增大而增大。当空间变异性的影响得到某一程度的削弱时，回归水利用引起的用水效率指标随尺度增大而变大的规律才会重新表现出来，如崔远来等（2006年）对毛入流量内涵进行了修改，只统计水稻面积而不是整个控制面积上的毛入流量，从而使得毛入流量水分生产率总体上随尺度增大而增大的现象凸显出来。

### 1.3.4 灌溉用水效率尺度转换

灌溉用水效率尺度效应产生的原因分为客观和主观两个因素，客观上主要是指系统的非线性和空间变异性，主观上是因为不同研究对象往往采用孤立的视角看待水循环过程而导致的视角差异即回归水再利用。所以不少学者在进行灌溉用水效率尺度转换时，也分别是针对这两类原因进行研究。

在客观引起的尺度效应方面，即针对系统的非线性和空间变异性引起的尺度效应，多半是借鉴水文学科中研究尺度问题的方法。这方面已有的成果主要是应用相关统计理论和数学方法对灌区中各种水平衡要素和灌区实体进行空间特征和空间变异性分析，从而间接为灌溉用水效率尺度转化公式提供研究基础。采用的统计方法比较常见的有等级理论、分形理论和统计自相似理论、地统计学法、回归分析、空间变异函数、自相关分析、小波分析，除此外还有区域化随机变量理论、重正化理论、谱分析、二叉树理论、混沌理论、随机解集、灰色系统理论等等。分析的水平衡要素包括降雨量（Zhou et al.，2005年）、参考作物腾发量（蔡甲冰等，2010年）、地下水位（Skoien et al.，2003年；谢先红，2008年）、土壤含水量（宋闰柳等，2011年）、地表径流（Gupta et al.，1996年；李眉眉等，2004年）、灌溉需水量（顾世祥等，2007年），同时还包括引水量、排水量和地下水抽水量（王卫光等，2007年）等，分析的灌区实体包括塘堰面积（Liebe et al.，2005年）、渠系（刘丙军等，2005年）、地形地貌（艾南山，1999年）、河流水系（汪富泉等，2002年）。虽然这些成果为灌溉用水效率尺度转换公式提供了分析的基础，但如何将两者关联起来还缺乏足够的研究。另外，已有成果大多只是揭示了灌区相关要素的尺度非线性特征或空间变异的现象，还缺乏对这些现象物理机制的深入分析以及跨尺度物理规律变异的足够关注，今后应该在对更多灌区相关要素进行分析的同时，加强这两方面的研究，最好能够获得满足如下三方面条件的灌溉用水效率尺度转换公式：①同时考虑空间变异与回归水利用双重影响因素；②在表达形式上将灌溉用水效率指标与尺度因子直接关联；③具有非线性物理机制。

解决因为主观因素引起的尺度效应的尺度转换问题上，需要将这些被孤立看待的水平衡过程合理关联，从而形成一个整体，IWMI构建的水平衡框架可以作为解决此类尺度转换问题的有效工具，目前的研究也正是朝着这一思路向前发展（雷波，2010年；Mateos et al.，2008年）。

虽然现有成果对两种原因导致的尺度转换问题都有所涉及，但是在综合考虑两者的基础上来构建灌溉用水效率与尺度因子直接关联的转换模型还非常少见，造成这种现象的主要原因可能是目前对灌溉用水效率尺度效应产生的原因还缺乏系统分析，从而使得尺度转换研究缺乏足够明确的方向。今后应在消除了主观因素导致的尺度效应的基础上，强化灌区各种要素，以及灌溉用水效率空间变异性和非线性特征及其物理机制方面的研究。

### 1.3.5 节水内涵及多尺度节水效果评估

传统意义的节水效果或节水潜力是指灌区通过采取节水灌溉或措施后与未采取节水措施前相比所能够减少的需水量或灌溉取水量（高树文等，2003年；高占义等，2004年），此方法计算所得到的这部分节水量中包括可回收节水量和不可回收节水量两部分，可将其称为毛节水量（罗玉丽等，2005年）。传统节水潜力的计算忽视了回归水的重复利用情况，实际上，采取节水灌溉或措施后不仅减少了灌溉取水量，由于渠道渗漏、田间渗漏及田块排水等造成的灌溉回归水量及重复利用量也会相应减少。近年来，随着对节水的深入研究，有学者指出按传统方法计算的节水量并不是真正意义上的节水量，只有减少的不可回收水量才是真实节水量，可将其称为净节水量。净节水量与毛节水量的区别在于是否考虑了回归水中的可重复利用量，即被称为可回收利用的部分，因此，从毛节水量中扣除回归水重复利用量后即可得到净节水量。正是由于回归水及其重复利用量的存在导致了关于真实节水潜力的诸多研究与讨论。1982年，美国加州戴维斯大学的Davenport等对节水量中的可回收水与不可回收水的概念做了系统的说明，并对加州的真实节水潜力进行了分析。郭相平等（2001年）指出渠道渗漏和田间渗漏等所产生的回归水中有一部分水量可能被重新利用，因此不能全部认为是可以节约的水量。罗玉丽等（2009年）将灌区节水潜力定义为实施节水措施后所能减少的灌溉耗水量，计算时考虑了地表回归水中可被再利用的水量和补给地下水量的减少部分。崔远来等（2009年；2014年）认为传统灌概效率指标在渠道系统规划设计及对管理状况进行评估时仍然是可行的，只是不再适用于真实节水潜力的计算，并给出了基于回归水重复利用的节水潜力计算方法。

田间尺度节水效果评估主要针对不同灌水技术、灌溉模式、农艺措施等开展研究（Tari et al.，2016年；朱成立等，2016年），其主要思路是分析一种或多种节水措施实施后，与未采取措施时相比，所需灌溉水量的减少量或者用水效率的提升量。对于灌区尺度节水效果评估，国内的研究成果较多地集中在直接将田间尺度的评估思路进行简单的区域扩展，从田间净灌溉水量的减少量和渠系水分渗漏损失减少量两个方面进行叠加计算得到（王英，2004年；张银辉，2006年；田玉清等，2006年）。这种评估思路和方法存在两方面的缺陷：一是各分项措施对水循环的影响会相互叠加，多项措施的综合节水效果并不是分项节水效果的简单累加；二是灌溉总量中有一部分由回归水重复利用量贡献，而节水对回归水及其重复利用量的影响无法简单直观评估得到，若将其与其他灌溉量成分笼统考虑，必然会导致错误的评估结论。

越来越多的学者认识到上述缺陷（罗玉丽等，2009年；刘路广等，2011年；崔远来等，2014年），进而从两个方面对上述评估方法进行拓展：一方面是考虑不同节水措施之间的相互影响提出综合节水量的计算方法（罗玉丽等，2008年；刘学军等，2012年）；另一方面是考虑回归水及其重复利用的影响，提出取水节水量、资源节水量等概念和计算方法（Hsiao et al.，2007年；王建鹏等，2013年；刘路广等，2013年）。无论从上述何种方向对现有节水效果评估方法进行扩展，其本质都是因为研究者认识到节水措施扰动是通过多层次、多环节、多尺度影响整个灌溉系统的水分循环过程进而影响节水效果的，因此基于"多尺度水循环过程"进行灌区尺度节水效果评估已逐渐受到重视（Gao et al.，2014年；Zhang et al.，2015年；Ahmadzadeh et al.，2015年）。该方法可根据水循环特征和回归水及其重复利用方式针对性提出节水效果指标，在节水量方面可以在分析不同节水措施对水循环的综合影响基础上，将不同尺度回归水及其重复利用量纳入考虑，在效率提升方面可以基于国际水管理研究院提出的水平衡框架合理设计用水效率和水分生产率指标进行节水效果分析（Molden et al.，1999年；Perry et al.，1999年）。

### 1.3.6 节水效果的尺度效应及其产生机理

节水效果的尺度效应比用水效率的尺度效应及其产生机理更为复杂，原因在于其不仅需要分析不同尺度水分损失内涵的差异来揭示回归水及其重复利用量-用水效率尺度效应这一关系，还需要分析不同尺度水平衡要素对节水扰动的反馈差异，从而揭示节水-不同尺度水平衡要素和回归水及其重复利用量的响应关系。目前关于节水尺度效应的研究主要集中在揭示节水的尺度效应现象，或者分析节水措施对其他尺度水平衡要素和水分利用效率的影响规律上。Molden et al.（2003年）定性分析了田间尺度需水量和系统尺度供水量分别减少后对相互之间的影响。Nicola（2003年）利用OASIS模型对簸箕李灌区水循环进行了模拟，结果发现采取一些常规节水措施后对于整个灌区来说并没有出现显著的节水效应，措施采取前后的耗水量占可利用水量以及腾发量占耗水量的比例这两个指标差别并不大。Droogers et al.（2003年）模拟了田间和区域地下水位改变、田间和区域灌溉水含盐量改变、田间灌溉制度改变和区域气候改变对印度Sirsa地区的田间和区域尺度水分生产率的影响。裴源生等（2010年）选择徒骇马颊河流域田间和灌区不同尺度适宜的节水措施，设定各种措施可能的实施比例，对各种比例下的节水措施进行组合得到5种节水方案，利用WACM模型计算了各种措施下该流域的灌溉和资源节水潜力，并分析了推荐方案下河湖面积、入海水量、地下水位、土壤风蚀模数改变时作物、田间、灌区和流域4个尺度各自的灌溉和资源节水量。崔远来等（2007年）分析了仅在河南省柳园口灌区上游和同时在灌区上下游采取节水措施后上游的潜水蒸发量、下游地下水埋深、下游地下水排水量和地表水排水量的响应。

在节水效果尺度效应产生机理上，还缺少对节水-不同尺度水平衡要素和回归水及其重复利用量的响应-节水效果尺度效应这一完整关系链的连续而详细的分析，如Nicola（2003年）和Droogers et al.（2003年）都是直接分析了节水扰动和节水效果的关系，而省略了回归水重复利用量对节水的响应，以及这种响应是如何进一步影响节水效果这两个

中间过程的分析。裴源生等（2010年）虽然分析了推荐的节水方案下河湖面积、入海水量、地下水位、土壤风蚀模数改变时作物、田间、灌区和流域四个尺度的灌溉和资源节水量的影响，但也缺少对中间作用过程的分析。崔远来等（2007年）分析了河南省柳园口灌区上游和同时在灌区上下游采取节水措施后上游的潜水蒸发量、下游地下水埋深、下游地下水排水量和地表水排水量的响应，但对于这些水平衡要素改变后怎么影响节水效果缺乏后续分析。

## 1.4 本书主要内容

针对灌溉用水效率和节水的尺度效应，本书以河北石津灌区旱作区和东北别拉洪河水稻区为分析对象，在界定时空尺度和筛选用水效率评估指标的基础上，通过观测试验、灌区（半）分布式模拟等方式，量化了研究区多时空尺度下的水平衡要素和水分收支状况，揭示了研究区用水效率和节水的尺度效应及其产生因素，构建了用水效率尺度转换模型，并提出了相应的灌溉用水调控模式。除本章国内外研究进展外，本书主要内容可归纳为六大部分。

### 1.4.1 区域观测试验

针对河北石津灌区和东北别拉洪河水稻区水分循环特征，开展了多年的区域水均衡监测试验。监测要素包括气象、地下水位、抽水量、渠道灌溉量、排水再利用量、田间排水量、河道流量、土壤含水量、田面水层、作物产量、土壤和地下水分运动参数等。上述资料为分析研究区水分循环状况，构建灌区水循环模拟模型提供了数据支持。

### 1.4.2 时空尺度界定和用水效率选择

论述了时空尺度界定和用水效率指标的选择。根据研究区水循环特点，针对石津灌区划分了根区、田间、分干、干渠和灌区5个空间尺度，针对别拉洪河水稻区采用嵌套方式划分了根区尺度、支渠尺度、4个干渠尺度和灌区尺度共7个空间尺度，同时根据渠系和田间灌溉渗漏补给回归地下水所持续的时间长短划分为作物生育期和无限时间两个时间尺度。用水效率指标主要根据国际水管理研究院（IWMI）的水平衡框架选择了水分生产率和水量比例两类共10种指标，结合界定的时空尺度对这些指标的内涵进行了解析，给出了各指标的表达形式。

### 1.4.3 水平衡要素量化

针对石津灌区，基于VENSIM、HYDRUS-1D和MODFLOW软件，构建了根区土壤水量平衡的系统动力学模型、非饱和带一维土壤水动力学模型和地下水二维动力学模型。针对别拉洪河水稻区，则直接利用MATLAB软件构建了综合考虑区域灌、引、耗、排和再利用等多种因素影响下的区域半分布式水量平衡模型。利用验证后的模型量化了两个区域多尺度水平衡要素特征和水分收支状况。

### 1.4.4 用水效率尺度效应及其转换

基于水平衡要素模拟结果，分析了石津灌区2个时间尺度和5个空间尺度下10种用水效率指标随尺度变化规律，揭示了石津灌区静态的时空尺度效应。针对各种用水效率指标构建了综合考虑空间变异性和回归水重复利用的时空尺度转换公式，利用模拟的水平衡要素对这些尺度转换公式进行了验证，并提出了量化空间变异和回归水利用对尺度效应的作用权重的计算方法。

### 1.4.5 节水尺度效应及其产生机理

针对别拉洪河水稻区，分析了不同节灌制度、渠道衬砌方案、排水再利用比例和地表地下水组合等扰动下的节水效果尺度效应，对比了是否考虑回归水重复利用对灌区节水效果评估的影响，推导了不同内涵节水效果差异的计算公式，分析了不同节水和调控方案对各个尺度节水效果的影响，揭示了节水的尺度效应及其产生机制。

### 1.4.6 灌溉用水调控模式筛选

针对别拉洪河水稻区，从地下水位控制、用水效率提升和经济成本三个方面，分析了各种节水和调控方案的影响效果，提出了研究区不同水文年型的灌溉制度、渠系水利用系数、排水再利用比例和地下水供水比例等节水和水资源调控模式，为区域水资源可持续发展提供决策依据。

## 本章参考文献

[1] Ahmadzadeh H, Morid S, Delavar M, et al. Using the SWAT model to assess the impacts of changing irrigation from surface to pressurized systems on water productivity and water saving in the Zarrineh Rud catchment [J]. Agricultural Water Management, 2015.

[2] Aurousseau P, Gascuel - Odoux C, Squividant H, et al. A plot drainage network as a conceptual tool for the spatial representation of surface flow pathways in agricultural catchments [J]. Computers & Geosciences, 2009, 35 (2): 276 - 288.

[3] Bastiaanssen W, Mobin - ud - Din, Zubair Tahir. Upscaling water productivity in irrigated agriculture using remote sensing and GIS technologies [A]. In Kijne W J, Barker R, Molden D. Water Productivity in Agriculture: Limits and Opportunities for Improvement [C]. pp. 37 - 51. CABI, Wallingford, 2003.

[4] Becker A, Braun P. Disaggregation, aggregation and spatial scalingin hydrological modeling [J]. Journal of Hydrology, 1999, 217 (3 - 4): 239 - 252.

[5] Beven K. Towards an alternative blueprint for a physically based digitally simulated hydrologic response modeling system [J]. Hydrological Processes, 2002, 16 (2): 189 - 206.

[6] Bloschl G. Scaling issues in snow hydrology [J]. Hydrological Processes, 1999, (13): 2149 - 2175.

[7] Bloschl G, Sivapalan M. Special issue on scale issues in hydrological modeling [J]. Hydrological Processes, 1995, (9): 251 - 290.

[8] Bos M G. Irrigation efficiencies at crop production level [Z]. ICID Bulletin 29, 1980.

[9] Bos M G. Performance assessment indicators for irrigation and drainage [J]. Irrigation and Drainage Systems, 1997, (11): 119 - 137.

[10] Bos M G. Summary of ICID definitions on irrigation efficiency [Z]. ICID Bulletin 34, 1985: 28 - 31.

[11] Bos M G, Murray - Rust D H, Merrey D J, et al. Methodologies for assessing performance of irrigation and drainage management [J]. Irrigation and Drainage Systems, 1994, (7): 231 - 262.

[12] Bos M G, Nugteren J. On Irrigation Efficiencies [R]. Wageningen, The Netherlands: ILRI publication No. 19, 1974.

[13] Bos M G, Nugteren J. On Irrigation Efficiencies [R]. Wageningen, The Netherlands: 2nd edn. ILRI publication No. 19, 1990.

[14] Bugmann H. Scaling issues in forest succession modeling [A]. S J Hassol, J Katzenberger. Elements of Change 1997 - Session One: Scaling from site - specific observations to global model grids [C]. Aspen: Aspen Global Change Institute, 1997: 45 - 57.

[15] Burt C M, Clemment A J, Strelkoff T S, et al. Irrigation perform measures: Efficiency and uniformity [J]. Journal of Irrigation and Drainage Engineering, 1997, 123 (6): 423 - 442.

[16] Chaplot V, Saleh A, Jaynes D B. Effect of the accuracy of spatial rain - fall information on the modeling of water, sediment, and $NO_3$ - N loadsat the watershed level [J] . Journal of Hydrology, 2005, (312): 223 - 234.

[17] Cook S, Gichuki F, Turral H. Water productivity: Estimation at Plot, Farm and Basin Scale [R]. Colombo: International Water Management Institute, 2006.

[18] Danielle J M. The scale issue in social and natural sciences [J]. Canadian Journal of Remote Sensing. , 1999, 25 (4): 347 - 356.

[19] Davenport D C, Hangan M R. Agricultural water conservation in california, with emphasis on the San Joaquin valley [M]. Technical Report, Department of Land, Air and Water Resources University of California, Davis, 1982.

[20] Dennis W. An economic perspective on the potential gains from improvements in irrigation water management [J]. Agriculture Water Management, 2002, (52): 233 - 248.

[21] Dooge J C I. Scale problems in hydrology [Z]. The 5th Kisiel Memory Lecture, University of Arizona, USA, 1986.

[22] Droogers P, Kite G. Simulation Modeling at Different Scales to Evaluate the Productivity of Water [J]. Physics and Chemistry of the Earth, 2001, 26 (11): 877 - 880.

[23] Droogers P , R S Malik, J G Kroes, et al. Future water management in Sirsa district: options to improve water productivity [A]. J C van Dam, R S Malik. Water productivity of irrigated crops in Sirsa district, India: Integration of remote sensing, crop and soil models and geographical information systems [C]. WATPRO final report, including CD - ROM. 2003.

[24] Dunne T, Zhang W, Aubry B F. Effects of rainfall intensity, vegetation and microtopography on infiltration and runoff [J]. Water Resources Research, 1991, (27): 2271 - 2285.

[25] Francis M R H. Research for rehabilitation: Study of reliability of water supply to minor canals. Interim report No. EX1981 [R]. Wallingford, UK. : Hydraulics Research, 1989.

[26] Gao H, Wei T, Lou I, et al. Water saving effect on integrated water resource management [J]. Resources Conservation & Recycling, 2014, 93 (93): 50 - 58.

[27] Gao Q, Yu M, Yang X S, et al. Scaling simulation models for spatially heterogeneous ecosystems with diffusive transportation [J]. Landscape Ecology, 2001, 16 (4): 289 - 300.

[28] Gupta V K, Castro S L, Overb T M. On scaling exponents of spatial peak flows from rainfall and river network geometry [J]. Journal of Hydrology, 1996, 187: 81 - 104.

[29] Hafeez M M, Bouman B A M, N Van de Giesen, et al. Scale effects on water use and water produc-

tivity in arice - based irrigation system (UPRIIS) in the Philippines [J]. Agricultural Water Management, 2007, (92): 81 - 89.

[30] Harvey L D D. Upscaling in global change research [J]. Climate Change, 2000, 44 (3): 225 - 263.

[31] Hassanizadeh S M, Sivapalan M, Gray W G. A unifying framework for watershed thermodynamics: constitutive relationships [J]. Advances in Water Resources, 1999, 23 (1): 15 - 39.

[32] Hsiao T C, Steduto P, Fereres E. A systematic and quantitative approach to improve water use efficiency in agriculture [J]. Irrigation Science, 2007, 25 (3): 209 - 231.

[33] Huang H C, Chen W L, Shih K C, et al. Analysis of percolation and seepage through paddy bunds [J]. Journal of Hydrology, 2003, 284: 13 - 25.

[34] ICID. Standards for the calculation of irrigation efficiencies [Z]. ICID Bulletin 27, 1978.

[35] IIMI. Study of irrigation management - Indonesia. Final Report [R]. International Irrigation Management Institute, Colombo, Sri Lanka, 1987.

[36] Israelsen O W. Irrigation principles and practices [M]. New York: John Wiley&Sons, 1932: 422.

[37] Israelsen O W, Criddle W D, Fuhriman D K, et al. Water application efficiencies in irrigation [Z]. Utah State Agr. College: Agr. Exp. Stn. Bull. 311, 1944.

[38] Jang T I, Kim H K, Im S J, et al. Simulations of storm hydrographs in a mixed - landuse watershed using a modified TR - 20 model [J]. Agricultural Water Management, 2010, 97 (2): 201 - 207.

[39] Jensen M E. Water Conservation and irrigation systems [A]. In proceeding of Climate - Technology Seminar [C]. Colombia, Missouri, 1977.

[40] Kassam A H, Molden D, Fereres E, et al. Water productivity: science and practice - introduction [J]. Irrigation Science , 2007, 25 (3): 185 - 188.

[41] Keller A, Keller J. Effective efficiency: A water use efficiency concept for allocating freshwater resources. Water resources and Irrigation Division (Discussion Paper 22) [Z]. Arlington, Virg - inia, USA: Winrock International, 1995.

[42] Keller J. Irrigation system management [A]. In: Node K. C. , Sampath R. K. Irrigation management in developing countries: Current issues and approaches. Studies in water policy and management No. 8 [C]. Boulder, Colorado: Westview Press, 1986: 329 - 352.

[43] Kirda C, Kanber R. "Water, no longer a plentiful resource, should be used sparingly in irrigation agriculture" [C] //Crop yield response to deficit irrigation1The Netherlands : [ s1n1], 1999.

[44] Lagacherie P, Rabotin M, Colin F, et al. Geo - MHYDAS: A landscape discretization tool for distributed hydrological modeling of cultivated areas [J]. Computers & Geosciences, 2010, 36 (8): 1021 - 1032.

[45] Levine G. Technical report No. 6 - Relative water supply: An explanatory variable for irrigation systems. [R]. Ithaca, New York: Cornell University, 1982.

[46] Liebe J, Giesen N V, Andreini M. Estimation of small reservoir storage capacities in a semi - arid environment: A case study in the Upper East Region of Ghana [J]. Physics and Chemistry of the Earth, 2005, (30): 448 - 454.

[47] Manoj Jha, Gassman P W, Secchi S, et al. Effect of subdivision on SWAT flow, sediment and nutrient predictions [J]. Journal of American Water Resources Association, 2004, 40 (3): 811 - 825.

[48] Marinov D, Galbiati L, Giordani G, et al. An integrated modeling approach for the management of clam farming in coastal [J]. Journal of Aquaculture, 2007, 269: 306 - 320.

[49] Mateos L. Identifying a new paradigm for assessing irrigation system performance [J]. Irrigation Science, 2008, 27: 25-34.

[50] Merriam J L, Keller J. Farm irrigation system evaluation: a guide to management [Z] Logan, Utah: Utah State University, 1978.

[51] Merriam J L, Shearer M N, Burt C M. Evaluating irrigation systems and practices [A]. In: Jensen M. E. Design and operation of Farm Irrigation Systems [C]. Michigan: ASAE monograph No. 3, 1983.

[52] Mo X G, Liu S X, Chen D, et al. Grid-size effects on estimation of evapotranspiration and gross primary production over a large Loess Plateau basin, China [J]. Hydrological Sciences-Journal-des Sciences Hydrologique, 2009, 54 (1): 160-173.

[53] Molden D. SWIM Paper 1-Accounting for water use and productivity [R]. Colombo, Sri Lanka: International Irrigation Management Institute, 1997.

[54] Molden D, Hammond Murray-Rust, Sakthivadivel R, et al. A water-productivity framework for understanding and action [C]. In Kijne W J, Barker R, Molden D. Water Productivity in Agriculture: Limits and Opportunities for Improvement [C]. Wallingford: CABI, 2003: 1-18.

[55] Molden D, Sakthivadivel R. Water accounting to assess use and productivity of water [J]. Water Resources Development, 1999, 15 (1/2): 55-71.

[56] Molden D, Sakthivadivel R, Perry C J, et al. Indicators for comparing performance of irrigated agricultural systems. Research report 20 [R]. Colombo, Sri Lanka: International Irrigation Management Institute, 1998.

[57] Nicola R. Improving Irrigation Water Use Efficiency, Productivity and Equity: Simulation Experiments in the Downstream Yellow River Basin [Z]. Sri Lanka: IWMI, 2003.

[58] Noilhan J, Lacanern P. GCM grid-scale evaporation from Micro-Scale modeling [J]. Journal of Climate. 1995, (2): 206-223.

[59] Noory H, S. E. A. T. M. van der Zee, Liaghat A M, et al. Distributed agro-hydrological modeling with SWAP to improve water and salt management of the Voshmgir Irrigation and Drainage Network in Northern Iran [J]. Agricultural Water Management, 2011, 98 (6): 1062-1070.

[60] Palanisami K, Senthilvel S, Ranganathan C R, et al. Water productivity at different scales under canal, tank and well irrigation systems [R]. Coimbatore: Centre for Agricultural and Rural Development Studies, Tamil Nadu Agricultural University, 2006.

[61] Perry C J. Quantification and measurement of a minimum set of indicators of the performance of irrigation systems [Z]. Colombo, Sri Lanka: International Irrigation Management Institute, 1996.

[62] Perry C J. The IIMI water balance framework: A model for project level analysis [R]. Colombo: IWMI, 1996.

[63] Perry C J. The IWMI water resources paradigm - definitions and implications [J]. Agricultural Water Management, 1999, 40 (1): 45-50.

[64] Reggiani P, Sivapalan M, Hassanizadeh S M. Unifying framework for watershed thermodynamics: balance equations for mass, momentum, energy and entropy, and the second law of thermodynamics [J]. Advances in Water Resources, 1998, 22 (4): 367-398.

[65] Rosegrantm M W, Timothyb Sulser. International model for policy analysis of agricultural commodities and trade [EB/OL]. http: //www1ifpri1org/themes/impact/impactddes-pdf, 2008. 7. 5.

[66] Schulze R. Transcending scales of space and time in impact studies of climate and climate change on

agrohydrological responses [J]. Agriculture Ecosystems and Environment, 2000, 82: 185 - 212.

[67] Seckler D, Molden D. The Concept of Efficiency in Water Resources Management and Policy [A]. In Kijne W J, Barker R, Molden D. Water Productivity in Agriculture: Limits and Opportunities for Improvement [M]. pp. 37 - 51. CABI, Wallingford, 2003.

[68] Sharma D N, Ramchand O, Sampath R K. Performance measures for irrigation and water delivery systems [J]. ICID Bulletin, 1991, 40 (1): 21 - 37.

[69] Sidle R C. Field observations and process understanding in hydrology: essential components in scaling [J]. Hydrological Processes, 2006, (20): 1439 - 1445.

[70] Skoien J O, Bloschl G, Western A W. Characteristic space scales and timescales in hydrology [J]. Water Resources Research, 2003, 39 (10): 1 - 19.

[71] Solomon K H, Davidoff B. Relating unit and sub - unit irrigation performance [J]. American Society of Agriculture Engineers, 1999, 42 (1): 115 - 122.

[72] Tari A F. The effects of different deficit irrigation strategies on yield, quality, and water - use efficiencies of wheat under semi - arid conditions [J]. Agricultural Water Management, 2016, 167: 1 - 10.

[73] Turner M G, Garder R H. Quantitative methods in landscape ecology: An Introduction [A]. In: Turner M G, ed. Quantitative Methods in Landscape Ecology [C]. New York: Springer Verlag, 1991: 13 - 14.

[74] Turner M G, O'Neill' R V, Gardner R H, et al. Effects of changing spatial scale on the analysis of landscape pattern [J]. Landscape Ecology, 1989, 3 (3) : 153 - 162.

[75] Van Dam J C, Malik R S. Water Productivity of Irrigated Crops in Sirsa District, India. Integration of Remote Sensing, Crop and Soil Models and Geographical Information Systems. WATPRO Final report [EB/OL]. http: //www. waterfoodecosystems. nl, 2003.

[76] Weller J A, Payawal E B. Performance assessment of the Porac Irrigation Systems. Report OD - P 74 [R]. Wallingford, UK: Hydraulics Research, 1989.

[77] Willardson L S, Allen R G, Frederiksen H G. Universal fractions and the elimination of irrigation efficiencies [ Z ] . USCID, Denver, Colorado: Paper presented at the 13th Technical Conference, 1994.

[78] Wood E F, Lettenmaier D P, Zartarian V G. A land surface hydrology Parameterization with sub grid variability for general circulation models [J]. Journal of Geophysical Research, 1992, (97): 2717 - 2728.

[79] Xie X, Cui Y. Development and test of SWAT for modeling hydrological processes in irrigation districts with paddy rice [J]. Journal of Hydrology, 2011, 396 (1): 61 - 71.

[80] Zaigham H, Marcel K. Performance assessment of the water regulation and distribution system in the chishtian sub - division at the main and secondary canal levels [R]. Lahore: International Irrigation Management Insititute, 1998.

[81] Zhang D, Guo P. Integrated agriculture water management optimization model for water saving potential analysis [J]. Agricultural Water Management, 2015.

[82] Zhou X, Persau N, Wang H. Periodicities and scaling parameters of daily rainfall over semi - arid Botswana [J]. Ecological Modelling, 2005, 182: 371 - 378.

[83] 艾南山. 走向分形地貌学 [J]. 地理学与国土研究, 1999, 15 (1): 92 - 96.

[84] 毕兴华, 中北理. 遥感和地理信息系统与水文学整合研究 [J]. 水土保持学报, 2002, 16 (2): 45 - 49.

[85] 蔡甲冰，许迪，刘钰，等. 冬小麦返青后作物腾发量的尺度效应及其转换研究 [J]. 水利学报，2010，41 (7)：862-869.

[86] 陈雷. 节水灌溉是一项革命性的措施 [J]. 节水灌溉，1999，(1)：1-6.

[87] 陈伟，郑连生，聂建中. 节水灌溉的水资源评价体系 [J]. 南水北调与水利科技，2005，3 (3)：32-34.

[88] 丛振涛，辛儒，姚本智，等. 基于 HadCM3 模式的气候变化下北京地区冬小麦耗水研究 [J]. 水利学报，2010，41 (9)：1101-1107.

[89] 崔远来，董斌，李远华. 水分生产率指标随空间尺度变化规律 [J]，水利学报，2006，35 (1)：45-51.

[90] 崔远来，董斌，李远华，等. 农业灌溉节水评价指标与尺度问题 [J]. 农业工程学报，2007，23 (7)：5-7.

[91] 崔远来，龚孟梨，刘路广. 基于回归水重复利用的灌溉水利用效率指标及节水潜力计算方法 [J]. 华北水利水电大学学报 (自然科学版)，2014，35 (2)：1-5.

[92] 崔远来，李远华，陆垂裕. 灌溉用水有效利用系数尺度效应分析 [J]. 中国水利，2009，(3)：18-21.

[93] 崔远来，熊佳. 灌溉水利用效率指标研究进展 [J]. 水科学进展，2009，20 (4)：590-598.

[94] 代俊峰，崔远来. 灌溉水文学及其研究进展 [J]. 水科学进展，2008，19 (2)：294-300.

[95] 董斌. 水稻节水灌溉尺度效应研究 [D]. 武汉：武汉大学，2002.

[96] 董斌，崔远来，黄汉生，等. 国际水管理研究院水量平衡计算框架和相关评价指标 [J]. 中国农村水利水电，2003，(1)：5-8.

[97] 董斌，崔远来，李远华. 水稻灌区节水灌溉的尺度效应 [J]. 水科学进展，2005，16 (6)：833-839.

[98] 段爱旺. 水分利用效率的内涵及使用中需要注意的问题 [J]. 灌溉排水学报，2005，24 (1)：8-11.

[99] 鄂竟平. 在 2009 年中国农业节水与国家粮食安全高级论坛上的讲话 [A]. 中国农业节水与国家粮食安全论文集 [C]. 北京：中国水利水电出版社，2009：3-5.

[100] 范岳. 石津灌区王家井灌域灌溉水利用效率研究 [D]. 武汉：武汉大学，2008.

[101] 高树文，刘忠玉，金华，等. 农业灌溉节水潜力分析 [J]. 农业与技术，2003，23 (1)：64-65.

[102] 高占义，许迪. 农业节水可持续发展与农业高效用水 [M]. 北京：中国水利水电出版社，2004.

[103] 顾世祥，何大明，崔远来，等. 纵向岭谷区灌溉需水空间变异性及其与“通道-阻隔”作用的关系 [J]. 科学通报，2007，52 (增刊Ⅱ)：29-36.

[104] 国家发展和改革委员会. 国家粮食安全中长期规划纲要 (2008—2020 年) [EB/OL]，http://www.gov.cn/jrzg/2008-11/13/content_1148414.htm，2008-11-13.

[105] 国务院. 国家人口发展规划 (2016—2030 年) [EB/OL]，http://www.gov.cn/zhengce/content/2017-01/25/content_5163309.htm，2017-1.

[106] 郭相平，张展羽. 节水农业的潜力在哪里 [J]. 中国农村水利水电，2001，10：13-14.

[107] 郭旭宁，胡铁松. 农田流域水文响应特征分析及模型考虑 [J]. 灌溉排水学报，2010，29 (4)：26-29.

[108] 郝振纯，李丹. 水文尺度问题研究综述 [EB/OL]. 中国科技论文在线，http://www.paper.edu.cn/index.php/default/releasepaper/content/200508-23，2005-8.

[109] 胡广录，赵文智. 绿洲灌区小麦水分生产率在不同尺度上的变化 [J]. 农业工程学报，2009，25 (2)：24-29.

[110] 胡和平，田富强．物理性流域水文模型研究新进展［J］．水利学报，2007，38（5）：511-517.

[111] 姜文来．21世纪中国水资源安全战略研究［J］．中国水利，2008，（8）：41-44.

[112] 姜文来．加大农田水利投入保障可持续发展［EB/OL］，http：//www.jsgg.com.cn/Index/Display.asp？NewsID=13968，2011-1-31.

[113] 雷波．农业水资源效用评价研究［D］．北京：中国农业科学研究院，2010.

[114] 雷波，刘钰，许迪，等．农业水资源利用效用评价研究进展［J］．水科学进展，2009，20（5）：732-738.

[115] 李霖，应申．空间尺度基础性问题研究［J］．武汉大学学报（信息科学版），2005，（3）：1-5.

[116] 李眉眉，丁晶，王文圣．基于混沌理论的径流降尺度分析［J］．四川大学学报（工程科学版），2004，36（3）：14-19.

[117] 李双成，蔡运龙．地理尺度转换若干问题的初步探讨［J］．地理研究，2005，24（1）：11-18.

[118] 李雪峰，李亚峰，樊福来．降水入渗补给过程的实验研究［J］．南水北调与水利科技，2004，2（3）：33-35.

[119] 李仰斌．加大灌区节水改造力度，打造国家粮食生产核心区［A］．中国农业节水与国家粮食安全论文集［C］．北京：中国水利水电出版社，2009：77-81.

[120] 刘丙军，邵东国，沈新平．灌区灌溉渠系分形特征研究［J］．农业工程学报，2005，21（12）：56-59.

[121] 刘晶，刘学录．内陆河灌区土壤水分空间变异的尺度效应［J］．甘肃农业大学学报，2006，41（6）：86-90.

[122] 刘路广，崔远来，王建鹏．基于水量平衡的农业节水潜力计算新方法［J］．水科学进展，2011，22（5）：696-702.

[123] 刘路广，崔远来，吴瑕．考虑回归水重复利用的灌区用水评价指标［J］．水科学进展，2013，24（4）：522-528.

[124] 刘贤赵．论水文尺度问题［J］．干旱区地理，2004，27（1）：61-65.

[125] 刘学军，马海峰，田巍．宁夏红寺堡扬黄灌区节水潜力测算与分析［J］．人民黄河，2012，34（9）：84-87.

[126] 罗玉丽．灌区节水量计算方法研究［D］．武汉：武汉大学，2008.

[127] 罗玉丽，黄介生，张会敏，等．不同尺度节水潜力计算方法研究［J］．中国农村水利水电，2009，9：8-11.

[128] 罗玉丽，李清杰，张霞．黑河干流中游灌区节水改造效果分析［J］．节水灌溉，2005，6：40-42.

[129] 罗玉丽，张会敏，李卫中．灌区综合节水改造中单项措施节水量计算方法初探［J］．节水灌溉，2008，（1）：21-24.

[130] 吕一河，傅伯杰．生态学中的尺度及尺度转换方法［J］．生态学报，2001，21（12）：2096-2105.

[131] 茆智．发展节水灌溉应注意的几个原则性问题［J］．中国农村水利水电，2003，（3）：19-23.

[132] 茆智．节水潜力分析要考虑尺度效应［J］．中国水利，2005，15：14-15.

[133] 梅旭荣．我国粮食安全与水资源保障．［EB/OL］，http：//www.jsgg.com.cn/Index/Display.asp？NewsID=12334，2009-10-25.

[134] 裴源生，赵勇．“作物生理-农田-农业”节水潜力计算方法与海河流域农业节水潜力评价［A］．康绍忠，杨金忠．海河流域农田水循环过程与农业高效用水机制课题验收总结报告［C］．国家重点基础研究（973）发展规划项目，2010.

[135] 戚晓明．流域水文尺度若干问题研究［D］．南京：河海大学，2006.

[136] 戚晓明，陆桂华，金菊良．水文尺度与水文模拟关系研究［J］．中国农村水利水电，2006，（11）：

28 - 31.

[137] 芮孝芳，刘方贵，邢贞相．水文学的发展及其所面临的若干前沿科学问题 [J]. 水利水电科技进展，2007，27 (1)：75 - 79.

[138] 沈荣开，杨路华，等．关于以水分生产率作为节水灌溉指标的认识 [J]. 中国农村水利水电，2001，(5)：9 - 11.

[139] 沈逸轩，黄永茂，沈小谊．渠灌区灌溉水利用系数再研究 [Z]. 玉林：广西玉林市水利局，2003.

[140] 水利部发展研究中心．保障国家粮食安全的水利发展对策 [J]. 水利发展研究，2009，9 (8) .

[141] 宋闰柳，于静洁，刘昌明．基于去趋势波动分析方法的土壤水分长程相关性研究 [J]. 水利学报，2011，42 (3)：315 - 322.

[142] 苏理宏，李小文，黄裕霞. 遥感尺度问题研究进展 [J]. 地球科学进展，2001，16 (4)：544-548.

[143] 孙文．内蒙古河套灌区不同尺度灌溉水效率分异规律与节水潜力分析 [D]. 呼和浩特：内蒙古农业大学，2014.

[144] 汪富泉，曹叔尤，丁晶．河流网络的分形与自组织及其物理机制 [J]. 水科学进展，2002，13 (3)：368 - 376.

[145] 王会肖，刘昌明．作物水分利用效率内涵及研究进展 [J]. 水科学进展，2000，11 (1)：99 - 104.

[146] 王建鹏，崔远来．基于蒸散发调控及排水重复利用的灌区节水潜力 [J]. 灌溉排水学报，2013，32 (4)：1 - 5.

[147] 王康，张仁铎，王富庆，等．土壤水分运动空间变异性尺度效应的染色示踪入渗试验研究 [J]. 水科学进展，2007，18 (2)：158 - 163.

[148] 王仕琴．地下水模型 MODFLOW 与 GIS 的整合研究-以华北平原为例 [D]. 北京：中国地质大学，2006.

[149] 王卫光，彭世彰．大型灌区水平衡要素尺度特征研究 [J]. 水利学报，2007，38 (增刊)：432 - 435.

[150] 王晓东．大力发展节水灌溉，切实确保粮食安全 [A]. 翟浩辉，翟虎渠，李代鑫，等．中国农业节水与国家粮食安全论文集 [C]. 北京：中国水利水电出版社，2009：35 - 38.

[151] 王英，王宝卿．渠道防渗节水效果浅析 [J]. 节水灌溉，2004，(1)：35 - 35.

[152] 邬建国．景观生态学——格局、过程、尺度与等级 [M]. 北京：高等教育出版社，2000，62 - 153，181 - 184.

[153] 谢先红．灌区水文变量标度不变性与水循环分布式模拟 [D]. 武汉：武汉大学，2008.

[154] 谢先红，崔远来．典型灌溉模式下灌溉水利用效率尺度变化模拟 [J]. 武汉大学学报（工学版），2009，42 (5)：653 - 660.

[155] 谢先红，崔远来，代俊峰，等．农业节水灌溉尺度分析方法研究进展 [J]. 水利学报，2007，38 (8)：953 - 960.

[156] 熊佳．灌区灌溉水利用效率时空变异规律研究 [D]. 武汉：武汉大学，2008.

[157] 许迪．灌溉水文学尺度转换问题研究综述 [J]. 水利学报，2006，37 (2)：141 - 149.

[158] 徐英，陈亚新，史海滨，等．土壤水盐空间变异尺度效应的研究 [J]. 农业工程学报，2004，20 (2)：1 - 5.

[159] 杨金忠，黄介生，伍靖伟，等．海河 973 项目子课题：单株一群体一农田一农业水分利用效率的尺度效应与不同尺度灌溉水利用效率的计算方法（编号：2006CB403406）验收报告 [Z]. 武汉：武汉大学水资源与水电工程科学国家重点实验室，2010.

[160] 翟浩辉．中国农业节水与国家粮食安全 [A]. 翟浩辉，翟虎渠，李代鑫，等．中国农业节水与国家粮食安全论文集 [C]. 北京：中国水利水电出版社，2009：17 - 23.

[161] 张光辉，费宇红，申建梅，等．降水补给地下水过程中包气带变化对入渗的影响 [J]．水利学报，2007，38 (5)：611-617.

[162] 张文亮，李从民．节水灌溉的概念和技术指标 [J]．山西水利科技，1996，(3)：73-76.

[163] 张银辉．内蒙古河套灌区土地利用变化及水文效应 [D]．北京：中国科学院地理科学与资源研究所，2006.

[164] 张岳．21世纪我国水利面临的十大挑战 [J]．中国农村水利水电，2000，(1)：25-28.

[165] 赵文武，傅伯杰，陈利顶．尺度推绎研究中的几点基本问题 [J]．地球科学进展，2002，17 (6)：905-911.

[166] 郑和祥，李和平，程满金，等．锡林河流域主要作物水分生产率及尺度效应分析 [J]．灌溉排水学报，2014，33 (4/5)：81-85.

[167] 智研咨询集团．2014-2019年中国水电行业市场分析及发展趋势预测报告 [R]．北京：智研咨询集团，2014.

[168] 中国灌溉排水发展中心．2015年中国灌溉排水发展研究报告 [R]．北京：中国灌溉排水发展中心，水利部农村饮水安全中心，2015.

[169] 中华人民共和国水利部．2016年中国水资源公报 [R]．北京：中华人民共和国水利部，2016.

[170] 周春华，徐海芳，何锦．大埋深条件下降雨入渗补给的初步分析 [J]．地下水，2007，29 (1)：47-49.

[171] 朱成立，郭相平，刘敏昊，等．水稻沟田协同控制灌排模式的节水减污效应 [J]．农业工程学报，2016，32 (3)：86-91.

# 第2章　研究区概况

选择河北省石津灌区和黑龙江省三江平原别拉洪河水稻区作为研究区，其中石津灌区是河北省最大的灌区，也是海河流域典型的井渠结合灌区，灌区西部大量开采潜水导致形成辛集-晋州潜水漏斗以及诸多小型潜水漏斗，灌区东部采用渠道灌溉，渠系输水渗漏损失、田间灌溉回归水量，加之潜水的水平交换使得渗漏回归水重复利用成为可能。而别拉洪河水稻区处于三江平原农垦管辖区域，近年来水稻种植发展迅猛，地下水位迅速下降，在气候特征、主要作物种类、灌溉模式、水源种类、地貌特征、水文地质条件等方面都具有较强的代表性。该区域目前存在对田间渗漏补给和地表排水量的抽水再利用，随着青龙山灌区地表引水工程的实施，地表水-地下水联合灌溉模式逐渐形成，进一步增加对渠系渗漏损失补给的再利用，上述水分利用和循环特征也使得尺度效应更为凸显。此外，经过多年的运行，两个区域供水管理机构和涉及的各行政区水利、气象、水文、农业等部门在灌区运行过程中积累了大量的基础资料，给资料的搜集获取提供了便利条件。

## 2.1　河北石津灌区

### 2.1.1　灌区概况

石津灌区位于河北省中部的滏阳河和滹沱河之间（图2.1），地理位置为北纬37°30′～38°18′，东经114°19′～116°30′。灌区控制面积为4144km$^2$，设计灌溉面积16.7万hm$^2$，其主要功能为农业灌溉，同时兼顾发电和城市供水。灌区涉及行政市3个（石家庄市、衡水市和邢台市），行政县14个，主要种植冬小麦、夏玉米、棉花以及少量经济作物。灌区属井渠结合灌溉，西部地区地下水质相对较好，多抽取浅层和深层地下水灌溉，中东部地区采用井渠结合灌溉，渠道水源来自石家庄市西北的黄壁庄和岗南两座水库。

（1）气象

灌区属于典型的温带半干旱半湿润季风气候，春季干旱少雨、夏季炎热多雨、秋季凉爽少雨、冬季寒冷干燥。灌区多年平均气温为12～13℃，最低温度多发生在1月，极端最低气温－22℃，最高气温多发生在7月，极端最高气温达41℃。灌区年平均日照时数为2318小时，月平均日照时数最长的是4月，为246小时，最短的是12月，为149小时。灌区全年无霜期为190～200天，年最大冻土深为47cm。年平均风速为1.46m/s，最大风速为13m/s。灌区内年平均相对湿度为57.8%，灌区内月平均最大相对湿度为72.5%，最小月平均相对湿度为40.3%。

灌区多年平均降雨量为507.2mm，空间上由西到东逐渐减少，时间上多集中在6～9月，其降雨量占全年降水量的70%～80%，尤其是7月和8月的降雨量占全年降雨量的比

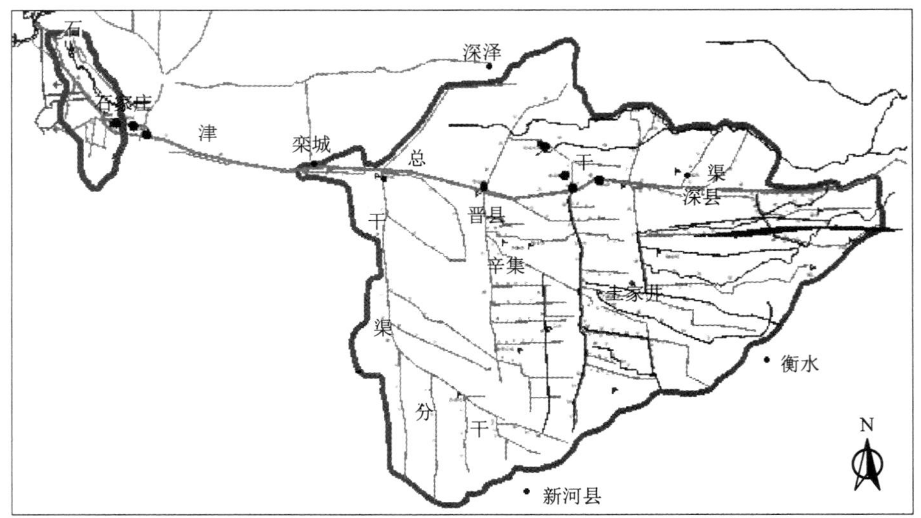


图 2.1 石津灌区地理位置示意图

重超过 50%，并且多以暴雨形式出现。参考作物腾发量与降雨量的对比可以从某种角度反映该地区农业生产的气象条件，以石家庄气象站为例，1955—2008 年多年平均参考作物腾发量是年降雨量的将近两倍。图 2.2 给出了参考作物腾发量与降雨量的年际和年内各月平均值的对比情况。

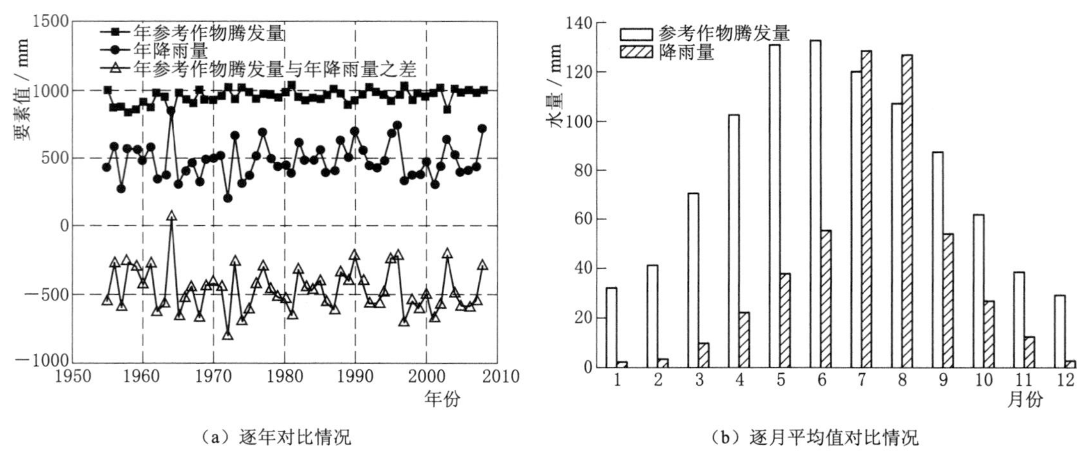


图 2.2 参考作物腾发量与降雨量对比

可以看出，除 1964 年外，其他年份参考作物腾发量都远远大于该年降雨量，两者差值的平均值达 470.24mm。从年内分布来看，除 7 月和 8 月降雨量大于相应参考作物腾发量外，其他月份的降雨皆小于参考作物腾发量，尤其是 3—5 月正是作物生长旺盛期，其需水量较大而降雨量却相对较小，因此在这些月份需要进行灌溉以满足作物的生长要求。

(2) 地形地貌和土壤质地

灌区地貌类型可分为山麓平原、倾斜平原和冲积平原三种。山麓平原位于灌区西部，太行山东侧，东至藁城、赵县与倾斜平原连接，自西向东地面高程为 90～45m，坡度较

陡，为 1/200～1/1200。在山麓平原因洪积、沉积物分选不明显，以轻壤土为主，其中局部洼地和交接洼地以中壤为主。倾斜平原在灌区中部，西接山麓平原，东部以深州、辛集、宁晋一线与冲积平原相邻。海拔高程为 45～30m，坡度为 1/2000～1/4000。在倾斜平原，洪积不够强烈，沉积物有一定的分选，以粉砂壤质和轻壤质土为主，夹砂现象多，而夹黏现象少。冲积平原位于灌区东部，系滹沱河近代冲积而成，海拔高程为 30～18m，坡度平缓，为 1/4000～1/6000。微地貌具有岗地、坡地、洼地交错的特点，历史上涝、碱灾害威胁比较严重。在冲积平原，沉积物质多变，一般因地而异，缓岗上多为粉砂壤质及轻壤质土壤，且多夹黏，微倾平地以轻壤土为主，洼地则以黏质土为主。

（3）地表水灌排系统

灌区地表水主要来源于滹沱河上游的岗南和黄壁庄两个串联水库，总库容 27.8 亿 $m^3$，兴利库容 12.4 亿 $m^3$。原设计保证率 $P=50\%$，出库水量为 11.14 亿 $m^3$，供石津灌区水量 8.59 亿 $m^3$，规划灌区面积 16.67 万 $hm^2$。水库建成后，1960—1980 年 20 年间平均每年实际引水量为 11.10 亿 $m^3$。进入 20 世纪 80 年代以后，华北地区降雨量连年偏少导致入库径流大大减少，加之上游工农业迅速发展，各部门用水量大幅度增加，致使入库水量逐年减少。不仅如此，岗南水库、黄壁庄水库近年已成为省会石家庄市的水源地，兴建西柏坡电厂也挤占了部分农业用水，石家庄市和电厂用水量为 1.65 亿 $m^3$/年，使得灌区引水量明显减少，从而导致灌区面积急剧萎缩。灌区不同时期的实际灌溉面积和农业用水量见表 2.1。

**表 2.1 石津灌区不同时期年均农业用水量及实际灌溉面积**

| 时 期 | 1958—1969 年 | 1970—1979 年 | 1980—1989 年 | 1990—1999 年 | 2000—2007 年 |
|---|---|---|---|---|---|
| 年平均农业用水量/亿 $m^3$ | 5.67 | 7.56 | 4.73 | 3.84 | 2.83 |
| 渠水年均实灌面积/$hm^2$ | 9.96 | 14.29 | 11.74 | 7.71 | 4.90 |

灌区灌溉系统包括总干渠、干渠、分干渠、支渠、斗渠 5 级固定渠道。灌区现在仍在使用的各条分干及以上渠系分布及其灌溉范围见图 2.3，未标深灰色的区域为纯井灌溉方式。

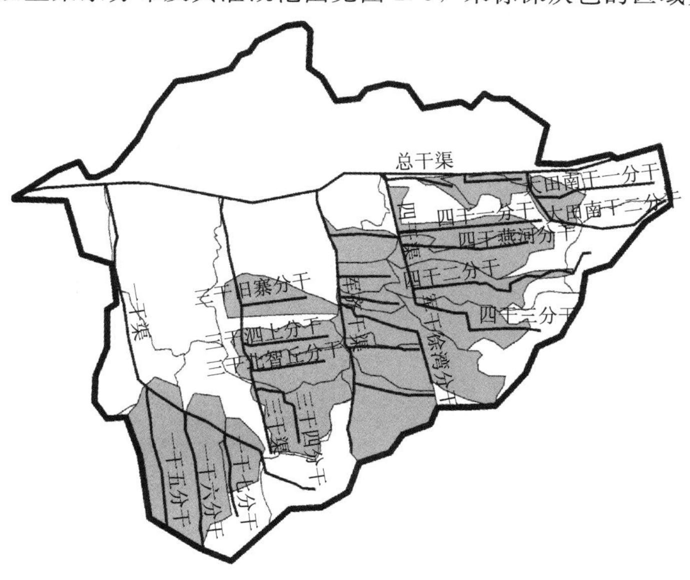


图 2.3 石津灌区分干以上渠系及其灌溉范围分布

总干渠长134.23km，渠首设计流量100m$^3$/s，加大流量120m$^3$/s。干渠原有7条，其中总干以北的二干渠和新四干已废弃不用，2008年在用的有5条，总长163.29km；原有分干渠30条，已被废弃10条，2008年在用的分干有20条，总长233.88km；支渠268条，总长866km；斗渠2429条，总长2973km。目前各级渠道防渗总长度495.72km。斗渠以上的渠系建筑物12040座。灌区渠系骨干工程现状见表2.2。

**表2.2 灌区渠系骨干工程现状表**

| 渠道 | 数量/条 | 总长度/km | 设计流量/(m$^3$/s) | 衬砌长度/km | 衬砌率/% |
|---|---|---|---|---|---|
| 总干渠 | 1 | 134.23 | 100 | 43.97 | 32.76 |
| 干渠 | 5 | 163.29 | 10～33 | 30.44 | 18.64 |
| 分干渠 | 20 | 233.88 | 3～10 | 129.17 | 55.23 |
| 支渠 | 268 | 866.00 | 1～3 | 393.73 | 45.47 |

目前，灌区总干渠、干渠、分干渠、支渠和斗渠的渠道水利用系数分别为0.89、0.82、0.81、0.91和0.82，渠系水利用系数为0.44，田间水利用系数约为0.78，灌溉水利用系数0.34，灌溉水资源的一次利用率偏低。

灌区排水系统共有排水干沟、分干沟63条，总长1160km，排水支沟380条，总长1452km，现状排涝标准多为五年一遇。由于灌区近年未发生大的洪涝灾害，群众防洪排涝意识淡薄，田间排水系统基本消失，排水干沟也存在淤积、排水不畅等问题。

(4) 地下水和水文地质

因缺乏灌区总干渠以北的地下水资料，这里主要介绍灌区总干渠以南的区域地下水情况。灌区地下水系统以安平-辛集-宁晋一线为界，可分为东西两部分（郭宗信等，2001)。西区水文地质条件较好，属于"全淡水区"，富水性较好，且地下水矿化度小于2g/L（图2.4)。西区井灌发达，部分地区实行井渠结合灌溉。近年来由于地下水严重超采，水位持续下降，浅层地下水埋深由20世纪60年代初期的2～4m增大到2008年的15～40m（图2.5)。表2.3为西区纯井灌域部分地下水埋深的变化情况。

**表2.3 石津灌区西区地下水埋深变化情况**

| 测点 | 地下水埋深变化/m | | | | | |
|---|---|---|---|---|---|---|
| | 1990年 | 1995年 | 2000年 | 2005年 | 1990—2005年 | 年均下降值 |
| 贾村 | 16.25 | 21 | 20.7 | 24.16 | 7.91 | 0.53 |
| 周头 | 20.58 | 26.71 | 31.16 | 36.29 | 15.71 | 1.05 |
| 白滩 | 18.57 | 23.76 | 27.25 | 28.48 | 9.91 | 0.66 |
| 大士庄 | 11.86 | 16.25 | 21.91 | 22.26 | 10.4 | 0.69 |
| 杨家营 | 20.41 | 25.8 | 30.74 | 35.52 | 15.11 | 1.01 |
| 和乐寺 | 3.46 | 7.32 | 11.38 | 14.53 | 11.07 | 0.74 |
| 王封 | 11.69 | 14.62 | 16.14 | 20.6 | 8.91 | 0.59 |
| 赵位 | 18.72 | 23.94 | 27.96 | 32.96 | 14.24 | 0.95 |
| 平均 | 15.19 | 19.93 | 23.41 | 26.85 | 11.66 | 0.78 |

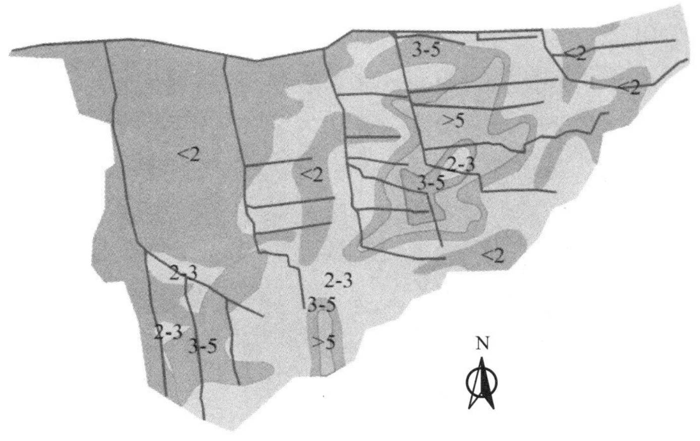


图 2.4 灌区总干渠以南区域地下水矿化度分区(单位:g/L)

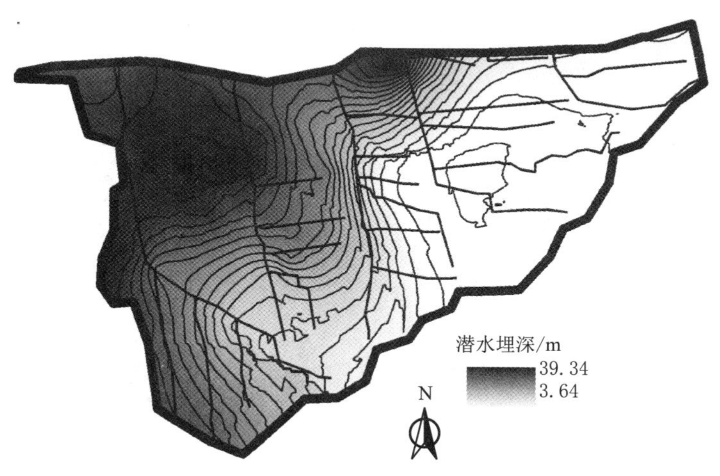


图 2.5 灌区总干渠以南潜水埋深分布

东区地下水多为微咸水或咸水,矿化度多为 2~5g/L 或 5~10g/L,淡水区面积不足地下水面积的 25%(图 2.4),地下水埋深多为 4~10m(图 2.5)。因此东区灌溉水源除依靠地表水外,还以深层地下水作为补充,另外在局部地区也开采浅层地下水灌溉。灌区潜水运动的基本方向是西北向(图 2.6),即从东区流向西区,且存在若干个大小不一的潜水漏斗,其中最显著的为军齐干渠渠首位置。地下水水力坡度在西区为 1/200~1/1000,在东区为 1/5000~1/20000。

浅层地下水水质较好的西区,农业生产主要抽取浅层地下水。浅层水质较差的东区,主要抽取深层地下水。通过单位耕地面积上的机井数量(机井密度)的比较可以反映出不同区域对地下水利用量的相对大小。图 2.7 为灌区总干渠以南各个县机井密度的对比,图中还列出了深层承压水机井数量在总机井数量中所占的比例(深井比例),该指标可以反映不同区域地下水的利用结构。

可以看出,机井密度和深井比例分布有着显著的特征。西部各县(藁城、晋县、赵

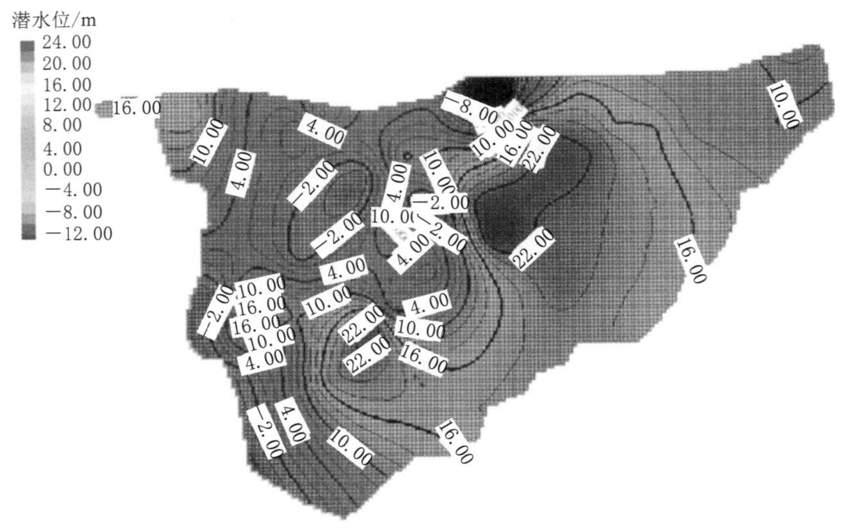


图 2.6 灌区总干渠以南潜水位分布

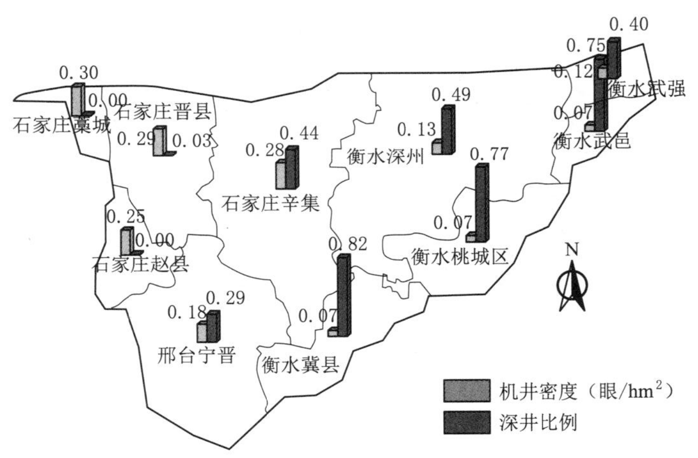


图 2.7 灌区总干渠以南各县机井密度和深井比例

县、辛集）机井密度明显大于东部各县，同时其深井比例显著小于东部各县，这与浅层地下水矿化度分布以及渠系分布（图 2.4）有着密切的关系。在渠系到达的东部地区，浅层地下水矿化度较大、水质较差、机井密度相对较小，且深井比例较大，在渠系未达的西部地区，加之浅层地下水矿化度较小、机井密度相对较大、且深井比例相对较小。

研究区潜水系统为厚薄不一的第四系松散沉积物，粗细颗粒交错沉积，一般含有多个含水层，由砂与黏土或亚黏土组成含水构造，地质条件复杂，底界埋深在 40～60m。总体而言，水平方向上，含水层由西向东其颗粒由粗变细，厚度由厚变薄，水质由淡水变咸水，水量逐渐减少，含水层富水性逐渐减弱，西部含水层出现层位更高，东部含水层一般出现层位较低，多出现在第一含水组底部。垂直方向上，表层皆覆盖不同厚度的亚黏土夹粉砂土，总干渠沿线至深州市区、一干渠五分干以北、三干渠泗上分干以北区域在 15～25m 埋深处含有粉细沙含水层，厚度为 5～10m，该含水层下覆亚黏土。第一

含水组底部在一干渠、三干渠北部、军干渠朱庄分干以北至贾辛庄分干，以及研究区东北部含有 5～10m 厚度不等的细砂含水层。

（5）作物种植

石津灌区地处平原区，土地资源丰富，控制范围内耕地面积 29 万 $hm^2$。灌区内农业人口 172.7 万。人均耕地 0.1～0.2$hm^2$，主要农作物为冬小麦、夏玉米、棉花，其中冬小麦夏玉米轮作，种植面积占总耕地面积的 70%～80%，棉花种植面积为总耕地面积的 10%～20%。灌区三种主要作物种植时间见图 2.8。

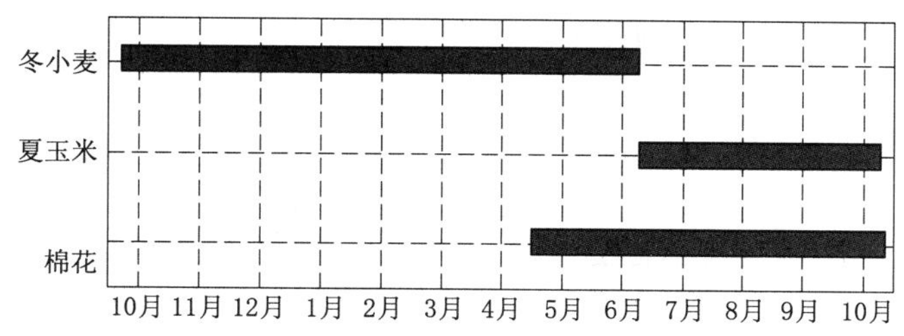


图 2.8 灌区主要作物种植时间示意图

随着灌区农业水利生产条件的改善，粮食产量大幅度提高。1958 年扩建以前，灌区粮食单产约为 1125kg/$hm^2$，灌区扩建以后，粮食产量逐步提高。2000—2008 年灌区粮食单产达到 11490kg/$hm^2$，是 1958 年以前的 10.21 倍。图 2.9 为石津灌区不同时期年均粮食单产变化情况。

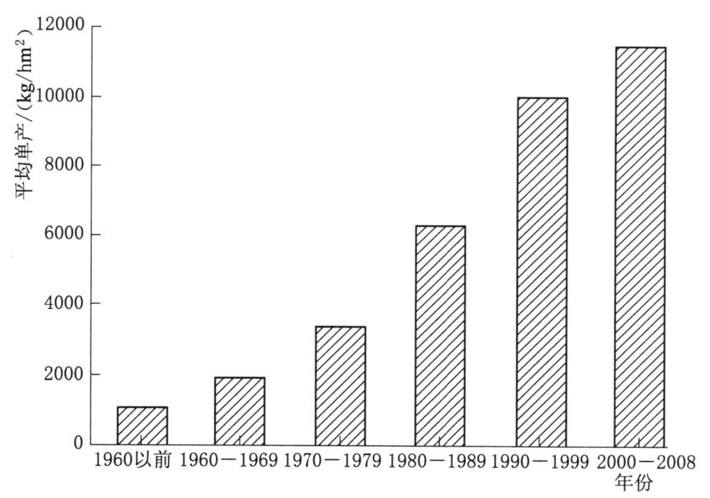


图 2.9 石津灌区不同时期年均粮食单产变化

### 2.1.2 资料搜集和试验监测

研究过程中不考虑灌区总干渠以北已停灌的区域（图 2.10）。

本研究所需要的资料通过田间小区试验、区域普查和观测以及遥感影像解译三种方式获取，见表 2.4。

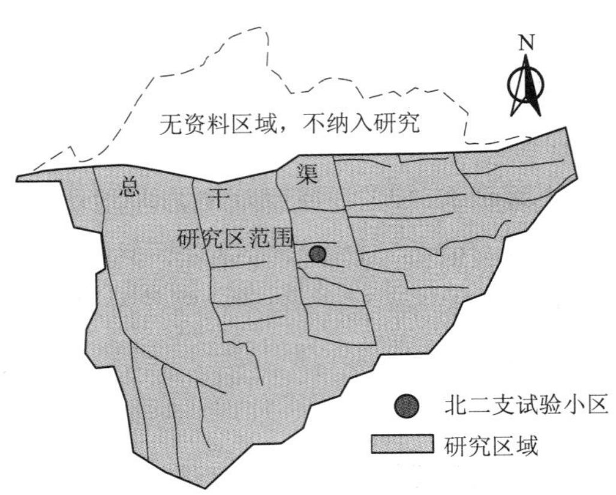


图 2.10　研究区范围及田间试验小区的位置

**表 2.4　不同手段获取资料内容及资料使用目的**

<table>
<tr><th>资料获取手段</th><th>资料内容</th><th>资料来源</th><th>资料使用目的</th></tr>
<tr><td rowspan="6">田间试验</td><td>土壤容重</td><td>实测</td><td rowspan="6">检验作物根系层土壤水量平衡一维模型的结构正确性</td></tr>
<tr><td>逐日降雨量</td><td>石津灌区管理局</td></tr>
<tr><td>地下水位动态</td><td>实测</td></tr>
<tr><td>土壤含水量</td><td>实测</td></tr>
<tr><td>灌溉水量</td><td>实测</td></tr>
<tr><td>逐日气象数据</td><td>深州市气象局</td></tr>
<tr><td rowspan="13">区域普查和观测</td><td>地下水位和埋深</td><td>石津灌区管理局<br>衡水市水文局<br>邢台市水文局</td><td rowspan="13">驱动土壤水分模拟的半分布模型和地下水分布模型；其中表层土壤墒情用来检验模拟结果准确性</td></tr>
<tr><td>逐日气象数据</td><td>深州市气象局<br>中国科学数据共享网</td></tr>
<tr><td>逐日降雨量</td><td>石津灌区管理局</td></tr>
<tr><td>表层土壤质地分区</td><td>第二次土壤普查</td></tr>
<tr><td>钻孔资料</td><td>石津灌区管理局</td></tr>
<tr><td>分干以上渠系灌溉水量</td><td>石津灌区管理局</td></tr>
<tr><td>浅层和深层抽水量</td><td>河北省水利厅<br>各县水利局<br>石津灌区管理局</td></tr>
<tr><td>作物产量</td><td>河北省统计局<br>石津灌区管理局<br>各县农业局和统计局</td></tr>
<tr><td>表层土壤含水量</td><td>石津灌区管理局</td></tr>
<tr><td>作物生长参数</td><td>相关文献</td></tr>
<tr><td>渠水灌溉面积</td><td>石津灌区管理局</td></tr>
<tr><td>水文地质参数</td><td>相关文献</td></tr>
<tr><td colspan="0" style="display:none"></td></tr>
<tr><td rowspan="2">遥感影像破译</td><td>土地利用和作物种植结构</td><td>MODIS 遥感图片</td><td>计算水平衡要素水量值</td></tr>
<tr><td>作物腾发量分布</td><td>Landsat 遥感图片</td><td>检验模型模拟结果</td></tr>
</table>

田间试验的主要目的在于验证作物根系层土壤水量平衡模型（第4.2.1节）结构的正确性；区域普查和观测是为了能够驱动土壤水模拟的半分布模型（第4.2节和第4.3节）及地下水分布式模型（第4.4节），同时还能够用来评价模拟结果的准确性；遥感影像解译获取的土地利用方式用来将模型模拟的水平衡要素强度值转化成水量值，获取的区域腾发量分布可以用来与模型模拟结果进行对比以便评估模拟结果的准确性。这三种手段获取的资料互为补充，为整个研究奠定基础。

#### 2.1.2.1 田间小区试验

在军干渠曹园分干北二支开展了2007—2009年两季冬小麦的田间试验。该试验小区地理位置为北纬37°84′，东经115°39′，在整个研究区中的位置如图2.10所示。整个北二支试验小区面积为83.33hm²，其中一斗为主要的试验大田，面积为8hm²。试验区内部观测项目布置示意图如图2.11所示。

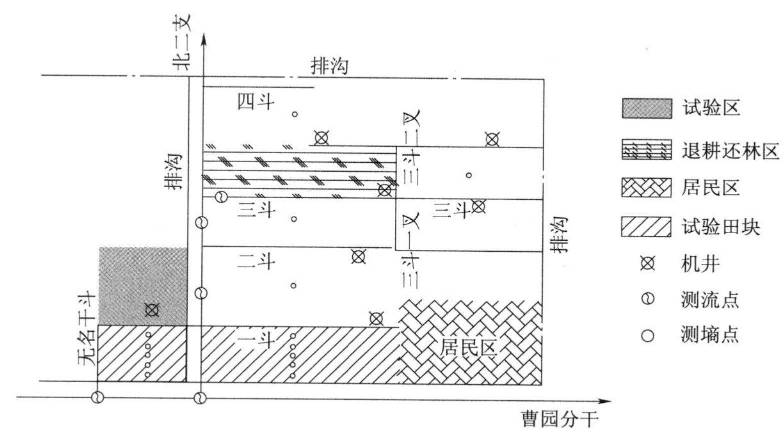


图2.11 北二支试验区观测项目布置示意图

试验区进行两季冬小麦田间观测试验，即从第一季冬小麦播种前的2007年10月20日开始，至第二季冬小麦收割的2009年6月15日结束，冬小麦品种为良星99。主要进行以下几个项目的观测：①土壤容重；②逐日降水量观测；③每五天一次的地下水位动态变化观测，灌溉期间加密至三天一次；④每月采用烘干法测定试验区内14个定位观测点的土壤含水量，测量土层间隔深度为20cm，最大观测深度为200cm；⑤测定冬小麦生育期逐次渠道灌溉和井水灌溉的灌水量和灌水日期，见表2.5；⑥搜集逐日气象数据，该数据从试验区所在的深州县气象局获得。

**表2.5 北二支试验小区2007—2009年冬小麦生育期灌溉方案**

| 项目<br>生育期 | 播种日期 | 春灌一水时间 | 春灌一水水量/cm | 春灌二水时间 | 春灌二水水量/cm | 收割日期 |
|---|---|---|---|---|---|---|
| 2007—2008年 | 2007.10.21 | 2008.3.11—2008.3.14 | 25.22 | 2008.4.18—2008.4.19 | 14 | 2008.6.11 |
| 2008—2009年 | 2008.10.9 | 2009.3.1—2009.3.3 | 26.87 | 2009.4.30—2009.5.1 | 21 | 2009.6.15 |

#### 2.1.2.2 区域普查和观测

(1) 地下水位和埋深

石津灌区管理局和各县水利局、水文局在研究区及周边地区设置了数量不等的地下水位和埋深的长期观测点，每月的1号、11号和21号都会对地下水位和埋深进行观测。本研究共搜集了104个潜水位观测孔的观测记录，潜水位观测孔位置见图2.12。这些潜水位观测记录主要用于：①在第4.2节作物根系层土壤水量平衡的系统动力学模型中，根据潜水位埋深计算毛管上升补给量；②在第4.3节非饱和土壤水动力学模型中，在计算地下水补给量时作为初始条件；③在第4.4节潜水分布式模型中，作为初始条件、计算水平边界入流量以及用来验证模型模拟的潜水位是否合理。

图2.12 潜水位观测孔分布图

(2) 气象

研究区及周边地区共设置了45个降雨量定点观测站，除西部相对偏少外，总体布局较为均匀（图2.13）。从石津灌区管理局和各个县气象局搜集了这些站点逐日降雨记录，该资料主要用来作为各个模型的上边界输入数据。

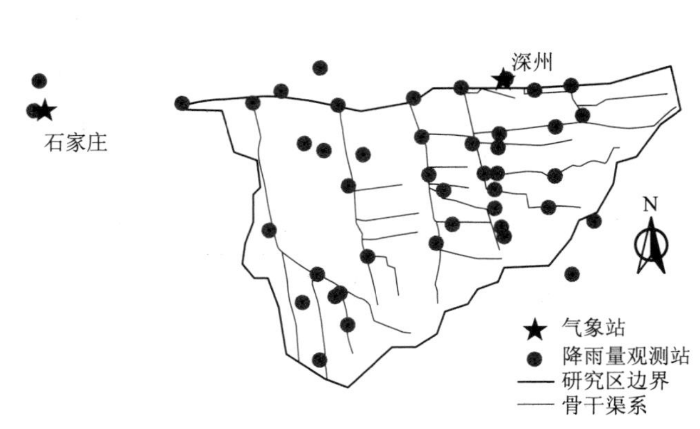


图2.13 气象站和降雨量观测站分布图

逐日气象资料主要搜集了深州市和石家庄市两个站点，其中前者来源于深州市气象

局，后者来源于中国科学数据共享工程网，气象数据包括日平均气温、日最高气温、日最低气温、日平均相对湿度、实际日照时数、实际风速。这些数据主要用来计算参考作物腾发量，然后结合作物系数计算潜在作物腾发量，输入土壤水量平衡模型的系统动力学和非饱和带土壤水分运动模型中，作为模型上边界。

（3）土壤质地和水文地质参数

土壤质地包括表层土壤质地和整个非饱和带的土壤质地，它们分别是作物根系层土壤水量平衡模型以及非饱和带土壤水动力学模型运行所需要的基本资料。《河北省石津灌区续建配套与节水改造规划报告》（初稿）提供了研究区表层土壤（0～3m）空间分布图纸质版（石信茹等，1999 年），经过数字化后，按照同类土质合并原则得到研究区表层土质空间分布图（图 2.14）。研究区表层土壤被概化为 6 种，分别是壤土、夹黏壤土、黏壤土、夹黏沙壤土、黏土和沙壤土，其中壤土分布范围最广，主要位于一干渠、三干渠和四干渠控制范围，其次为黏壤土，主要位于灌区东部和南部边界处，夹黏沙壤土分布面积最小，主要位于军齐干渠中部。另外，从石津灌区管理局搜集了 44 个钻孔柱状图（图 2.14），这些钻孔描述了研究区第一含水组（底板为 40～60m）土壤质地的垂直分层结构。

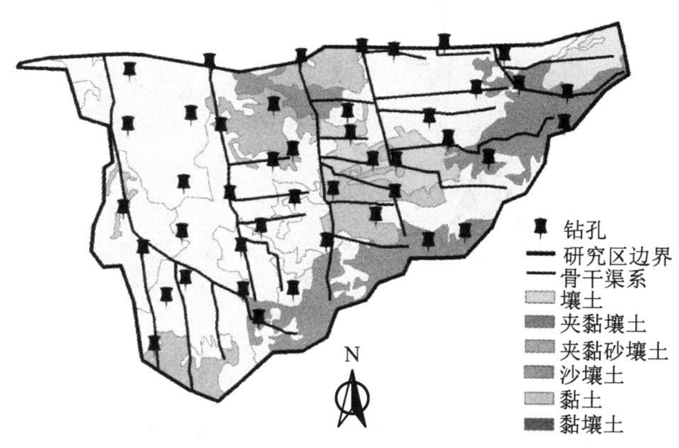


图 2.14 表层土质及钻孔分布图

潜水含水层水文地质参数主要包括水平渗透系数和水位变动带给水度。根据陈望和（1999 年）、张兆吉等（2009 年）和高殿举等（1992 年）的相关成果，两个主要水文地质参数初始值的分区见图 2.15。

（4）表层土壤墒情

石津灌区管理局在 2007—2008 年冬小麦生育期内，于 2008 年 2 月 20 日、2 月 25 日、3 月 1 日和 3 月 5 日对研究区内进行了 51 个定位点的墒情普查，其中 2008 年 2 月 20 日测量了其中的 46 个、2 月 25 日测量了 51 个、3 月 1 日测量了 35 个、3 月 5 日测量了 15 个，总计获得了 147 次墒情普查记录，墒情定位观测点位置见图 2.16。利用这些表土墒情观测记录，可以检验第 4 章构建的土壤水半分布模型模拟结构的合理性和准确性。

（5）灌溉水量、面积和抽水量

研究区分为井渠结合灌域和纯井灌域（图 2.17），纯井灌域主要位于研究区西部，以浅层地下水作为灌溉水源，由于机井分布范围广泛，且始终处于变动中，缺乏其精确定位

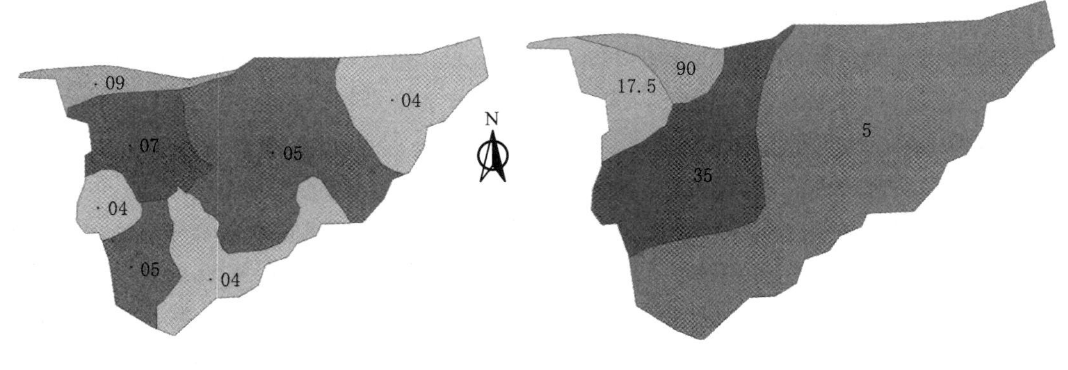


(a) 水位变动带给水度

(b) 水平渗透系数(单位:m/d)

图 2.15 研究区潜水系统水文地质参数初始值分区

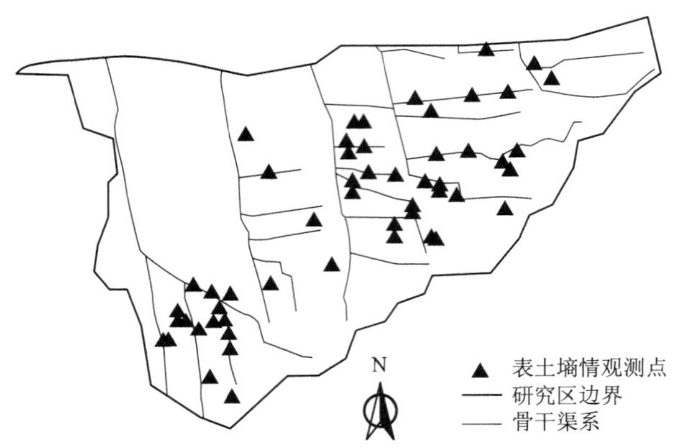


图 2.16 土壤表层墒情定位观测点分布图

及抽水灌溉量。《河北省水利年鉴》(2008 年)、各县《水资源公报》(2008 年)、各县《农业统计年鉴》(2008 年)等统计资料中提供以县为单元的井水灌溉和抽水量数据(图 2.18)。结合《河北省农业统计年鉴》(2008 年)上提供的各县作物种植面积,可得到各县纯井灌溉强度分区值。

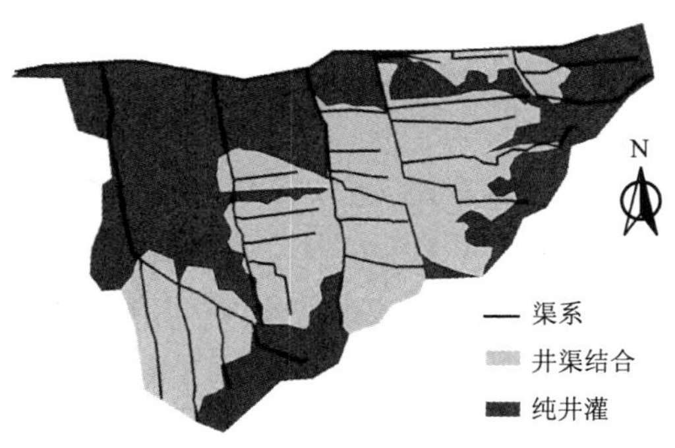


图 2.17 灌溉类型分区图

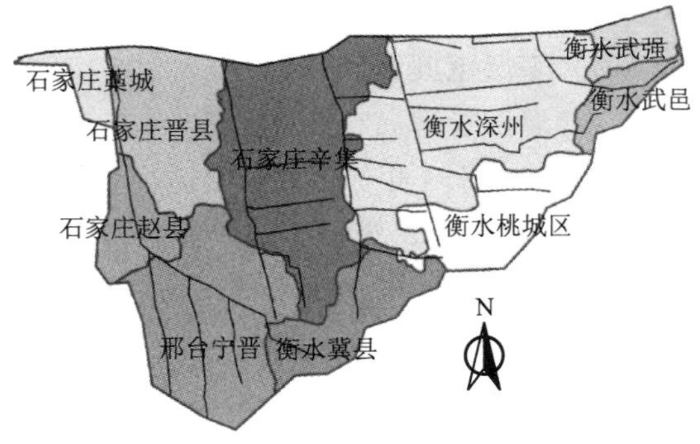


图 2.18 研究区纯井灌溉强度分区图

井渠结合灌域主要分布在研究区东部，由 5 条干渠及其所属的 20 条分干渠供水，其中一干渠、三干渠、五干渠控制范围大部分区域以井水灌溉为主，渠水灌溉为辅，四干渠、军干渠控制范围大部分以渠水灌溉为主，井水灌溉为辅。搜集了每年冬小麦灌溉期间的渠水灌溉时间、水量和渠道灌溉面积资料。将遥感获取的不同分干的作物种植面积扣除掉相应的渠水灌溉面积，即可得到井渠结合灌域各条分干的井水灌溉面积，然后采用各县纯井灌溉强度值可推求得到井渠结合灌域各条分干的井水灌溉水量。灌溉水量主要用于土壤水模型的上边界，抽水量作为潜水分布式模型的上边界。

（6）作物生长参数及产量

作物生长参数主要包括冬小麦生育阶段划分、冬小麦最大根系深度、不同生育阶段的冬小麦根系深度、冬小麦作物系数、叶面积指数或者作物蒸腾与棵间蒸发比例。这些数据主要来源于一些学者在该区域进行的作物生长方面的试验及获得的结论，在第 4 章中会对其进行系统说明。

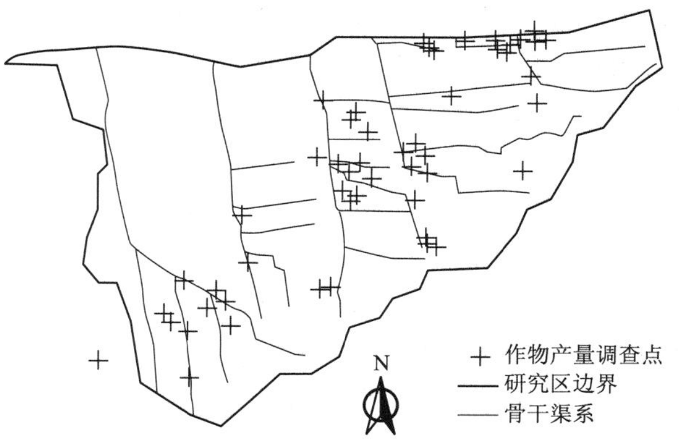


图 2.19　作物产量调查点分布图

为了计算作物水分生产率，还搜集了井渠结合灌域冬小麦产量资料。对于纯井灌域及未实地调查产量的区域，从各县《农业统计年鉴》（2008 年）可获取乡镇作物产量数据。结合两方面的资料基本可以获得整个研究区作物的产量数据。

#### 2.1.2.3　遥感影像

为克服运用区域统计资料的局限性，还运用遥感数据获取土地利用和作物种植结构以及区域腾发量。主要包括：①2007 年 10 月至 2009 年 12 月的 MODIS 卫星数据产品；②同期海河流域的地面气象观测数据；③石津灌区数字高程模型；④同期 LANDSAT 产品。

（1）MODIS 卫星数据产品

MODIS 数据全都是经过 NASA MODIS 数据工作组处理的 MODIS 4 级数据产品，包括地表温度产品（MOD11A1）、归一化植被指数产品（MOD13Q1）、地表覆盖产品（MOD12Q1）、地表反射率产品（MOD09GA）。

（2）地面气象数据

气象数据包括海河流域 55 个气象站点 2007 年全年的平均日气压、平均日气温、实际日水汽压、平均日风速、日照时数、最高气温、最低气温。这些数据用来计算参考作物腾发量和 SEBAL 模型中的相关参数。

（3）DEM 数据

DEM 数据来源于 NASA 的航天飞机雷达地形测绘使命（STRM）全球 DEM 数据下载网站所提供的 30m×30m 的空间分辨率数据。

（4）Landsat 数据

Landsat 数据主要来源于中国科学院遥感卫星地面接收站提供的 Landsat－5 数据，分辨率 30m。在提取土地利用和作物种植结构时，综合运用多种遥感影像数据，将 Landsat

与 MODIS NDVI 进行数据融合，根据融合后的数据运用监督分类得到石津灌区土地利用类型初步结果，然后运用 ISODATA 非监督分类方法、光谱耦合技术，结合海河流域植被变化规律，提取作物种植结构。根据该方法将石津灌区土地利用和作物种植结构区分为裸地、村庄、城镇、其他植被、冬小麦-玉米轮作、棉花（花生和大豆）。运用地面统计数据和高分辨率影像进行检验表明分类精度达到 91%，且与统计数据相吻合，结果可靠。

在利用遥感获取作物腾发量时，考虑到本研究使用的数据源主要为中分辨率成像 MODIS 光谱遥感数据，遥感推求作物实际腾发量采用比较成熟的 SEBAL（surface energy balance algorithm for land）模型。SEBAL 模型是 Bastiaanssen 博士开发出来的用最少的地面数据来计算能量平衡各分量的方法，已在世界上许多地方得到了验证，是当前国际上有关遥感监测 ET 各种方法中较好的一种，主要优点是物理概念较为清楚，可应用到不同的气候条件和卫星资料中。

SEBAL 模型共由 25 个计算步骤组成，其基本步骤是利用卫星遥感产品（这里是 MODIS 数据和 Landsat 数据），计算日瞬时地表净辐射、土壤热通量等参数，通过迭代算法求得感热通量，最后利用能量余项法计算卫星过境时刻的瞬时潜热通量和相应的瞬时腾发量，通过蒸发比的方法对瞬时腾发量进行日腾发量的时间尺度扩展，然后按照类似的方法将日腾发量扩展到阶段实际腾发量。

## 2.2 东北三江平原别拉洪河水稻区

### 2.2.1 别拉洪河流域水稻区概况

别拉洪河流域水稻区位于三江平原东北部的黑龙江省农垦建三江管理局管理范围，覆盖别拉洪河源头到红卫橡胶坝所控制的总面积为 1007.72km² 的范围（图 2.20）。涉及前进农场、创业农场、七星农场和红卫农场，其中研究区内前进农场的面积约占总面积的 56%，创业农场占 20%，七星农场占 13%，红卫农场占 11%。研究区内耕地面积占总面

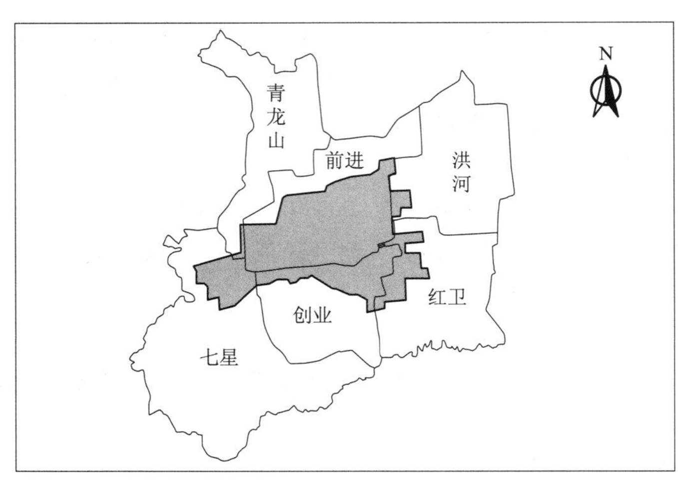


图 2.20 研究区分布示意图

积的 69.9%，以水稻种植为主，是典型的井灌区，目前灌溉水源除有一小部分来源于沟道排水再利用外，其余均采用地下水。近年来，该区水稻种植发展迅猛，随着水田面积快速增加，地下水开发程度不断提高，地下水位持续下降。目前，研究区内没有引用区域外的地表水，但随着青龙山灌区引江水工程的实施，该区在未来几年可实现利用地表引水进行灌溉，形成井渠结合灌溉模式。因此，选择该区域作为研究对象，不仅可以研究现状井灌模式的水循环过程，还可以研究井渠结合灌溉模式下地表水与地下水联合调度问题，对保障该区域水资源可持续利用具有重要意义。

(1) 气象

研究区属中温带大陆性季风气候区，属黑龙江省第三积温带。冬季受蒙古和西伯利亚高压控制，多西北风，寒冷干燥；夏季受太平洋季风影响，温暖多雨。多年平均气温 2.2℃，冬季最低气温达－43.3℃，夏季最高气温 37.7 ℃。多年平均降水量 554.1mm，年际之间降水量变化较大，最大年降水 886.4mm，最小年降水 326.2mm。年内降水分布不均，多集中于夏秋季，7—9 月年平均降水量达 314.8mm，占全年的 62%～73%，春季少雨，4—5 月年平均降水量 82.6mm。常出现春旱秋涝现象，暴雨多集中在夏秋，多年最大日暴雨量为 106.8mm。多年平均蒸发量为 1100mm，全年≥10℃的生物有效活动积温为 2165～2624℃，年日照时数 2355～2632h。初霜期在 9 月 20 日左右，终霜期到翌年 5 月，无霜期 114～150 天，适宜大田作物生长。4 月、5 月常出现大风，风力一般在 4 级左右，最大风力达 10 级。

(2) 地形地貌

研究区属三江平原的一部分，为低平辽阔的沉降平原。地貌为一级阶地，场区北为浓江河，南面为别拉洪河。两条河流均为沼泽性河流，无明显河床，对阶地也无明显的侵蚀作用和堆积作用，该阶地主要由冲积-湖积层组成。沿河流发育的河漫滩，呈狭长条带状，与一级阶地有明显陡坎，主要由冲积砂砾组成。总的地势是西南高、东北低，由西南向东北倾斜，除少数山丘外，绝大部分是平原沼泽地带，地势低平，坡降平缓，一般为 1/5000～1/10000，海拔高程多在 40～60m。

(3) 水文地质

根据研究区的含水层地层时代、地貌、岩性以及埋藏条件等，可判断出含水岩体为第四系砂-砂砾石堆积层孔隙水，主要分布在河漫滩、一级、二级阶地等广大平原区内（黑龙江农垦勘测设计研究院，1998 年）。该含水岩层的特点是厚且稳定，地下水蕴藏丰富，是本区农田灌溉利用的主要对象。含水层以第三系为基底，由全新统冲积砂砾石层（$alQ_4$）、上更新统冲积-湖积砂砾石层（$al+lQ_{3b}$）、中更新和下更新统冲积冰水砂砾石层（$al+fglQ_{2n}$、$al+fglQ_1$）组成。上部为上更新统冲积-湖积亚黏土（3～16m）及砂砾石层，中部为中更新统冲积冰水沉积的砂、砂砾石组成颗粒较粗，分选较好，厚度达 30～130m。下部为分布稳定的下更新统冲积-冰水沉积的灰白色粉细砂、含砾中砂、砂砾石含水层，厚度一般 40～80m。各层间无黏性土隔水层，可组成一连续的大厚度含水层，最厚达 273.8m，其水文地质特征在垂向上的变化并不明显，但各地区的地层时代和层位会因地貌单元的不同而不同。绝大部分地区单井涌水量达 $5000m^3/d$，局部小者在 1000～$5000m^3/d$。

研究区内及附近的别拉洪河、浓江和鸭绿河属于沼泽性河流，它们对地下水有不同的补给或排泄作用。汛期河道内水位上涨，高于漫滩中的地下水位，此时各江或河流对地下水会有不同程度的补给。区域内的地下水承袭西部潜水流向，自西南向东北方向流动，经阶地后最终排入黑龙江和乌苏里江，水力坡度较小，为1/5000～1/10000，地下水径流缓慢。

(4) 河流水系

别拉洪河为平原沼泽性河流，发源于与青龙河和浓江河汇合的三河上游湿地，河流全长267.8km，集水面积4503km$^2$，流经红旗桥、石砬山、连环泡、民主屯、迟德亮子和别拉洪水文站，最后汇入乌苏里江。研究区内的别拉洪河是截取了整条别拉洪河中的一段，即从河流起点至红卫橡胶坝这一段，该段长度为59.18km。研究区内的河道纵坡较缓，坡度为1/10000～1/12000。

(5) 河道径流量

根据已批复的《黑龙江省三江平原水利建设规划》及《黑龙江省三江平原“两江一湖”干流沿岸灌区规划》中的三江平原地区多年平均年径流深等值线图，别拉洪河不同断面灌溉期径流成果见表2.6。

**表2.6 别拉洪河取水断面径流成果表**

| 取水断面 | 控制面积/km$^2$ | 年均径流深/mm | $C_v$ | 灌溉期/万m$^3$ | |
|---|---|---|---|---|---|
| | | | | $P=50\%$ | $P=80\%$ |
| 前进节制闸 | 400 | 89 | 0.75 | 1293 | 587.4 |
| 红卫橡胶坝 | 1007.72 | 91 | 0.75 | 3464 | 1596 |

(6) 作物种植和灌溉

研究区内耕地面积占整个研究区控制面积的比例为69.9%，作物种植以水稻为主，水田面积占耕地面积的比例可达99.98%。《黑龙江省农垦建三江管理局前进农场国家级水田高效节水灌溉示范区核心区实施方案》中对该区域水稻生育期的划分情况见表2.7。

**表2.7 水稻生育期的划分情况**

| 生育期 | 日　期 | 天数/d |
|---|---|---|
| 泡田 | 4月20日—5月9日 | 20 |
| 移植返青 | 5月10日—5月31日 | 22 |
| 分蘖前期 | 6月1日—6月20日 | 20 |
| 分蘖后期 | 6月21日—7月8日 | 18 |
| 拔节孕穗 | 7月9日—7月24日 | 16 |
| 抽穗开花 | 7月25日—8月8日 | 15 |
| 乳熟期 | 8月9日—8月26日 | 18 |
| 黄熟期 | 8月27日—9月20日 | 25 |
| 合计 | | 154 |

目前，研究区内水稻种植的灌溉水源主要为地下水，有少量沟道排水再利用作为补充，无地表供水。图2.21是2015年水稻生育期的灌溉水量和灌溉时间。可以看出，该区

域4月下旬开始泡田，泡田期第一次灌水后至5月上旬泡田期结束，共补灌了3次，5月上旬插秧后到生育期结束共灌溉了9次，即整个生育期共灌溉13次，总灌溉水量为 $4950m^3/hm^2$。

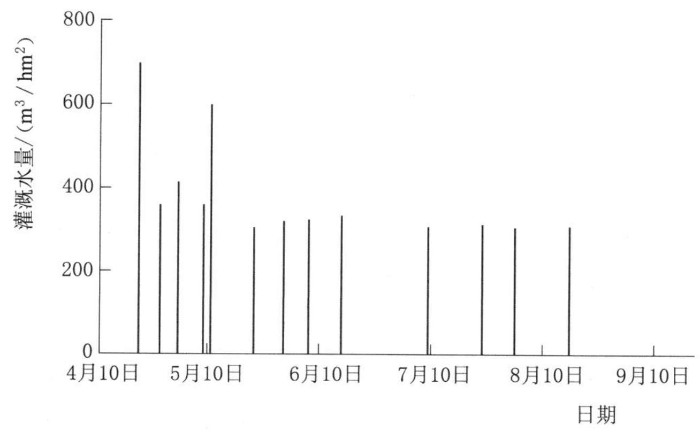


图 2.21 水稻生育期灌溉水量和灌溉时间

## 2.2.2 区域数据搜集和分析

### 2.2.2.1 试验布置和资料搜集

在研究区域内开展水循环要素的监测试验和资料收集工作，主要包括灌溉水量、河道流量、沟道排水再利用量、地下水位的观测，水文地质参数的测定和气象数据等基础资料的收集。具体的试验监测内容及收集资料见图 2.22。

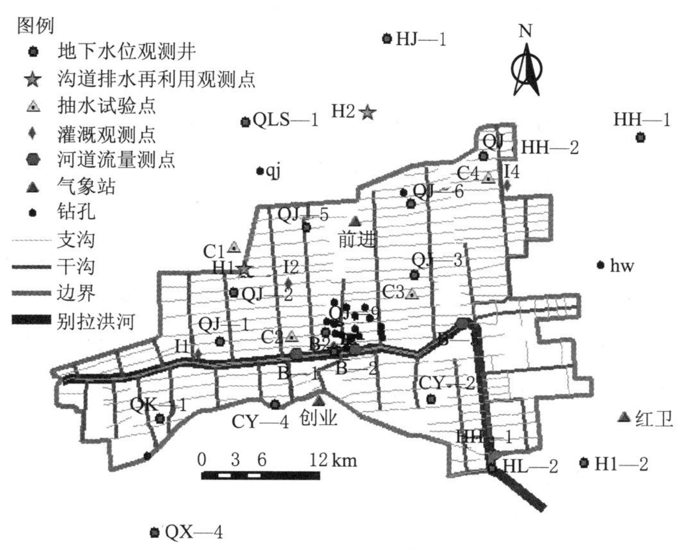


图 2.22 研究区试验布置图

(1) 气象数据

研究区域及周边共有前进、创业和红卫三个气象站点，搜集了这些站点1956—2015年的逐日降雨量、平均气压、最高温度、最低温度、平均温度、平均相对湿度、平均风速和日照时数，用于计算参考作物腾发量。

（2）田面水层

选择研究区域内的一个典型田块（1.5hm$^2$），采用在田块内竖立标尺的方式测量水稻生育期逐日田面水层深度，观测频率为每天一次。

（3）灌溉水量

在整个研究区域的上、中、下游分别选取4眼典型井安装机械水表，并记录各次灌溉时间和灌溉水量。为能够较准确地获取现状条件下的灌溉抽水量，在中游I3井附近选取两个典型支沟控制范围（5970hm$^2$）内的22个农户发放观测记录表格，详细记录各次灌溉的起始和结束时间，根据相应的水泵型号，计算出各次灌溉用水量，并按各机井的控制面积最终计算得到现状条件下水稻的灌溉模式。

（4）河道流量

在别拉洪河沿线上选取3个典型断面B—1、B—2和B—3断面进行河道流量监测。B—2和B—3断面流量是通过设置连通管的方式，利用HOBO自记式水位计观测相应断面水位获得的，观测频率为12h一次，并利用LS45—2旋杯式流速仪测定各断面不同水位条件下的流速。测量时每个断面均设置12条垂线，并采用两点法测量每条垂线的流速，计算出各断面水位流量关系曲线后，即可得到这两个断面的流量。由于B—1断面位于节制闸处，因此计算B—1断面流量时需根据节制闸上下游水位及闸门开启度选定相应的流量系数及流量计算公式（赵振兴等，2010年）。

（5）地下水位

研究区内共布置19眼地下水位观测井，其中自动观测井13眼、人工观测井6眼，自动观测井内放置HOBO自记式水位计，观测频率为12h一次，人工观测井的频率为10天一次。

（6）沟道排水再利用量

选取研究区域内的3个典型沟道排水再利用农户进行定点观测，在农户的排水再利用设施上安装水表，观测记录各次灌溉时间和灌溉水量。

（7）水文地质参数

2014年10月和2015年4月分别在研究区域内的4个典型区进行抽水试验。选取4处装有水表的机井进行抽水，记录抽水时间、井的出水量和地下水位变化情况。抽水井附近均设有观测井，在抽水井和观测井中放置地下水位观测探头用于自动测量水位变化。对抽水试验数据进行处理，最终可得到含水层不同分区的水文地质参数。

（8）钻孔数据

研究区域内共有24个浅层钻孔，钻孔深度为30m，根据钻孔资料可以得到不同土层土质、厚度和颗粒组成数据，根据颗粒组成（表2.8）可以得出各土层的田间持水量和饱和含水量，结果见表2.9，其中1代表钻孔的上层土壤，2代表下层土壤。

根据三个典型钻孔土层颗粒粒径分析，利用Hydrus模型自带的Rosette神经网络预测模块，得到不同土层对应的土壤水分特征曲线和土壤特性参数。图2.23是三个典型钻孔不同土层的土壤水分特征曲线。取土水势1/3bar对应的土壤含水量作为田间持水量（朱祖祥，1982年）。三个典型钻孔各土壤土层的深度、土壤质地、田间持水量和饱和含

水量见表2.9。

**表2.8 三个典型钻孔土层颗粒组成分析**

| 钻孔名 | 钻孔分层 | 土层深度/m | 黏粒(<0.002mm,%) | 粉砂(0.02~0.002mm,%) | 砂粒(2~0.02mm,%) |
|---|---|---|---|---|---|
| HW | HW—1 | 0~8 | 16.80 | 72.19 | 11.01 |
| | HW—2 | 8~30 | 0.40 | 1.92 | 97.69 |
| QJ | QJ—1 | 0~11 | 17.99 | 68.98 | 13.03 |
| | QJ—2 | 11~30 | 0.93 | 3.89 | 95.18 |
| QX | QX—1 | 0~18.5 | 18.68 | 67.92 | 13.41 |
| | QX—2 | 18.5~30 | 5.00 | 13.43 | 81.57 |

**表2.9 三个典型钻孔不同土层的饱和含水量和田间持水量**

| 钻孔名 | 钻孔分层 | 土层深度/m | 土壤质地 | 饱和含水量/($cm^3/cm^3$) | 田间持水量/($cm^3/cm^3$) |
|---|---|---|---|---|---|
| HW | HW—1 | 0~8 | 粉砂质黏壤土 | 0.451 | 0.303 |
| | HW—2 | 8~30 | 砾质粗砂 | 0.378 | 0.051 |
| QJ | QJ—1 | 0~11 | 粉砂质黏壤土 | 0.446 | 0.304 |
| | QJ—2 | 11~30 | 砾质粗砂 | 0.380 | 0.051 |
| QX | QX—1 | 0~18.5 | 粉砂质黏壤土 | 0.445 | 0.303 |
| | QX—2 | 18.5~30 | 砾质粗砂 | 0.381 | 0.059 |

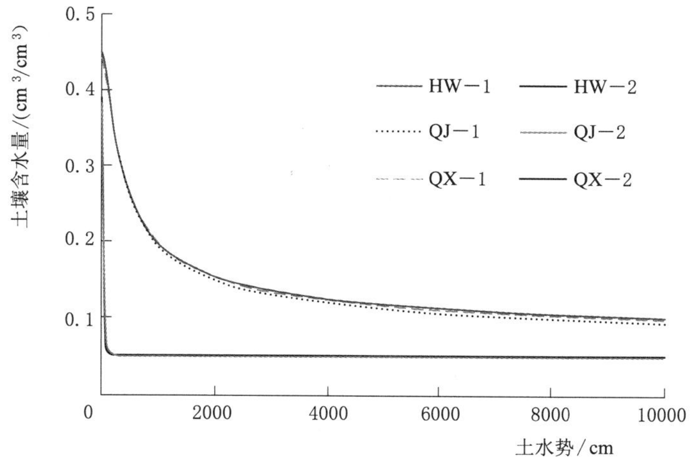


图2.23 三个典型钻孔不同土层的土壤水分特征曲线

（9）其他资料收集

研究区域及周边机井分布和相应水泵参数、土地利用和作物种植结构、水稻生育期划分、排水沟道和河道的空间分布及各断面参数、水资源论证报告、地下水资源调查评价报告、青龙山灌区规划报告等，来源于黑龙江省农垦总局、建三江管理局和前进农场水务局。研究中需要收集的资料及来源见表2.10。

**表2.10　研究区域资料内容来源及用途**

| 资料内容 | 资料来源 | 资料用途 |
|---|---|---|
| 地下水位资料 | 管局水务局 | 检验模型 |
| 逐日气象数据 | 管局气象站/黑龙江农垦气象数据共享网 | 模型输入 |
| 机井空间分布和相关参数 | 管局水务局水利普查 | 确定抽水量和位置，模型输入 |
| 排水沟道空间分布和断面参数 | 管局水务局 | 模型输入 |
| 各条排干控制面积 | 管局水务局 | 检验模拟单元划分结果 |
| 土地利用和作物种植结构 | 管局国土局 | 模拟单元划分和参数选择 |
| 地质钻孔 | 管局水务局 | 地层结构划分，模型输入 |
| 排水再利用和地下水利用成本 | 调研典型农户 | 经济成本分析 |
| 节制闸设计参数<br>部分排干灌溉退水量<br>水资源论证报告<br>地下水资源调查评价报告<br>节水灌溉示范区实施方案报告<br>青龙山灌区规划报告 | 管局水务局 | 模型中参数取值参考 |

（10）观测点经纬度和高程

研究区域内包括灌溉水量、河道流量、水文地质参数、地下水位和沟道排水再利用量等观测点在内的所有测点的经纬度和高程，并采用GPS RTK进行了测定。

（11）经济成本调研

调研了研究区域内沟道排水再利用和地下水利用成本，主要包括设备费、运行维护费、电费或柴油费，用于后续经济评价。

### 2.2.2.2　水文地质参数

为了获取较准确的含水层水力特性和水文地质参数资料，选取了4处装有机械水表的机井（图2.22）进行抽水试验，记录抽水时间、井的出水量和地下水位变化情况，抽水井附近均设有观测井，自动测量水位变化。

根据抽水试验的后期数据，即停止抽水后的水位恢复过程数据，利用直线图解分析法对水位降深-时间（$s-t$）数据进行计算，此方法是建立在Theis公式的简化形式Jacob直线公式的基础上，计算公式如下（郭建青等，2004年）：

$$Y = ts \tag{2.1}$$

$$X=t\ln\left(\frac{t+t_p}{t}\right) \tag{2.2}$$

$$A=\frac{Q}{4\pi T} \tag{2.3}$$

$$B=-A\frac{r^2\mu^*}{4T}=-\frac{Qr^2\mu^*}{16\pi T^2} \tag{2.4}$$

式中：$s$ 为观测井的水位降深，m；$t$ 为水位恢复时间，min，以水泵停抽时刻作为起始时刻；$t_p$ 为停止抽水之前的抽水持续时间，min；$r$ 为观测井与抽水主井的距离，m；$T$ 为含水层的导水系数，$m^2/min$；$\mu^*$ 为含水层的贮水系数，无量纲。

根据上述方程可以得到

$$Y=AX+B \tag{2.5}$$

显然，在以 $Y$ 为纵坐标轴，$X$ 为横坐标轴的坐标系中，式（2.5）表示了斜率为 $A$，纵截距为 $B$ 的直线方程，其中，因变量 $Y$ 和自变量 $X$ 均为由试验观测数据计算得到的函数。由于直线常数 $A$ 和 $B$ 中含有待求的水文地质参数，因此，只要将试验数据利用式（2.1）和式（2.2）转换为 $Y$ 和 $X$，就可以利用直线图解法计算出 $A$ 和 $B$ 的值，然后根据式（2.3）可得到导水系数 $T$，则含水层的渗透系数 $K=T/H$，其中，$H$ 为含水层的厚度，m。

根据直线图解法计算得到 4 个分区含水层的渗透系数分别为：60.64m/d、64.28m/d、56.19m/d 和 37.75m/d，含水层渗透系数分区情况见图 2.24。

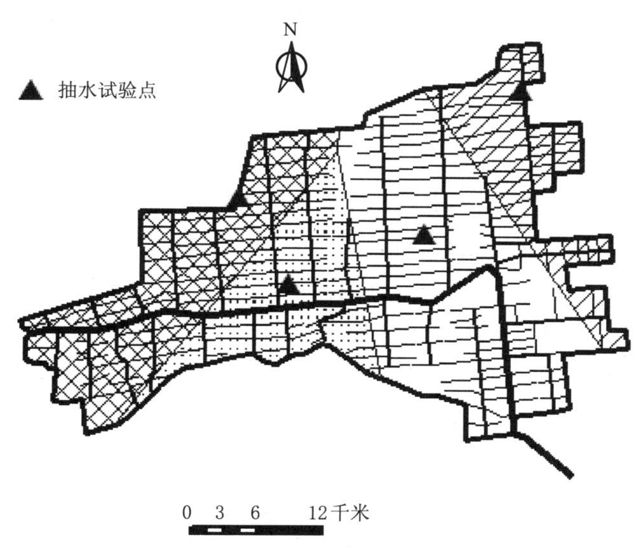


图 2.24 研究区域含水层渗透系数分区图

#### 2.2.2.3 河道断面水位流量关系

别拉洪河 B—2 和 B—3 断面的水位流量关系曲线是根据 LS45—2 旋杯式流速仪测定的各断面在不同水位条件下的流速得到的，见图 2.25。根据水位流量关系曲线，结合 HOBO 自记式水位计观测的相应断面水位，即可得到 B—2 和 B—3 断面的流量。

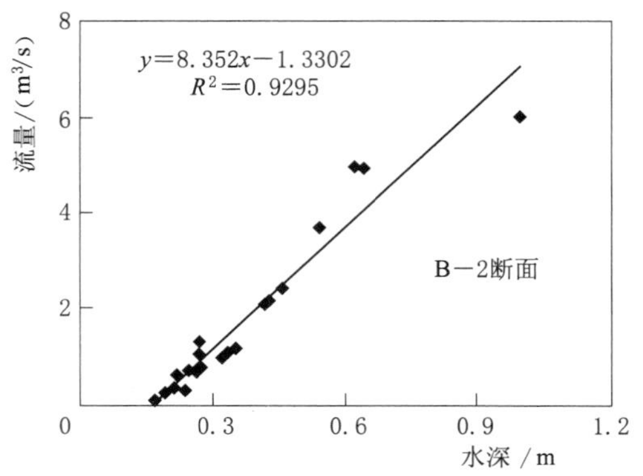


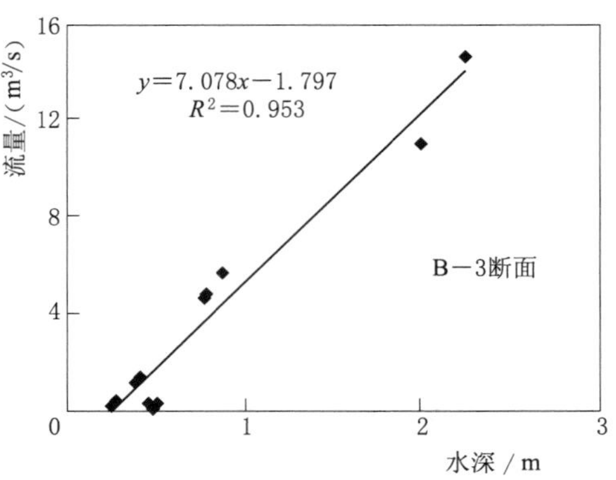


图 2.25 别拉洪河 B—2 和 B—3 断面水位流量关系曲线

## 2.3 小 结

本章介绍了河北省石津灌区和东北三江平原别拉洪河水稻区的基本情况和数据搜集监测，主要内容概括如下：

(1) 石津灌区和别拉洪河水稻区在气候特征、主要作物种类、灌溉模式、水源种类、地貌特征、水文地质条件等方面，在华北平原和东北三江平原具有一定代表性，且存在对地表或地下水回归水的重复再利用，从而使得节水效果的尺度效应凸显，适合作为尺度效应研究区域。

(2) 在石津灌区内军干渠曹元分干的北二支设立了试验区，进行了 2007—2009 年两季冬小麦生育期土壤墒情、潜水埋深、灌溉水量、降雨量的观测，其中土壤墒情为每月一次，潜水埋深为 10 天一次（灌溉期间加密为三天一次），除此之外，还测量了土壤容重；田间试验资料主要用于冬小麦根系层土壤水量平衡系统动力学模型的检验。

(3) 搜集了石津灌区及其周边地区的（灌区总干渠以南）45 个降雨观测点、104 个潜水位观测孔的观测记录和 44 个钻孔的土质垂向分布资料；另外还搜集了整个研究区内各条渠道灌溉水量、各个县的潜水和承压水抽水量和表层土壤分布资料，这些资料主要用于驱动根系层土壤水量平衡模型和地下水补给量动力学模型的半分布模型；为了验证模型，还对研究区内 51 个表层 60cm 土壤墒情观测点进行了定位观测，并利用遥感数据获取了研究区腾发量的空间分布和土地利用方式。

(4) 在别河水稻区开展了灌溉水量、田面水层、河道流量、沟道排水再利用量、地下水位、水文地质参数、气象数据、土壤颗粒组成和地质钻孔等基础资料的野外试验监测和区域资料搜集工作，从而为后面构建半分布式水量平衡模型提供基础数据和参数率定依据。

## 本章参考文献

[1] 陈望和．河北地下水［M］. 北京：地震出版社，1999.

[2] 高殿举，赵全喜，侯月英，等．石津灌区东部地区浅层淡水资源评价［R］. 石家庄：河北省水利科

学研究所，1992.

[3] 郭建青，李彦，王洪胜，等. 含水层抽水试验水位恢复过程数据的直线图解分析法 [J]. 水利学报，2004，10 (10)：22-26.

[4] 郭宗信，黄修桥，忤峰. 河北省石津灌区节水改造专题研究 [R]. 石家庄：河北省石津灌区管理局，2001.

[5] 黑龙江农垦勘测设计研究院. 黑龙江垦区建三江分局第四系浅层地下水资源调查与评价报告 [R]. 1998.

[6] 石信茹，郭宗信，赵玲，等. 河北省石津灌区续建配套与节水改造规划报告 [R]. 石家庄：河北省水利水电第二勘测设计研究院，1999.

[7] 张兆吉，费宇红. 华北平原地下水可持续利用图集 [M]. 北京：中国地图出版社，2009.

[8] 赵振兴，何建京. 水力学 [M]. 2版. 北京：清华大学出版社，2010.

[9] 朱祖祥. 土壤学 [M]. 北京：农业出版社，1982.

# 第3章 尺度界定及用水效率评估指标

研究灌区用水效率尺度效应时，要对所研究灌区的整体水循环有透彻的理解，用水效率和节水效果评估指标的内容也需要基于水分循环过程而进行重新设计。不仅如此，各种用水效率指标的空间和时间尺度也要被严格定义，在应用层面上对这些科学问题有意或无意的忽略或许也是导致灌区用水效率尺度效应存在诸多误解从而增加研究难度的一个重要原因。考虑到这些问题的重要性，本章将给出时间和空间尺度的界定，然后提出基于水平衡框架的用水效率评估指标，并对它们在不同时空尺度下的内涵进行解析。

## 3.1 石津灌区时空尺度界定

### 3.1.1 石津灌区空间尺度界定

空间尺度是对水平衡要素进行归类统计的空间区域的大小，也是确定用水效率指标内涵的前提条件，进行用水效率指标尺度效应分析，首先必须对空间尺度进行严格界定。界定时主要把握两个原则：一是资料的可得性，即尺度选择尽量与灌区管理模式一致，便于资料的获取；二是不同尺度水循环特征存在显著差异。根据研究区的实际情况，尺度界定为根区、田间、分干、干渠和灌区5个尺度。

根区尺度是指作物（冬小麦）根系区土壤带，其入流量为渠道灌溉、降雨量、浅层和深层抽水灌溉以及毛管上升水补给量，消耗量主要为作物蒸腾和土壤蒸发，出流量为作物根系层深层渗漏量。

田间尺度在根区尺度的基础上向下延伸，将作物根系层以下的非饱和带及饱和带包含进去，因此根系层深层渗漏量、浅层抽水量和毛管上升补给量属于该尺度范围内的循环，不计入出流或者入流，该尺度入流量为渠道灌溉量、降雨量、深层抽水灌溉量、附近渠系渗漏补给水量和地下水水平入流量，出流量主要为地下水水平流出量；相比根区尺度，田间尺度存在着对根系层深层渗漏回归再利用的过程。

分干尺度在田间尺度的基础上增加了分干及以下各级渠系的水分循环过程，渠系水分循环过程的增加一方面导致损失途径增多，增大了渠道灌溉水量，但增加的灌溉水量有一部分通过渠系损失回归地下水库，这些回归水量一部分在本尺度被重复利用，另一部分通过水平交换流出该尺度，在更大的尺度被抽取出来重复利用，因此分干尺度与田间尺度相比，并非简单增加了渠道灌溉引水量，而是要综合考虑渠道灌溉引水量的增加和回归利用水量的双重影响。

干渠、灌区尺度的水循环路径与分干尺度类似，但涉及面积更大，渠系更多，情况更为复杂。

需要说明的是，分干尺度和干渠尺度并非狭义的特指渠道灌域，由于石津灌区存在一定范围的纯井灌域，因此对于纯井灌灌域，分干尺度以行政县为界线，而干渠尺度不仅包含渠道分干尺度，还包含井水灌溉的分干尺度，这一点在第 6 章还会进行更为具体的说明。

各个空间尺度的边界界定见表 3.1。同时考虑到时间尺度的影响（第 3.1.2 节中叙述），对于冬小麦生育期时间尺度，需要对田间及以上的空间尺度剔除掉渠系、冬小麦根系层以下非饱和带的蓄存水量。

**表 3.1　各个空间尺度的边界说明**

| 尺度 | 上边界 | 下边界 | 水　平　边　界 |
|---|---|---|---|
| 根区尺度 | 土表 | 作物根系层下边界 | 末级渠系控制范围（不含渠系） |
| 田间尺度 | 土表 | 潜水底板 | 末级渠系控制范围（不含渠系） |
| 分干尺度 | 土表 | 潜水底板 | 分干控制范围，含分干及以下渠系 |
| 干渠尺度 | 土表 | 潜水底板 | 干渠控制范围，含干渠及以下渠系 |
| 灌区尺度 | 土表 | 潜水底板 | 灌区控制范围，含总干渠及以下渠系 |

### 3.1.2　石津灌区时间尺度界定

与空间尺度界定一样，时间尺度的划分也是进行水平衡要素解析和用水效率指标分析的前提。时间尺度可以有两种内涵：第一种是研究者所关注（通常用模拟的手段）的水分循环过程所发生的时间段，如既可以关注冬小麦生育期的水分转化，也可以关注整个冬小麦-夏玉米轮作期的水分循环；第二种是必须建立在第一种基础之上，特指某一时间段的水循环要素中的出流量能够在多长时间内成为回归水，例如在模拟了冬小麦生育期的水分运动过程后，可以得到冬小麦的根系层出流量，这个出流量在生育期时间尺度和年尺度下补给地下水库成为回归水的水量有所差异。显然，出现第二种内涵的原因在于井渠结合灌区根系层出流补给地下水库成为回归水需要持续一段时间（在大埋深条件下，持续时间更长）。为了以示区别，将第一种时间尺度称为水循环时段，第二种称为时间尺度，很显然第一种时间尺度效应除了回归水内涵的差异导致外，还可能因为参与水循环的对象增多而造成（如冬小麦水循环过程扩大到冬小麦-夏玉米轮作水循环过程），第二种尺度效应则纯粹是因为研究者对回归水内涵取舍不同而导致。两种时间尺度的内涵如图 3.1 所示。每一个水循环时段都存在一个出流量，对这些出流量进一步跟踪，若考虑的时间尺度较短，出流量只有一部分能够成为回归水，若观察时间尺度较长，则成为回归水的出流量比例将有所增大。

本研究所指的时间尺度是指第二种内涵，它所基于的水循环时段是冬小麦生育期。考虑资料占有情况和井渠结合灌区回归水利用的特殊性，本研究主要进行冬小麦生育期时间尺度和无限长时间尺度两个时间尺度上用水效率的探讨（图 3.2）。当然，也可以在搜集更多的资料以及进行相关研究（如地下水大埋深条件下的补给规律）的基础上，参考本研究

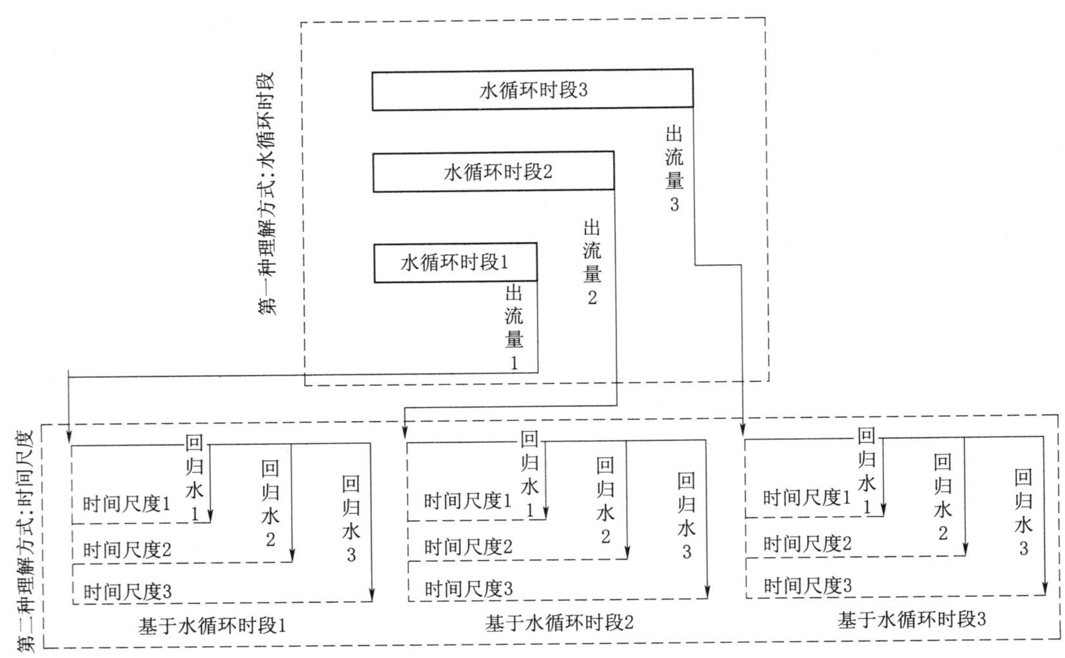


图 3.1　时间尺度内涵示意图

思路来进行更多时间尺度，如月尺度、年尺度、十年尺度等的用水效率指标的分析。

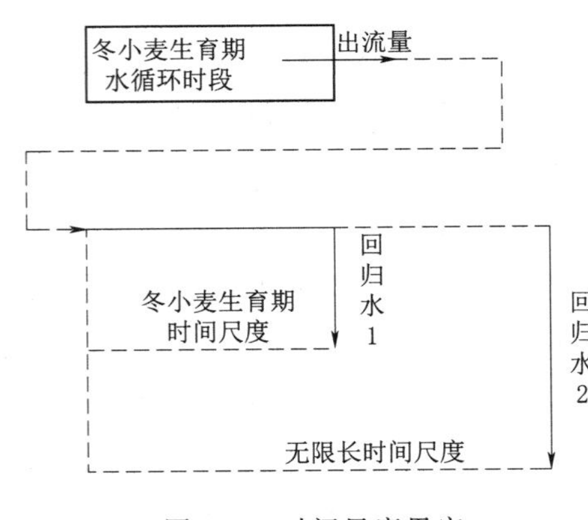


图 3.2　时间尺度界定

灌溉和降雨进入作物根系层土壤后，一部分用于作物蒸腾和土壤蒸发，另一部分形成深层渗漏进入根系层以下非饱和带，这部分水量继续下行直至补充地下水库。当把视角放在一个无限长时间尺度上来看时，深层渗漏水量最终总是会全部补充进入地下水库的（虽然在冬小麦生育期的水循环时段内尚未全部补充），从而全部成为回归水量，所以在该时间尺度下，根系带、根系层以下非饱和带以及饱和带的水分皆属于空间边界内水分循环［图 3.3（a）］。

当把视角从无限长时间尺度拉近到冬小麦生育期时间尺度时，深层渗漏水量或许只有部分能够补充到地下水库成为回归水量，另一部分会蓄存在根系层以下的非饱和带而无法在冬小麦生育期时间尺度内回到地下水库，它属于在冬小麦生育期时间尺度内不可能被作物重复利用的水量。深层渗漏在冬小麦生育期时间尺度内回归地下水的比例取决于根系层以下非饱和带的厚度，厚度越大，回归地下水的水量比例越小。因此从冬小麦生育期时间尺度来看，深层渗漏水量中回归地下水的部分才能被计入尺度内的水分循环，未回归地下水的部分不属于尺度内的水分循环，可以将这部分水量看成土壤水的出流量［图 3.3（b）］。

同样的差异发生在对渠系渗漏损失回归水内涵的分析中。图 3.4 显示了不同时间尺度下渠系损失回归水内涵的差异。渠系渗漏损失进入非饱和带后继续下行直至补充地下水

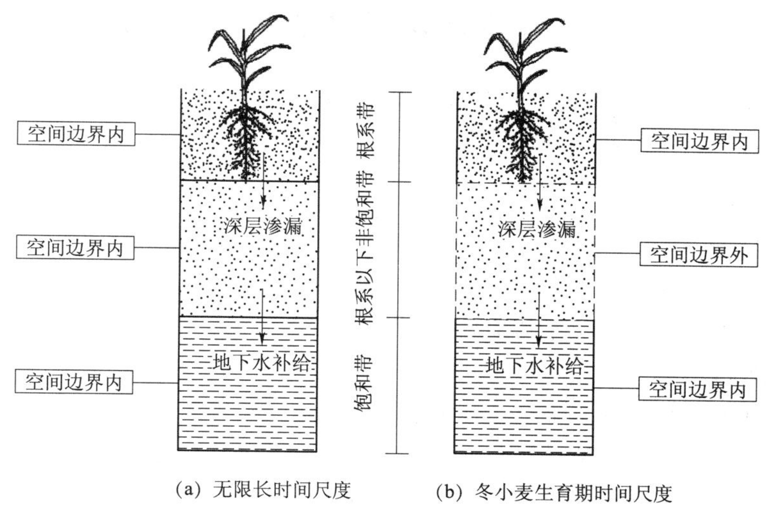


(a) 无限长时间尺度　　(b) 冬小麦生育期时间尺度

图 3.3　不同时间尺度下田间渗漏回归水内涵的差异

库。在无限长时间尺度来看，渠系损失的水量将全部进入地下水库成为回归水，因此渠系以下的非饱和带和饱和带全部属于空间边界内的水循环［图 3.4（a）］。而从冬小麦生育期时间尺度来看，渠系损失只有部分补充地下水库成为回归水，其他部分蓄存在渠系以下的非饱和带无法进入地下水库成为回归水被作物重复利用，因此在该时间尺度下，渠系损失补给地下水的部分属于空间边界内的水循环，渠系损失在冬小麦生育期内无法补给地下水的部分属于空间边界外的水分，属于土壤水的出流部分［图 3.4（b）］。

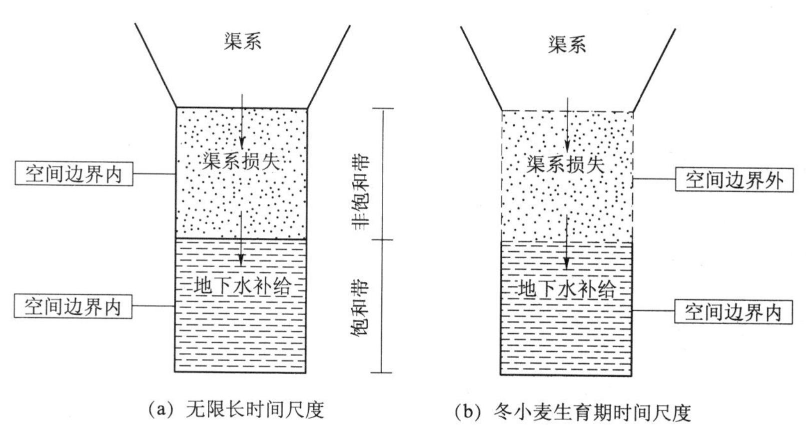


(a) 无限长时间尺度　　(b) 冬小麦生育期时间尺度

图 3.4　不同时间尺度下渠系渗漏回归水内涵的差异

按照上述分析，时间尺度对回归水内涵的影响主要表现在是否计入蓄存在根系层以下及渠系以下非饱和带中的那部分水量。在无限长时间尺度，这部分水量能够全部补充进入地下水成为回归水量，该时间尺度下的各个空间尺度界定在 3.1.1 节中已进行了说明。而在冬小麦生育期时间尺度下，蓄存在渠系或者根系层以下非饱和带的水量不能回归进入地下水库，不属于回归水量而属于土壤水的出流量，因此需要将表 3.1 的空间尺度界定中田间及以上尺度剔除掉渠系和冬小麦根系层以下非饱和带。

## 3.2　别拉洪河水稻区空间尺度界定

采用从上游到下游逐步嵌套的方式将研究区域划分为 7 个尺度，分别为根区尺度、支沟尺度、干沟尺度 1、干沟尺度 2、干沟尺度 3、干沟尺度 4 和灌区尺度，这 7 个尺度对应的编号分别为尺度 1～尺度 7。

（1）根区尺度

根区尺度水平方向是以基础模拟单元内的水田单元作为边界，垂向上包含地表水层和根系层两层。该尺度位于 124 号基础模拟单元，位置见图 3.5，控制面积为 317.9hm$^2$。

（2）支沟尺度

该尺度是在根区尺度的基础上，从水平方向上将基础模拟单元和相应的支沟及支渠都包含进来，从垂向上将土壤传导层和地下含水层包含进来。此时，地下水利用量、根系层渗漏量、补给根系层量、田间渗漏补给地下水量、潜水蒸发量、尺度内的支沟和支渠的渗漏补给地下水量以及尺度内支沟的排水再利用量均属于尺度内的水循环，不参与入流或出流量的计算。该尺度不仅包含 124 号基础模拟单元，还有与其配套的支沟和支渠，位置与根区尺度一致（图 3.5），控制面积为 401.3hm$^2$。

（3）干沟尺度 1

在支沟尺度的基础上，将一条干沟的控制范围都包含进来（图 3.6），控制面积为 4.77×10$^3$hm$^2$。此时，干沟控制范围内的各基础模拟单元间的地下水侧向流动量、该干沟和以下各级渠道/沟道的渗漏补给地下水量、地下水利用量、根系层渗漏量、补给根系层量、田间渗漏补给地下水量和潜水蒸发量属于尺度内的循环，不参与入流或出流量的计算。

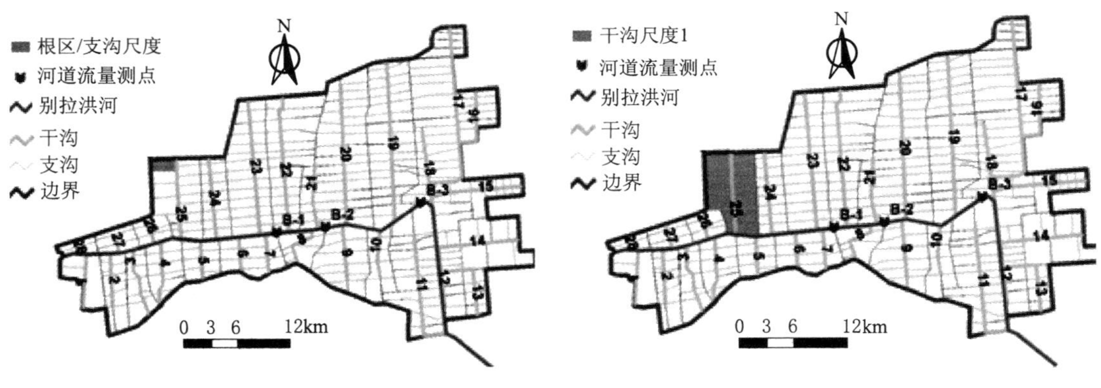


图 3.5　根区尺度和支沟尺度划分图　　图 3.6　干沟尺度 1 划分图

（4）干沟尺度 2～干沟尺度 4

干沟尺度 2 是在干沟尺度 1 的基础上将 B-1 断面的控制范围都包含进来［图 3.7（a）］，干沟尺度 3 在干沟尺度 2 的基础上将 B-2 断面控制范围都包含进来［图 3.7（b）］，干沟尺度 4 是在干沟尺度 3 的基础上将 B-3 断面控制范围都包含进来［图 3.7（c）］。各尺度控制范围内各基础模拟单元间的地下水侧向流动量、边界内各干沟和以下各级渠道/沟道的渗漏

补给地下水量、地下水利用量、根系层渗漏量、补给根系层量、田间渗漏补给地下水量和潜水蒸发量属于尺度内的循环，不参与入流或出流量的计算。

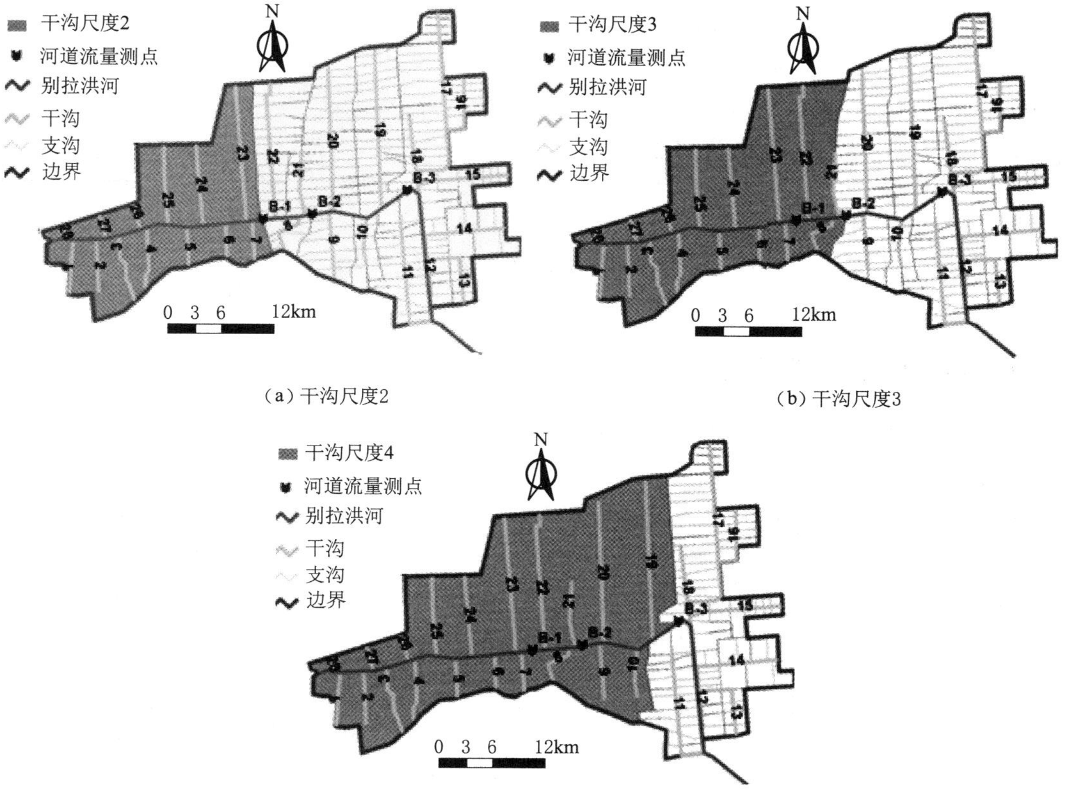

(a) 干沟尺度2

(b) 干沟尺度3

(c) 干沟尺度4

图 3.7 干沟尺度 2～干沟尺度 4 划分图

(5) 灌区尺度

灌区尺度指的是整个研究区域的控制范围，面积为 $1.01\times10^5\mathrm{hm}^2$。此时，控制范围内的各基础模拟单元间的地下水侧向流动量、边界内河道/干沟和以下各级渠道/沟道的渗漏补给量、地下水利用量、根系层渗漏量、补给根系层量、田间渗漏补给地下水量和潜水蒸发量均属于尺度内的循环，不参与入流或出流量的计算。

研究区 7 个尺度的边界界定和相应的控制面积见表 3.2。

**表 3.2 研究区 7 个尺度的边界界定和控制面积**

| 尺度划分 | 尺度编号 | 上边界 | 下边界 | 水平边界 | 控制面积/$\mathrm{hm}^2$ |
|---|---|---|---|---|---|
| 根区尺度 | 尺度 1 | 地表 | 根系层下边界 | 基础模拟单元内的水田单元（不包含其他土地利用） | 317.9 |
| 支沟尺度 | 尺度 2 | 地表 | 潜水底板 | 基础模拟单元（包含全部土地利用及支渠和支沟） | 401.3 |
| 干沟尺度 1 | 尺度 3 | 地表 | 潜水底板 | 1 条干沟控制范围 | 4772 |
| 干沟尺度 2 | 尺度 4 | 地表 | 潜水底板 | 河道 B-1 断面控制范围（包含 13 条干沟） | 32389 |

续表

| 尺度划分 | 尺度编号 | 上边界 | 下边界 | 水平边界 | 控制面积/hm² |
|---|---|---|---|---|---|
| 干沟尺度 3 | 尺度 5 | 地表 | 潜水底板 | 河道 B—2 断面控制范围（包含 16 条干沟） | 42937 |
| 干沟尺度 4 | 尺度 6 | 地表 | 潜水底板 | 河道 B—3 断面控制范围（包含 20 条干沟） | 69288 |
| 灌区尺度 | 尺度 7 | 地表 | 潜水底板 | 灌区控制范围 | 100772 |

# 3.3　用水效率评估指标

## 3.3.1　IWMI 水平衡框架

国际水管理研究院（IWMI）的 Molden（1997 年）提出了一个水量平衡计算框架，见图 3.8。

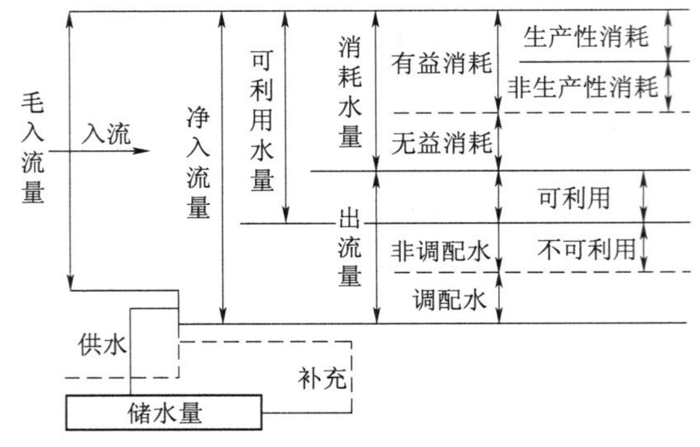


图 3.8　国际水管理研究院（IWMI）水均衡框架

该框架分为两部分：一部分阐述系统入流的分类；另一部分阐述了系统的出流和消耗过程分类。整个框架站在水循环系统的角度较为详细地描述了水资源在某一区域的转化和消耗过程，为用水效率评价指标的尺度效应研究提供了一个很好的理论基础。框架中各术语定义如下：

（1）毛入流量：进入研究区的所有水量，包括降水、地表水和地下水入流。对于根区尺度，浅层抽水量属于毛入流量范畴，因为根区尺度的下边界只到作物根系层，而田间以上尺度，浅层抽水量则不属于毛入流量的范畴，因为地下水库属于尺度边界以内。

（2）总入流量：毛供水量加上储水变化量（包括地表塘堰储水、地下水储水量、土壤水储水量）。

（3）总消耗水量：研究区内的水被使用后或排出后不可再利用或不适宜再利用，包括非生产性消耗和生产性消耗。消耗有 4 类：作物蒸腾和水分蒸发；水流入海洋、沼泽、咸水层等无法再利用的区域；水被污染后无法再利用；合成植物体，形成产量。

（4）出流量：从地表或地下流出研究区域的水量，包括调配水量和非调配水量。

（5）有益消耗：水分消耗能产生一定的效益，如环境用水、作物腾发等。有益消耗进一步分为生产性消耗和非生产性消耗：①生产性消耗：符合人类供水目的的水的消耗量，流域尺度生产性消耗还包括工业用水、农业用水等多方面，而灌区尺度可能只有作物蒸腾。②非生产性消耗：与供水特定目的不一致的水分消耗，如水稻田蒸发等。

（6）无益消耗：水分消耗不能产生效益或产生负效益，如涝渍地表水分的蒸发、深层渗漏进入咸水层等。

（7）调配水：根据水法、水管理部门的配水计划或水权等必须为其他区域分配出来的水量。如河道最小下泄流量。

（8）非调配水量：指出流量扣除调配水后所剩余的水量。这部分水量由于区域内保、蓄水设施不足或运行管理不当而没有被本区域利用，分为可重复利用和不可重复利用：①可重复利用，由于缺乏相应条件目前没有被本区重复利用，流出本区后若有合适条件后能够再次被本区或其他区域重新利用，可重复利用的水量也可称作回归水量；②不可重复利用，由于保蓄水设施不当而无法被其他区域利用，如下泄的洪水。

（9）可利用水量：指研究区域内所有可利用的水量，等于总入流量扣除调配水和非调配水中的不可利用部分，或者等于生产性消耗、非生产性消耗和非调配水中的可回归利用水量之和。

基于 IWMI 提出的水平衡框架，可以根据研究者需要衍生出不同的用水效率指标，如总消耗比例指标、水分生产性消耗比例指标和水分生产率指标等。

IWMI 提出的水平衡框架及相应评价指标体系虽然在理论上为用水效率尺度效应研究提供了很好的理论基础，但整个理论体系过于复杂，而且在实际应用中，部分水平衡要素难以准确量化，因此本研究将对这个水平衡框架进行简化，并基于 IWMI 提出的指标体系进行用水效率指标的设计。

考虑到研究区实际情况及后续尺度转换的需要，暂时只考虑作物种植地及其供水系统的水分循环过程，凡是与之无关的水均衡要素都被排除在水均衡框架之外，具体而言，与 IWMI 水均衡框架相比，做以下三个方面的简化和改变：①消耗水量只考虑生产性消耗即作物腾发量，不计入非生产性消耗和无益消耗水量；②出流量中不计入调配水量，为使水分能够达到均衡，在入流量中也扣除调配水量，对于研究区实际情况而言，即扣除渠道的冲污水量；③非调配水不再按照流出尺度边界后的功能而区分为可利用与不可利用，只要流出空间尺度，全部统一按照出流量计算。

经过上述简化后的耕地及其供水系统水均衡框架见图 3.9。

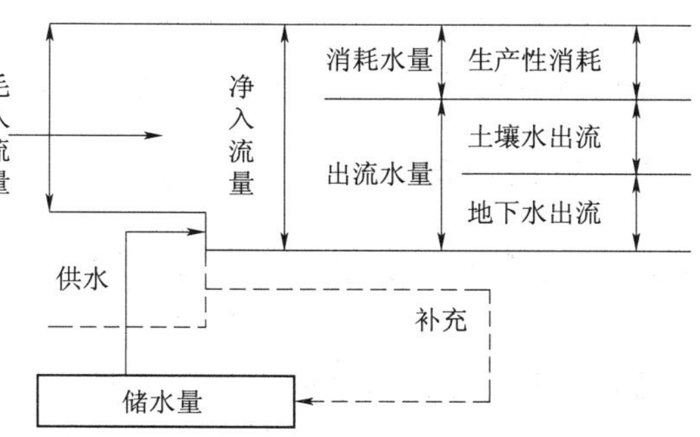

图 3.9　耕地及供水系统的简化水均衡框架

在该框架下，最基本的水量平衡方程为：

$$\text{净入流量}=\text{生产性消耗水量}+\text{出流量} \tag{3.1}$$

根据简化的水均衡框架，选择水分生产率和水量比例两类共 10 种用水效率指标（图 3.10）进行不同尺度的评估及尺度效应分析。需要说明的是，由于现在对各种指标的名称叫法各异，因此本研究不过分关注指标的名称，只关注指标的物理内涵，所以采用“用水效率”这一名称来代表所有的评估指标。

上述 10 种指标中，需要对净灌溉降雨和净灌溉两个变量进行单独说明。总的说来，将某个尺度的潜水灌溉量的部分或全部视作由该尺度回归地下水库水量的贡献，然后将其从灌溉降雨量或者总灌溉量中扣除掉部分或全部。按照下面公式计算。

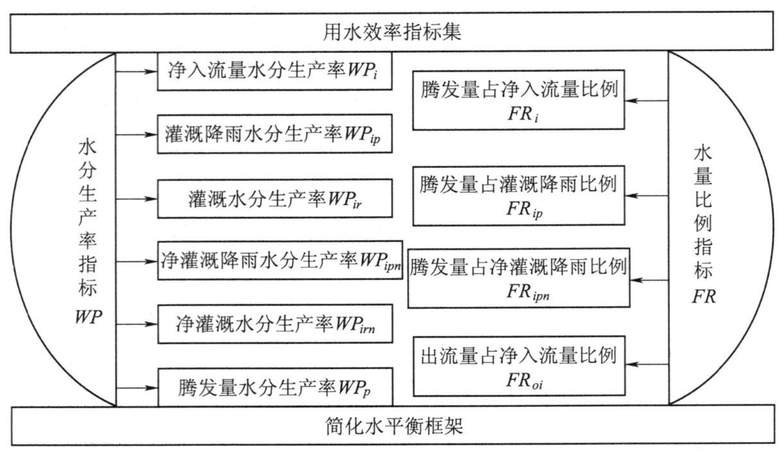


图 3.10　灌溉用水效率评估指标集

$$(I+Pe)_{net}=I+Pe-\min(RC,\ I_{up}) \tag{3.2}$$

$$I_{net}=I-\min(RC,\ I_{up}) \tag{3.3}$$

式中：$I_{net}$为净灌溉水量；$(I+Pe)_{net}$ 为净灌溉和降雨量；$I$ 为总灌溉量，含承压水灌溉、渠道灌溉和潜水灌溉；$I_{up}$为潜水灌溉量；$Pe$ 为降雨量；$RC$ 为本尺度出流中能够回归进入地下水库的水量。

对于无限长时间尺度，根区尺度和田间尺度的回归水量为冬小麦根系层深层渗漏出流量，田间以上尺度还包含渠系损失水量，对于作物生育期时间尺度，根区尺度和田间尺度的回归水量为冬小麦生育期内的田间灌溉补给地下水量，田间以上尺度还包含渠系损失补给地下水量。

根据需要和研究区实际情况，经过简化的水平衡框架与 IWMI 水均衡框架相比虽然得到了很大的简化，但简化框架及以此为基础的用水效率指标还比较抽象，在不同的时空尺度下其内涵有很大差异，下面将对其在不同时空尺度下的内涵进行具体剖析。

## 3.3.2　石津灌区多尺度用水效率指标

### 3.3.2.1　无限时间尺度下用水效率解析

在对水均衡框架进行不同时空尺度的解析时，需要把握的原则是：凡是流入边界的就是入流量，凡是流出边界的就是出流量，严格按照时空尺度边界来对水均衡要素进行分类，同时归纳出各个尺度的水量平衡方程以便检验结果的准确性。下面分别对无限长时间尺度下的不同空间尺度进行解析。

（1）根区尺度

根区尺度是指末级渠系控制范围，其上边界为土表，下边界为作物根系层底部。图 3.11（a）给出了其水循环示意图。在根区尺度，毛入流量有降雨量、渠道灌溉水量、潜水灌溉量、承压水灌溉量以及毛管上升补给水量，消耗水量为冬小麦腾发量，出流量为根系层深层渗漏量。

根区尺度下的水量平衡方程为：

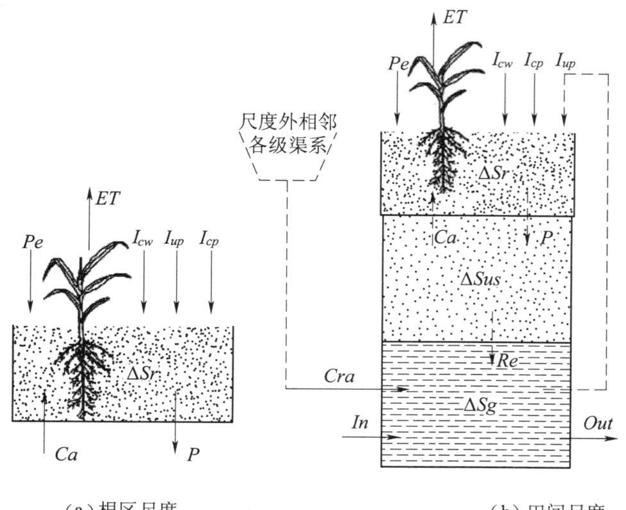


ET：冬小麦腾发量
Pe：降雨量
$I_{cw}$：渠道灌溉量
$I_{up}$：潜水灌溉量
$I_{cp}$：承压水灌溉量
Ca：毛管上升补给量
P：根系深层渗漏量
Re：田间灌溉补给量
Cra：相邻渠系渗漏补给量
In：潜水地下水入流量
Out：潜水地下水出流量
ΔSr：根系土壤带储水变化量
ΔSus：根系以下非饱和带储水变化量
ΔSg：潜水地下水储水变化量
注：虚线箭头代表尺度内循环。

(a) 根区尺度　　(b) 田间尺度

图 3.11　无限时间尺度下根区和田间尺度水循环示意图

$$\Delta Sr = Pe + I_{cw} + I_{up} + I_{cp} + Ca - ET - P \tag{3.4}$$

式中：渠道灌溉水量 $I_{cw}$ 是指田间净灌溉水量。根区尺度各用水效率指标解析见表 3.3，表中 $Y$ 为冬小麦产量，其他变量含义见图 3.11 中变量说明。

**表 3.3　无限长时间尺度下根区尺度用水效率指标解析**

| 评价指标名称 | 评价指标符号 | 分　子 | 分　母 |
|---|---|---|---|
| 净入流量水分生产率 | $WP_i$ | $Y$ | $Pe + I_{cw} + I_{cp} + I_{up} + Ca - \Delta Sr$ |
| 灌溉降雨水分生产率 | $WP_{ip}$ | $Y$ | $Pe + I_{cw} + I_{cp} + I_{up}$ |
| 灌溉水分生产率 | $WP_{ir}$ | $Y$ | $I_{cw} + I_{cp} + I_{up}$ |
| 净灌溉降雨水分生产率 | $WP_{ipn}$ | $Y$ | $Pe + I_{cw} + I_{cp} + I_{up} - P$ |
| 净灌溉水分生产率 | $WP_{irn}$ | $Y$ | $I_{cw} + I_{cp} + I_{up} - P$ |
| 腾发量水分生产率 | $WP_p$ | $Y$ | $ET$ |
| 腾发量占净入流量比例 | $FR_i$ | $ET$ | $Pe + I_{cw} + I_{cp} + I_{up} + Ca - \Delta Sr$ |
| 腾发量占灌溉降雨比例 | $FR_{ip}$ | $ET$ | $Pe + I_{cw} + I_{cp} + I_{up}$ |
| 腾发量占净灌溉降雨比例 | $FR_{ipn}$ | $ET$ | $Pe + I_{cw} + I_{cp} + I_{up} - P$ |
| 出流量占净入流量比例 | $FR_{oi}$ | $P$ | $Pe + I_{cw} + I_{cp} + I_{up} + Ca - \Delta Sr$ |

(2) 田间尺度

田间尺度也是指末级渠系控制范围，其上边界为土表，下边界为潜水底板以上，图 3.11 (b) 给出了田间尺度的水循环示意图。田间尺度的毛入流量主要包括降雨量、渠道灌溉水量、承压水灌溉量、边界外临近各级渠系渗漏损失补给量以及潜水地下水入流量，消耗水量为冬小麦腾发量，出流量为潜水地下水出流量。毛管上升补给量、冬小麦根系层深层渗漏量、田间灌溉补给量和潜水抽水量皆属于尺度边界内的水分循环。田间尺度下的水量平衡方程为：

$$\Delta Sr + \Delta Sus + \Delta Sg = Pe + I_{cw} + I_{cp} + Cra + In - ET - Out \tag{3.5}$$

除净入流量水分生产率、腾发量占净入流量比例和出流量占净入流量比例三个指标略有差异外，其他指标与根区尺度一样。

表 3.4　无限长时间尺度下田间尺度用水效率指标解析

| 评价指标名称 | 评价指标符号 | 分　子 | 分　母 |
| --- | --- | --- | --- |
| 净入流量水分生产率 | $WP_i$ | $Y$ | $Pe+I_{cw}+I_{cp}+Cra+In-\Delta Sr-\Delta Sus-\Delta Sg$ |
| 腾发量占净入流量比例 | $FR_i$ | $ET$ | $Pe+I_{cw}+I_{cp}+Cra+In-\Delta Sr-\Delta Sus-\Delta Sg$ |
| 出流量占净入流量比例 | $FR_{oi}$ | $Out$ | $Pe+I_{cw}+I_{cp}+Cra+In-\Delta Sr-\Delta Sus-\Delta Sg$ |

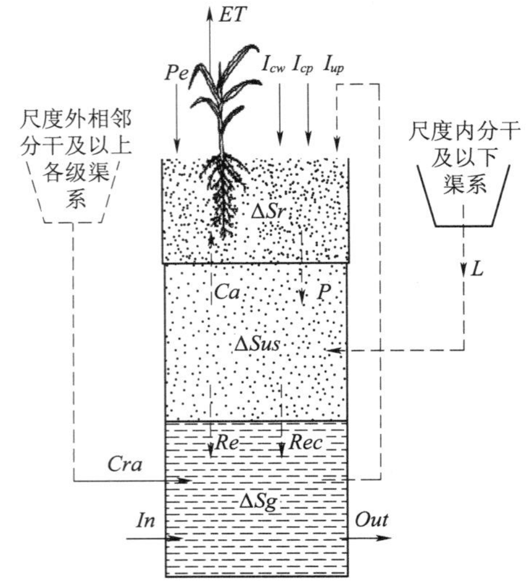


图 3.12　无限时间尺度下分干和干渠尺度水循环示意图

(3) 分干尺度

分干尺度在田间尺度的基础上增加了分干及以下各级渠系的水分循环过程，其水平边界为一条分干控制的范围（含该分干及以下各级渠系），垂向上边界为土表，下边界为潜水底板。图 3.12 为分干尺度的水循环示意图，图中 $L$ 为尺度内渠系渗漏损失量，$Rec$ 为尺度内渠系渗漏损失补给量，其他变量含义见图 3.11。其毛入流量主要包括降雨量、分干渠首引水量、承压水灌溉量、边界外临近分干及以上各级渠系渗漏损失补给量以及潜水地下水入流量，消耗水量为冬小麦腾发量，出流量为潜水地下水出流量。毛管上升补给量、冬小麦根系层深层渗漏量、田间灌溉补给量、潜水抽水量、本分干及以下渠系渗漏损失及其补给地下水量皆属于尺度边界内的水分循环。

分干尺度下的水量平衡方程与田间尺度相同，但内涵不同，表达式如下：

$$\Delta Sr+\Delta Sus+\Delta Sg=Pe+I_{cw}+I_{cp}+Cra+In-ET-Out \tag{3.6}$$

式中：渠道灌溉水量 $I_{cw}$ 是指分干渠首引水量，其他各变量在整个分干尺度内麦地上进行统计。分干尺度各用水效率指标解析见表 3.5。

表 3.5　无限长时间尺度下分干和干渠尺度用水效率指标解析

| 评价指标名称 | 评价指标符号 | 分子 | 分　母 |
| --- | --- | --- | --- |
| 净入流量水分生产率 | $WP_i$ | $Y$ | $Pe+I_{cw}+I_{cp}+Cra+In-\Delta Sr-\Delta Sus-\Delta Sg$ |
| 灌溉降雨水分生产率 | $WP_{ip}$ | $Y$ | $Pe+I_{cw}+I_{cp}+I_{up}$ |
| 灌溉水分生产率 | $WP_{ir}$ | $Y$ | $I_{cw}+I_{cp}+I_{up}$ |
| 净灌溉降雨水分生产率 | $WP_{ipn}$ | $Y$ | $Pe+I_{cw}+I_{cp}+I_{up}-P-L$ |
| 净灌溉水分生产率 | $WP_{irn}$ | $Y$ | $I_{cw}+I_{cp}+I_{up}-P-L$ |
| 腾发量水分生产率 | $WP_p$ | $Y$ | $ET$ |
| 腾发量占净入流量比例 | $FR_i$ | $ET$ | $Pe+I_{cw}+I_{cp}+Cra+In-\Delta Sr-\Delta Sus-\Delta Sg$ |
| 腾发量占灌溉降雨比例 | $FR_{ip}$ | $ET$ | $Pe+I_{cw}+I_{cp}+I_{up}$ |
| 腾发量占净灌溉降雨比例 | $FR_{ipn}$ | $ET$ | $Pe+I_{cw}+I_{cp}+I_{up}-P-L$ |
| 出流量占净入流量比例 | $FR_{oi}$ | $Out$ | $Pe+I_{cw}+I_{cp}+Cra+In-\Delta Sr-\Delta Sus-\Delta Sg$ |

(4) 干渠尺度

干渠尺度为一条干渠控制的范围(含该干渠及以下各级渠系),垂向上边界为土表,下边界为潜水底板。图3.12给出了干渠尺度的水循环示意图,可以看出与分干尺度非常类似。其毛入流量主要包括降雨量、干渠渠首引水量、承压水灌溉量、边界外临近分干及以上各级渠系渗漏损失补给量以及潜水地下水入流量,消耗水量为冬小麦腾发量,出流量为潜水地下水出流量。毛管上升补给量、冬小麦根系层深层渗漏量、田间灌溉补给量、潜水抽水量、本干渠及以下渠系渗漏损失及其补给地下水量皆属于尺度边界内的水分循环。干渠尺度下的水量平衡方程与田间尺度相同,但内涵不同,表达式如下:

$$\Delta Sr + \Delta Sus + \Delta Sg = Pe + I_{cw} + I_{cp} + Cra + In - ET - Out \tag{3.7}$$

式中:渠道灌溉水量 $I_{cw}$ 是指干渠渠首引水量,其他各变量在整个干渠尺度内麦地上进行统计。干渠尺度各用水效率指标表征方法与分干相同,见表3.5。

(5) 灌区尺度

灌区尺度为整个研究区范围(含总干渠及以下各级渠系),垂向上边界为土表,下边界为潜水底板。图3.13给出了灌区尺度的水循环示意图,与分干尺度和干渠尺度的差别在于没有尺度外临近渠系的渗漏损失补给。其毛入流量主要包括降雨量、总干渠渠首引水量、承压水灌溉量、潜水地下水入流量,消耗水量为冬小麦腾发量,出流量为潜水地下水出流量。毛管上升补给量、冬小麦根系层深层渗漏量、田间灌溉补给量、潜水抽水量、各级渠系渗漏损失及其补给地下水量皆属于尺度边界内的水分循环。

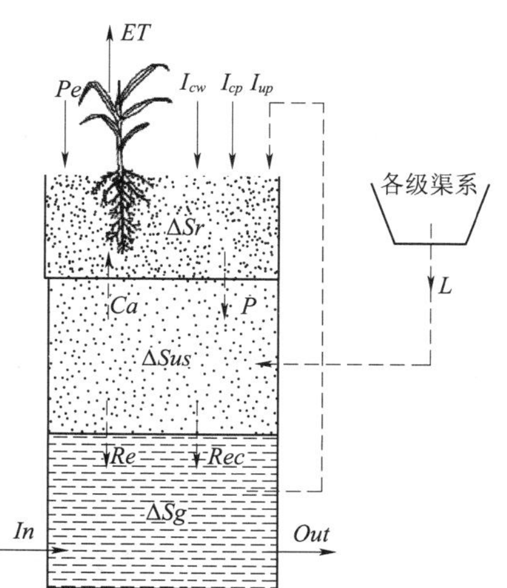


图3.13 无限时间尺度下灌区尺度水循环示意图

灌区尺度水量平衡方程表达式如下:

$$\Delta Sr + \Delta Sus + \Delta Sg = Pe + I_{cw} + I_{cp} + In - ET - Out \tag{3.8}$$

式中:渠道灌溉水量 $I_{cw}$ 是指总干渠渠首引水量,其他各变量在整个灌区尺度内麦地上进行统计。由于灌区尺度净入流量不包括相邻渠系渗漏补给量,因此与分干尺度相比,除净入流量水分生产率、腾发量占净入流量比例和出流量占净入流量比例三个指标略有差异外,其他指标与分干尺度一样。

**表3.6 无限长时间尺度下灌区尺度用水效率指标解析**

| 评价指标名称 | 评价指标符号 | 分 子 | 分 母 |
|---|---|---|---|
| 净入流量水分生产率 | $WP_i$ | Y | $Pe + I_{cw} + I_{cp} + In - \Delta Sr - \Delta Sus - \Delta Sg$ |
| 腾发量占净入流量比例 | $FR_i$ | ET | $Pe + I_{cw} + I_{cp} + In - \Delta Sr - \Delta Sus - \Delta Sg$ |
| 出流量占净入流量比例 | $FR_{oi}$ | Out | $Pe + I_{cw} + I_{cp} + In - \Delta Sr - \Delta Sus - \Delta Sg$ |

综上所述,无限时间尺度下,根区、田间、分干、干渠和灌区尺度的各个水平衡要素归类见表3.7。

表 3.7　无限时间尺度下各空间尺度的水平衡要素表

| 尺　　度 | 根区尺度 | 田间尺度 | 分干尺度 | 干渠尺度 | 灌区尺度 |
|---|---|---|---|---|---|
| 1. 净入流水量 | | | 1.1 项－(1.2 项＋1.3 项) | | |
| 1.1 毛入流水量 | | | 1.1.1 项至 1.1.7 项之和 | | |
| 1.1.1 渠道灌溉 | ☆ | ☆ | ☆ | ☆ | ☆ |
| 1.1.2 承压水灌溉 | ☆ | ☆ | ☆ | ☆ | ☆ |
| 1.1.3 潜水灌溉 | ☆ | | | | |
| 1.1.4 降雨量 | ☆ | ☆ | ☆ | ☆ | ☆ |
| 1.1.5 边界外渠系补给量 | | ☆ | ☆ | ☆ | |
| 1.1.6 地下水入流量 | | ☆ | ☆ | ☆ | ☆ |
| 1.1.7 毛管上升补给量 | ☆ | | | | |
| 1.2 土壤储水变化量* | ☆ | ☆ | ☆ | ☆ | ☆ |
| 1.3 地下水储水变化量 | | ☆ | ☆ | ☆ | ☆ |
| 2. 总耗水量 | | | 2.1 项 | | |
| 2.1 麦地腾发量 | ☆ | ☆ | ☆ | ☆ | ☆ |
| 3. 出流量 | | | 3.1 项和 3.2 项之和 | | |
| 3.1 地下水出流量 | | ☆ | ☆ | ☆ | ☆ |
| 3.2 土壤水出流量** | ☆ | | | | |
| 4. 作物产量 | ☆ | ☆ | ☆ | ☆ | ☆ |

*　土表以下整个非饱和带储水改变量，包括作物根系层和根系层以下非饱和带两部分。

**　根区尺度的土壤水出流指根系层深层渗漏量。

#### 3.3.2.2　冬小麦生育期时间尺度下用水效率指标解析

按照 3.1.2 节中的分析，在冬小麦生育期时间尺度下，作物根系层深层渗漏量和渠系渗漏损失未能回归地下水而储存在非饱和带中的水量是无法被冬小麦重复利用的，因此被视作土壤水出流量，所以与无限时间尺度相比，在出流部分应该增加土壤水出流，而在储水变化量中应该扣除掉这部分水量。

(1) 根区尺度

根区尺度因为不涉及渠系，也不涉及根系层以下非饱和带，因此冬小麦生育期时间尺度与无限长时间尺度的水均衡内涵和用水效率指标是相同的。

(2) 田间尺度

扣除掉根系层以下非饱和带后，田间尺度只包含有冬小麦根系层和饱和带，此时田间尺度的水量平衡方程为：

$$\Delta Sr + \Delta Sg = Pe + I_{cw} + I_{cp} + Cra + In + Re + Ca - ET - Out - P \tag{3.9}$$

式中：渠道灌溉水量 $I_{cw}$ 是指田间净灌溉水量。

冬小麦根系层以下非饱和带水量平衡方程为：

$$\Delta Sus = P - Ca - Re \tag{3.10}$$

将式 (3.10) 代入式 (3.9) 可得：

$$\Delta Sr + \Delta Sg = Pe + I_{cw} + I_{cp} + Cra + In - ET - Out - \Delta Sus \tag{3.11}$$

式（3.11）的内涵是将根层、根系层以下非饱和带及饱和带三者纳入整体考虑，这样就与无限时间尺度下描述的空间尺度一致。与式（3.5）描述的无限时间尺度时田间尺度水量平衡方程相比，可知此时根系层以下非饱和带储水增加量从储水改变量部分（等式左边）移除到空间尺度的出流量部分（等式右边），所以毛入流量为降雨量、渠道净灌溉水量、承压水灌溉量、边界外临近分干级以上渠系渗漏损失补给量以及潜水地下水入流量，消耗水量为冬小麦腾发量，出流量为潜水地下水出流量和根系层以下非饱和带土壤储水增加量。潜水抽水量、毛管上升补给量和冬小麦根系层深层渗漏量属于尺度边界内的水分循环。田间尺度各用水效率指标解析见表 3.8。

**表 3.8　冬小麦生育期时间尺度下田间尺度用水效率指标解析**

| 评价指标名称 | 评价指标符号 | 分　子 | 分　母 |
|---|---|---|---|
| 净入流量水分生产率 | $WP_i$ | $Y$ | $Pe + I_{cw} + I_{cp} + Cra + In - \Delta Sr - \Delta Sg$ |
| 灌溉降雨水分生产率 | $WP_{ip}$ | $Y$ | $Pe + I_{cw} + I_{cp} + I_{up}$ |
| 灌溉水分生产率 | $WP_{ir}$ | $Y$ | $I_{cw} + I_{cp} + I_{up}$ |
| 净灌溉降雨水分生产率 | $WP_{ipn}$ | $Y$ | $Pe + I_{cw} + I_{cp} + I_{up} - Re$ |
| 净灌溉水分生产率 | $WP_{irn}$ | $Y$ | $I_{cw} + I_{cp} + I_{up} - Re$ |
| 腾发量水分生产率 | $WP_p$ | $Y$ | $ET$ |
| 腾发量占净入流量比例 | $FR_i$ | $ET$ | $Pe + I_{cw} + I_{cp} + Cra + In - \Delta Sr - \Delta Sg$ |
| 腾发量占灌溉降雨比例 | $FR_{ip}$ | $ET$ | $Pe + I_{cw} + I_{cp} + I_{up}$ |
| 腾发量占净灌溉降雨比例 | $FR_{ipn}$ | $ET$ | $Pe + I_{cw} + I_{cp} + I_{up} - Re$ |
| 出流量占净入流量比例 | $FR_{oi}$ | $Out + \Delta Sus$ | $Pe + I_{cw} + I_{cp} + Cra + In - \Delta Sr - \Delta Sg$ |

（3）分干尺度

扣除掉尺度内根系层和渠道底部以下非饱和带后，分干尺度水量平衡方程为：

$$\Delta Sr + \Delta Sg = Pe + I_{cw} + I_{cp} + Cra + In + Re + Rec + Ca - ET - Out - P \tag{3.12}$$

式中：渠道灌溉水量 $I_{cw}$ 是指分干渠首引水量。

将分干范围内冬小麦根系层以下和渠道底部以下的非饱和带视作一个整体，其水量平衡方程为：

$$\Delta Sus = P - Ca - Re - Rec \tag{3.13}$$

将式（3.13）代入式（3.12）可得：

$$\Delta Sr + \Delta Sg = Pe + I_{cw} + I_{cp} + Cra + In - ET - Out - \Delta Sus \tag{3.14}$$

上式的内涵是将根系层、根系层以下非饱和带及饱和带三者纳入整体考虑，这样就与无限时间尺度下描述的空间尺度一致。与式（3.6）描述无限时间尺度时分干尺度水量平衡方程相比，可知此时根系层和渠系以下非饱和带储水增加量从储水改变量部分（等式左边）移除到空间尺度的出流量部分（等式右边），所以毛入流量为降雨量、分干渠首引水量、承压水灌溉量、边界外临近各级渠系渗漏损失补给量以及潜水地下水入流量，消耗水量为冬小麦腾发量，出流量为潜水地下水出流量、根系层及尺度内各级渠系底部以下非饱和带土壤储水增加量。潜水抽水量、毛管上升补给量、冬小麦根系层深层渗漏量、尺度内各级渠系渗漏损失及其补给地下水量属于尺度边界内的水分循环。分干尺度各用水效率指标解析见表 3.9。

**表 3.9　冬小麦生育期时间尺度下分干和干渠尺度用水效率指标解析**

| 评价指标名称 | 评价指标符号 | 分子 | 分　母 |
|---|---|---|---|
| 净入流量水分生产率 | $WP_i$ | $Y$ | $Pe+I_{cw}+I_{cp}+Cra+In-\Delta Sr-\Delta Sg$ |
| 灌溉降雨水分生产率 | $WP_{ip}$ | $Y$ | $Pe+I_{cw}+I_{cp}+I_{up}$ |
| 灌溉水分生产率 | $WP_{ir}$ | $Y$ | $I_{cw}+I_{cp}+I_{up}$ |
| 净灌溉降雨水分生产率 | $WP_{ipn}$ | $Y$ | $Pe+I_{cw}+I_{cp}+I_{up}-Re-Rec$ |
| 净灌溉水分生产率 | $WP_{irn}$ | $Y$ | $I_{cw}+I_{cp}+I_{up}-Re-Rec$ |
| 腾发量水分生产率 | $WP_p$ | $Y$ | $ET$ |
| 腾发量占净入流量比例 | $FR_i$ | $ET$ | $Pe+I_{cw}+I_{cp}+Cra+In-\Delta Sr-\Delta Sg$ |
| 腾发量占灌溉降雨比例 | $FR_{ip}$ | $ET$ | $Pe+I_{cw}+I_{cp}+I_{up}$ |
| 腾发量占净灌溉降雨比例 | $FR_{ipn}$ | $ET$ | $Pe+I_{cw}+I_{cp}+I_{up}-Re-Rec$ |
| 出流量占净入流量比例 | $FR_{oi}$ | $Out+\Delta Sus$ | $Pe+I_{cw}+I_{cp}+Cra+In-\Delta Sr-\Delta Sg$ |

（4）干渠尺度

干渠尺度与分干尺度类似，通过公式代换可以得到将冬小麦根系层、根系层及干渠尺度内各级渠系以下非饱和带、饱和带整体考虑的水量平衡方程，见式（3.15）：

$$\Delta Sr+\Delta Sg=Pe+I_{cw}+I_{cp}+Cra+In-ET-Out-\Delta Sus \tag{3.15}$$

式中：渠道灌溉水量 $I_{cw}$是指干渠渠首引水量。

干渠尺度毛入流量为降雨量、干渠渠首引水量、承压水灌溉量、边界外临近分干及以上渠系渗漏损失补给量以及潜水地下水入流量，消耗水量为冬小麦腾发量，出流量为潜水地下水出流量、根系层和尺度内各级渠系底部以下非饱和带土壤储水增加量。潜水抽水量、毛管上升补给量、冬小麦根系层深层渗漏量、尺度内各级渠系渗漏损失及其补给地下水量属于尺度边界内的水分循环。干渠尺度各用水效率指标表征方法与分干相同，见表 3.9。

（5）灌区尺度

灌区尺度水量平衡方程表达式如下：

$$\Delta Sr+\Delta Sg=Pe+I_{cw}+I_{cp}+In-ET-Out-\Delta Sus \tag{3.16}$$

式中：渠道灌溉水量 $I_{cw}$是指总干渠渠首引水量。灌区尺度毛入流量为降雨量、总干渠渠首引水量、承压水灌溉量以及潜水地下水入流量，消耗水量为冬小麦腾发量，出流量为潜水地下水出流量、根系层和尺度内各级渠系底部以下非饱和带土壤储水增加量。潜水抽水量、毛管上升补给量、冬小麦根系层深层渗漏量、尺度内各级渠系渗漏损失及其补给地下水量属于尺度边界内的水分循环。由于灌区尺度净入流量不包括相邻渠系渗漏补给量，因此与分干尺度相比，除净入流量水分生产率、腾发量占净入流量比例和出流量占净入流量比例三个指标略有差异外，其他指标与分干尺度一样。

表 3.10　冬小麦生育期时间尺度下灌区尺度用水效率指标解析

| 评价指标名称 | 评价指标符号 | 分子 | 分　母 |
|---|---|---|---|
| 净入流量水分生产率 | $WP_i$ | $Y$ | $Pe+I_{cw}+I_{cp}+In-\Delta Sr-\Delta Sg$ |
| 腾发量占净入流量比例 | $FR_i$ | $ET$ | $Pe+I_{cw}+I_{cp}+In-\Delta Sr-\Delta Sg$ |
| 出流量占净入流量比例 | $FR_{oi}$ | $Out+\Delta Sus$ | $Pe+I_{cw}+I_{cp}+In-\Delta Sr-\Delta Sg$ |

对于同一空间尺度，与无限时间尺度相比，冬小麦生育期时间尺度出现了如下几个方面的变化：①根区尺度没有任何改变；②田间尺度上，冬小麦根系层以下非饱和带储水增加量从储水改变量部分移除到土壤水出流量部分，从而使得净入流量有所减少，而出流量有所增加；净灌溉水量由灌溉水量扣除掉田间灌溉补给地下水量，而不再是由灌溉水量扣除掉冬小麦根系层深层渗漏量；③分干尺度及以上尺度，尺度内冬小麦根系层和渠系以下非饱和带储水增加量从储水改变量部分移除到土壤水出流量部分，从而使得净入流量有所减少，而出流量有所增加；净灌溉水量由灌溉水量扣除掉尺度内田间灌溉补给地下水量和各级渠系渗漏损失补给水量，而不再是由灌溉水量扣除掉尺度内冬小麦根系层深层渗漏量和各级渠系渗漏损失量。

### 3.3.3　别拉洪河水稻区用水效率指标

选取腾发量占灌溉降雨比例和腾发量占净灌溉降雨比例两个用水效率指标对节水效果进行评估。前者指的是未考虑回归水重复利用时的用水效率，后者考虑了重复利用水量的存在。两个用水效率指标的计算公式分别见式（3.17）和式（3.18）。

$$FR_{ip}=\frac{ET}{I+Pe} \tag{3.17}$$

$$FR_{ipn}=\frac{ET}{I+Pe-\lambda} \tag{3.18}$$

式中：$I$ 为所有水源的灌溉量，$m^3$；$\lambda$ 为重复利用水量，$m^3$，其他符号含义见前面所述。

（1）根区尺度

根区尺度入流量包括降雨量、别拉洪河/干沟/支沟的排水再利用总量、地下水利用量、引用地表水量和补给根系层量。消耗量为水稻腾发量。出流量为根系层渗漏量、水田单元的排水量。没有重复利用量。

根据对根区尺度入流量、消耗量、出流量和重复利用水量的分析，可以得到该尺度下两个用水效率指标的计算解析，见表 3.11。表中，$I_{cw}$ 为田块入口地表水灌溉量，$I_{Rr}$ 为沟道水再利用灌溉量。

表 3.11　根区尺度用水效率指标解析

| 评　价　指　标 | 指标符号 | 分　子 | 分　母 |
|---|---|---|---|
| 腾发量占灌溉及有效降雨量比例 | $FR_{ip}$ | $ET$ | $I_{up}+I_{cw}+I_{Rr}+Pe$ |
| 腾发量占净灌溉及有效降雨量比例 | $FR_{ipn}$ | $ET$ | $I_{up}+I_{cw}+I_{Rr}+Pe$ |

（2）支沟尺度

支沟尺度入流量包括降雨量、别拉洪河/干沟的排水再利用总量、支渠渠首引水量、边界外临近渠道/沟道/河道渗漏补给地下水量和地下水侧向流入量。消耗量为水稻腾发量、其他土地利用类型的腾发量或蒸发量、支渠蒸发量和支沟蒸发量。出流量为地下水侧向流出量和支沟排水量。重复利用水量包括地表重复利用量和地下重复利用量两部分，地表重复利用量指沟道排水再利用量，地下重复利用量指补给地下水总量和地下水利用量二者中的较小值。该尺度的沟道排水再利用量指边界内支沟的排水再利用量。补给地下水总量包括田间渗漏补给、边界内的支沟渗漏补给和支渠渗漏补给。

根据对支沟尺度入流量、消耗量、出流量和重复利用水量的分析，可以得到该尺度下两个用水效率指标的计算解析，见表 3.12。表中，$I_{cw}$ 指支渠的渠首引水量；$I'_{Rr}$ 指尺度内的排水再利用量，该尺度为支沟的排水再利用量；$Rg'$ 指尺度内补给地下水量总和。

**表 3.12　支沟尺度用水效率指标解析**

| 评价指标名称 | 指标符号 | 分子 | 分　母 |
|---|---|---|---|
| 腾发量占灌溉及有效降雨量比例 | $FR_{ip}$ | $ET$ | $I_{up}+I_{cw}+I_{Rr}+Pe$ |
| 腾发量占净灌溉及有效降雨量比例 | $FR_{ipn}$ | $ET$ | $I_{up}+I_{cw}+I_{Rr}+Pe-\min(Rg', I_{up})-I'_{Rr}$ |

(3) 干沟尺度 1

干沟尺度 1 的入流量包括降雨量、别拉洪河的排水再利用量、干渠渠首引水量、边界外临近渠道/沟道/河道渗漏补给量、地下水侧向流入量。消耗量为水稻腾发量、其他土地利用类型的腾发量或蒸发量、支渠蒸发量、支沟蒸发量、干沟和干渠的蒸发量。出流量为地下水侧向流出量和干沟排水量。重复利用水量包括地表重复利用量和地下重复利用量两部分，地表重复利用量指沟道排水再利用量，地下重复利用量指补给地下水总量和地下水利用量二者中的较小值。该尺度的补给地下水回归总量包括田间渗漏补给、边界内的支沟渗漏补给、支渠渗漏补给、干沟渗漏补给和干渠渗漏补给。该尺度的沟道排水再利用量指边界内的支沟和干沟的排水再利用总量。

干沟尺度 1 下两个用水效率指标的表征方法与支沟尺度相同，见表 3.12，只是 $I_{cw}$ 指干渠渠首引水量，$I'_{Rr}$ 指尺度内所有支沟和干沟的排水再利用总量。

(4) 干沟尺度 2 -干沟尺度 4

干沟尺度 2 -干沟尺度 4 的入流量包括降雨量、边界内各干渠渠首引水量之和、地下水侧向流入量。消耗量为水稻腾发量、其他土地利用类型的腾发量或蒸发量、支渠蒸发量、支沟蒸发量、河道蒸发量、干沟和干渠的蒸发量。出流量为地下水侧向流出量、B - 1（或 B - 2、B - 3）断面排水量。重复利用水量包括地表重复利用量和地下重复利用量两部分，地表重复利用量指的是沟道排水再利用量，地下重复利用量是指补给地下水总量和地下水利用量二者中的较小值。该尺度的补给地下水总量包括田间渗漏补给、边界内的支沟渗漏补给、支渠渗漏补给、干沟渗漏补给、干渠渗漏补给和河道渗漏补给。该尺度的沟道排水再利用量是指边界内支沟、干沟和别拉洪河的排水再利用总量。

干沟尺度 2 -干沟尺度 4 下两个用水效率指标的表征方法与支沟尺度相同，见表 3.12，只

是 $I_{cw}$ 指尺度内各干渠渠首引水量之和，$I'_{Rr}$ 指尺度内所有支沟和干沟的排水再利用总量。

（5）灌区尺度

灌区尺度的入流量包括降雨量、边界内各干渠渠首引水量之和、地下水侧向流入量。消耗量为水稻腾发量、其他土地利用类型的腾发量或蒸发量、边界内支渠蒸发量、支沟蒸发量、河道蒸发量、干沟和干渠的蒸发量。出流量为地下水侧向流出量、出口排水量（橡胶坝排水量）。重复利用水量包括地表重复利用量和地下重复利用量两部分，地表重复利用量指的是沟道排水再利用量，地下重复利用量是指补给地下水总量和地下水利用量二者中的较小值。该尺度的补给地下水总量包括田间渗漏补给、边界内的支沟渗漏补给、支渠渗漏补给、干沟渗漏补给、干渠渗漏补给和河道渗漏补给。该尺度的沟道排水再利用量是指边界内所有支沟、干沟和别拉洪河的排水再利用总量。

灌区尺度下两个用水效率指标的表征方法与支沟尺度相同，见表 3.12，只是 $I_{cw}$ 指尺度内各干渠渠首引水量之和，$I'_{Rr}$ 指灌区内所有支沟、干沟和别拉洪河的排水再利用总量。

## 3.4 小　　结

本章主要介绍了研究区的时空尺度的界定、用水效率指标的选择及其不同时空尺度内涵的解析，主要结论如下：

（1）石津灌区空间尺度上划分为根区、田间、分干、干渠和灌区 5 个尺度，根区尺度指冬小麦根系土壤层，田间尺度在根区尺度基础上扩展至根系层以下非饱和带与饱和带，分干尺度在田间尺度的基础上还包含分干以内各级渠道供水渠系，干渠尺度在分干尺度聚合的基础上还包括干渠渠系。灌区尺度指整个研究区所有麦地，其中根区到田间尺度包含对根系层深层渗漏量的重复利用，分干尺度在田间尺度的基础上增加了分干及以下各级渠系的水分循环过程，也包含对田间尺度地下水出流量的重复利用，干渠尺度、灌区尺度则范围更广、渠系更多，对回归水的重复利用更复杂。

（2）石津灌区时间尺度划分为冬小麦生育期和无限长两个尺度。在无限时间尺度上，作物根系层深层渗漏量和渠系渗漏损失量能够全部成为回归水量，而在冬小麦生育期时间尺度，作物根系层深层渗漏和渠系渗漏损失量只有补给地下水库的部分才能够被当作回归水量，因此在冬小麦期间，作物根系层和渠系底部以下非饱和带储水增加量被当作各个尺度的土壤水出流损失，回归水量内涵的差异导致了用水效率时间尺度效应的产生。

（3）别拉洪河水稻区按照嵌套方式划分为 7 个尺度，分别为根区尺度、支沟尺度、干渠尺度 1 -干渠尺度 4 以及灌区尺度，与石津灌区尺度划分方式略有不同的是，嵌套式的尺度划分方式在单个尺度上选择一个固定的空间范围作为研究区，各个尺度的含义与石津灌区含义相似。

（4）基于 IWMI 水平衡框架得到了简化的水平衡框架，以简化框架为基础，设计了水分生产率和水量比例两类共 10 种指标。其中水分生产率指标包括净入流量水分生产率、灌溉降雨水分生产率、灌溉水分生产率、净灌溉降雨水分生产率、净灌溉水分生产率和腾发量水分生产率 6 种；水量比例指标包括腾发量占净入流量比例、腾发量占灌溉降雨量比例、腾发量占净灌溉降雨量比例和出流量占净入流量比例 4 种。针对两个研究区的情况，对不同时空尺度的水量平衡和选择的用水效率指标内涵进行了解析，得到其计算公式。

## 本章参考文献

[1] Molden D. Accounting for water use and productivity [R]. SWIM Paper 1. Colombo, Sri Lanka: International Irrigation Management Institute, 1997.

# 第 4 章　河北石津灌区水平衡要素模拟

海河流域井渠结合灌区主要灌溉水源为地下水，地表水灌区也多存在井渠结合情况。此外，地表水灌溉弃水回用现象很少，水分的循环重复利用形式主要表现为两种形式：一是渠系或田间渗漏补给地下水，被重新抽取出来用于本地区灌溉；二是灌溉地区的渗漏水量在水力梯度作用下，通过含水层系统将渗漏补给量输送至相邻地区，被其他地区抽取出来重新利用。所以，原本被认为损失掉的水量（渠系渗漏损失、作物根系层渗漏损失等），实际上回归进入地下水库，在更长的时间和更大的空间尺度上被重复利用。本章以冬小麦生育期为研究时段，以根系层渗漏量、地下水补给量和潜水水平交换量这条回归-重复利用路径为切入点，采用模拟手段计算研究区多尺度水平衡要素，为用水效率指标计算提供基础数据。

## 4.1　水平衡要素模拟框架

以石津灌区根区、田间、分干、干渠、灌区等不同尺度为出发点，根据灌区灌溉水循环的主要特征，以水分流动路径为主要跟踪目标，从上至下重点关注和量化灌溉/降雨、冬小麦根系层土壤深层渗漏量、潜水补给量和地下水水平交换量 4 个主要节点（图 4.1）。

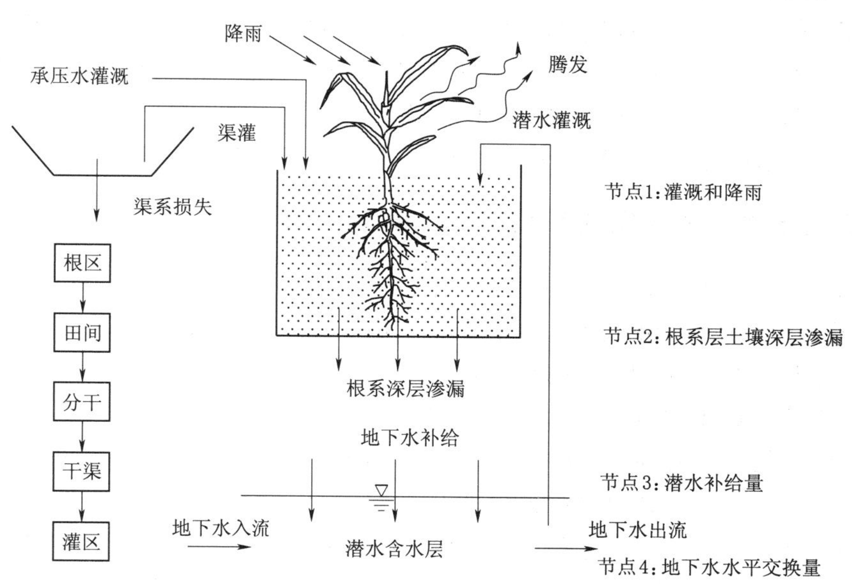


图 4.1　用于尺度效应分析的灌区水循环示意图

节点 1 通过不同区域的降雨和灌溉量通过田间试验、区域普查和 RS 获取。

节点 2 通过冬小麦根系层土壤水量平衡模型模拟获得，并通过 GIS 将其扩展到整个区域，得到不同区域的根系层深层渗漏量。首先利用 Vensim DSS 系统动力学的软件，以灌区冬小麦根系层土壤为模拟土层，在考虑根系吸水、灌溉降雨、地表径流、毛管上升等源汇项条件下，依据水量平衡原理构建作物根系层一维土壤水模型，利用田间试验资料检验该模型的合理性和适应性。利用 GIS 软件，对土壤质地分区、潜水埋深分区、气象分区、灌溉量分区进行叠加，将灌区划分为若干模拟单元，然后采用根系层一维土壤水量平衡模型计算各个模拟单元的作物根系层渗漏量，最后利用 RS 获取的各个计算单元土地利用和作物种植结构计算其作物根系层渗漏量空间分布。

节点 3 通过冬小麦生长条件下非饱和带土壤水动力学模型来模拟获取，同样通过 GIS 将其扩展到整个区域，获得不同区域潜水补给量。首先基于 Hydrus - 1d 软件构建一个单点的非饱和带土壤水动力学模型，其上边界为作物蒸腾、土壤蒸发和灌溉降雨，下边界置于饱和带以下并处理为隔水边界，通过模拟潜水位变化推求潜水补给量。然后利用该模型计算各个模拟单元的地下水补给量，并利用 RS 获取的各个计算单元土地利用和作物种植结构计算其潜水补给量的空间分布。

节点 4 通过构建潜水系统分布式模型来获取，得到不同区域间的水平交换量。利用 GMS - modflow 软件构建潜水系统二维分布式模型，以估算的潜水补给量空间分布结果作为潜水模型的上边界之一，模拟灌区不同区域潜水系统的水平交换量。

## 4.2　作物根层土壤水分深层渗漏模拟

本节基于作物根系层土壤水分运动的系统动力学单点模型，进行土壤水分深层渗漏的计算。首先基于搜集的各种区域性数据，通过 GIS 软件（ArcGIS 9.2）处理后得到单点模型运行所需要的各种输入资料和参数的空间分布，然后驱动模型计算不同区域的冬小麦根系层土壤水分深层渗漏水量。为了验证输入资料和参数的准确性，利用土壤墒情普查数据以及遥感技术获取的作物腾发量与模型模拟结果进行比较。通过单点模型在不同区域的模拟，结合遥感获取的冬小麦面积，可获得不同区域冬小麦根系层土壤水分深层渗漏量。

### 4.2.1　根层土壤水量平衡的系统动力学模型

系统动力学（System Dynamics，SD）是麻省理工学院经济学家 Forrester 教授于 20 世纪 50 年代提出的模拟决策技术（王振江，1988 年）。该方法综合了系统论、信息论、控制论、决策论和仿真等多类研究成果，其分析对象主要针对复杂非线性的社会经济宏观大系统，伴随着 WORLD Ⅱ 模型及以此为基础的《世界动力学》（Forrester，1973 年）、WorldⅢ模型及以此为基础的《增长的极限》（Meadows et al.，1972 年）和《趋向全球的平衡》（Meadows et al.，1974 年）的发表以及美国国家模型的应用（Sterman J D，1985 年），系统动力学方法于 20 世纪七八十年代中期逐渐成熟起来，并开始应用于能源、交通、生态、环境等多个领域。水资源领域也在 20 世纪 90 年代中后期引入该方法，并在水资源开发决策、水资源承载能力分析、水资源可持续管理等宏观研究上涌现出一大批研究成果（高彦春等，1996 年；陈兴鹏等，2002 年；Xu et al.，2002 年）。SD 是通过定性与定量结合来分析系统的反馈结构和运行机制，通常使用因果关系回路图和存量流量图来表

达系统的反馈关系和作用结构。与常用的编程语言如 Fortran、MATLAB 等相比，使用系统动力学方法建模的优点在于其结合了图论理论，使得模型结构透明，而且该方法还可以提供大量的控件以方便流量图的绘制，加快了建模的速度；而与 VB 等可视化模型作用结构的编程语言相比，系统动力学建模软件又可以提供诸多的政策分析工具使其功能上更为强大。

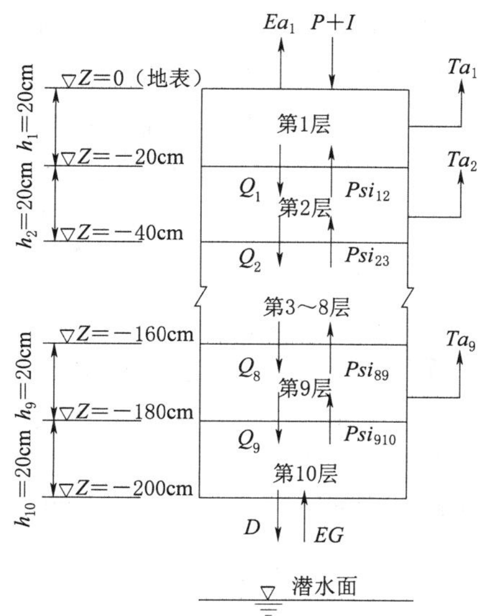


图 4.2 冬小麦根系层土壤水量平衡模型概化图

#### 4.2.1.1 模型描述

把冬小麦根系发育所在的 0～2m 土层视作独立系统，按照 20cm 一层将其概化为 10 层（图 4.2），时间步长设置为天。第 1 层土壤入流有灌溉水量、降雨量、下层土壤重分配入流的水量，出流有下渗至第 2 层的水量、土壤蒸发和根系吸水；第 2～9 层土壤入流有上部土壤的下渗水量、下层土壤重分配入流的水量，出流有根系吸水、渗入下层的水量和重分配至上层土壤的水量；10 层土壤入流有上层土壤的下渗水量、地下水毛管上升补给水量，出流有流出 2m 下边界的深层渗漏、重分配至第 9 层的水量。基于上述分析并结合水量平衡原理，各层土壤逐日水量平衡方程如下：

第 1 层水均衡方程：

$$S_{1,j+1}-S_{1,j}=P_j+I_j+psi_{12,j}-Q_{1,j}-Ea_{1,j}-Ta_{1,j} \tag{4.1}$$

第 2～9 层水均衡方程：

$$S_{i,j+1}-S_{i,j}=Q_{i-1,j}+psi_{ii+1,j}-psi_{i-1i,j}-Q_{i,j}-Ta_{i,j} \tag{4.2}$$

第 10 层水均衡方程：

$$S_{10,j+1}-S_{10,j}=Q_{9,j}-psi_{910,j}-D+EG_j \tag{4.3}$$

式中：$S$ 为储水量；$i$ 为层号；$j$ 为播后天数；$Q$ 为下渗水量；$Ea$ 为实际蒸发；$Ta$ 为实际蒸腾；$psi_{ii+1}$ 为相邻两层间的重分配水量；$EG$ 为毛管上升水量；$D$ 为深层渗漏。

（1）水分下渗

灌溉或降雨时，超出饱和含水量的部分将会全部下渗。有试验数据表明，含水量低于田间持水量后，非饱和水力传导度很小以至于土壤水流可近似假定为 0（Burman et al.，1994 年）。当含水量位于田间持水量与饱和含水量之间时属于限制性下渗。在实际处理时，为了简化模型，往往认为超过田间持水量的部分全部下渗而忽略了对田间持水量与饱和含水量区间的下渗过程处理（龚元石等，1996 年）。Kendy 等（2003 年）认为这种处理会限制灌后 1～3 天土壤水分下渗量计算的准确度，并指出尽管“超过田间持水量就全部下渗”的处理过程或许会适合湿润地区，但显然不适合干旱半干旱区。本模型设定一个限制性渗透系数 $k$ 来处理位于田间持水量至饱和含水量之间的下渗过程，该处理方法已有成功应用的先例（申双和等，1998 年）。具体过程如下：

若上一层土壤下渗量超过第 $i$ 层的最大容水量（定义为时段初土壤储水量与饱和含水

率对应的土壤储水量的差值)，则超出部分发生非限制性下渗。饱和含水量与田间持水量之间发生限制性下渗。下渗水量进入下一层土壤并逐层向下分配，直至将所有的下渗水量分配完毕或者流出整个土壤模拟层。下渗水量按下式计算：

$$Q_i^t = \begin{cases} P^t + I^t - AD_1^t + k_1(\theta_{s1} - \theta_{f1})h_1 & i=1 \\ Q_{i-1}^t - AD_i^t + k_i(\theta_{si} - \theta_{fi})h_i & 2 \leqslant i \leqslant 10 \end{cases} \tag{4.4}$$

式中：$P^t$ 为第 $t$ 天的降雨量，cm；$I^t$ 为第 $t$ 天的灌溉量，cm；$Q_{i-1}^t$ 为第 $t$ 天第（$i-1$）层土壤下渗水量，cm；$AD_i^t$ 为第 $t$ 天第 $i$ 层土壤容水量，cm；$k_i$ 为第 $i$ 层土壤限制性下渗系数，无量纲；$\theta_{si}$ 为第 $i$ 层土壤饱和体积含水量，cm/cm；$\theta_{fi}$ 为第 $i$ 层土壤田间持水含水量，体积含水量形式，cm/cm；$h_i$ 为第 $i$ 层土壤厚度，20cm。

若上一层土壤下渗量未超过第 $i$ 层土壤的最大容水量，则所有的水量都会添加到 $i$ 层土壤中从而使得其含水量增大。若增大的含水量仍小于其田间持水率，则下渗水量为 0。若增大之后的含水量大于其田间持水率，则该层土壤将会发生限制性下渗，计算公式如下：

$$Q_i^t = \begin{cases} k_1\left(\theta_1^{t-1} + \dfrac{P^t + I^t}{h_1} - \theta_{f1}\right)h_1 & i=1 \\ k_i\left(\theta_i^{t-1} + \dfrac{Q_{i-1}^t}{h_i} - \theta_{fi}\right)h_i & 2 \leqslant i \leqslant 10 \end{cases} \tag{4.5}$$

式中：$k_i$ 为第 $i$ 层限制性渗透系数，无量纲，为率定参数，初值给定 0.5(申双和等，1998 年)；$Q$ 为下渗水量，cm；$\theta$ 为体积含水量，cm/cm；$h$ 为土层厚度，cm；$P$ 为降雨量，cm，$I$ 为灌溉量，cm。

（2）土壤蒸发和作物蒸腾

首先根据气象资料和彭曼-蒙蒂斯公式计算逐日参考作物腾发量，并根据该区域冬小麦的作物系数，利用式（4.6）计算得到冬小麦逐日潜在腾发量。

$$ET_p = ET_0 \times K_c \tag{4.6}$$

式中：$ET_p$ 为冬小麦潜在腾发量；$ET_0$ 为参考作物腾发量；$K_c$ 为冬小麦作物系数，随作物生长而变化。

利用实测叶面积指数计算的冬小麦在不同生育期土壤蒸发和作物蒸腾的分配比例（孙宏勇等，2004 年），按照式（4.7）和式（4.8）计算土壤潜在蒸发和作物潜在蒸腾的逐日分配值。

$$E_p = ET_p \times a_p \tag{4.7}$$

$$T_p = ET_p \times (1 - a_p) \tag{4.8}$$

式中：$E_p$ 和 $T_p$ 分别为土壤潜在蒸发和冬小麦潜在蒸腾量；$a_p$ 为蒸发占腾发总量比例，随作物生长而变化。

假定土壤蒸发只发生在第一层（表层 20cm），作物蒸腾在根系层范围内按指数形式进行分配。某一层分配的潜在蒸腾量计算公式如下：

$$TP_i^t = TP^t \times u_i^t \tag{4.9}$$

式中：$TP^t$ 为整个模拟土层在第 $t$ 天的潜在蒸腾量，cm；$TP_i^t$ 为第 $i$ 层土壤在第 $t$ 天分配的潜在蒸腾量，cm；$u_i^t$ 为第 $i$ 层土壤在第 $t$ 天蒸腾分配系数，按照下式计算（Kendy et al,

2003 年)：

$$u_i^t=\begin{cases}\dfrac{e^{-\delta\frac{Z1i}{Z(t)}}}{1-e^{(-\delta)}}\times[1-e^{-\delta\frac{Z'2i-Z1i}{Z(t)}}], & Z_{1i}<Z(t)\\ 0, & Z_{1i}\geqslant Z(t)\end{cases} \tag{4.10}$$

式中：$\delta$ 为常数，对于冬小麦，取 $\delta=0.35$（康绍忠等，1994 年）；$Z_{1i}$ 为第 $i$ 层上界面埋深，$Z'_{2i}=\min[Z_{2i},Z(t)]$，其中 $Z_{2i}$ 为第 $i$ 层下界面埋深；$Z(t)$ 为根系在 $t$ 时刻的最大深度，随作物生长时间发生变化，根据田间实测值得到的拟合公式计算（冯广龙等，1998 年）。

Campbell 等（1998 年）提出了一个计算水分胁迫条件下作物蒸腾和土壤蒸发的简单公式，Kendy 等（2003 年）将该式用于栾城站土壤水量平衡模型中实际蒸发和蒸腾的计算，结果表明能够适应该地区。

$$Ea=Ep\left[1-\left(\frac{\theta}{\theta_w}\right)^{-b_0}\right] \tag{4.11}$$

$$Ta=Tp\left[1-\left(\frac{\theta}{\theta_w}\right)^{-b}\right] \tag{4.12}$$

式中：$\theta_w$ 为土壤凋萎含水量；$b$ 和 $b_0$ 为蒸发和蒸腾分配指数，主要与土质有关（Rawls et al.，1985 年），初始值分别取 4.0 和 1.0。

计算完毕后，各层扣除土壤实际蒸发和作物实际蒸腾量后更新得到过渡含水量。

（3）毛管水上升

采用指数经验公式估算毛管上升水量，表达式如下（Li et al.，1998 年）：

$$EG^t=\left[\sum_{i=1}^{9}(E_{ai}^t+T_{ai}^t)\right]e^{-\sigma d t} \tag{4.13}$$

式中：$\sigma$ 为与土质有关的参数，由模型率定得到，初值取 2.0。

（4）土壤水重分配

引入 CERES - Wheat 模型中土壤水重分配公式（Ritchie et al.，1985 年）：

$$psi_{ii+1}^t=\eta_i\frac{(\theta_{i+1}^t-\theta_{wi+1})h_{i+1}-(\theta_i^t-\theta_{wi})h_i}{0.5(h_i+h_{i+1})} \tag{4.14}$$

式中：$psi_{ii+1}^t$ 为从第 $i+1$ 层扩散的水分通量（向上扩散为正）；$\eta_i$ 为水分扩散系数，与含水量有关，按下式计算：

$$\eta_i=0.88\,e^{35.4\frac{(\theta i+1-\theta wi+1)+(\theta i-\theta wi)}{2}} \tag{4.15}$$

模型计算流程见图 4.3。

#### 4.2.1.2 系统动力学模型构建

利用 SD 思想建模的主要步骤可概括如下：

（1）系统分析

掌握系统的整体结构及相互关系，明确问题的中心内容，绘制因果关系图；该阶段主要针对系统因果关系不明确的情况，由于土壤水系统作用关系明确，故在此省略不述。

（2）反馈机制分析

划分系统层次，分析系统的整体与局部的反馈机制，分析系统中变量及其关系，定义变量，确定变量的类型和模型主回路。

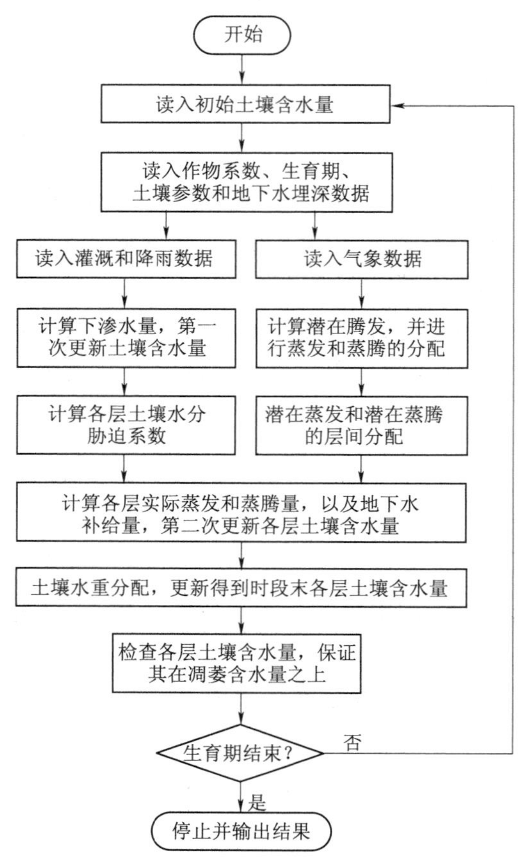


图 4.3　冬小麦根层土壤水量平衡模型计算流程图

（3）建立规范的数学模型

建立各变量方程，确定估计参数，给定所有常数及变量的初始值、表函数赋值。数学关系式和反馈关系见 4.2.1.1 节模型描述的内容。本模型分为系统、子系统、计算模块、变量四级结构。将 2m 模拟土层视作整个系统，按照 20cm 一层分为 10 个子系统，另外设置一个辅助子系统来帮助计算土壤水在各子系统之间的重分配以及汇总所有子系统的计算结果。各子系统包含模块如下：

1）1 号子系统：容水量计算模块、水量平衡模块、下渗水量计算模块、水分胁迫系数计算模块、蒸腾量层间分配模块、潜在蒸发和蒸腾计算模块以及过渡含水量计算模块。

2）2～9 号子系统：较 1 号子系统少潜在蒸发和蒸腾分配模块。

3）10 号子系统：容水量计算模块、水量平衡模块、下渗水量计算模块、过渡含水量计算模块、毛管上升水计算模块。

4）辅助子系统：辅助计算模块和辅助显示模块。

各个子系统中的变量按照性质分为三类：①水平变量：土壤储水量；②速率变量：灌溉和降雨量、土壤蒸发和根系吸水量、土壤水重分配量和水分下渗量；③辅助变量：其他变量。

采取从点到面的发散方式分析系统反馈机制，首先以水平变量为起点，找出与之相关的速率变量，得到高度概化的子系统图，见图 4.4～图 4.6。

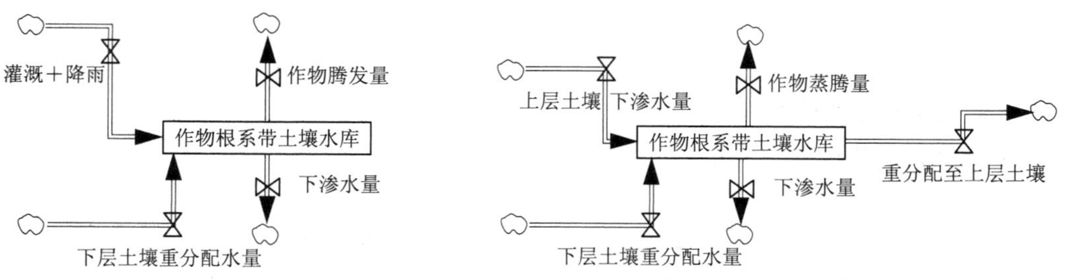


图 4.4　1 号表层土壤子系统图　　图 4.5　2～9 号土层子系统图

在上述子系统图的基础上，以各个速率变量为节点外推找出各个辅助变量和常量，可得到完整的子系统流量存量图，见图 4.7～图 4.10。

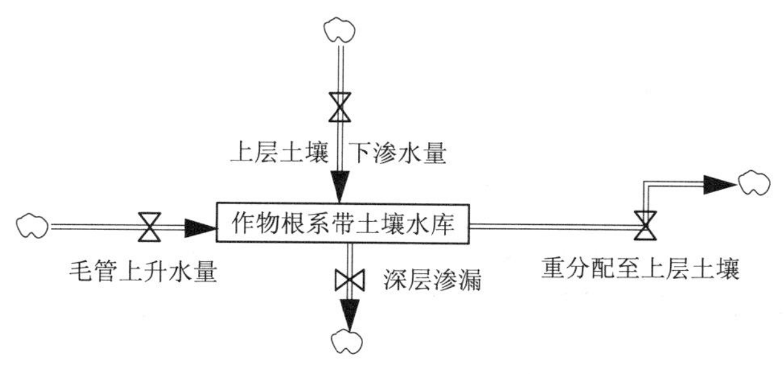


图 4.6 10 号土层子系统图

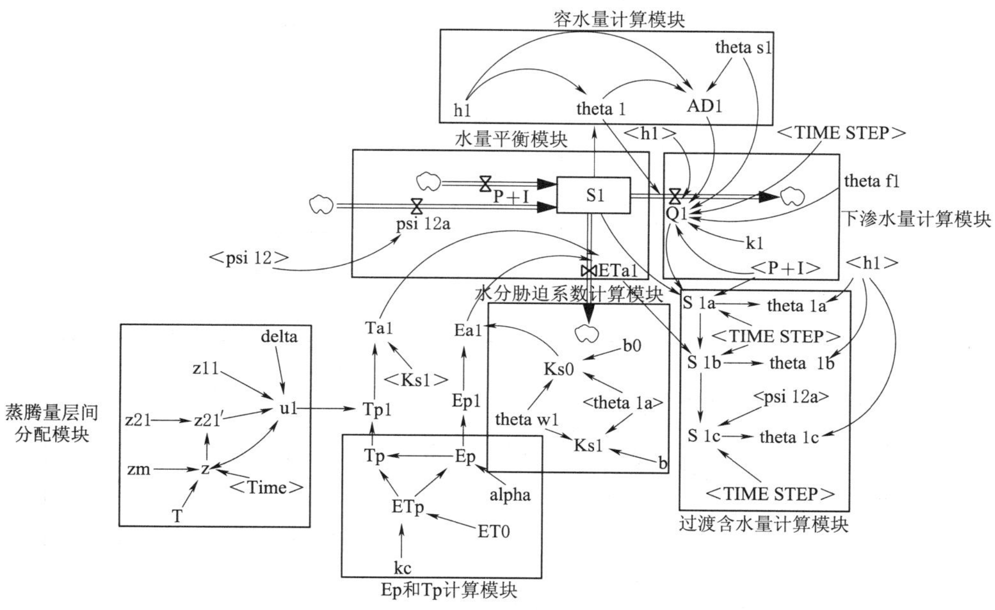


图 4.7 土壤水量平衡的系统动力学模型流图（1 号表层土子系统）

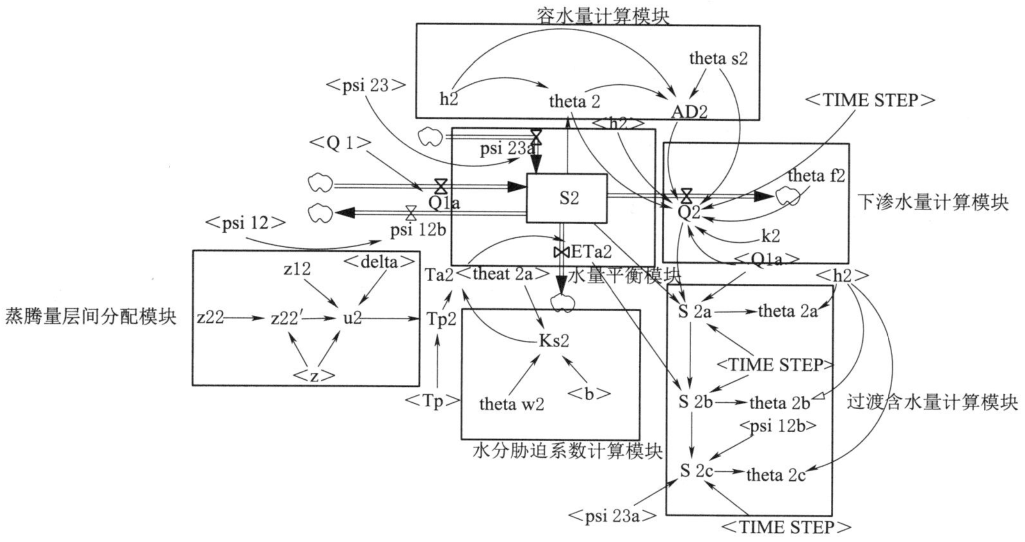


图 4.8 土壤水量平衡的系统动力学模型流图（2～9 号土层子系统）

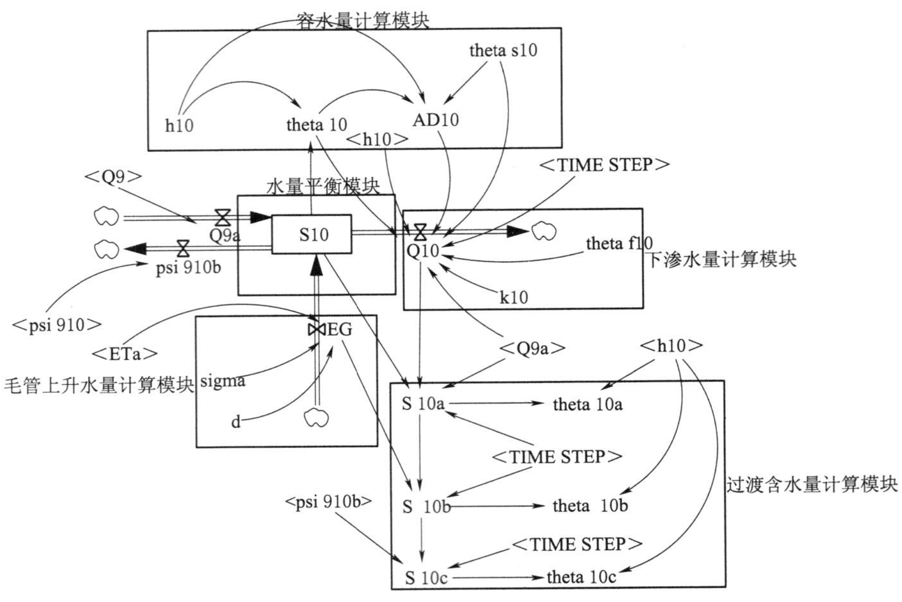


图 4.9　土壤水量平衡的系统动力学模型流图（10 号土层子系统）

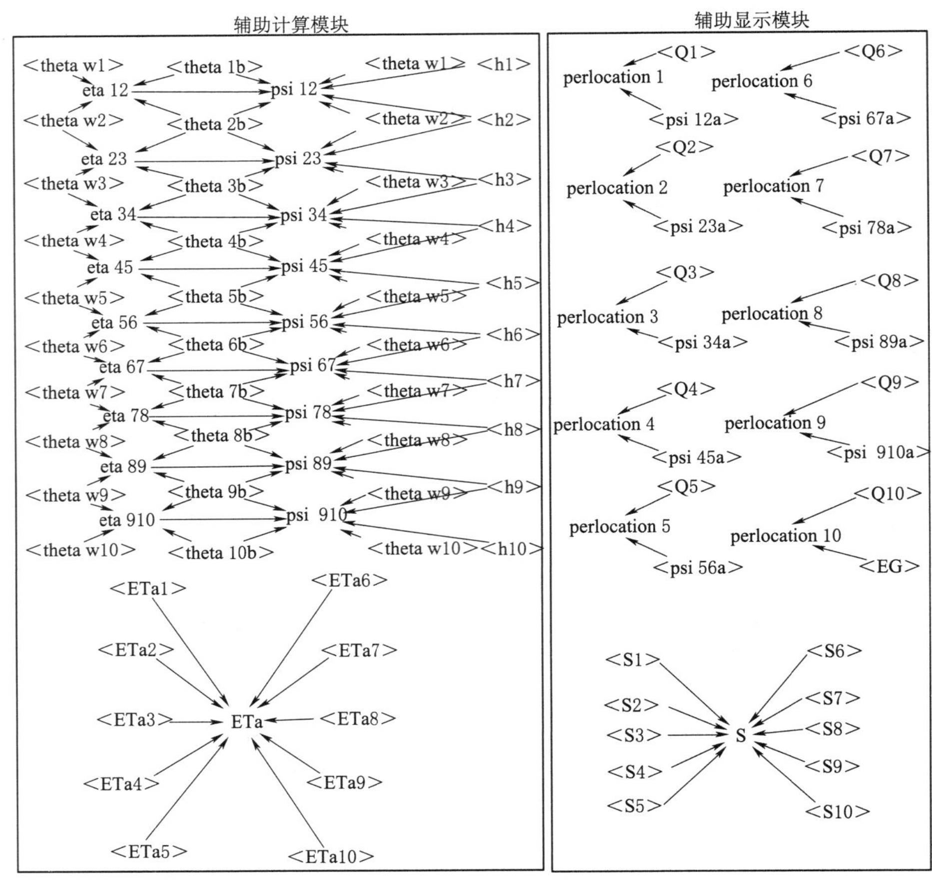


图 4.10　土壤水量平衡的系统动力学模型流图（辅助子系统）

#### 4.2.1.3 模型率定和验证

采用北二支田间试验小区2007—2008年冬小麦生育期数据率定模型，2008—2009年数据验证模型。图4.11(a)、(b)是率定和验证期实测值与模拟值散点分布图。从图上可以看出模拟值与实测值基本分布在$y=x$两侧，模拟结果良好。

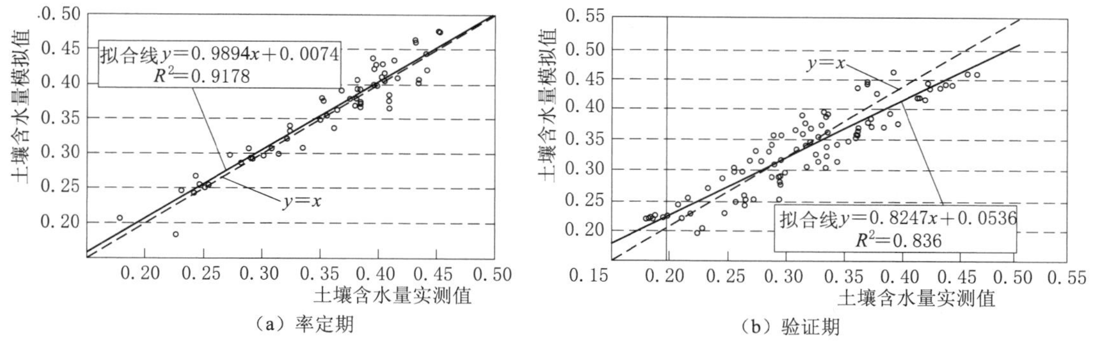

(a) 率定期　　(b) 验证期

图4.11 率定期模拟值与实测值散点分布图

为进一步说明率定的效果，采用平均残差比例和分散均方根比例对模拟效果进行分析，计算公式见式(4.16)和式(4.17)。经过计算，率定期和验证期的平均残差比例分别为5.59%和10.40%，分散均方根比例分别为7.15%和11.50%，模拟结果较为理想。

$$\text{MSRP}=\frac{\sum_{i=1}^{n}|M_i-O_i|}{n\Delta O}\times 100\% \tag{4.16}$$

$$\text{RMSP}=\frac{\sqrt{\dfrac{\sum_{i=1}^{n}(M_i-O_i)^2}{n}}}{\Delta O}\times 100\% \tag{4.17}$$

式中：MSRP和RMSP分别为平均残差比例和分散均方根比例，%；$M_i$和$O_i$分别为模拟值和观测值；$\Delta O$为观测值的最大值和最小值之差；$n$为数据序列长度。

#### 4.2.1.4 模型评价

(1) 模型评述

模型的输入、输出、需率定参数和模型假定如下：①输入：逐日气象数据，逐日的灌溉和降雨量，地下水埋深，各层土壤饱和含水率、凋萎系数、田间持水量、播种日各层土壤含水量；②输出：逐日土壤实际蒸发，逐日土壤实际蒸腾，逐日土壤底部渗漏量和各层土壤的体积含水量；③率定参数：各层土壤限制性下渗系数$k$，蒸发和蒸腾分配系数$b$和$b_0$，毛管上升水计算公式中的指数$\sigma$；④假定：不考虑地表径流，各物理过程是连续和独立的，水分下渗时重力势占主导，毛管势通过土壤水重分配予以考虑；土壤蒸发只发生在表层，作物蒸腾按指数模式分配；地下水补给量分配至底层土壤，根据重分配过程影响上层土壤。

Kendy(2003年)认为本区只会在暴雨时才发生超渗产流，而暴雨在冬小麦生育期间很少发生，因此该模型不考虑地表径流是合理的。对于土壤水分下渗的假定，Steenhuis等（1985年）认为重力势为主的假定是合理的，产生的误差不会对模拟结果影响太大，即便如此，本模型还是通过一个水分重分配过程将各层间毛管水上升简单予以考虑。其他的假定用两种方式来进行验证：一是设定若干极端条件和参数变动情景检查模型的反应是否合理；二是采用水动力学模型Hydrus－1d模拟同时段的土壤水分运动，并与该模型进行对比。结果表明，除了土壤底部渗漏量有一定滞后外，其他水平衡要素的总量和过程都非常相近，而渗漏量的滞后主要是由于该模型时空离散相对较粗造成的（Chen等，2010年）。

从模型的输入要求来看，对于一个日尺度的土壤水模型来说，资料要求相对简单，在考虑土壤水分运动过程中避免了土壤参数的过多参与，减少了模型的不确定性；另外，部分经验公式的引入简化了模拟过程。不仅如此，该模型构建结合了图论理论，将整个系统的作用细节直观地展现给用户。模型的不确定性主要来自土壤参数的不确定性、经验公式和经验参数选择的不准确性、时空离散方式的相对粗糙。

（2）模型行为有效性评价

采用极端条件测试和参数敏感性测试检验模型对极端条件的承受能力和参数变化的反应是否符合逻辑关系进行验证。Vensim软件强大的政策分析功能和自带的敏感性测试工具能够使模型有效性检验变得快捷和简单。

1）极端条件测试。极端条件主要采取三种方案：一是地下水埋深无限大情况；二是地下水埋深位于2m土层底部；三是灌溉和降雨量为0方案。经过模拟，得到在无限大埋深条件下，播后至春灌前的毛管上升补给量为0，整个生育期底部通量皆为正值，总渗漏量为17.44cm；2m埋深条件下，毛管上升量为8.19cm，渗漏量为23.69cm，而在现有埋深（4～6m）下渗漏量为18.02cm，毛管上升水量为1.23cm。图4.12为无限大埋深、2m地下水埋深条件下底部通量和2m土壤储水量变化图。

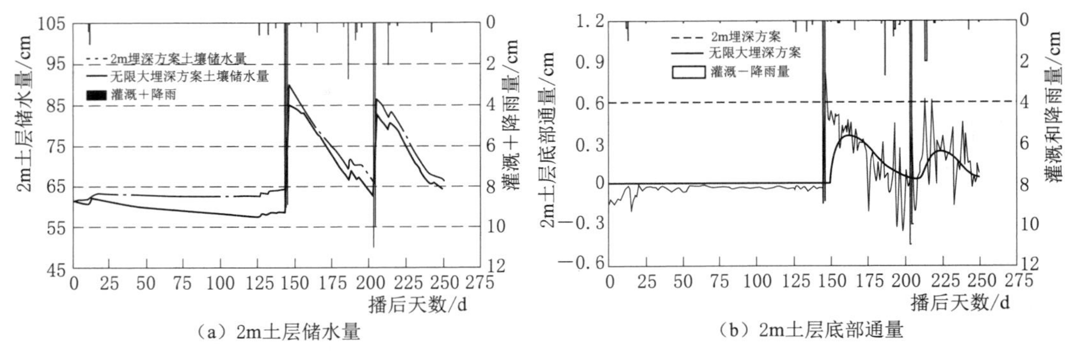

（a）2m土层储水量　　（b）2m土层底部通量

图4.12　无限大和2m地下水埋深时土壤储水量以及底部通量动态

模拟结果显示，无限大埋深条件下毛管上升量和渗漏量比2m埋深情况都有所减少。造成这种现象的第一个原因是当初始条件相同而地下水埋深为2m时，毛管上升水量要大，使得春灌一水前的土壤储水量要大，土壤水库所能容纳的水量自然要小，因此当发生大水量集中式春灌时，2m埋深方案要比无限大埋深方案渗漏量要大，且对灌溉的响应更为迅速；第二个原因是春灌发生后，在无限大埋深情况下，模拟土层底部主要为渗漏通

量，而2m埋深方案出现毛管上升的时间明显增多，这是由于春灌后作物处于耗水量较大的拔节至灌浆期，埋深较浅时，潜水很容易补给土壤水库，因此使灌后某些时段也存在着毛管上升补给土壤水库。

经进一步分析发现，2m埋深过渡到现状埋深（4～6m）时，毛管上升量减少了6.96cm，渗漏量减少了5.67cm，由现状埋深过渡到无限大埋深时，毛管上升量仅减少了1.23cm，渗漏量也仅减少了0.58cm，说明当埋深大于4～6m后，地下水对2m土壤水分循环的作用已经很小，而埋深在2m到4m之间，地下水埋深改变对2m土壤水分循环作用要更大一些，这也符合逻辑。

对灌溉和降雨量为零的方案进行模拟，发现底部通量只有毛管上升量，没有渗漏量，土壤储水量一直减小，且在播后约150天左右斜率有所增大（图4.13），这是由于冬小麦进入拔节灌浆期腾发量增大造成的（图4.14）。对比零灌溉方案和正常情况下的实际腾发量模拟过程可以看出，在初期两者相差并不明显，因为此时腾发量较小，加之土壤储水量较大，没有形成足够的水分胁迫，当进入拔节灌浆期后，腾发量迅速增大，在没有灌溉降雨的情况下，只能靠土壤水库提供，当水分供给不足时发生了水分胁迫现象，从而使得实际腾发量大大减少。

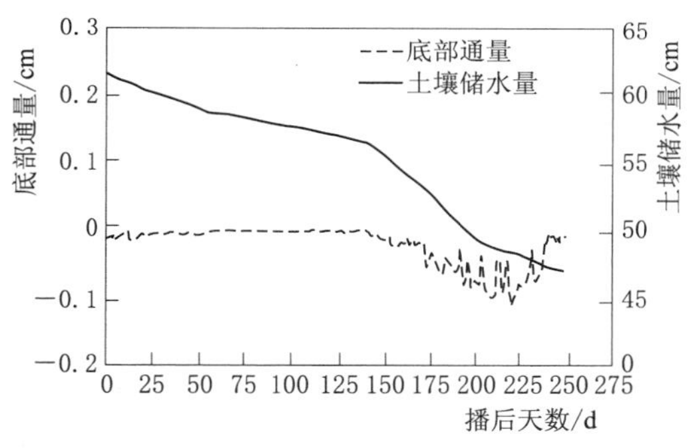


图4.13 零灌溉降雨方案下底部通量和土壤储水量

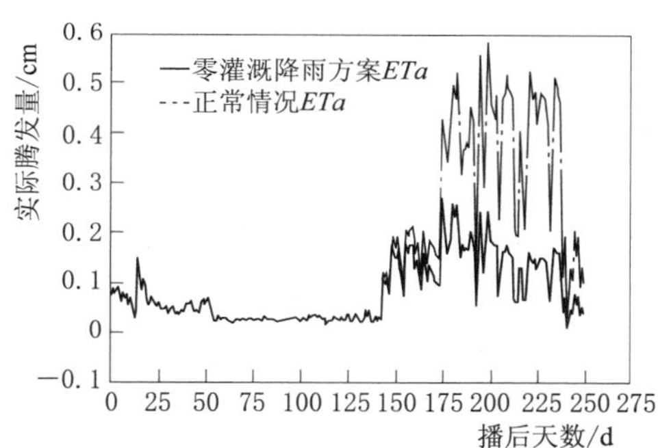


图4.14 零灌溉降雨方案和正常情况下 $ETa$

2）参数敏感性测试。考虑两种情况：一是将各层的非限制性渗透系数分别提高0.1、0.2和0.3；二是将各层饱和含水量、田间持水量和凋萎含水量分别提高4%、8%和12%。当一种参数变化时，其他参数保持不变。模拟结果见图4.15和图4.16。

从图4.15看出，$k$ 增加后，底部通量由原来的16.49cm增加为19.84cm、21.48cm和22.50cm，底部通量对非限制性渗透系数的变化敏感。$k$ 的增加对底部通量带来两个方面的影响：一是使得底部渗漏量峰值增大，而且 $k$ 值越大，其峰值增幅越大；二是使底部渗漏量的发生频率有所减少，底部渗漏对灌溉的响应速度加快。可见，模型能够反映非限制性渗透系数和底部通量间的关系。

从图4.16看出，饱和含水量增加导致底部下渗量略有减少，凋萎含水量增加导致底部通量大幅增加，田间持水量增加导致底部通量大幅度减小。饱和含水量改变主要是在下渗过程中影响限制性下渗和非限制下渗的水量分配，饱和含水量增大后，限制性下渗区间有所增大，渗漏量会增加，但同时饱和含水量增加又会导致土壤容水量的增加，使非限制性下渗区间有所减少，从这个角度看又会减少渗漏量。综合两方面作用，饱和含水量增加

会造成底部通量略有减少。凋萎含水量增加主要导致土壤水分发生胁迫的可能性增大，减少了实际腾发量。如在凋萎含水量增加12%后，腾发量较原来减少了16.06cm，进而使得底部渗漏增加。田间持水量的增加主要是使土壤容水能力增加，因为超过田间持水量才会发生下渗，因此田间持水量的增加会减少下渗水量。

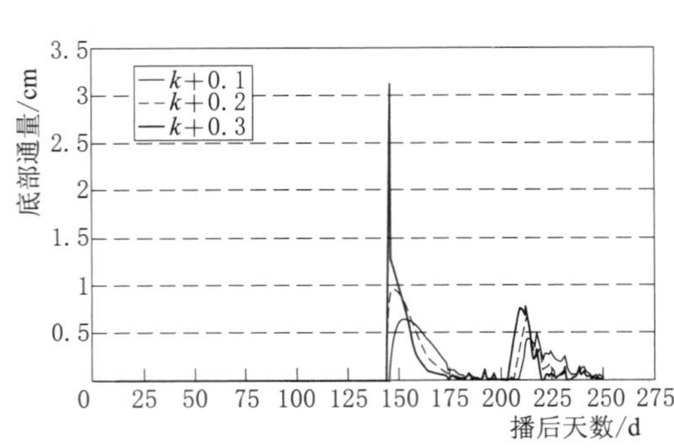


图4.15　不同非限制性渗透系数情况时的底部通量动态

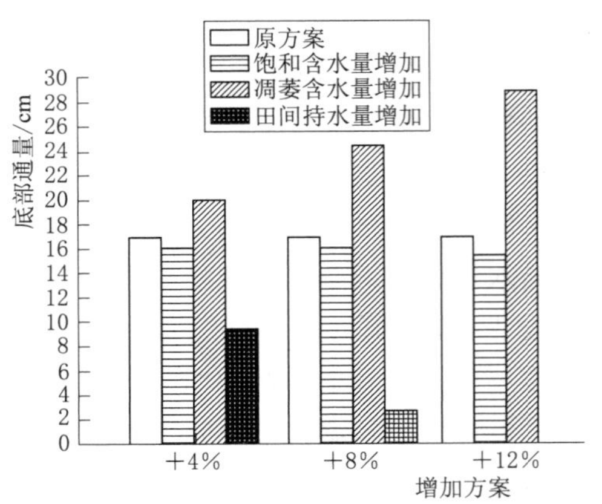


图4.16　不同饱和含水量、凋萎含水量和田间持水量时的底部通量累积量

## 4.2.2　作物根系层土壤水分深层渗漏空间分布

### 4.2.2.1　单点到区域的扩展方式

从单点模型扩展到区域模型一般有两种方式：第一种是将整个研究区划分为若干独立模拟单元或者网格，将单点模型的输入数据进行空间插值，且每个模拟单元或网格内部不考虑土壤、气候等基础数据的空间变异，然后针对每个独立模拟单元进行单点模型的运算从而获得整个区域的分布情况。由于这种扩展方式与集总式模型相比在一定程度上考虑了参数的空间变异，因此带有分布式模型的部分特点，但是它们只是利用某些概化方式适当地考虑了一些关键参数和敏感因子的空间差异，因此对空间变异性的考虑精度有限，此外在描述各个模拟单元之间以及各自内部的物质能量交换时又并非基于具有完全物理机制的质量、能量和动量方程来进行详细的过程描述，而是为了简化问题适当地采用一些集总模型中常用的经验公式或概念性方程来描述物理过程，故而这种扩展方式又难以被称为完全性的分布式模型。正是因为这种扩展方式介于集总式模型和分布式模型之间，所以一般称之为半分布式模型。另外一种单点到区域的扩展方式首先不对区域进行模拟单元或网格划分，直接对有限个点进行单点模型运算，然后将运算的结果再进行空间差值，获得整个区域的空间分布。两种方式的区别在于前者首先对单点模型输入资料进行空间插值，然后驱动模型，后者则是首先驱动模型，再将模拟结果进行空间插值。

研究区属于华北平原半干旱区，在冬小麦生育期内降雨较少，难以形成有效的地表径流，而灌溉水量通过渠道或者管道直接进入田间后被田埂包围，也基本不会与邻近区域发生地表水交换，加之研究区地形相对平坦，壤中流通常被忽略，因此研究区非饱和带可假

定由诸多的独立单元聚合而成。鉴于这一实际情况，本研究采用前一种扩展方式来获得整个研究区冬小麦根系层深层渗漏量的空间分布，为便于行文方便，称之为“基于独立模拟单元”的扩展方式。考虑到实际资料所得情况，将整个研究区划分为 67 个独立模拟单元，由于独立模拟单元相对较为粗糙，使得各单元内部有多种作物和土地利用方式的存在，这些土地利用方式和作物种植是没有空间位置的，因此假定各单元内部的土地利用方式和作物种植均匀散布于单元范围内。在详细介绍如何扩展之前，有必要再次给出该扩展方式下的三个基本假定：①整个研究区非饱和带可视为由若干独立单元组合而成；②每个独立单元内部无空间变异性（除土地利用方式和种植结构外）；③作物种植和土地利用方式没有空间位置，它们在各独立单元内部均匀分布。

将单点模型扩展到半分布模型的过程见图 4.17，具体步骤如下：第 1 步，绘制单点模型各种输入资料的空间分布图；第 2 步将模型输入资料空间分布图进行叠加，形成若干模拟单元；第 3 步利用 RS 提取得到各模拟单元内部冬小麦种植面积；第 4 步驱动单点土壤水量平衡系统动力学模型分别计算各个模拟单元内作物根系层土壤深层渗漏量，结合 RS 获取的冬小麦面积计算各个模拟单元的冬小麦根系层土壤水分深层渗漏水量，从而获得整个研究区的冬小麦根系层土壤水分深层渗漏量的空间分布。

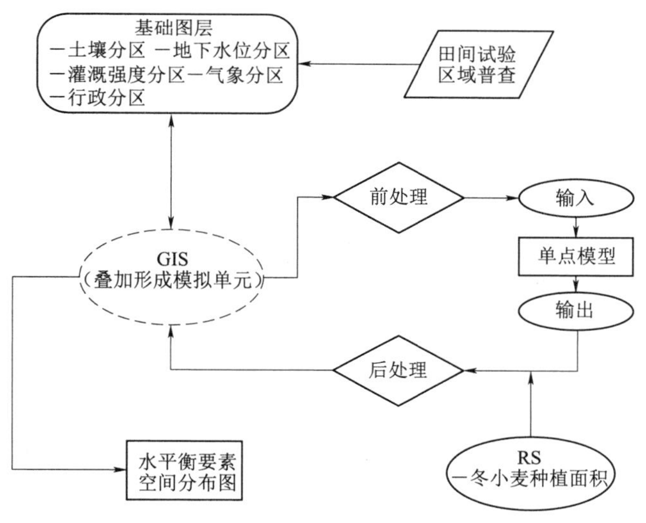


图 4.17 单点-区域半分布模型扩展示意图

在上述过程中，所需的基础数据主要来源于田间试验、区域普查和遥感图片，GIS 在其中主要是作为数据前处理和后处理工具而参与第 1 步、第 2 步和第 4 步，它并没有和单点模型进行紧密耦合，这样做虽然增加了数据在不同系统之间的转换工作量，但是对于模拟单元相对较少的半分布模型来说，松散的结合能够省略完全耦合所必需的程序编写工作，减少了工作任务，节约了研究时间，而且还能更为灵活地与更多的单点模型结合计算。

#### 4.2.2.2 半分布式根层土壤水量平衡模型构建

(1) 气象数据

驱动单点模型所需的气象数据主要分为两类：一类是降雨数据，主要用来作为模型上边界直接输入模型中；另外一类包括日最高气温、最低气温和平均气温、日照时数、日平均相对湿度、逐日风速，主要用来计算参考作物腾发量，然后结合作物系数得到潜在腾发量输入模型。

目前研究区及周边地区共设置了 45 个降雨量定点观测站，总体分布较为均匀（图 4.18）。用泰森多边形将整个研究区划分为 41 个小区，每个小区中包含有 1 个降雨观测站，代表该小区降雨量。根据降雨量观测数据，试验期间冬小麦生育期平均降雨量为 121.85mm，且从西部到东部逐渐减少。研究区用来计算参考作物腾发量的气象数据主要采用深州市气象局提供的逐日观测记录。

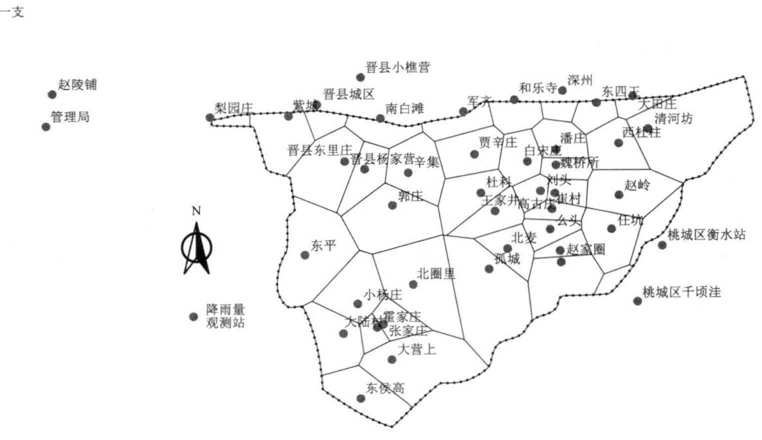


图 4.18　降雨量站点空间分布

（2）灌溉水量

由于井灌较为灵活和方便，加之研究区西部浅层地下水水质较好，西部地区的农民多习惯采用井水灌溉，而东部地区浅层地下水的水质较差，加之采用深井灌溉成本相对较高，因此研究区东部地区主要使用地表水灌溉。地表水源主要来源于岗南和黄壁庄水库，通过总干渠输送至 5 条干渠，再通过分干、支渠等渠系逐级输送至田间。近年来，随着岗南和黄壁庄水库供给水量的减少，单纯采用地表水灌溉的面积逐年萎缩，农民开始抽取浅层或者深层地下水以补充地表水灌溉的不足，使得研究区形成了纯井灌域和井渠结合灌域两类地区（图 2.17）。

纯井灌域主要位于研究区西部，以浅层地下水作为灌溉水源，由于机井分布范围广泛，且始终处于变动中，很难搜集到准确的抽水量和井灌水量，只能从《河北省水利年鉴》（2008 年）、各县《水资源公报》（2008 年）、各县《农业统计年鉴》（2008 年）等统计资料中得到以县为单元的井水灌溉量数据。将研究区县级行政区划图（图 2.18）与灌溉类型分区图（图 2.17）叠加，可将纯井灌域进一步细分为 10 个纯井灌溉单元（图 4.19）。

井渠结合灌域主要分布在研究区东部，由 5 条干渠及其所属的 20 条分干渠供水，其中一干渠、三干渠、五干渠控制范围大部分区域以井水灌溉为主，渠水灌溉为辅，四干渠、军干渠控制范围大部分以渠水灌溉为主，井水灌溉为辅。根据各条分干的灌溉区域将井渠结合灌域进一步划分为 20 个井渠结合灌溉单元，加上前面 10 个纯井灌溉单元，这样就把整个研究区分为 30 个灌溉单元，见图 4.19。

接下来需要确定每个灌溉单元的灌溉制度。首先确定灌溉时间，纯井灌溉单元冬小麦

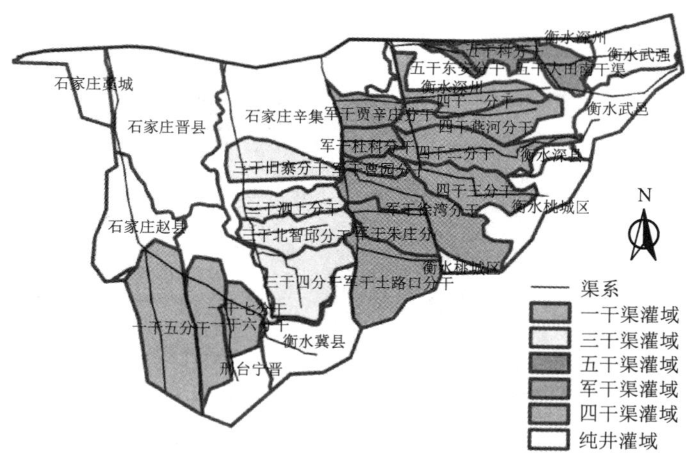


图 4.19 研究区灌溉单元图

生育期一般灌溉三水到四水，小麦播后若墒情不足，则灌秋浇水，若前期雨量充沛，墒情较好，则秋浇水不灌。根据走访调查，2007—2008 年冬小麦生育期由于前期雨量较大，普遍未进行秋浇，在 2008 年冬小麦返青后的 3 月中旬、4 月中旬和 5 月下旬各灌溉了一次。井渠结合灌溉单元在 2007—2008 年冬小麦生育期间，未进行地表水秋浇，返青后在 3 月上旬和 4 月下旬分别进行一次灌溉。井渠结合灌域中的井灌时间与纯井灌域相同。逐次灌溉水量方面，纯井灌溉单元主要根据各县《水资源公报》(2008 年)、《河北省水利统计年鉴》(2008 年) 提供的井灌水量数据，结合《河北省农业统计年鉴》(2008 年) 提供的各县冬小麦种植面积数据得到 2007—2008 年整个冬小麦生育期的总井水灌溉水量，然后平均分配到三次灌溉中。经过计算，各个纯井灌溉单元逐次井灌量在 600～1350$m^3/hm^2$。井渠结合灌溉单元的逐次渠道灌溉量为 1950～2400$m^3/hm^2$，小部分区域灌溉较多或较少，多者达 3000$m^3/hm^2$，少者达 1500$m^3/hm^2$，井水灌溉逐次灌溉量为 750～1350$m^3/hm^2$。井渠结合灌溉单元最终的逐次灌溉量根据渠灌量与井灌量按照井渠灌溉面积加权得到，计算公式为：

$$I_m = \frac{I_{c,m} A_{c,m} + I_{p,m} A_{p,m}}{A_{c,m} + A_{p,m}} \tag{4.18}$$

式中：$I_m$ 为第 $m$ 个井渠结合灌溉单元的某次灌溉的综合灌溉量，m；$I_{c,m}$ 和 $I_{p,m}$ 为第 $m$ 个井渠结合灌溉单元某次灌溉的渠道灌溉量和井水灌溉量，m；$A_{c,m}$ 和 $A_{p,m}$ 为第 $m$ 个井渠结合灌溉单元某次灌溉的渠道灌溉面积和井水灌溉面积，$m^2$；

2007—2008 年冬小麦生育期间不同方式灌溉水量见表 4.1。

**表 4.1 研究区 2007—2008 年冬小麦灌溉制度**

| 灌溉方式 | 春灌一水/($m^3/hm^2$) | 春灌二水/($m^3/hm^2$) | 春灌三水/($m^3/hm^2$) |
| --- | --- | --- | --- |
| 渠道灌溉 | 1950～2400 | 1950～2400 | 无 |
| 井水灌溉 | 600～1350 | 600～1350 | 600～1350 |

图 4.20 显示了 2007—2008 年整个冬小麦生育期各个灌溉单元的灌溉量分布情况。从

图中可以看出井灌区灌溉水量较井渠结合灌域灌溉水量要小。

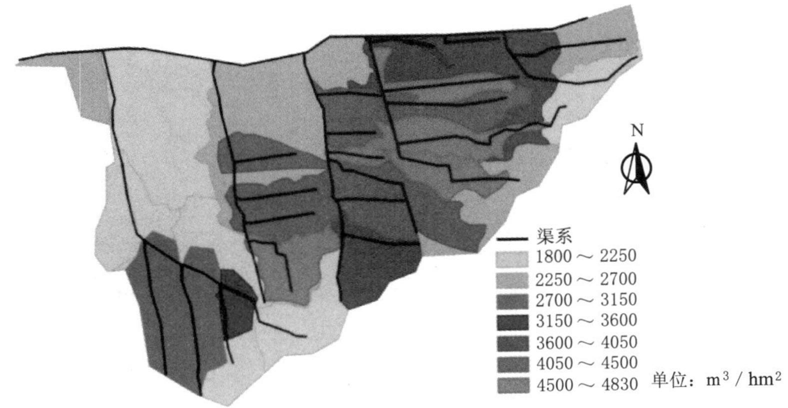


图 4.20　2007—2008 年冬小麦净灌溉水量分布

(3) 土壤

文献（石信茹等，1999 年）给出了研究区表层土壤（0～3m）空间分布图，经过数字化后，按照同类土质合并原则得到研究区表层土壤空间分布图（图 2.14）。研究区表层土壤被概化为 6 种，分别是壤土、夹黏壤土、黏壤土、夹黏砂壤土、黏土和砂壤土，其中壤土分布范围最广，主要位于一干渠、三干渠和四干渠控制范围，其次为黏壤土，主要位于灌区东部和南部边界处，夹黏砂壤土分布面积最小，主要位于军齐干渠中部。

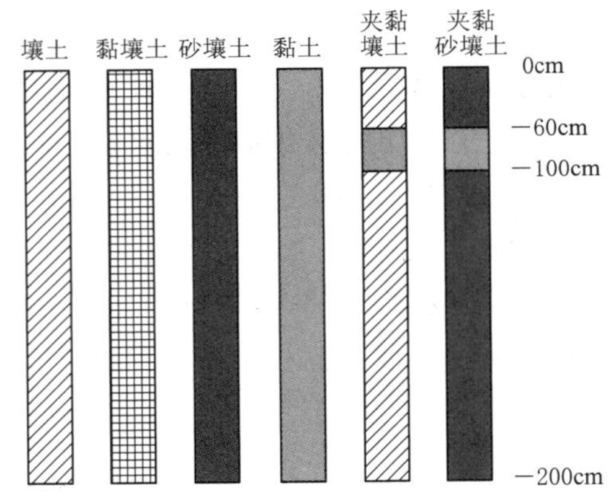


图 4.21　各种土质 0～2m 垂向结构示意图

在垂向上，壤土、黏土、黏壤土和砂壤土覆盖区域均按照 0～2m 为均质土处理，夹黏壤土和夹黏砂壤土在均质土的基础上考虑黏土夹层的分布。各种土质 0～2m 垂向结构见图 4.21。

六种土质基于四种均质土组合而成，单点模型所需要的各种土壤参数（饱和含水率、田间持水量、凋萎系数和限制性下渗系数）取值见表 4.2。

**表 4.2　单点模型所需土质参数**

| 土质 | 凋萎含水量/% | 田间持水量/% | 饱和含水量/% | 非限制性渗透系数 |
|---|---|---|---|---|
| 壤土 | 11.0 | 35.0 | 50.0 | 0.4 |
| 黏土 | 19.0 | 38.0 | 50.0 | 0.2 |
| 黏壤土 | 13.9 | 37.0 | 49.0 | 0.3 |
| 砂壤土 | 12.0 | 34.0 | 46.0 | 0.5 |

（4）地下水埋深

搜集了共104口观测井的逐次观测记录（图2.12），采用普通克里金插值法获得了2007—2008年冬小麦生育期地下水埋深空间分布图，图4.22为整个冬小麦生育期的平均地下水埋深空间分布图。可以看出，西部地区纯井灌域及一干渠、三干渠井渠结合灌域地下水埋深普遍较大，这是由于这些地区浅层地下水水质相对较好，农民抽取浅层地下水灌溉所致。

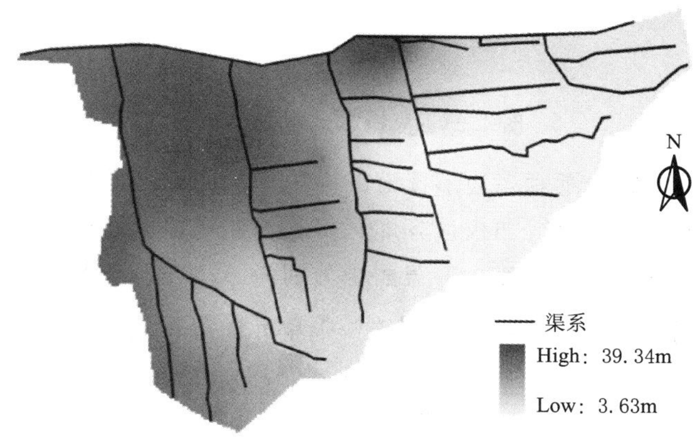


图4.22 2007—2008冬小麦生育期平均地下水埋深空间分布

对于埋深大于6m的区域，不考虑毛管上升水量的计算。图4.23为地下水通过毛管作用力上升补给冬小麦根系层土壤的区域。

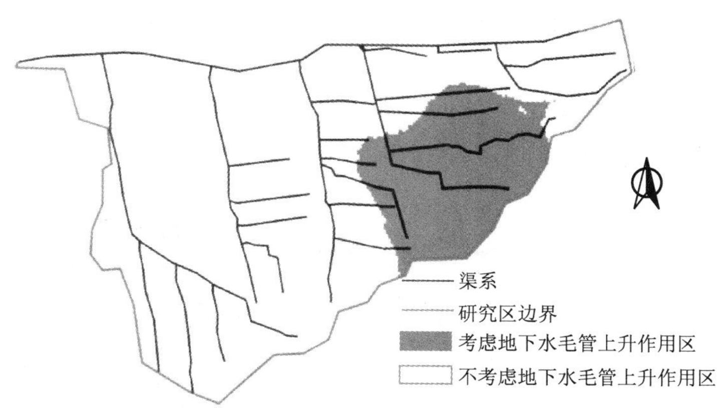


图4.23 地下水对根系土壤层补给作用区域分布

（5）模拟单元生成

模拟单元生成以灌溉单元分区（图4.19）与土壤分区（图2.14）为基础，再分别考虑气象、降雨和地下水埋深的影响（图4.24）。

模拟单元生成过程的具体操作过程如下：①将灌溉单元（图4.19）和土壤分区（图2.14）叠加，形成模拟单元；②气象（除降雨外）站点只有深州一个，因此所有的模拟单元中的气象要素都采用该站点的逐日气象资料计算参考作物腾发量；③降雨量方面，将模拟单元图与降雨量空间分区图（图4.18）叠合对比，得到覆盖每个模拟单元的临近的降雨

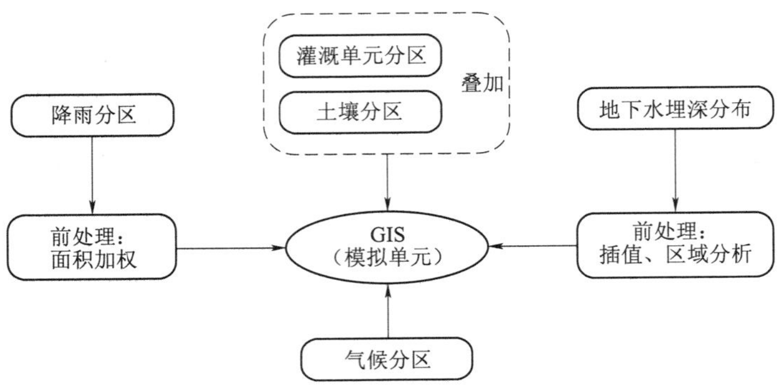


图 4.24　模拟单元生成示意图

量泰森多边形，然后以各个泰森多边形覆盖的模拟单元面积占模拟单元总面积的比例作为权重，对降雨站点的降雨量进行加权计算即可得到各个模拟单元的逐日降雨量。如某个模拟单元被 3 个降雨泰森多边形覆盖，覆盖面积分别为 $A_1$、$A_2$和 $A_3$，每个泰森多边形内的降雨站点降雨量分别为 $P_1$、$P_2$和 $P_3$，则该模拟单元的降雨量$\overline{P}$可按照式（4.19）计算：

$$\overline{P}=\frac{A_1}{A_1+A_2+A_3}P_1+\frac{A_2}{A_1+A_2+A_3}P_2+\frac{A_3}{A_1+A_2+A_3}P_3 \tag{4.19}$$

④地下水埋深方面，对 104 个观测井进行普通克里金插值后得到每个月 3 次（每月 1 日、11 日和 21 日）的地下水埋深空间分布栅格图像，采用 ArcGIS 软件的 Zonal Statistics（ArcTool box - Spatial Analyst Tools - Zonal - Zonal Statistics）功能，对地下水通过毛管上升补给根系层土壤的区域（图 4.23）中的模拟单元进行地下水埋深平均值统计计算，得到各个模拟单元每月 3 次的地下水埋深平均值，然后将其在时间上线性插值，得到每天的地下水埋深值输入单点模型。

根据上述过程操作，形成了 67 个模拟单元（图 4.25），并且获得了各个模拟单元的土质参数、逐日降雨量、灌溉量、地下水埋深等单点模型所需要的资料。

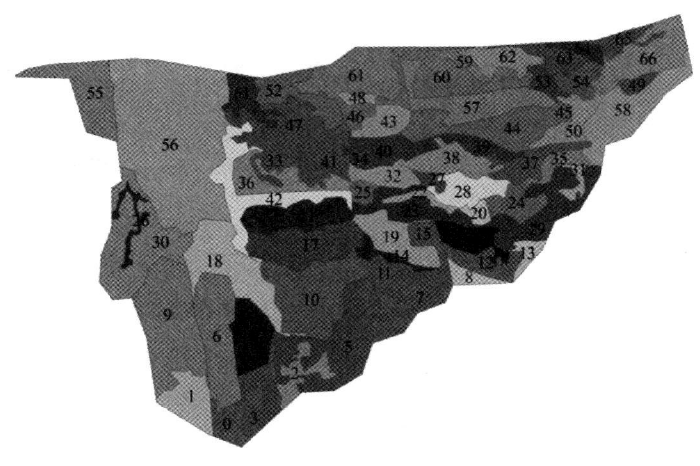

图 4.25　模拟单元编号图

（6）作物数据

作物数据主要包括冬小麦生育阶段划分、冬小麦最大根系深度、不同生育阶段的冬小

麦根系深度、冬小麦作物系数、叶面积指数或者作物蒸腾与棵间蒸发比例。这些作物数据主要来源于一些学者在该区域进行的作物生长方面的试验及获得的结论，单点模型描述（4.2.1.1 节）一节中已部分地对这些数据进行了说明，这里完整地对它们进行罗列，见表 4.3，表中日期为生育阶段开始日。

**表 4.3 冬小麦生育阶段划分**

| 播种 | 出苗 | 分蘖 | 越冬 | 返青 | 拔节 | 孕穗 | 抽穗 | 收获 |
|---|---|---|---|---|---|---|---|---|
| 10.21 | 10.26 | 11.6 | 12.5 | 2.25 | 4.5 | 4.25 | 5.15 | 6.11 |

根系深度主要用来计算作物蒸腾的层间分配，见 4.2.1.1 节式（4.10）。采用冯广龙等（1998）在河北栾城农业系统站得到的冬小麦根系生长公式进行逐日根系深度的计算：

$$Lr(\bar{t})=0.005628+2.3501\,\bar{t}-4.5548\,\bar{t}^2+3.2148\,\bar{t}^3 \tag{4.20}$$

式中：$Lr$ 为相对扎根深度，表示 $\bar{t}$ 时间扎根深度与最大扎根深度之比，根据已有研究成果（张蔚榛，1996 年），冬小麦最大根系深度取 178cm；$\bar{t}$ 为相对时间，为小麦播种后生长天数与整个生育期天数之比。

冬小麦潜在腾发量采用作物系数法计算，作物系数采用文献（石信茹等，1999 年）中的推荐值，见表 4.4。

**表 4.4 冬小麦不同月份作物系数**

| 1月 | 2月 | 3月 | 4月 | 5月 | 6月 | 7月 | 8月 | 9月 | 10月 | 11月 | 12月 |
|---|---|---|---|---|---|---|---|---|---|---|---|
| 0.2 | 0.2 | 0.59 | 1.31 | 1.13 | 1.08 | — | — | — | 0.56 | 0.38 | 0.2 |

孙宏勇等（2004 年）在中科院栾城站根据实测叶面积指数得到了冬小麦不同生育期中土壤棵间蒸发 $Ep$ 与作物蒸腾量 $Tp$ 占总腾发量的比例，见表 4.5。

**表 4.5 华北平原冬小麦土壤棵间蒸发与作物蒸腾分配比例**

| 项　目 | 播种～越冬 | 越冬～返青 | 返青～拔节 | 拔节～抽穗 | 抽穗～灌浆 | 灌浆～成熟 |
|---|---|---|---|---|---|---|
| $Ep$ 比例/% | 83.20 | 86.52 | 50.86 | 12.18 | 10.48 | 19.97 |
| $Tp$ 比例/% | 16.80 | 13.48 | 49.14 | 87.82 | 89.52 | 80.03 |

（7）冬小麦种植面积

为获得各个模拟单元的水量结果，需要获取每个模拟单元中的冬小麦种植面积数据。采用通过遥感技术获得的各个模拟单元的土地利用和作物种植结构，具体方法见第 2.1.2.3 节。

（8）模拟时段和初始条件

模拟从 2007 年 10 月 21 日冬小麦播种日开始，至 2008 年 6 月 11 日冬小麦收割日结束。模拟的时间尺度为天。

由于整个夏季降雨量相对丰沛，加之 2007—2008 年冬小麦播种前研究区连续降雨达一周左右，降雨量高达 60～100mm，所以播种日冬小麦根系层土壤基本处于田间持水量

以上，经过初期短暂调整（调整期无降雨）后能够很快达到田间持水量，所以各个模拟单元初始条件取相应土质对应的田间持水量。

#### 4.2.2.3　半分布式根层土壤水量平衡模型检验

为了评估区域半分布模型中各种输入资料空间分布以及参数的准确性和可靠性，分别采用实测土壤墒情和遥感解译的腾发量与区域半分布模型计算的相应结果进行对比。

（1）表层土壤含水量检验

石津灌区管理局在 2007—2008 年冬小麦生育期内进行了 147 次墒情普查，墒情定位观测点位置见图 4.26。采用墒情监测数据对区域半分布模型模拟值进行对比。

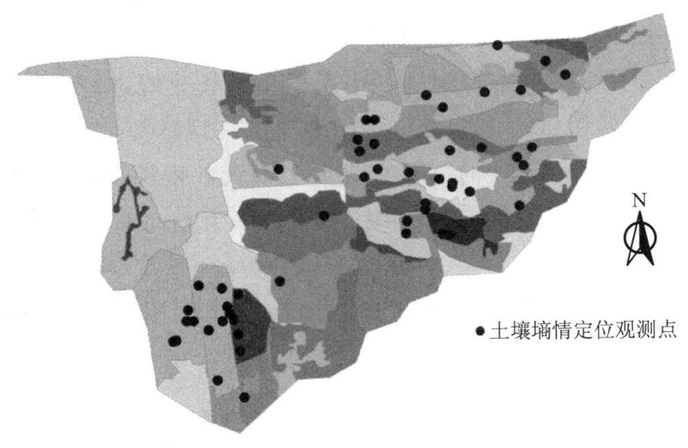


图 4.26　土壤表层墒情定位观测点分布图

土壤墒情观测点散布于全部 67 个模拟单元中的 24 个，在比较之前，需要进行三方面的处理：①当某个模拟单元中某一天有多个土壤墒情记录时，取多个观测值的平均值代表该模拟单元该天的实测土壤墒情值；②由于模型在垂向上按照每 20cm 一层进行计算，所以将模拟的 0～20cm、20～40cm 和 40～60cm 三层模拟值进行平均计算，代表土壤表层以下 60cm 深度范围的模拟平均值并与实测表层 60cm 土壤墒情值比较；③由于实测的土壤墒情数据皆为质量含水量，而模型模拟结果为体积含水量，需要通过式（4.21）将实测的质量含水量转换为体积含水量。

$$\theta_v = \frac{\theta_q B}{\rho_{水}} \tag{4.21}$$

式中：$\theta_v$ 为体积含水量，$cm^3/cm^3$，$\theta_q$ 为质量含水量，$cm^3/cm^3$，$B$ 为土壤干容重，$g/cm^3$，其中壤土为 $1.41g/cm^3$，黏壤土 $1.38g/cm^3$，黏土 $1.31g/cm^3$，沙壤土 $1.44g/cm^3$，$\rho_{水}$ 为水的密度，取 $1.0g/cm^3$。图 4.27 是模拟与实测的表层 0～60cm 土壤体积含水量散点图。

从图上可以看出，模拟值与实测值的比值基本散布在 1∶1 线附近。相对误差 $RE$ 和 N－S 系数 $E_{ns}$ 计算方法见式（4.22）和式（4.23）。

$$RE = \frac{\sum_{i=1}^{n}(M_i - O_i)}{\sum_{i=1}^{n} O_i} \times 100\% \tag{4.22}$$

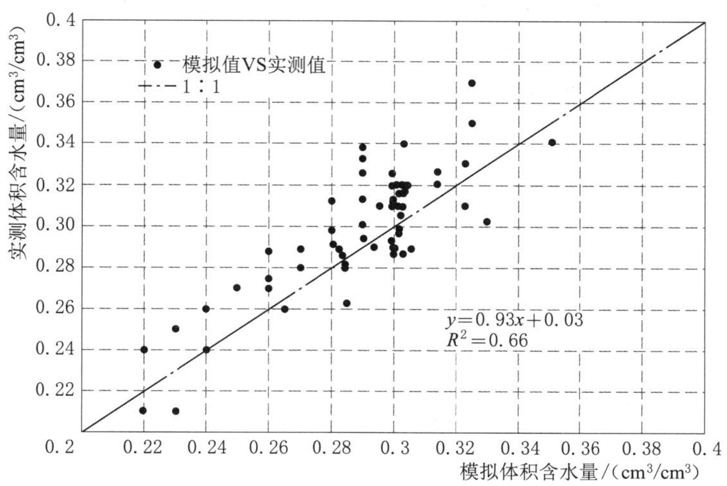


图 4.27 实测与模拟（土壤水量平衡模型）表层 60cm 土壤体积含水量散点图

$$E_{ns}=1-\frac{\sum_{i=1}^{n}(M_i-O_i)^2}{\sum_{i=1}^{n}(O_i-\langle O_i\rangle)^2}\times 100\% \tag{4.23}$$

式中：$\langle O_i \rangle$为实测值的平均值；其他符号意义同前。$E_{ns}$取值范围为（$-\infty$，1），其值越大模拟效果越好。

表 4.6 为统计参数来量化区域半分布模型的模拟效果。

**表 4.6 表层土壤含水量模拟效果评价（土壤水量平衡模型）**

| 统计参数 | 平均残差比例/% | 分散均方根比例/% | 相关系数 $R$ | 相对误差 $RE$/% | N-S 系数 $E_{ns}$ |
|---|---|---|---|---|---|
| 统计值 | 10.15 | 3.41 | 0.82 | −2.79 | 0.58 |

从各个统计参数的计算结果可以看出，平均残差比例、分散均方根比例、相对误差皆在 15%以内，相关系数达 0.82，N-S 系数相对较低，但也超过了 0.5 的临界标准。总体上来说，作物根系土壤水量平衡的区域半分布模型的概化方式、各种参数取值基本是合理的，表明模拟的表层土壤含水率的效果基本是理想的。

（2）作物腾发量检验

由于本研究只关注冬小麦生育期累积腾发量，所以将模拟的 67 个模拟单元的 2007—2008 年冬小麦生育期实际腾发量与遥感解译的腾发量进行对比，结果发现总的相对误差为−1.03%，平均残差比例为 14.30%，分散均方根比例为 17.68%，相对误差在 10%以内的模拟单元数量达 78.79%，相对误差在 15%以内的模拟单元数量达 95.52%，最大相对误差为 25.79%。表明模型模拟的冬小麦生育期累积腾发量与遥感破译结果基本是吻合的。

#### 4.2.2.4 冬小麦根层深层渗漏和水均衡分析

通过根系层土壤水量平衡的区域半分布模型，得到了 2007—2008 年冬小麦生育期各个模拟单元的根系土壤水量平衡要素逐日模拟值。图 4.28 为每个模拟单元 2007—2008 年冬小麦根系层土壤底部累积深层渗漏量的空间分布。可以看出，冬小麦生育期内根系渗漏量在0～25cm之间变动，其区域分布与灌溉量分区基本一致，说明较大的渗漏量主要由灌溉量较大导致。根系渗漏量较大的区域主要是研究区中部军干渠、四干渠和三干渠南部，而一干渠南部、五干渠和纯井灌域根系渗漏量相对较小。

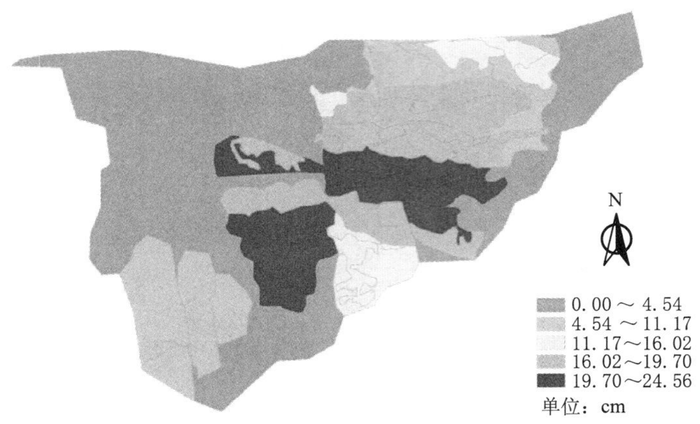


图4.28　2007—2008年冬小麦根层土壤累积深层渗漏量分布

10个纯井灌溉单元的根系深层渗漏普遍较小，除衡水深州外，其他纯井灌溉单元整个冬小麦生育期的灌溉量不超过5cm，而20个井渠结合灌溉单元中，一干渠和五干渠的根系深层渗漏量又比三干渠、四干渠和五干渠要小，这是因为在这些井渠结合灌溉单元中，其井水灌溉面积比例相对要大。由于逐次渠道灌溉量要比井水灌溉量大得多，所以各个灌溉单元中，总的灌溉量基本与井水灌溉面积的比例成反比，这导致了纯井灌溉单元灌溉量<井水灌溉比例较高的井渠结合灌溉单元灌溉量<井水灌溉比例较低的井渠结合灌溉单元灌溉量，从而导致冬小麦根系深层渗漏出现同样的大小关系。

图4.29为整个研究区冬小麦根系土层的水分收支比例。从图上可以看出，水分收入方面，井水灌溉是主要的供水来源，占总水分收入的56.31%，其次为降雨量和渠道灌溉水量，而土壤储水减少较小，潜水通过毛管上升补给量所占比重是最小的，这是由于研究区地下水埋深很大所导致。在水分支出方面，作物腾发量和深层渗漏量的比重约为8：2，深层渗漏量占到总水分支出量的22.06%，占灌溉降雨总量的比重为22.78%。

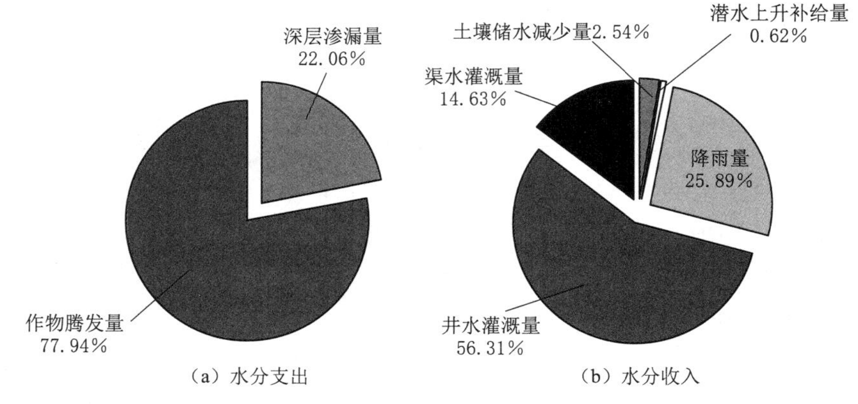


图4.29　研究区冬小麦根层土壤水分收支比例

## 4.3 地下水累积补给量模拟

Hydrus-1d 软件是一个被广泛认可和接受的能够有效模拟土壤水分运动和量化水平衡要素的计算工具，利用该软件进行土壤水文方面的研究已经有很多成功的先例（Jiménez-Martínez J et al.，2008 年；胡克林等，2006 年；张俊等，2005 年）。本节基于 Hydrus-1d 软件进行土壤水分运动的模拟，目的在于提供一个能够有效计算地下水补给量的通用模型。在这个通用模型的基础上，通过输入条件和部分参数的变化，可以获得研究区不同区域的地下水补给量。

### 4.3.1 一维饱和非饱和土壤水动力学模型

本节介绍计算地下水补给量的一维土壤水动力通用模型的构建，第 4.3.2 节将介绍如何对整个研究区进行概化，使得这个通用的地下水补给量计算模型能够有效应用于每一个区域。

#### 4.3.1.1 基本方程和土壤水力函数

研究区潜水位以上非饱和带土壤水分为一维运动，地表被作物（冬小麦）覆盖，因此模型基本控制方程为作物生长条件下一维土壤水分运动方程，其表达形式见式（4.24），土壤水力函数选择 Van Genuchten-Mualem 公式，其表达形式为式（4.25）和式（4.26）。

$$\frac{\partial\theta(h)}{\partial t}=\frac{\partial}{\partial t}\left[K(h)\left(\frac{\partial h}{\partial z}+1\right)\right]-S \tag{4.24}$$

$$\theta(h)=\begin{cases}\theta_r+\dfrac{\theta_s-\theta_r}{\left[1+|\alpha h|^n\right]^{1-1/n}} & h<0\\ \theta_s & h\geqslant 0\end{cases} \tag{4.25}$$

$$K(h)=\begin{cases}K_s S_e^l\left[1-\left(1-S_e^{\frac{n}{n-1}}\right)^{1-1/n}\right]^2 & h<0\\ K_s & h\geqslant 0\end{cases} \tag{4.26}$$

式中：$h$ 为土壤压力水头；$\theta(h)$ 为土壤体积含水量；$t$ 为时间；$z$ 为垂直坐标，向上为正；$S$ 为根系吸水量；$K(h)$ 为非饱和土壤导水率；$S_e$ 为相对饱和度；$\theta_r$ 和 $\theta_s$ 为残余含水率和饱和含水率；$K_s$ 为饱和导水率；$\alpha$ 为土壤孔隙进气压力值的倒数；$l$ 和 $n$ 是形状参数，为经验常数。

#### 4.3.1.2 时空离散

研究区 2007～2008 年冬小麦生育期地下水埋深在 40m 以内波动，所以整个模拟土柱深度设定为 40m。将其平均离散为 100 个单元，含 101 个节点，每个离散单元土层厚度为 0.4m。土壤质地分层根据各个模拟单元钻孔进行概化，具体见 4.3.2.1 节。

模拟的起始时间为 2007 年 10 月 20 日冬小麦播种日，结束时间为 2008 年 6 月 11 日冬小麦收割日，模拟期总天数为 235 天。时间上采用变步长离散方式，初始步长为 1 天，最小步长为 0.01 天，最大步长为 10 天，当某一时间步长收敛所需要的迭代次数大于 7 时，则下一个时间步长变为它的 1.3 倍，当迭代次数小于 3 时，将下一个时间步长变为它的 0.7 倍。若在某一时间段收敛需要的迭代次数超过了最大值迭代次数 20，则该时间段停止迭代，并将该时间步长变为原来的 3 倍，重新开始迭代计算。

#### 4.3.1.3　边界条件

由于冬小麦生育期间没有大的降雨，不会形成地表径流，灌溉水量被田埂包围，当灌溉量较大时会形成一定的积水层，因此上边界设定为大气-积水边界，该边界条件表示形式见式（4.27）。

$$\begin{cases} \left| -K\dfrac{\partial h}{\partial z} - K \right| \leqslant E & h_a \leqslant h \leqslant h_s \\ h = h_a & h < h_a \end{cases} \tag{4.27}$$

式中：$K$ 为非饱和导水率；$h$ 为上边界土壤水压力水头；$E$ 为潜在入渗速率或者蒸发速率，由用户输入灌溉、降雨或者潜在蒸发；$h_a$ 为土表所允许的最小压力水头，给定为－16000cm。$h_s$ 为土表所允许的最大压力水头，根据实际积水情况选择为 20cm。当 $h_s$ 为正时，为积水边界，此时允许地表形成一定深度的积水层，由于模拟土柱最大深度为 40m，其下边界位于饱和带中，因此处理成隔水边界，给定常数通量 0。

#### 4.3.1.4　作物腾发

软件需要用户提供作物逐日潜在蒸腾量和土壤潜在蒸发。首先，根据逐日气象资料利用 Penman－Menteith 公式计算参考作物腾发量，再根据冬小麦不同生育期作物系数（表 4.4）利用式（4.5）计算冬小麦潜在腾发量。根据表 4.6 中的冬小麦不同生育期作物蒸腾和土壤蒸发占腾发总量的比例，按照式（4.7）和式（4.8）计算逐日冬小麦潜在蒸腾量和土壤潜在蒸发量。冬小麦生育阶段划分可参考表 4.3。

#### 4.3.1.5　根系生长和吸水

考虑作物的根系生长随时间发生变化，软件默认根系吸水随根系深度的变化按照指数形式分布。根据式（4.20）可计算得到逐日的最大根系深度值，同时得到 Hydrus－1d 软件中描述根系生长的各种参数，见表 4.7。

**表 4.7　作物根系生长参数**

| 初始时间/d | 初始根深/cm | 中间时间/d | 中间根深/cm | 收割时间/d | 最大根深/cm |
|---|---|---|---|---|---|
| 0 | 0.01 | 117 | 79.2 | 235 | 180 |

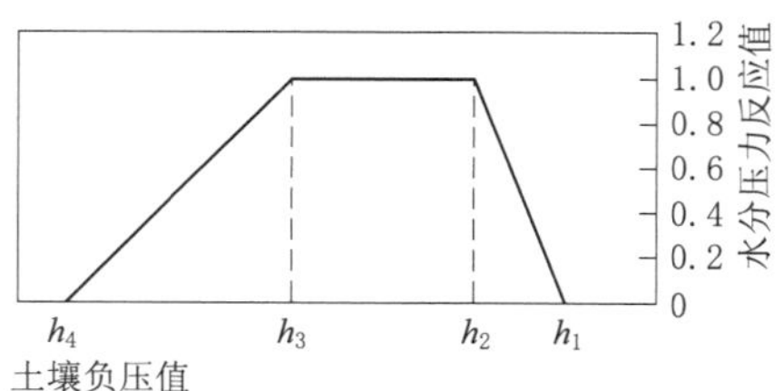


图 4.30　土壤水分胁迫函数 $\alpha(h)$ 示意图（Feddes 模型）

利用 Feddes（1978）模型计算土壤水分胁迫对根系吸水速率的影响（图 4.30），Feddes 模型所需要的各种参数采用软件数据库自带数据，见表 4.8。表中，$h_1$、$h_2$、$h_3$ 和 $h_4$ 分别为土壤饱和含水量、最大毛管持水量、毛管断裂含水量和凋萎系数对应的负压值。

**表 4.8　Feddes 模型参数**

| 作　物 | $h_1$/cm | $h_2$/cm | $h_3$/cm | $h_4$/cm |
|---|---|---|---|---|
| 冬小麦 | －1 | －500 | －900 | －16000 |
| 夏玉米 | －15 | －325 | －600 | －8000 |

#### 4.3.1.6 初始条件

通过“预热”的方式给定初始条件。首先根据地下水埋深大致给定预热时段的初始条件，将2006年10月21日至2007年10月21日期间的灌溉降雨等各种数据输入模型重复运行5年，若预热结束后的地下水埋深与2007年10月21日（模拟时段起始日）地下水埋深接近，则将预热结束时的土壤水势剖面作为模拟时段的初始条件。否则需重新调整预热时段的初始条件，直至预热时段结束时的地下水埋深与模拟时段起始日的地下水埋深一致为止。

由于在预热过程中涉及玉米生长，下面给出用Hydrus-1d模拟玉米生长条件下土壤水分运动所需要补充的参数设置，其他模型参数见前面所述。玉米生育期为6月12日至9月30日，生育期内不灌溉。在进行玉米潜在蒸腾量和土壤潜在蒸发量的分配时，需要用到不同时段玉米的作物系数计算玉米潜在腾发量，然后采用叶面积指数根据下式将潜在腾发量分离：

$$E_p = ET_p \times e^{-k\times \mathrm{LAI}} \tag{4.28}$$

$$T_p = ET_p - E_p \tag{4.29}$$

式中：$k$为植被冠层消光系数，夏玉米取0.39（牛文元等，1987）；LAI为叶面积指数。

图4.31和图4.32分别给出了夏玉米不同时段的作物系数和叶面积指数，其中作物系数根据文献（石信茹等，1999年）得到，叶面积指数取自周春华（2007年）在中科院栾城站的实测数值。

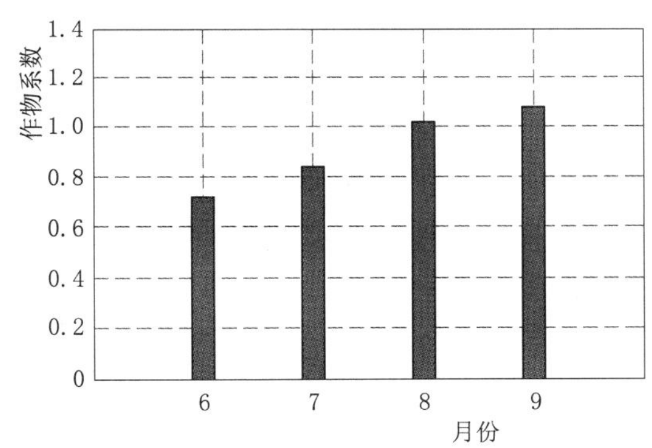


图4.31　夏玉米不同时段作物系数图

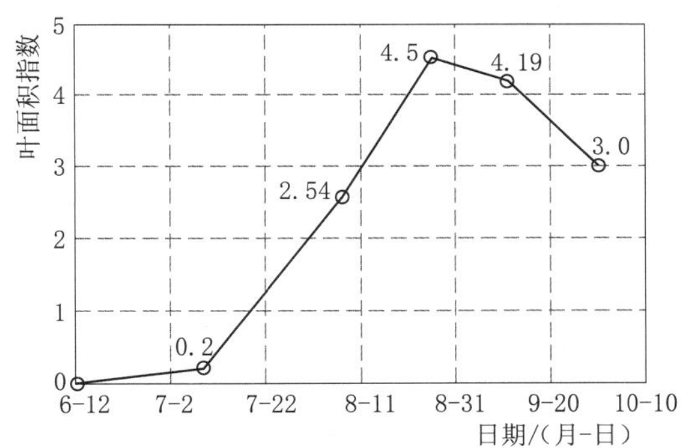


图4.32　夏玉米不同时段叶面积指数

夏玉米根系生长按照下式计算（刘晓明等，1992）：

$$Z_r = -0.6389 + 0.6742 J_d \tag{4.30}$$

式中：$Z_r$为夏玉米最大根系深度，m；$J_d$为夏玉米播后天数，d。

利用Feddes模型（图4.30）计算土壤水分胁迫对根系吸水速率的影响，Feddes模型所需要的夏玉米各种参数见表4.8。

#### 4.3.1.7 地下水累积补给量计算

通过模型模拟，可得到模拟土柱下边界逐日压力水头动态值，按照式（4.31）计算整个冬小麦生育期累积地下水补给量：

$$R = \mu \times (h_{b,235} - h_{b,0}) \tag{4.31}$$

式中：$R$为2007—2008年冬小麦生育期累积补给量；$\mu$为地下水位波动带给水度；$h_{b,235}$和$h_{b,0}$分别为冬小麦收割日和播种日的下边界压力水头值（静水压力）。

### 4.3.2 地下水累计补给量的空间分布

首先介绍单点模型（4.3.1 节）的各种输入资料的空间分布，然后将单点模型应用于每个模拟单元，并结合各个模拟单元中冬小麦的种植面积，得到地下水累积补给量的空间分布。为了验证模型概化以及各种参数取值的可靠性，将实测的表层土壤含水率、遥感获取的作物腾发量以及 4.2 节中获取的冬小麦根系层深层渗漏与本节模拟结果进行对比。

#### 4.3.2.1 半分布式一维饱和、非饱和土壤水模型构建

为了使空间尺度保持一致性，计算地下水补给量的区域半分布模型仍然以 4.2.2 节中得到的模拟单元为单位，这样各个模拟单元的灌溉水量、气象资料、降雨量、地下水埋深等单点模型的输入数据可以直接采用第 4.2.2.2 节中的结果；作物数据和初始条件等处理和设置方式在描述单点模型的 4.3.1 节中已一一介绍，而各个模拟单元的土壤质地垂向分层概化是本区域半分布模型主要需要解决的问题。

基于研究区第一含水组（底板约 40～60m）44 个钻孔柱状图（图 2.14），得到整个研究区第一含水组三维地质体结构（图 4.33）和地质剖面图（图 4.34）。

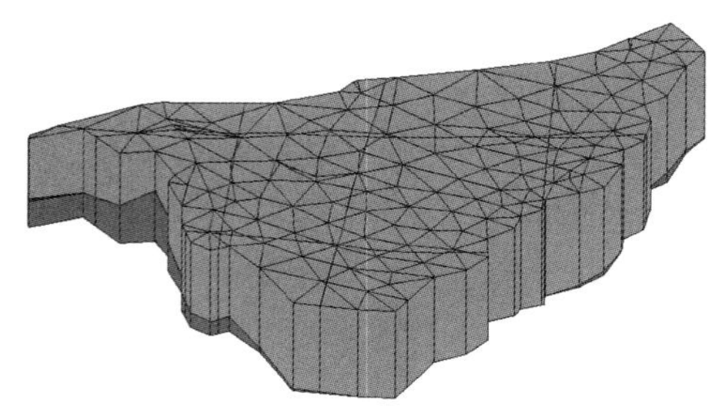

图 4.33 第一含水组三维地质体图

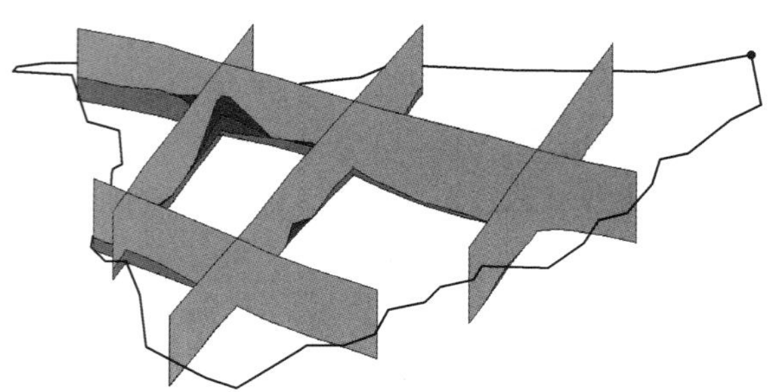

图 4.34 地质剖面图

研究区第一含水组土壤质地在垂向上可以概化为 4 层，第一层为粉砂质黏壤土（东部区域）或者壤土（西部区域，图 4.35），覆盖整个研究区，其底板埋深约为 10～60m。第二层土质为细砂，是第一含水组主要含水层，主要分布在研究区西北部地区（图 4.36），其底板埋深约为 20～37m。

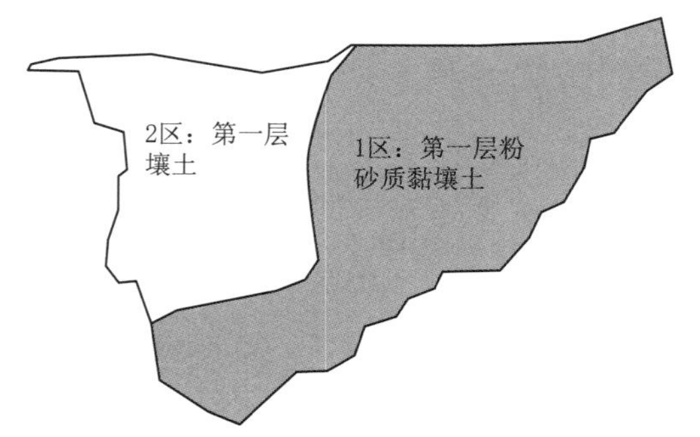


图 4.35 第一层土质空间分区图

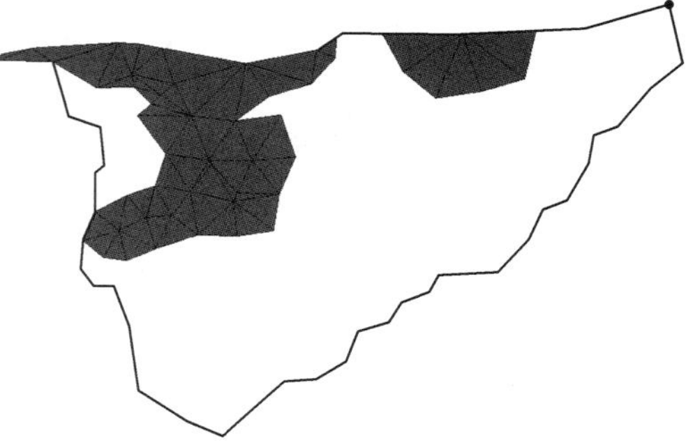

图 4.36 第二层土质（细砂）空间分布图

第三层土质为粉砂质黏壤土，分布区域与第二层土质相似（图 4.37），其底板埋深约为 41～52m。第四层土质为粉细砂，主要分布在研究区中西部地区（图 4.38），其底板埋

深约为 43～60m。

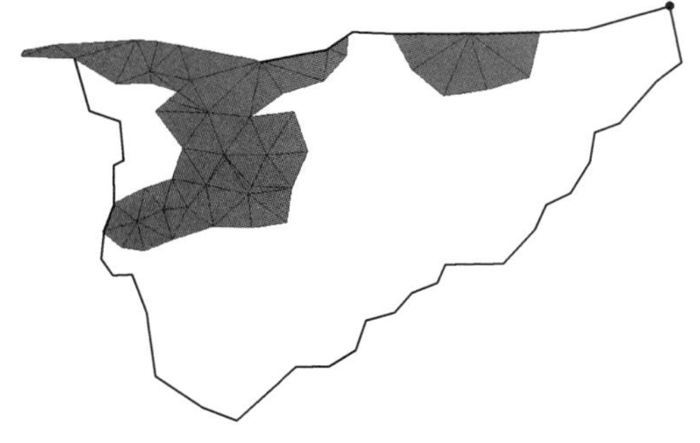

图 4.37　第三层土质（粉砂质黏壤土）空间分区图

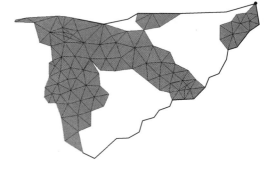

图 4.38　第四层土质（粉细砂）空间分布图

根据上述钻孔概化的地质体结构，可以得到各个模拟单元 40m 以内土壤带的垂直分层结构。由于地下水补给量的土壤水动力模型模拟土柱深度为 40m，因此其下边界位于第一或者第三层土质带内，并不涉及第四层土质，所以各个模拟单元 40m 以内土壤垂直分层一般有 4 种形式，其典型结构如图 4.39 所示。对于第二层土质分布区域（图 4.36）中的模拟单元，其 40m 以内的土壤带垂向上包含三层结构［图 4.39（a）、图 4.39（b）］，从上至下分别为粉砂质黏壤土或壤土、细砂和粉砂质黏壤土；对于没有第二层土质分布的模拟单元，其 40m 以内含水层垂向结构只包含一种土质（粉砂质黏壤土或壤土），为均质土壤结构［图 4.39（c）、图 4.39（d）］。

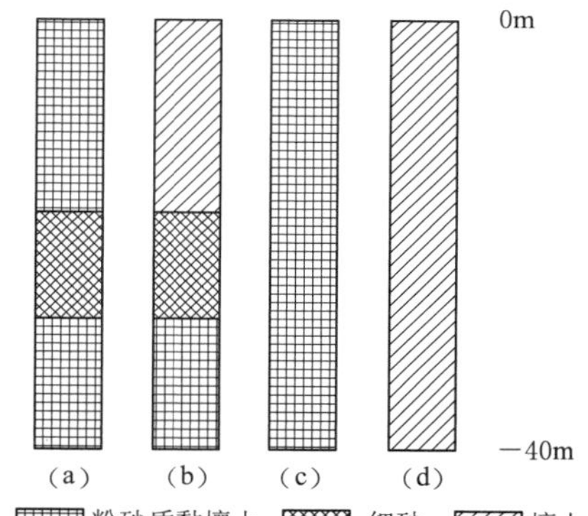


图 4.39　研究区 40m 内土质分层典型结构示意图

图 4.39 中主要涉及 3 种土质，各种土质的土壤水力参数根据实测土壤粒径组成，由 Rosetta 软件中的神经网络模型拟合给定初值，然后通过与实测表层土壤墒情、RS 破译的作物腾发量以及冬小麦根系层土壤水量平衡的系统动力学模型模拟的 2m 处深层渗漏值进行对比（见 4.3.2.2 节模型检验）来调整各个参数值。表 4.9 为调整后的 Van Genuchten - Mualem 公式中各个土壤水力参数值。

**表 4.9　土壤水力参数取值**

| 土　质 | $\theta_r$/% | $\theta_s$/% | $a$/(1/m) | $n$ | $K_s$/(m/d) | $l$ |
|---|---|---|---|---|---|---|
| 粉砂质黏壤土 | 7.93 | 45.36 | 1.9 | 1.31 | 0.22 | 0.5 |
| 壤土 | 6.76 | 44.52 | 1 | 1.28 | 0.28 | 0.5 |
| 细砂 | 5.70 | 41.00 | 12.4 | 2.28 | 3.50 | 0.5 |

按照式（4.31）计算地下水累积补给量，还需要给定每个模拟单元的给水度，水位变动带给水度分区具体见图 2.15。

#### 4.3.2.2　半分布式一维饱和非饱和土壤水模型检验

为了检验地下水累积补给量计算的概化方式和各种参数取值的可靠性和准确性，从三个方面对模型进行检验，仍然选择平均残差比例、分散均方根比例、相关系数、相对误差和 $N-S$ 系数 5 个指标来评价模拟效果。

(1) 表层土壤含水量检验

图 4.40 是模拟与实测的表层 0～60cm 土壤体积含水量散点图。可以看出，模拟值与实测值的比值基本散布在 1∶1 线附近，表 4.10 为模拟效果评估指标值。

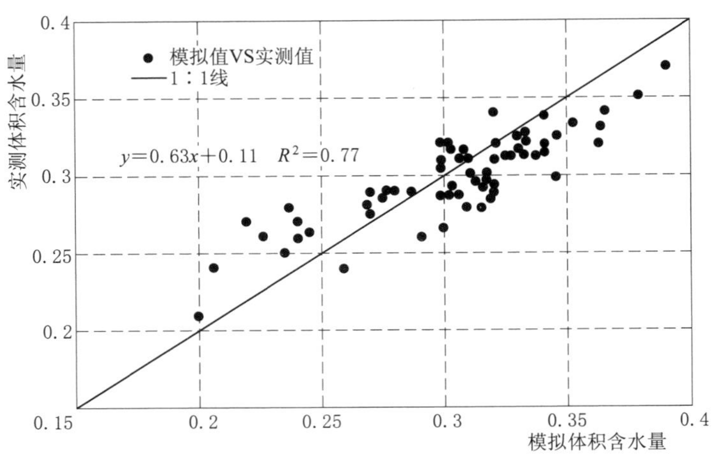


图 4.40　实测与模拟表层 60cm 土壤体积含水量散点图

**表 4.10　表层土壤含水量模拟效果评价**

| 统计参数 | 平均残差比例/% | 分散均方根比例/% | 相关系数 $R$ | 相对误差 $RE$/% | $N-S$ 系数 $E_{ns}$ |
|---|---|---|---|---|---|
| 统计值 | 11.67 | 3.84 | 0.88 | 1.60 | 0.51 |

从表中看出，平均残差比例、分散均方根比例、相对误差皆在 15%以内，相关系数达 0.88，$N-S$ 系数超过了 0.5，说明该模型模拟的表层土壤含水率的效果基本是理想的。

(2) 作物腾发量检验

由于本研究只关注冬小麦生育期累积腾发量，所以将模拟的 67 个模拟单元的 2007—2008 年冬小麦生育期实际腾发量与遥感解译的腾发量进行对比，结果发现总的相对误差为－2.14%，平均残差比例为 12.46%，分散均方根比例为 19.21%，相对误差在 10%以内的模拟单元数量达 68.79%，相对误差在 15%以内的模拟单元数量为 89.32%，最大相对误差为 36.78%。表明模型模拟的冬小麦生育期累积腾发量与遥感破译结果基本是吻合的。

(3) 根系层深层渗漏检验

模拟地下水补给量的土壤水动力学模型和模拟冬小麦根系层土壤水量平衡的系统动力学模型皆能够对 2m 以上的土壤水分运动进行模拟，因此需要确保两个模型模拟的土壤水平衡要素一致，由于在进行不同尺度用水效率分析时是以冬小麦整个生育期作为时间尺

度，所以这里对两个模型模拟的整个冬小麦生育期的不同模拟单元冬小麦根系层深层渗漏累积量进行对比。

图 4.41 为土壤水量平衡模型（4.2 节）和土壤水动力学模型（4.3 节）模拟的 67 个模拟单元的冬小麦根系层深层渗漏累积量散点图。

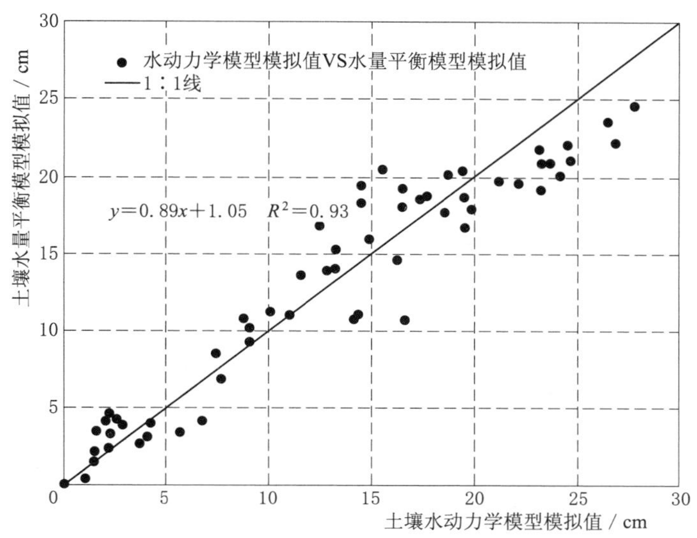


图 4.41 两种模型模拟的冬小麦根系层深层渗漏累积量散点图

从图上看出，两个模型模拟值基本散步在 1：1 线附近。对各个统计参数进行计算，得到平均残差比例和均方根比例分别为 7.19%和 2.16%，相对误差为 2.10%，相关系数为 0.97，$N-S$ 系数为 0.92，表明两个模型模拟的冬小麦根系层深层渗漏累积量差别很小，有高度的一致性。

#### 4.3.2.3 地下水累积补给量分析

通过模拟，可以得到整个研究区 67 个模拟单元 2007—2008 年冬小麦生育期间的地下水累积补给量的空间分布，如图 4.42 所示。

可以看出，潜水补给主要发生在灌溉量较大且埋深相对较小的区域，即主要位于军干渠中部以及四干渠南部，其他区域潜水补给量较小。三干渠南部虽然灌溉量较大导致冬小麦根系层渗漏量较大，但由于该区域埋深较大，所以在冬小麦生育期能够补给地下水的水量较四干渠和军干渠南部要小。

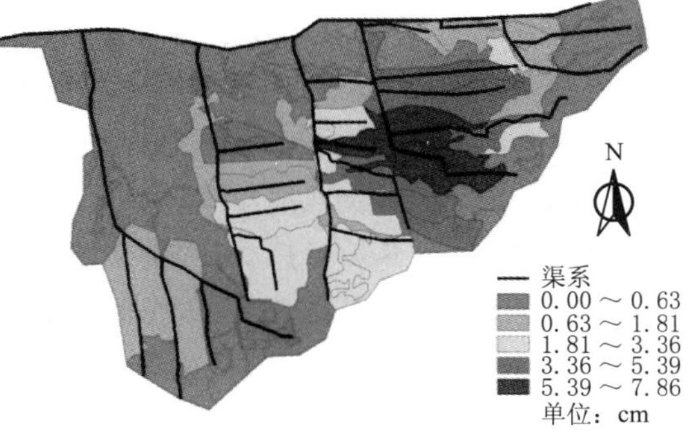


图 4.42 冬小麦生育期麦地潜水累积补给量空间分布

从各个灌溉单元来看，20 个井渠结合灌域平均地下水累积补给量占降雨灌溉总量的比例达 5.66%，要远远大于 10 个纯井灌域的 0.66%，这一方面是因为井渠结合灌域灌溉量要大于纯井灌域，另一方面是

由于纯井灌域完全依赖于地下水灌溉，使得其地下水埋深普遍很大，根系层深层渗漏出流量难以在冬小麦生育期有效补给地下水。在井渠结合灌域，一干渠所含的灌溉单元平均为 1.94%，三干渠为 3.03%，军干渠为 6.71%，四干渠为 10.13%，五干渠为 2.88%，这也是因为军干渠和四干渠中渠道灌溉面积比例较大，综合灌溉量要大于其他三条干渠，加之军干渠和四干渠区域的地下水埋深相对较小，灌溉量和地下水埋深大小综合决定了冬小麦生育期地下水累积补给量大小。图 4.43 和图 4.44 是各个灌溉单元在 2007～2008 年冬小麦生育期麦地潜水累积补给量及其占各自灌溉降雨总量的比例。

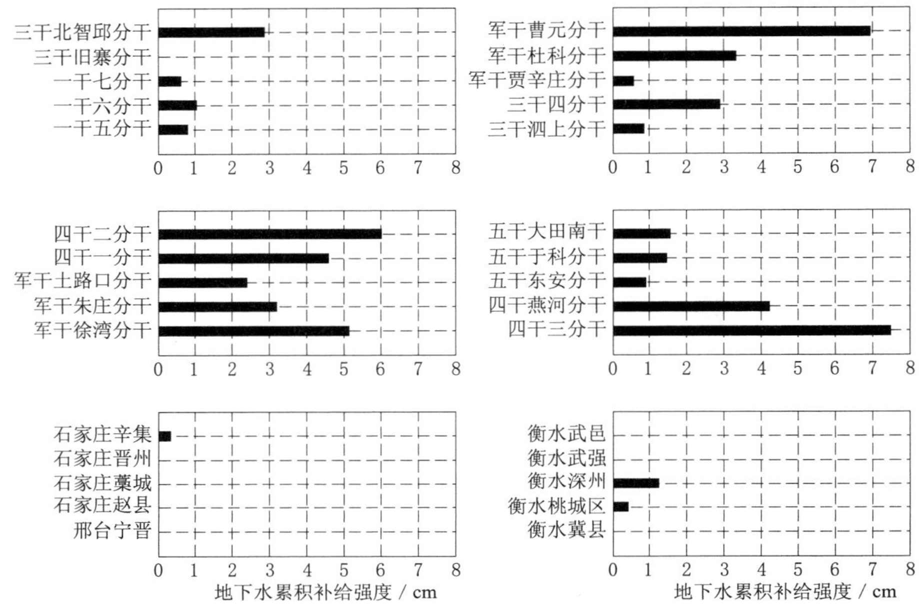


图 4.43　不同灌溉单元麦地潜水累积补给量

从整个研究区来看，冬小麦生育期间麦地潜水补给量占灌溉降雨总量的 3.86%，占总灌溉量的 5.28%，占根系层深层渗漏量的 16.97%，即灌溉和降雨量之和的近 4%、灌溉量的 5%和根系层深层渗漏量的近 17%的水量能够在冬小麦生育期内补给地下水库，根系层深层渗漏的 83%左右在冬小麦生育期内被储存在根系层以下的非饱和带中。

当地下水埋深到达一定深度后，埋深继续变大虽然使得非饱和带增厚，但由于这部分增加的非饱和带含水率基本稳定且维系在田间持水量以上，所以整个非饱和带的土壤水容量并不会随着埋深增大而有所增加，所以在无限时间或多年平均尺度下，地下水补给系数也基本是保持稳定的，此时地下水能够接受的补给总量只与地表的灌溉和降雨量大小相关。但是，非饱和带的增加使得土壤水分到达地下水库之前的运动路径增长，使得地下水补给的强度受到了一定程度的削弱和时间上的平均化（朱奎，2004 年），从而导致某一相对较短的特定时段内的地下水补给量有所减少，本章得到的地下水补给系数由于是限定了冬小麦生育期时间尺度，所以结果比一般概念上的补给系数要偏小，这主要是由地下水埋深较大的实际情况所致，也是因为时间尺度受到了限定所致。

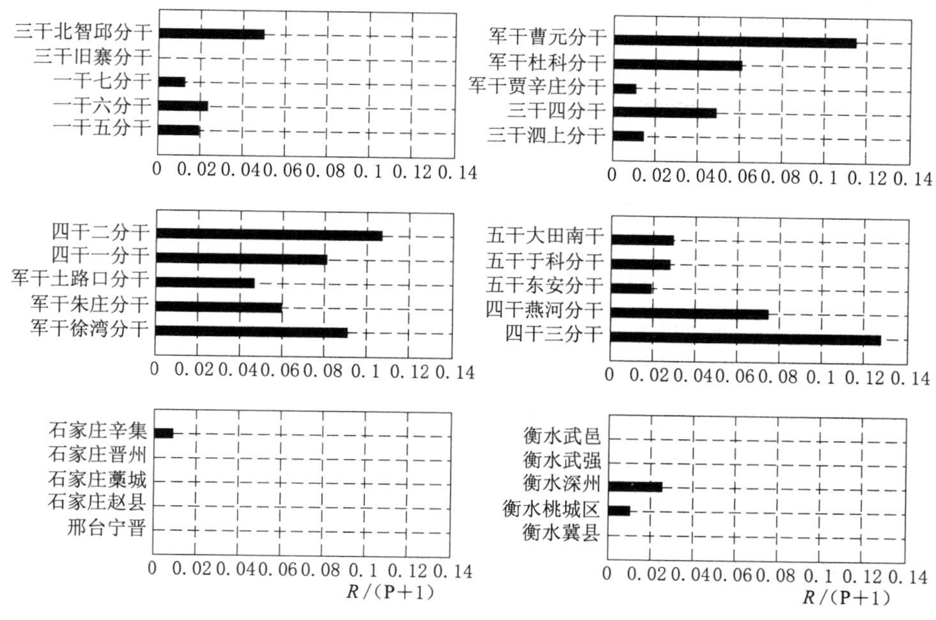


图 4.44 不同灌溉单元麦地潜水累积补给量占灌溉和降雨量比例

## 4.4 区域地下水运动分布式模拟

采用 GMS 软件中的 Modflow 模型来构建研究区潜水分布式模型，并利用 2007—2008 年冬小麦生育期实测的潜水位对模型进行率定和检验，在模型构建、率定和检验过程中，涉及的软件模块包括 Map、Borehole、Solid、TIN、2D - Scatter、2D - Grid、3D - Grid 和 GIS。

### 4.4.1 概念模型构建

#### 4.4.1.1 水文地质体概化和参数分区

研究区潜水系统为厚薄不一的第四系松散沉积物，粗细颗粒交错沉积，一般含有多层含水层，由砂与黏土或亚黏土组成含水构造，地质条件复杂，底界埋深在 40～60m。总体而言，在水平方向上，含水层由西向东，颗粒由粗变细，单位厚度由厚变薄，水质由淡水变咸水，水量逐渐减少，且西部含水层多于东部含水层，西部含水层出现层位更高，东部含水层一般出现层位较低，多出现在第一含水组底部。在垂直方向上，表层皆覆盖不同厚度的亚黏土夹粉砂土，总干渠沿线至深州市区、一干渠五分干以北、三干渠泗上分干以北区域在 15～25m 埋深处含有粉细沙含水层，厚度为 5～10m，该含水层下覆亚黏土。第一含水组底部在一干渠、三干渠北部、军干渠朱庄分干以北至贾辛庄分干，以及研究区东北部含有 5～10m 厚度不等的细砂含水层。根据相关水文地质资料，研究区水文地质在垂向上概化为亚黏土夹粉砂层、细砂、亚黏土和粉细砂 4 层，不同区域 4 种土质分布情况有一定差异。研究区潜水系统水文地质三维体、剖面图以及垂向上各层土质的分布见图 4.33～图 4.39。

虽然研究区潜水系统水文地质条件非常复杂，但由于地下水埋深普遍较大，地下水实际只在部分土质层位中运动，西部地区一般在第二层至第四层，而东部地区一般在第一层和第二层，具体情况视其地下水埋深而定。在构建水文地质概念模型时，若是直接按照土质分层对潜水系统进行层位划分，则需要设置透镜体或是层位出露、截断等复杂地质情况，以避免疏干含水层出现。这里采用另外一种相对简单的情况来构建研究区水文地质概念模型，将研究区潜水系统看作一个整体，利用水文地质参数分区来体现不同区域饱和带以下各层土质的综合水文地质情况，即以一个虚拟的综合性土层来代表整个潜水系统饱和带。这样就构建了只含有一个综合性土层的潜水系统水文地质体，地下水在其中发生二维流动。这样的处理方式既可以避免因含水层疏干带来的模型无法运行问题，也可以避免出现过多的复杂水文地质现象，而且能够体现不同区域水文地质情况的差异性。图 4.45 所示为潜水系统水文地质体，它是一个只含有单一土层的概化体。

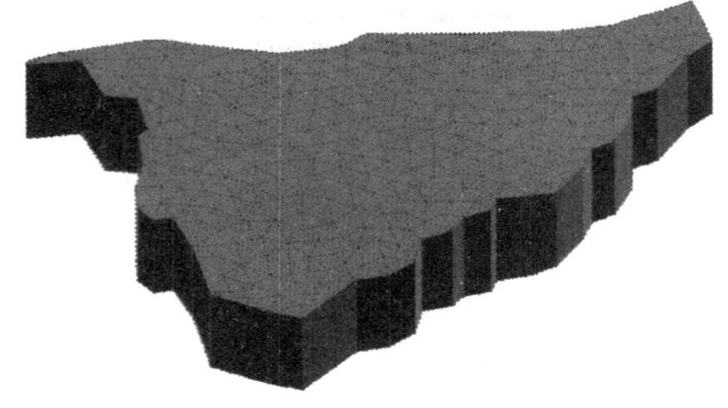

图 4.45　研究区潜水系统水文地质概化体

潜水含水层水文地质参数主要包括水平渗透系数和水位变动带给水度。根据相关文献（陈望和，1999 年；张兆吉等，2009 年；高殿举等，1992 年）获取其初始值分区。图 2.15 为两个主要水文地质参数初始值分区图。

#### 4.4.1.2　边界条件和源汇项处理

（1）水平边界

研究区潜水系统水平边界是指研究区内外潜水系统的水平交换量，按给定流量边界处理，流量按照下式计算：

$$Q_h = KI\cos\theta HL \tag{4.32}$$

式中：$Q_h$ 为研究区水平边界处流量，$m^3/d$；$K$ 为计算断面饱和带平均渗透系数，m/d，按照图 2.15（b）查询取值；$I$ 为计算断面地下水水力坡度，根据研究区模拟期平均地下水位等值线图查询取值；$\theta$ 为地下水水力坡度方向与计算断面法线方向的夹角值，见图 4.46，按照研究区模拟期平均地下水位等值线图估算；$H$ 为计算断面潜水含水层厚度，m，根据潜水系统三维水文地质概化体（图 4.45）查询；$L$ 为计算断面长度，m。

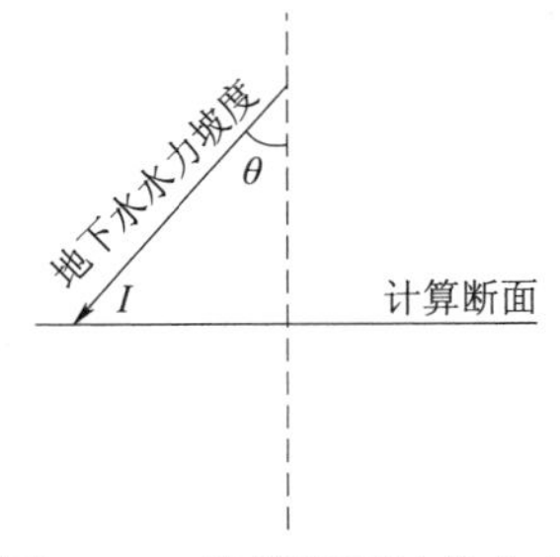


图 4.46　计算断面法线方向与地下水力坡度夹角示意图

（2）下边界

研究区西部地区（军干渠以西）第一含水组底部虽然无明显厚隔水层，但由于该区域地下水第一、二含水组长期混合开采，导致两个含水层水位接近一致，潜水系统下边界底部垂向流量很小，可以忽略不计；东部地区下边界第一、二含水组之间有 10m 以上的黏土和亚黏土间隔，两含水组之间垂向交换很小，因此整个研究区潜水系统下边界皆处理为隔水边界，与第二含水组无水量交换。

(3) 上边界

在冬小麦生育期间，灌溉在输配水过程中，各级渠系沿途损失对潜水系统进行补给，灌入田间的水量形成深层渗漏后也会对潜水系统进行补给。这里将研究区土地利用分为灌溉地和非灌溉地两种大类，冬小麦生育期的非灌溉地主要包括林地、大部分裸地和居工地，灌溉地主要为麦地和小部分预留裸地（用来种植棉花，即俗称“白地”）。非灌溉地潜水系统在冬小麦生育期内无田间灌溉补给，也没有大的降雨形成有效的降雨补给，只会存在潜水蒸发，而研究区潜水埋深普遍较大，4.2节的计算结果表明，即便是在冬小麦生长条件下，整个研究区潜水上升补给量也只占总入流量的0.62%（图4.29），因此非灌溉地的潜水蒸发基本可忽略不计。在灌溉地中，麦地的潜水系统存在田间灌溉和降雨补给，“白地”在4月上中旬开始种植棉花，5月底或6月初才会对白地进行灌溉，因此5月1日前“白地”基本没有田间灌溉补给，而整个灌溉地潜水蒸发很小，也基本可以忽略不计。除此之外，农民还会从潜水系统抽水以补充渠道灌溉水量的不足。因此，对于一个模拟单元来说，虽然其内部含有多种土地利用结构和作物种植方式，但自冬小麦播种日起至5月1日前，其潜水系统上边界主要包括各级渠系渗漏损失补给、麦地田间灌溉补给、潜水抽水量和小部分几乎可被忽略不计的潜水蒸发量；而5月1日之后，还有“白地”田间灌溉补给水量。

上述为冬小麦生育期内潜水系统上边界的实际情况，但由于只关注麦地水分循环，若将“白地”的灌溉补给水量也考虑进入上边界，将难以甄别出仅仅由麦地及其供水系统（渠系）对尺度边界出流量做出的贡献，从而导致后续用水效率指标中水平衡要素统计口径的不一致，如按照实际情况，在冬小麦生育阶段后期（5月1日之后），潜水系统水平交换量（出流量）应该既包括“白地”的田间灌溉补给贡献，也包括麦地的田间灌溉补给贡献，而在计算冬小麦用水效率时，入流量只考虑麦地，这就与潜水系统水平交换量的统计口径出现了差异，同时也因为水平衡要素内涵的过于繁杂而增加了从水循环机理上进行尺度效应分析和尺度转换的难度。所以这里抽象出一个冬小麦生育期间潜水系统的简单理论模拟模型，假定其中只种植冬小麦，而不考虑“白地”的补给，这样潜水系统的各种水平衡要素统计口径将会达成一致。通过前面分析可知，构建的潜水系统理论模型在5月1日前与实际情况是基本吻合的，在5月1日后因为存在对“白地”的灌溉而使得理论模型与实际情况有一定出入，所以在对理论模型中各种参数进行率定和检验过程中，以冬小麦种植日至5月1日的实测地下水位作为对比依据。

潜水系统理论模型上边界主要包括各级渠系渗漏损失补给、麦地田间灌溉补给、潜水抽水量和小部分几乎可被忽略不计的潜水蒸发量，下面分别论述各种上边界源汇项的量化方法。需要说明的是，在计算过程中，对于5月1日之后的各种供水量，将从其中分离出仅供给麦地的水量（渠道引水量和潜水抽水量），分离的方法主要按照麦地和“白地”各自灌溉面积占总灌溉面积的比例进行。

渠系渗漏损失补给量根据如下经验公式计算：

$$Q_c = (1 - m)\gamma Q_0 \tag{4.33}$$

式中：$Q_c$为渠系渗漏损失补给水量，$m^3/d$；$m$为渠道水利用系数，根据灌区管理局每年春灌期间渠系水利用系数分析结果得到；$\gamma$为渠系损失水量补给地下水的修正系数，根据模型

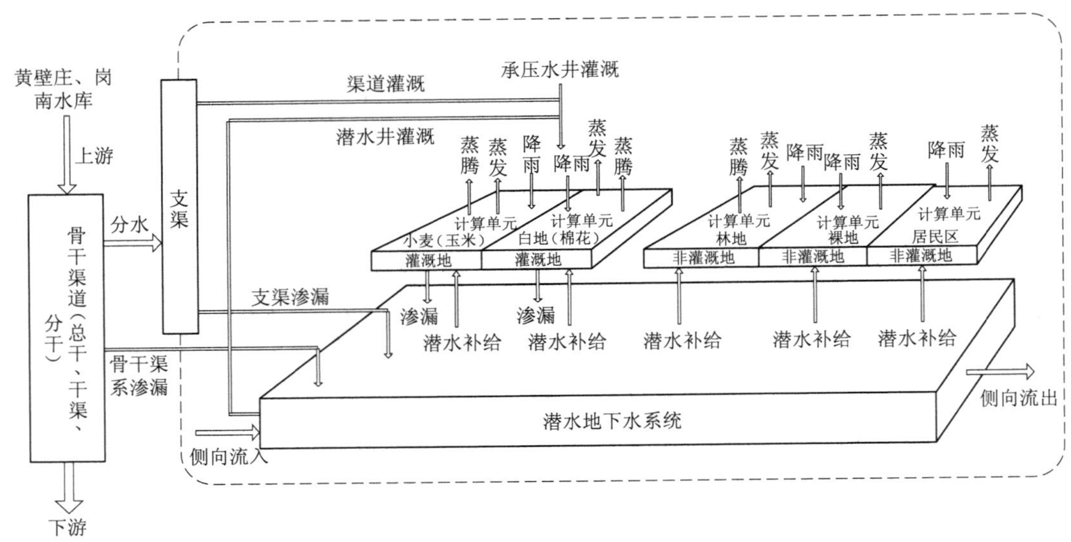


图 4.47　研究区水分循环示意图

率定获取；$Q_0$ 为渠首逐日引水量，由灌区管理局三级测站提供各条渠系逐日引水量，$m^3/d$。

实际计算时对分干级以上渠系分段推求损失补给量。将分干及以上渠系的渗漏损失补给处理成线状补给，将分干以下渠系渗漏损失补给处理成各个模拟单元控制面积内的面状补给。图 4.48 为 2007—2008 年冬小麦生育期累积的分干以下渠系渗漏损失面状补给量分布图，从图上可以看出，分干以下渠系的渗漏补给量主要分布在研究区井渠结合灌域。

麦地田间灌溉补给量和潜水蒸发量在第 4.3 节中已经计算过，将 Hydrus－1d 模型计算的各模拟单元麦地逐日潜水补给量在模拟单元控制范围内进行平均化处理，得到各个模拟单元潜水系统的逐日补给量，该补给量中显然已剔除了潜水蒸发量。

潜水抽水量方面，将冬小麦生育期累积潜水抽水量在冬小麦灌溉时段内进行平均分配，得到各个模拟单元逐日潜水抽水量，然后将其在各个模拟单元控制面积内进行平均化处理，得到各个模拟单元的逐日潜水抽水量。图 4.49 为研究区潜水系统 2007—2008 年冬小麦生育期各个模拟单元的累积抽水量分布图。从图上可以看出，研究区西部地区由于潜水水质相对较好，因此潜水抽水量相对较大，而东部地区由于潜水水质较差，潜水抽水量普遍较小。

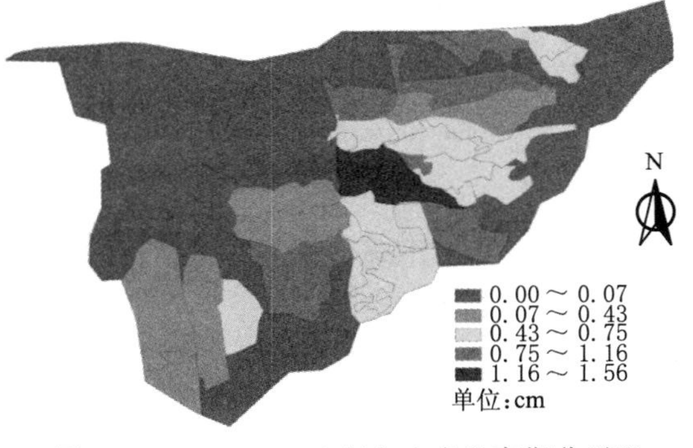


图 4.48　2007—2008 年冬小麦生育期分干以下渠系渗漏损失累积补给量分布图

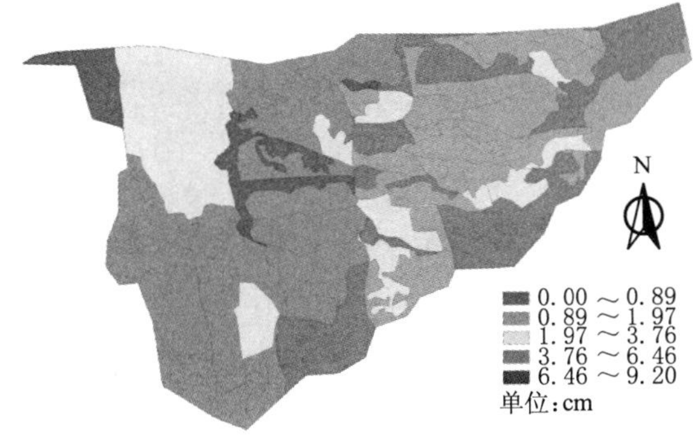


图 4.49　研究区潜水系统 2007—2008 年冬小麦生育期累积抽水量分布图

综上所述，研究区潜水系统理论模型的边界条件主要由线状补排和面状补排组成，见图 4.50，其中线状补排包括边界流入、流出、分干及以上骨干渠系渗漏补给，面状补排包括分干以下各级渠系渗漏补给、麦地田间灌溉（降雨）补给和潜水抽水量。

### 4.4.2　时空离散

研究区总面积 3216.06km²，按照 500m×500m 正方形网格进行剖分，共形成 132 行、202 列、1 层共 26664 个单元以及 53998 个节点。图 4.51 为研究区空间离散图。

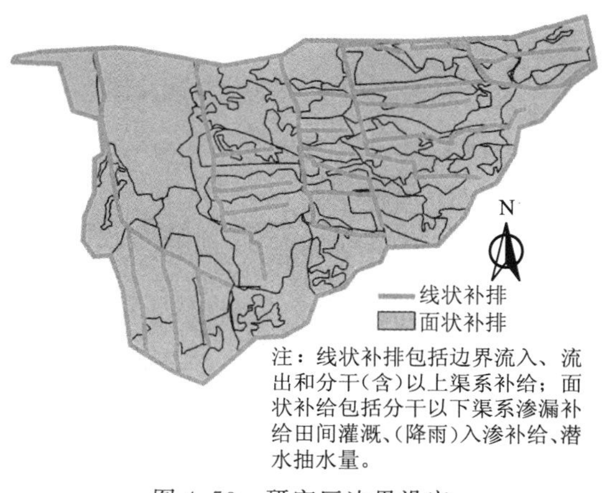

N
线状补排
面状补排
注：线状补排包括边界流入、流出和分干(含)以上渠系补给；面状补给包括分干以下渠系渗漏补给田间灌溉、(降雨)入渗补给、潜水抽水量。


图 4.50　研究区边界设定

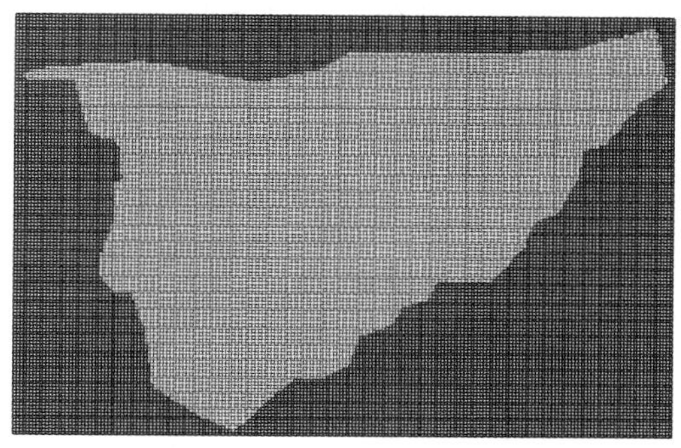

图 4.51　研究区空间离散图

模拟起始时间为 2007 年 10 月 21 日冬小麦播种日，模拟结束时间为 2008 年 6 月 11 日冬小麦收割日，模拟时长 235 天，时间步长为天，划分为 235 个应力期，每个应力期为 1 天。图 4.52 给出了应力期设置情况。

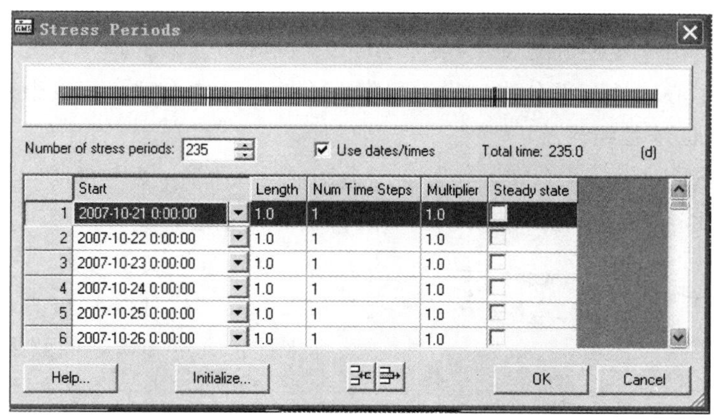


图 4.52　GMS 软件应力期设置图

### 4.4.3　初始条件

以 2007 年 10 月 21 日冬小麦播种日为模拟初始时刻，该时刻潜水位流场为模型模拟的初始条件。利用 GMS 软件中的克里金插值法对研究区及其周边区域的 104 个潜水位观测孔（图 2.12）初始时刻的潜水位值进行插值得到初始流场。

### 4.4.4　模型率定和检验

为了使构建的模型和参数取值能够客观反映实际情况，需要对模型进行率定和检验。本小节对所构建的模型进行参数率定和模型检验，由于构建的模型在 5 月 1 日前与实际情况是完全一致的，因此将 2007 年 10 月 21 日冬小麦播种日至 2008 年 4 月 1 日作为模型率定期，2008 年 4 月 1 日至 2008 年 5 月 1 日作为模型验证期。

#### 4.4.4.1　地下水流场检验

将研究区及周边地区 104 个观测孔（图 2.12）2008 年 4 月 1 日和 2008 年 5 月 1 日实测值进行克里金插值，可以分别得到率定期末和验证期末实测地下水流场分布图，将它们分别与这两个时刻模型模拟的地下水流场图进行对比，见图 4.53。

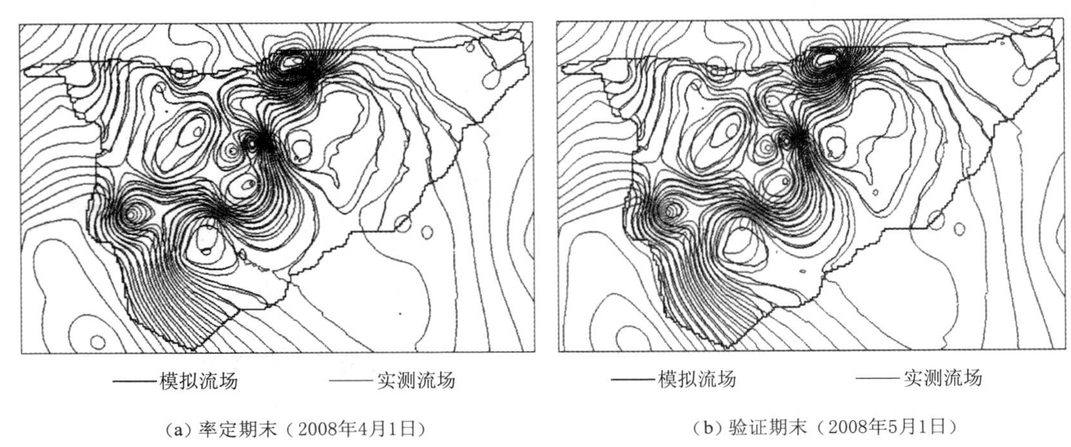


图 4.53　率定期末和验证期末模拟地下水流场与实测插值地下水流场比较

从图上可以看出率定期和验证期模拟的地下水位流场基本反映了研究区地下水流场的规律，除了漏斗中心区域和部分边界附近稍有偏差外，总体上拟合程度很好。

#### 4.4.4.2　地下水位过程线检验

研究区范围内有观测孔 49 口，分布范围见图 4.54。冬小麦生育期间，每眼井每月观测 3 次，通过对比这些观测孔的潜水位实测过程线与模拟过程线对模型进行率定和检验。

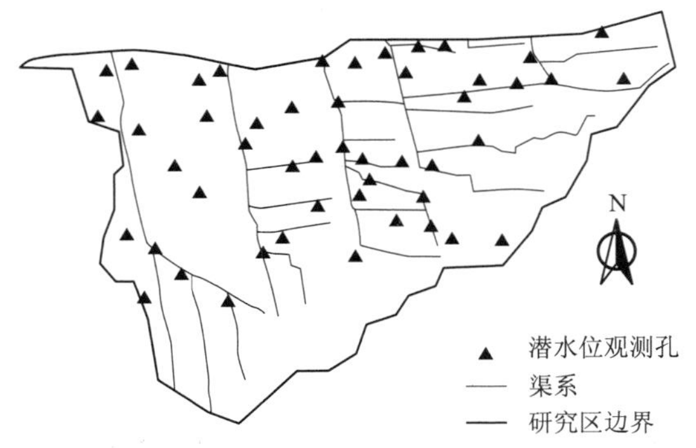


图 4.54　研究区内潜水观测孔分布图

选择平均残差比例、分散均方根比例、相关系数、相对误差和 $N-S$ 系数五个指标来评价率定和检验的效果。表 4.11 给出了率定和验证期五个统计参数的计算结果。从统计参数计算结果可以看出，率定期和验证期模拟效果较为理想。从 49 口观测孔实测与模拟潜水位值的散点图（图 4.55）可以看出模拟值与实测值散布在 1∶1 线附近，表明模拟值与实测值接近。

表 4.11 率定和验证期潜水位模拟效果评价

| 统计参数 | 率定期 | 验证期 |
|---|---|---|
| 平均残差比例/% | 3.65 | 1.32 |
| 分散均方根比例/% | 5.87 | 4.07 |
| 相关系数 $R$ | 0.97 | 0.95 |
| 相对误差 $RE$/% | 1.47 | 4.83 |
| $N-S$ 系数 $E_{ns}$ | 0.94 | 0.88 |

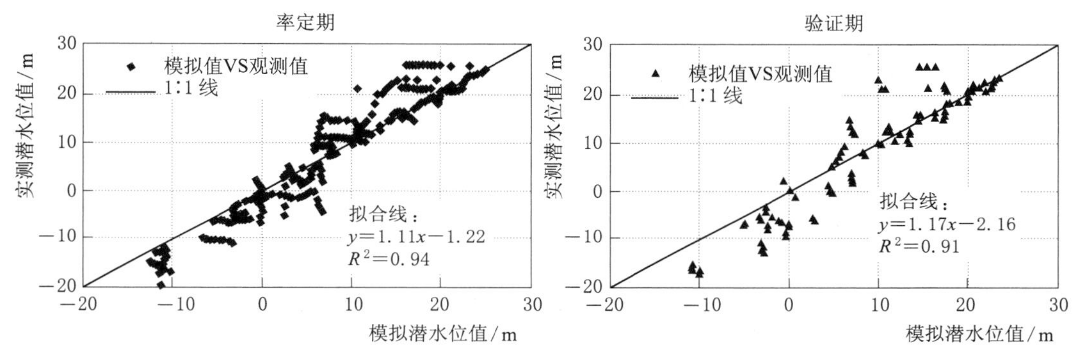


图 4.55 率定期和验证期实测与模拟潜水位值散点图

由于观测孔较多，图 4.56 列出了部分观测孔模拟值与实测值的动态过程比较图。为了方便，某个观测孔率定期和验证期的比较结果绘制在同一张图中。从图上可以看出，模型能够有效地模拟潜水位的波动规律和变化趋势。

#### 4.4.4.3 参数识别

经过识别，研究区潜水系统给水度、水平渗透系数分区值见图 4.57 和图 4.58。渠系损失水量补给地下水的修正系数为 0.26。

识别的水文地质参数基本上反映了研究区潜水系统水文地质性质，即西部地区含水颗粒相对较粗，东部地区相对较细，没有发生概念上的错误，与实测潜水位比较结果表明参数取值是合理的。

### 4.4.5 潜水系统水收支模拟结果分析

通过模型模拟，得到 2007—2008 年冬小麦生育期间整个研究区潜水系统水均衡结果，见表 4.12。潜水系统总补给量为 8067.80 万 $m^3$，其中田间灌溉补给占总 29.91%，分干以上渠系渗漏损失补给量占 27.88%，分干以下渠系渗漏损失补给量占 12.29%，地下水流入量占 29.91%。研究区潜水系统总排泄量为 11025.93 万 $m^3$，其中潜水抽水量占 90.80%，地下水出流量占 9.20%。研究区潜水系统均衡差为 2958.13 万 $m^3$，为负均衡。

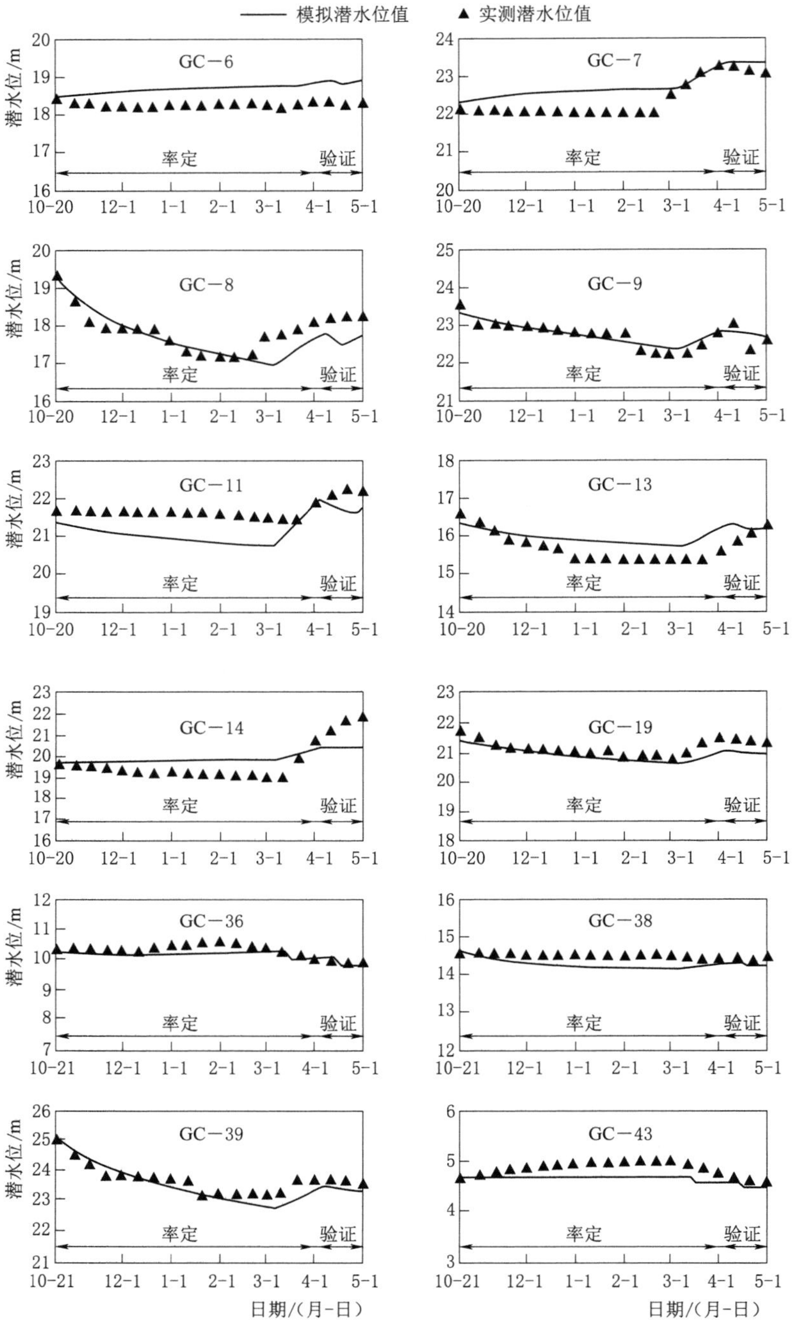

图 4.56　部分潜水位观测孔观测值与模拟值历时拟合曲线

**表 4.12　2007—2008 年冬小麦生育期潜水系统水收支**

| 水平衡项 | 补给项/($10^4m^3$) | | | | 排泄项/($10^4m^3$) | | 储量变化量/($10^4m^3$) |
|---|---|---|---|---|---|---|---|
| | 灌溉补给量 | 分干以上渠系渗漏补给量 | 分干以下渠系渗漏补给 | 地下水流入量 | 抽水量 | 地下水出流量 | |
| 计算值 | 2413.34 | 2249.53 | 991.51 | 2413.42 | 10012.08 | 1013.85 | −2958.15 |

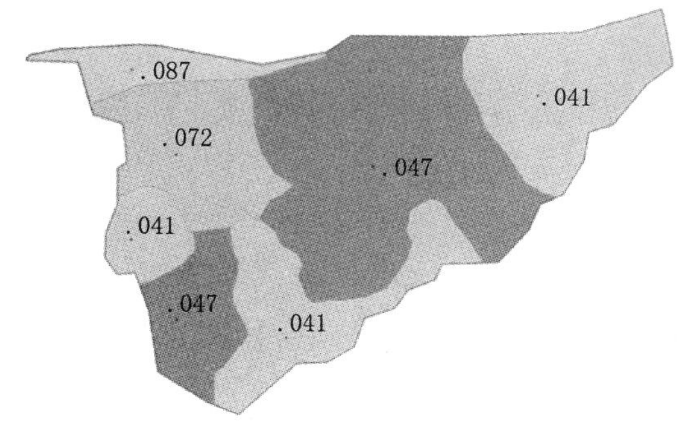


图 4.57　给水度分区识别结果

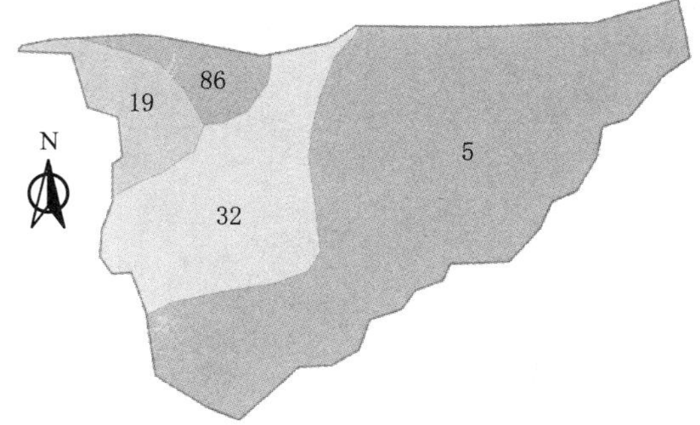


图 4.58　水平渗透系数识别结果

冬小麦生育期间，渠系渗漏损失补给是潜水系统最主要的补给来源，其次是边界流入量，这是因为研究区西部属太行山前平原，存在可观的山前侧向补给量，加之研究区边界处还存在一些潜水开采漏斗，也造成了边界流入量较大，田间灌溉补给与边界流入量相差不大。在潜水系统的排泄方面，抽水量是研究区潜水系统最主要的排泄项，以上结论与灌区水资源评价报告（高殿举等，1992 年）基本吻合，符合研究区潜水系统水分收支的实际情况。

将各个模拟单元得到的渠系渗漏损失补给在各个模拟单元控制面积上进行平均化处理，得到各个模拟单元渠系渗漏损失补给量，见图 4.59。从图上可以看出，渠系分布稀疏（如三干渠上段）和纯井灌溉（如 2 号和 5 号模拟单元）的区域得到的渠系渗漏损失补给量相对较小，而在井渠结合灌域，潜水系统获得的渠系渗漏损失补给量相对较大。

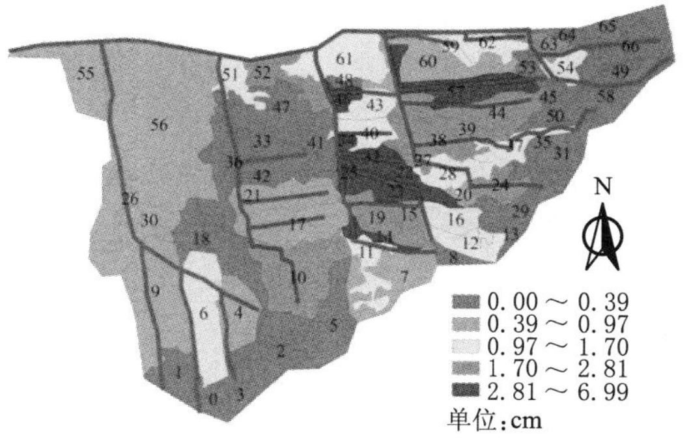


图 4.59　研究区不同模拟单元 2007—2008 年冬小麦生育期渠系渗漏损失补给量

将各个模拟单元潜水系统的边界流入量、边界流出量以及净水平交换量（边界流入量和流出量代数和）折算成各个模拟单元控制面积上的量，见图 4.60 和图 4.61。

可以看出，研究区西部山前平原、纯井灌域和潜水漏斗所在的模拟单元边界流入量普遍较大，东部和中东部平原、井渠结合灌域以及潜水漏斗附近区域的模拟单元边界流入量较小，而边界流出量的空间分布特征恰好与此相反。总的来说，潜水位较低的地方边界流入量大，潜水位较高的区域边界流出量较大。

研究区潜水系统存在着从中东部井渠结合灌域向西部纯井灌域水平流动的显著特征，不仅如此，在潜水漏斗中心所在的模拟单元存在较大的地下水流入量（如 61 号模拟单元），漏斗周边的模拟单元存在较大的地下水流出量（如 52 号模拟单元）。研究区潜水系统的这种水平交换特征表明井渠结合灌域补给地下水量转移到纯井灌域，被重新抽取利用，也使得尺度效应在该区域的存在成为可能。

图 4.62 给出了不同模拟单元 2007—2008 年冬小麦生育期潜水储水改变量，其中负值

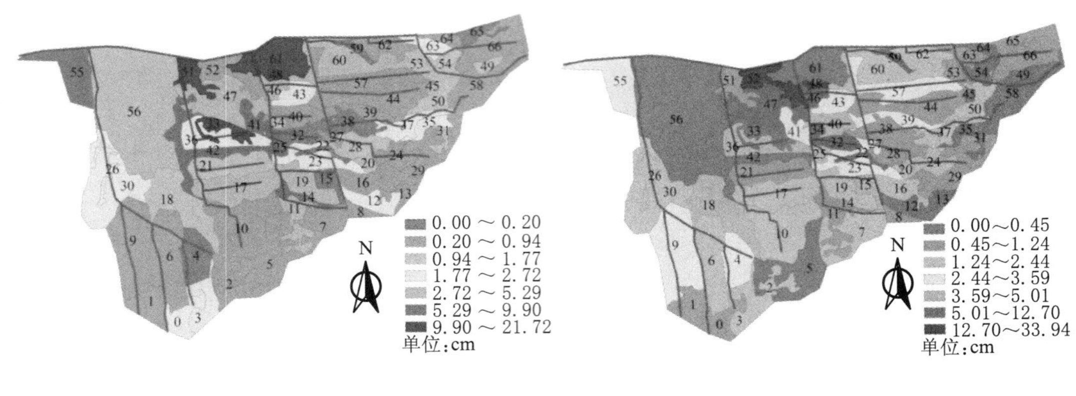


（a）边界流入量　　（b）边界流出量

图 4.60　研究区不同模拟单元 2007—2008 年冬小麦生育期边界流入和流出量

代表整个生育期的潜水储水量减少，正值代表整个生育期的潜水储水量增加。由于储水改变量是各种源汇项综合作用的结果，在抽水量大、灌溉和渠系补给少、净流出量大的区域储水量减少，反之则储水量增加。总的来说，中东部井渠结合灌域潜水储水量普遍增加，西部区域潜水储水量普遍减少，主要原因应该是中东部区域接受的补给多，加之潜水抽水量相对较少，而西部纯井灌域则相反。

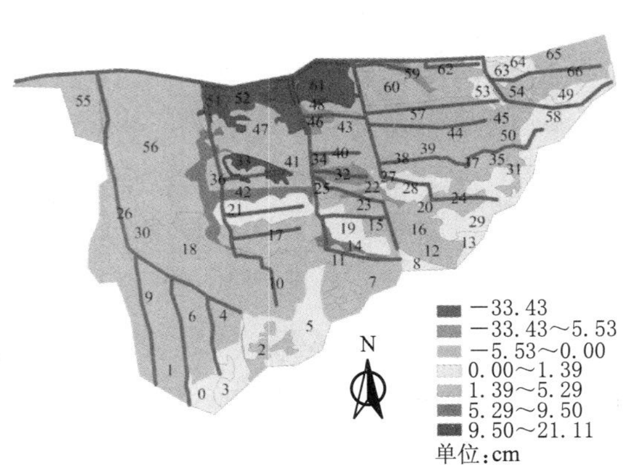


图 4.61　研究区不同模拟单元 2007—2008 年冬小麦生育期潜水净水平交换量

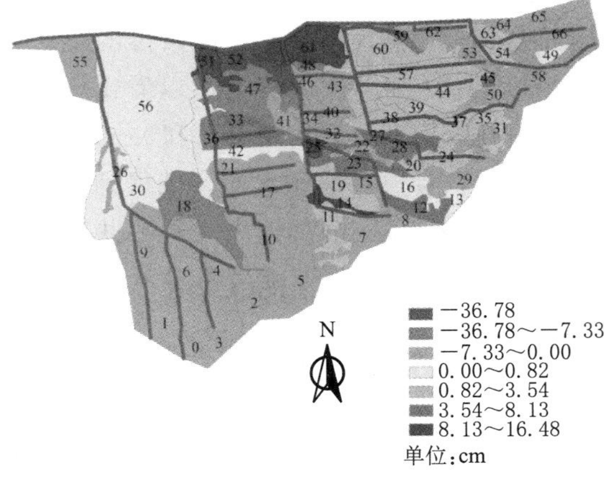


图 4.62　研究区不同模拟单元 2007—2008 年冬小麦生育期潜水储水改变量

## 4.5　小　　结

本章通过联合根系层土壤水量平衡模型、非饱和带土壤水动力学模型和地下水运动模型，获取了冬小麦生育期水分收支状况，主要内容概括如下：

（1）构建了一个冬小麦根系土壤水量平衡的系统动力学单点模型，并以此为基础，通过划分模拟单元以及对各种模型输入资料和参数进行空间分布，将单点模型扩展到区域半分布模型，利用实测的表层 60cm 土壤含水量和遥感反演的作物腾发量对区域半分布模型

的模拟效果进行了评价，结果表明模型模拟效果可以接受。利用该模型对2007—2008年冬小麦根系土壤水分收支进行了模拟，获得了各个土壤水平衡要素的逐日模拟值，其中整个研究区冬小麦根系层深层渗漏量占总入流量的比重约为22%。

（2）利用Hydrus-1d软件构建单点的地下水累积补给量模型，将该单点模型扩展成以67个模拟单元为单位的区域半分布模型。经过检验表明模型是基本合理和可靠的。采用该模型模拟各个模拟单元冬小麦生育期地下水累积补给量，结果表明在军干渠和四干渠的井渠结合灌溉区域，由于灌溉量较大而地下水埋深相对较小，使得其地下水累积补给量相对较大，而在一干渠、三干渠和五干渠等渠水灌溉面积比例较小的井渠结合灌域，以及灌溉量较小且地下水埋深较大的纯井灌域，地下水累积补给量相对较小。从整个研究区的总体情况看，灌溉和降雨量之和的近4%、灌溉量的5%和根系层深层渗漏量的近17%的水量能够在冬小麦生育期内补给地下水库，根系层深层渗漏的83%左右在冬小麦生育期内被储存在根系层以下的非饱和带中。

（3）利用GMS软件中的Modflow模型构建了研究区潜水系统分布式模型，并利用检验后的模型模拟了2007—2008年冬小麦生育期潜水系统的水分收支，结果表明整个研究区潜水系统总补给量为8067.78万$m^3$，其中田间灌溉补给2413.34万$m^3$，占总补给量的29.91%；分干以上渠系渗漏损失补给量2249.53万$m^3$，占总补给量的27.88%；分干以下渠系渗漏损失补给量991.51万$m^3$，占总补给量的12.29%；边界外流入量2413.42万$m^3$，占总补给量的29.91%。研究区潜水系统总排泄量为11025.93万$m^3$，其中潜水抽水量10012.08万$m^3$，占总排泄量的90.80%；流出边界水量1013.85万$m^3$，占总排泄量的9.20%。研究区潜水系统均衡差为2958.15万$m^3$，为负均衡。研究区潜水系统存在着从中东部井渠结合灌域向西部纯井灌域水平流动的显著特征，不仅如此，在潜水漏斗中心所在的模拟单元存在较大的地下水流入量，漏斗周边的模拟单元存在较大的地下水流出量。研究区潜水系统的这种水平交换特征表明井渠结合灌域补给地下水量转移到纯井灌域，被重新抽取利用，也使得尺度效应在该区域的存在成为可能。

## 本 章 参 考 文 献


[1] Burman R，Pochop L O. Evaporation，Evapotranspiration，and Climatic Data [M]. 1994，Elsevier：Amsterdam；278.

[2] Campbell G S，Norman J M. An Introduction to Environmental Biophysics [M]. 2nd edn. Springer-Verlag：1998，New York；286.

[3] Chen H R，Huang J S，Wu J W，et al. Comparisons of a numerical model and a water balance model to quantify soil water balance in root zone of winter wheat [A]. Proceedings of 2nd International Conference on Education Technology and Computer [C]，Shanghai，IEEE，2010：V1-479.

[4] Feddes R A，Kowalik P J，Zaradny H. Simulation of Field Water Use and Crop Yield [Z]. Centre for Agriculture Publishing and Documenation，Wageningen，the Netherlands，1978.

[5] Forrester J W. World Dynamics [M]. 2 ed. Cambridge MA：Productivity Press，1973.

[6] Jiménez - Martínez J, T H Skaggs, M Th, et al. HYDRUS - 1D Modeling of an Irrigated Agricultural Plot with Application to Aquifer Recharge Estimation [A]. Jirka Šimunek, Radka Kodešová. Proceedings of The Second HYDRUS Workshop [C]. Prague, Czech Republic: Faculty of Agrobiology, Food and Natural Resources, Czech University of Life Sciences, Prague and PC - Progress, Ltd., 2008.

[7] Kendy E, Pierre G′erard - Marchant M. Todd Walter, et al. A soil - water - balance approach to quantify groundwater recharge from irrigated cropland in the North China Plain [J]: Hydrological Processes, 2003, 17 (10): 2011 - 2031.

[8] Li Y H, Dong B. Real - time irrigation scheduling model for cotton [A]. L S Pereira and J W Growing, editors. Water and the Environment: Innovation Issues in Irrigation and Drainage [C]. E&FN Spon, London, 1998, 197 - 204.

[9] Meadows D H, Meadows D L, J Behrens Ⅲ. The Limits to Growth : A Report for the Club of Rome′s Project on the Predicament of Mankind [M]. New York: Universe Books , 1972..

[10] Meadows D L, Meadows D H. Toward Global Equilibrium: Collected Papers [M]. Cambridge MA: Productivity Press, 1974.

[11] Rawls W J, Brakensiek D L. Prediction of soil water properties for hydrologic modeling [A]. In Jones E, Ward T J. Proceedings of the Symposium on Watershed Management in the Eighties [C]. New York: American Society of Civil Engineers: Reston, 1985: 293 - 299.

[12] Ritchie J T, Otter S. Description and performance of CERES - Wheat: A user - oriented wheat yield model [A]. In: ARS Wheat Project [C]. ARS - 38, Natural Technology Information Service, Springfield, 1985, 159 - 175.

[13] Steenhuis T S, Jackson C, Kung K - JS, et al. Measurement of groundwater recharge on eastern Long Island [J]. Journal of Hydrology , 1985, 79 (1 - 2): 145 - 169.

[14] Sterman J D. A Behavioral Model of the Economic Long Wave [J]. Journal of Economic Behavior and Organization, 1985, 6 (1): 17 - 53.

[15] Xu Z X, Takeuchi K, Ishidaira H, et al. Sustainability analysis for Yellow Riverwater resources using the system Dynamics Approach [J]. Water Resources Management, 2002, 16 (3): 239 - 261.

[16] 陈望和．河北地下水 [M]. 北京：地震出版社，1999.

[17] 陈兴鹏，戴芹．系统动力学在甘肃省河西地区水土资源承载力中的应用 [J]. 干旱区地理，2002，25 (4)：377 - 382.

[18] 冯广龙，刘昌明．冬小麦根系生长与土壤水分利用方式相互关系分析 [J]. 自然资源学报，1998，13 (3)：234 - 241.

[19] 高殿举，赵全喜，侯月英，等．石津灌区东部地区浅层淡水资源评价 [R]. 石家庄：河北省水利科学研究所，1992.

[20] 高彦春，刘昌明．区域水资源系统仿真预测及优化决策研究——以汉中地区平坝区为例 [J]. 自然资源学报．1996，11 (1)：23 - 32.

[21] 龚元石，李保国．应用农田水量平衡模型估算土壤水渗漏量 [J]. 水科学进展，1996，6 (1)：16 - 21.

[22] 胡克林，肖新华，李保国．不同类型下边界条件对模拟灌溉农田水分渗漏的影响 [J]. 水科学进展，2006，17 (5)：665 - 670.

[23] 康绍忠，刘晓明，熊运章．土壤-植物-大气连续体水分传输理论及其应用 [M]. 北京：水利电力出版社，1994：88 - 96.

[24] 刘晓明，康绍忠，韦忠．夏玉米根系吸水模式的研究 [J]. 西北水资源与水工程，1992，3 (1)：28 - 36.

[25] 牛文元，周允华，张翼，等，农业生态系统能量物质交换 [M]. 北京：气象出版社，1987.

[26] 申双和，李胜利．一种改进的土壤水分平衡模式［J］．气象，1998，24（6）：17-21.

[27] 石信茹，郭宗信，赵玲，等．河北省石津灌区续建配套与节水改造规划报告［R］．石家庄：河北省水利水电第二勘测设计研究院，1999.

[28] 孙宏勇，刘昌明，张喜英，等．华北平原冬小麦田间蒸散与棵间蒸发的变化规律研究［J］．中国生态农业学报，2004，12（3）：62-64.

[29] 王振江．系统动力学引论［M］．上海：上海科学技术文献出版社，1988.

[30] 张蔚榛．地下水与土壤水动力学［M］．北京：中国水利水电出版社，1996.

[31] 张俊，徐绍辉，刘建立，等．土壤水力性质参数估计的响应界面和敏感度分析［J］．水利学报，2005，36（4）：445-451.

[32] 张兆吉，费宇红．华北平原地下水可持续利用图集［M］．北京：中国地图出版社，2009.

[33] 周春华．大埋深条件下降雨入渗补给过程分析［D］，西安：长安大学，2007.

[34] 朱奎．大区域地下水数值模拟——以华北滏阳河平原为例［D］．武汉：武汉大学，2004.

# 第 5 章　别拉洪河水稻区水平衡要素的分布式模拟

现有的流域水文模型难以精细描述和刻画灌区沟、渠、塘等复杂地貌条件下的灌、引、耗、排和再利用过程，且对地下水的模拟较为简单。为了研究降雨、地表水、地下水和回归水等在人类活动强影响地区的运动特征，分析灌区灌、引、耗、排和再利用等转换规律，需要构建能够准确描述灌区在人类活动强影响下水循环过程的水量平衡模型。本章共分为两部分内容：第 1 部分介绍了构建的灌区半分布式水量平衡模型，对水循环过程中各水平衡要素的具体计算原理进行了介绍，并确定了模型应用的定解条件、输入数据和输出数据；第 2 部分对构建的模型进行了参数敏感性分析，筛选出敏感参数，并根据实测的地下水位和河道断面流量数据对模型进行了率定和验证。

## 5.1　半分布式水量平衡模型构建

分布式水文模型一般通过遥感和地理信息系统等技术获取流域的空间信息，并将流域划分为若干网格进行水分循环过程模拟。由于涉及大量参数，从而使得分布式模型的构建工作量较大且部分参数确定时有一定的困难。本节构建的半分布式模型将研究区划分为若干相对独立的基础模拟单元，各单元之间在地表通过渠道分水和沟道汇水建立水力联系，在地下通过地下水侧向流动建立水力联系。在基础模拟单元内部进行集总方式模拟，即只考虑土地利用比例而不考虑具体的空间位置，且单元内部所有的参数均一化。在不同单元之间，充分考虑土地利用、土壤参数和水文地质参数等的空间差异。可见，半分布式模型能够有机结合集总式模型概念清楚、参数较少、建模简单等特点，又采纳了分布式模型对区域参数空间异质性的考虑，在灌区水循环模拟中具有独特的优势。

### 5.1.1　模型总体框架

#### 5.1.1.1　模型假定

构建的灌区半分布式水量平衡模型有以下假定：

（1）各物理过程是连续和独立的。

（2）不同土地利用类型在基础模拟单元内部只有比例大小，没有空间位置。

（3）水分下渗过程中重力势占主导作用。

#### 5.1.1.2　模型结构

模型在水平方向上划分为三种模拟单元，分别为基础模拟单元、渠道水平衡单元和沟道/河道水平衡单元。基础模拟单元以支沟控制范围为基础，根据土地利用方式（水田、林地/草地、旱地、裸地和居民地）、土壤质地分布和水文地质参数分区等划分为若干水均衡单元在模型中参与计算。以水田单元为例，基础模拟单元在垂向上分为地表水层、根系

层、土壤传导层和地下含水层共四层，土壤传导层在垂向上又可以根据土壤质地分为粉砂质黏壤土层和砾质粗砂层。每个模拟单元有固定的水循环模式、土壤质地和水文地质参数等，各个模拟单元又通过排水沟道、地下水侧向流动等建立水力联系，模型结构可见图 5.1。

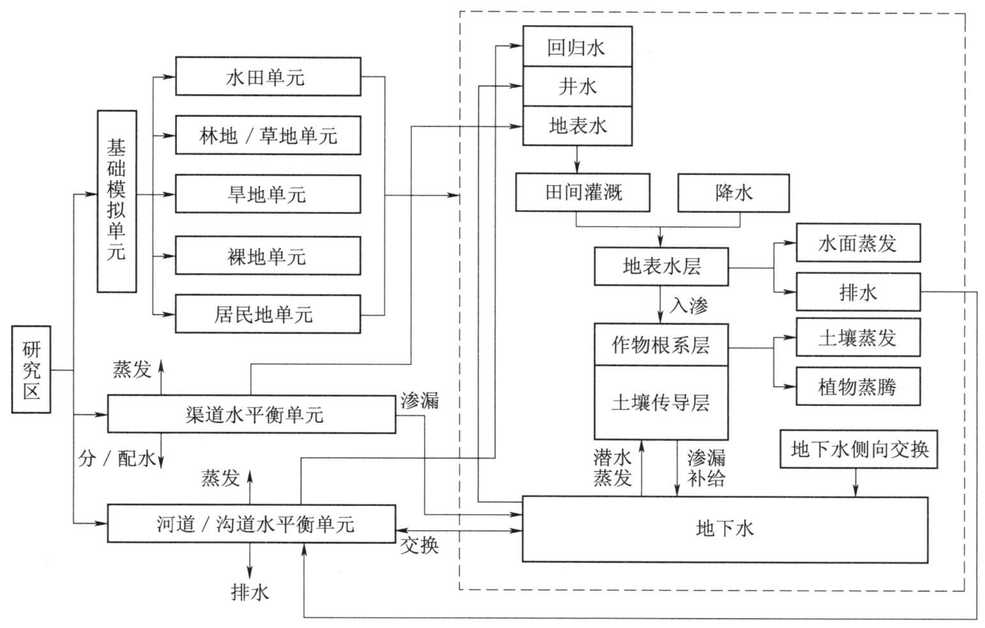


图 5.1　半分布式水量平衡模型结构

## 5.1.2　模型计算原理

根据土地利用方式、土壤质地分布和水文地质参数分区等，将研究区的基础模拟单元划分为若干水均衡单元分别进行水平衡计算。水稻田根据确定的灌溉模式建立不同生育期的水层控制规则。在建三江地区，当降雨导致地表水层超过最大田面蓄水深度后，稻田产生地表排水进入附近排水沟道。稻田水层由于作物腾发和下渗等因素降落至生育期的水层下限时，即开始灌溉，灌至相应生育期适宜水层上限停止。这样可以根据各生育期水层控制要求推算得到逐次灌溉水量和相应灌溉时间。灌溉时有三种水源可供选择，分别是附近河道/干沟/支沟的排水、地下水和地表引水。对附近河道/沟道排水进行再利用时，先利用别拉洪河内的水，再利用干沟内的水，最后对支沟内的水进行回用。当这三种排水再利用量无法满足水田单元的灌溉用水需求时，剩余的水量由抽取地下水和引用地表水两种水源进行补充。别拉洪河、干沟和支沟的排水再利用量取决于各自的排水再利用比例和拦蓄系数，地下水利用量和地表水引用量取决于设定的地表水引用比例。此时得到的地表水引用量是指地表水田间净需求量，考虑支渠和干渠的渠道水利用系数后，即可推求出地表水总引水量。地下水的水量平衡主要考虑承接水田和非水田的渗漏补给、地表引水导致的渠系渗漏补给，同时考虑各基础模拟单元间的地下水侧向流动、潜水蒸发和抽取地下水量，此外还要考虑其与支沟、干沟和河道间的水量交换，交换量按达西定律进行估算。

由于降雨导致的地表水层超过最大田面蓄水深度后，产生的地表排水进入排水沟道，即启动沟道水循环子模块。各级沟道承接上一级沟道产生的排水，扣除排水再利用量、水面蒸发及渗漏量后，该级沟道的排水量由相应的拦蓄系数控制。

#### 5.1.2.1　基础模拟单元水平衡

模型中基础模拟单元的水循环过程可应用于所有土地利用类型，其中水田单元需考虑灌溉、最大田面蓄水深度拦蓄和根系层的设置等，但对其他土地利用类型水平衡计算时不需考虑这几项。基础模拟单元在垂向上分为地表水层、根系层、土壤传导层和地下含水层共四层，其水循环结构可见图 5.2。

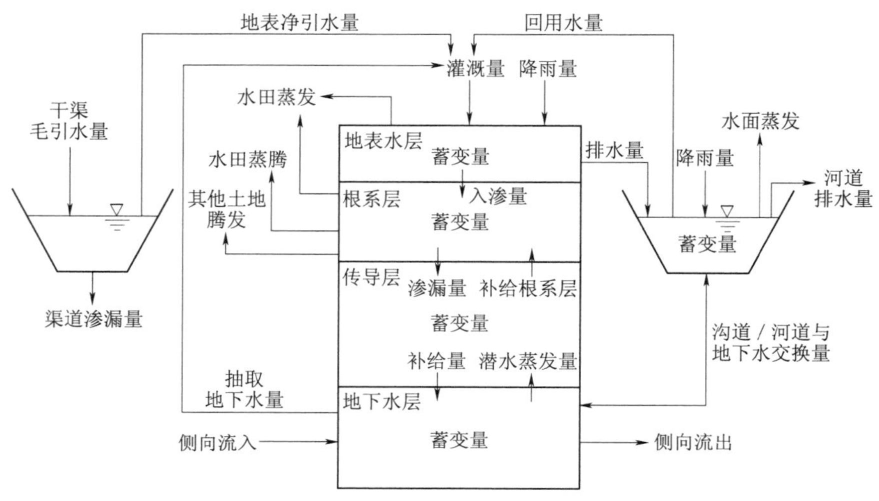


图 5.2　基础模拟单元水循环结构

（1）地表水层水平衡计算

当基础模拟单元存在地表水层时，该层的水量平衡主要考虑灌溉量、降雨量、蒸发量、入渗量和排水量，其水量平衡方程为：

$$SP(t)=SP(t-1)+P(t)+IR(t)-E_C(t)-S(t)-DR(t) \tag{5.1}$$

式中：$SP(t)$ 为第 $t$ 天的地表水层深度，mm；$SP(t-1)$ 为第 $t-1$ 天的地表水层深度，mm；$P(t)$ 为第 $t$ 天的降雨量，mm；$IR(t)$ 为第 $t$ 天的灌溉量，mm；$E_C(t)$ 为第 $t$ 天的潜在蒸发量，mm；$S(t)$ 为第 $t$ 天的入渗量，mm；$DR(t)$ 为第 $t$ 天的排水量，mm。

1）腾发量

第一步：计算潜在腾发量。采用彭曼-蒙蒂斯公式（Monteith，1965 年）计算逐日参考作物腾发量 $ET_0$［式（5.2）］，并根据该区域的作物系数计算逐日潜在腾发量 $ET_C$［式（5.3）］。

$$ET_0=\frac{0.408-\Delta(R_n-G)+\gamma\dfrac{900}{T+273}u_2(e_s-e_a)}{\Delta+\gamma(1+0.34u_2)} \tag{5.2}$$

$$ET_C=K_C\times ET_0 \tag{5.3}$$

式中：$ET_0$ 为基础模拟单元在第 $t$ 天的参考作物腾发量，mm/d；$R_n$ 为冠层表面净辐射量，MJ/(m$^2$·d)；$G$ 为土壤热通量，MJ/(m$^2$·d)；$T$ 为日平均气温，℃；$u_2$ 为 2m 高处

的风速，m/s；$e_s$为饱和水汽压，kPa；$e_a$为实际水汽压，kPa；$\Delta$ 为饱和水汽压-气温关系曲线在 $T$ 处的切线斜率，kPa/℃；$\gamma$ 为湿度计常数，kPa/℃；$K_C$ 为该区域各基础模拟单元对应的作物系数。

作物系数的确定根据《黑龙江省农垦建三江管理局前进农场国家级水田高效节水灌溉示范区核心区实施方案》中对水稻生育期的划分情况（表 5.1），并参考 FAO56 中推荐的水稻作物系数法，最终确定研究区内水稻三个生长阶段的作物系数分别为 1.07、1.12 和 0.82（聂晓，2012 年）。

**表 5.1 水稻生育期的划分情况**

| 生育期 | 日 期 | 天数/d |
|---|---|---|
| 泡田 | 4 月 20 日—5 月 9 日 | 20 |
| 移植返青 | 5 月 10 日—5 月 31 日 | 22 |
| 分蘖前期 | 6 月 1 日—6 月 20 日 | 20 |
| 分蘖后期 | 6 月 21 日—7 月 8 日 | 18 |
| 拔节孕穗 | 7 月 9 日—7 月 24 日 | 16 |
| 抽穗开花 | 7 月 25 日—8 月 8 日 | 15 |
| 乳熟期 | 8 月 9 日—8 月 26 日 | 18 |
| 黄熟期 | 8 月 27 日—9 月 20 日 | 25 |
| 合计 | | 154 |

第二步：计算土壤蒸发量和作物蒸腾量。根据土壤蒸发和作物蒸腾的分配比例，分别得到土壤蒸发量和作物蒸腾量。地表积水时，蒸发量从地表水层扣除，否则从根系层扣除，作物蒸腾量始终从根系层土壤中扣除，计算公式如下：

$$E_C(t)=ET_C(t)\times a_C \tag{5.4}$$

$$T_C(t)=ET_C(t)\times(1-a_C) \tag{5.5}$$

式中：$E_C(t)$ 为土壤蒸发量，mm；$T_C(t)$ 为作物蒸腾量，mm；$a_C$ 为土壤蒸发量占腾发总量的比例，即土壤蒸发和作物蒸腾的分配比例，该值按水稻移栽后的周数（WAT）进行取值（聂晓，2012 年）。

水稻非生育期时，水田单元按裸地单元进行处理，但又与裸地单元存在一定的区别，即水田单元存在水稻田田埂的拦蓄作用。

2）灌溉量

分两种情况处理，一是直接给定实际的灌溉时间和灌溉量；二是根据水稻的不同生育期水层或根层含水量控制指标推算灌溉制度，并在不同灌溉水源间进行分配。

① 直接给定实际灌溉制度。通过监测方式直接获得基础模拟单元附近的别拉洪河/干沟/支沟的排水、地下水和地表引水三种来源的灌溉水量，并输入模型。

② 间接推算灌溉制度。根据水稻不同灌溉模式下水层控制规则或根层土壤含水量控制指标对灌溉制度进行推求，考虑到灌溉只发生在基础模拟单元中水稻生育期，因此对水田单元非生育期和其他几种土地利用类型单元可省略这部分计算。

当地表水层低于生育期的适宜水层下限时开始灌溉，灌至适宜水层上限即停止，并可按三种灌溉水源的先后顺序依次进行计算。

首先，通过模型先判断模拟单元是否需要进行灌溉，如果需要灌溉，计算出相应的灌溉水量，公式如下：

$$IR(t)=\begin{cases}0 & \text{当 } SP(t)\geqslant SP_{min}(t)\\ SP_{max}(t)-SP(t) & \text{当 } SP(t)<SP_{min}(t)\end{cases} \tag{5.6}$$

式中：$SP_{max}(t)$ 为第 $t$ 天的适宜水层上限，mm；$SP_{min}(t)$ 为第 $t$ 天的适宜水层下限，mm；其他符号意义同上。

计算出 $IR(t)$ 后，首先判断基础模拟单元所处的位置是否与别拉洪河相邻，如果相邻，则优先利用别拉洪河内的水进行灌溉，否则不考虑这部分水量。当别拉洪河的排水再利用量不能满足基础模拟单元的灌溉需求时，进一步依次对模拟单元所在干沟和支沟中的水进行再利用。当河沟的排水再利用总量无法满足模拟单元的灌溉需求时，剩余的灌溉量由抽取地下水和引用地表水提供。别拉洪河、干沟和支沟的排水再利用量由各自的拦蓄系数和排水再利用比例决定，抽取地下水量和地表引水量由地表水引用比例决定。

水田单元中对别拉洪河的排水再利用量 $Irr(t)$ 可按下式计算：

$$Irr(t)=\begin{cases}\dfrac{IrR(t)\times 10^3}{AR_{rice}} & \text{当模拟单元与河道相邻时}\\ 0 & \text{模拟单元不与河道相邻时}\end{cases} \tag{5.7}$$

式中：$Irr(t)$ 为水田单元在第 $t$ 天的别拉洪河排水再利用量，mm；$IrR(t)$ 为第 $t$ 天的别拉洪河排水再利用量，$m^3$；$AR_{rice}$ 为别拉洪河各段内与河道相邻的水田单元的面积之和，$m^2$。

如果 $IR(t)-Irr(t)>0$，说明别拉洪河的排水再利用量不能满足水田单元的灌溉需求，此时需要回用干沟内的水量，计算公式如下：

$$Ird(t)=\frac{IrD(t)\times 10^3}{Ad_{rice}} \tag{5.8}$$

式中：$Ird(t)$ 为水田单元在第 $t$ 天的干沟排水再利用量，mm；$IrD(t)$ 为第 $t$ 天的干沟排水再利用量，$m^3$；$Ad_{rice}$ 为干沟各段控制范围内水田单元的面积之和，$m^2$。

如果 $IR(t)-Irr(t)-Ird(t)>0$，说明别拉洪河和干沟的排水再利用量无法满足水田单元的灌溉需求，此时需要回用支沟内的水量，计算公式如下：

$$Irv(t)=\frac{IrV(t)\times 10^3}{A_{rice}} \tag{5.9}$$

式中：$Irv(t)$ 为水田单元在第 $t$ 天的支沟排水再利用量，mm；$IrV(t)$ 为第 $t$ 天的支沟排水再利用量，$m^3$，计算见式（5.44）；$A_{rice}$ 为一条支沟控制范围内水田单元的面积，$m^2$。

如果 $IR(t)-Irr(t)-Ird(t)-Irv(t)>0$，即别拉洪河、干沟和支沟的排水再利用量之和不能满足水田单元的灌溉需求，此时需要抽取地下水和引用地表水进行灌溉。具体的地下水利用量和地表水田间净需求量由地表水引用比例 $p$ 决定，计算公式如下：

$$\begin{cases}wp(t)=[IR(t)-Irr(t)-Ird(t)-Irv(t)]\cdot[1-p(t)]\\ wsnet(t)=[IR(t)-Irr(t)-Ird(t)-Irv(t)]\cdot p(t)\end{cases} \tag{5.10}$$

式中：$wp(t)$ 为水田单元在第 $t$ 天的地下水利用量，mm；$wsnet(t)$ 为第 $t$ 天的地表水田间

净需求量，mm；$p(t)$ 为地表水引用比例，泡田期和生育期该比例可以取不同值；其他符号意义同上。

根据式（5.10）计算出的 $wsnet(t)$ 是指满足模拟单元的灌溉需求所需要的地表水田间净需求量，考虑支渠的渠道水利用系数 $\eta_{支}$ 后，可得到支渠口的地表引水需求量，计算公式如下：

$$Ws_{支}(t)=\frac{wsnet(t)\times A_{rice}}{\eta_{支}}\times 10^{-3} \tag{5.11}$$

式中：$Ws_{支}(t)$ 为支渠在第 $t$ 天的地表水引水需求量，$m^3$；$\eta_{支}$ 为支渠的渠道水利用系数；其他符号意义同上。

根据支渠的地表水引水需求量，考虑干渠的渠道水利用系数 $\eta_{干}$ 后，可得到对应干渠口的地表水引水需求量，计算公式如下：

$$Ws_{干}(t)=\frac{\sum_{i=1}^{n} Ws_{支}(t,\ i)}{\eta_{干}} \tag{5.12}$$

式中：$Ws_{干}(t)$ 为干渠在第 $t$ 天的地表水引水需求量，$m^3$；$i$ 为干渠范围内的第 $i$ 条支渠；$Ws_{支}(t,\ i)$ 为第 $i$ 条支渠在第 $t$ 天的地表水引水量，$m^3$；$n$ 为干渠范围内的支渠总数；$\eta_{干}$ 为干渠的渠道水利用系数。

3）入渗量

当基础模拟单元存在地表水层时，认为入渗量与地表水层深度之间存在一定的线性关系，该值由经验公式（石艳芬等，2013 年）计算得到。为方便计算处理，定义中间变量值为 $SP1(t)$，该变量表示的是以第 $t-1$ 天的地表水层深度为基础，仅考虑了第 $t$ 天的降雨量和灌溉量后的中间地表水层深度，可按下式计算：

$$SP1(t)=SP(t-1)+P(t)+IR(t) \tag{5.13}$$

则地表水层的入渗量计算公式为：

$$S(t)=a\cdot SP1(t)+b \tag{5.14}$$

式中：$a$ 和 $b$ 为拟合参数，需根据实测地表水层的入渗情况进行拟合得到。

4）排水量

稻田排水量由各生育期的最大田面蓄水深度控制，当地表水层超过最大田面蓄水深度时才产生排水。需要指出的是，水田在泡田期和生育期结束前的两次排水为全部排干，此时的最大田面蓄水深度取值为 0。水田单元的排水量计算公式为：

$$DR(t)=\begin{cases}0 & \text{当 } SP(t-1)+P(t)-E_C(t)-S(t)\leqslant h\\ SP(t-1)+P(t)-E_C(t)-S(t)-h & \text{当 } SP(t-1)+P(t)-E_C(t)-S(t)>h\end{cases} \tag{5.15}$$

式中：$DR(t)$ 为第 $t$ 天的排水量，mm；$h$ 为最大田面蓄水深度，mm，根据水稻生育期进行确定。

（2）根系层和土壤传导层水平衡计算

模型中将土壤分为根系层和传导层，传导层在垂向上又可以根据土壤质地分为粉砂质黏壤土层和砾质粗砂层。每层均设置限制性下渗系数，用于处理田间持水量和饱和含水量之间的下渗过程（申双和等，1998 年）。当蓄水量超过该土层的容水量（土壤含水量达到饱和含水量时所对应的水量）时，超出的部分发生非限制性下渗，当土壤含水量处于田间持水量与饱和含水量之间时，发生限制性下渗。下渗的水量进入下一层土壤后再按相同规则逐层向下分配，直至流出整个土壤层。与地下水相邻的土壤层所渗漏出的水量，即为补给地下水量。

1）根系层

该层水量平衡主要考虑地表入渗量、作物蒸腾量和深层渗漏量，其水量平衡方程为：

$$w1(t)=w1(t-1)+S(t)-T_C(t)-S1(t)+Ca(t) \tag{5.16}$$

式中：$w1(t)$ 为第 $t$ 天的根系层含水量，mm；$w1(t-1)$ 为第 $t-1$ 天的根系层含水量，mm；$S1(t)$ 为第 $t$ 天的根系层渗漏量，mm；$Ca(t)$ 为第 $t$ 天的毛管上升水量，mm；其他符号意义同上。

定义中间变量 $w11(t)$，该变量表示的是以第 $t-1$ 天的根系层含水量为基础，考虑第 t 天的地表入渗量、土壤蒸发量和作物蒸腾量后的中间根系层含水量，计算公式如下：

$$w11(t)=w11(t-1)+S(t)-E_C(t)-T_C(t) \tag{5.17}$$

则根系层的深层渗漏量可根据式（5.18）计算。

$$S1(t)=\begin{cases}0 & \text{当 } w11(t)\leqslant w1_{fc}\\ (w11(t)-w1_{fc})\times k_1 & \text{当 } w1_{fc}< w11(t)\leqslant w1_s\\ w11(t)-w1_s+(w1_s-w1_{fc})\times k_1 & \text{当 } w11(t)> w1_s\end{cases} \tag{5.18}$$

式中：$w1_{fc}$ 为根系层含水量达到田间持水量时对应的水量，mm；$w1_s$ 为根系层的蓄水容量，即含水量达到饱和含水量时对应的水量，mm；$k_1$ 为根系层的限制性下渗系数；其他符号意义同上。

2）土壤传导层

①粉砂质黏壤土层。粉砂质黏壤土层的水量平衡考虑根系层深层渗漏量、支渠渗漏量、干渠渗漏量、支沟渗漏量、干沟渗漏量、河道渗漏量和该层向下一个土壤层的渗漏量，其水量平衡方程为：

$$\begin{aligned}w2(t)=&w2(t-1)+S1(t)+wg_{支渠}(t)+wg_{干渠}(t)\\&+wg_V(t)+wg_D(t)+wg_R(t)-S2(t)\end{aligned} \tag{5.19}$$

式中：$w2(t)$ 为第 $t$ 天的粉砂质黏壤土层含水量，mm；$w2(t-1)$ 为第 $t-1$ 天的粉砂质黏壤土层含水量，mm；$wg_{支渠}(t)$ 为第 $t$ 天 的支渠渗漏量，mm；$wg_{干渠}(t)$ 为第 $t$ 天的干渠渗漏量，mm；$wg_V(t)$ 为第 $t$ 天的支沟渗漏量，mm；$wg_D(t)$ 为第 $t$ 天的干沟渗漏量，mm；$wg_R(t)$ 为第 $t$ 天的河道渗漏量，mm；$S2(t)$ 为第 $t$ 天的粉砂质黏壤土层渗漏量，mm；其他符号意义同上。

a. 各渗漏量分配原则。支渠和支沟渗漏量是按所在的基础模拟单元（一条支沟控制范围）进行分配；干渠和干沟渗漏量是根据各基础模拟单元与干渠的相邻长度作为分配比例，然后将干渠的渗漏量分配到相邻的各基础模拟单元中；河道渗漏量分配时是按各基础模拟单元与河道的相邻长度进行线性分布。

b. 粉砂质黏壤土层向下渗漏量。定义中间变量 $w22(t)$，该变量表示的是以第 $t-1$ 天的粉砂质黏壤土层含水量为基础，考虑了第 $t$ 天的根系层深层渗漏量、支渠渗漏量、干

渠渗漏量、支沟渗漏量、干沟渗漏量和河道渗漏量后的中间粉砂质黏壤土层含水量，其计算公式如下：

$$w22(t)=w2(t-1)+S1(t)+wg_{支渠}(t)+wg_{干渠}(t)+wg_V(t)+wg_D(t)+wg_R(t) \tag{5.20}$$

则粉砂质黏壤土层的渗漏量可根据式（5.21）计算。

$$S2(t)=\begin{cases}0 & 当\ w22(t)\leqslant w2_{fc} \\ (w22(t)-w2_{fc})\times k_2 & 当 w2_{fc}<w22(t)\leqslant w2_s \\ w22(t)-w2_s+(w2_s-w2_{fc})\times k_2 & 当\ w22(t)>w2_s\end{cases} \tag{5.21}$$

式中：$w2_{fc}$ 为粉砂质黏壤土层含水量达到田间持水量时对应的水量，mm；$w2_s$ 为该层的蓄水容量，即含水量达到饱和含水量时对应的水量，mm；$k_2$ 为粉砂质黏壤土层的限制性下渗系数；其他符号意义同上。

当基础模拟单元的地下水埋深小于根系层和粉砂质黏壤土层的厚度之和时，粉砂质黏壤土层的渗漏量 $S2(t)$ 即为第 $t$ 天的补给地下水量。

②砾质粗砂层。当地下水埋深大于根系层和粉砂质黏壤土层的厚度之和时，模型中需要考虑砾质粗砂层的存在。砾质粗砂层的水量平衡需要考虑承接的粉砂质黏壤土层的渗漏量、潜水蒸发量和本层的渗漏量，其水量平衡方程如下：

$$w3(t)=w3(t-1)+S2(t)-S3(t)+w_{QS}(t) \tag{5.22}$$

式中：$w3(t)$ 为第 $t$ 天的砾质粗砂层含水量，mm；$w3(t-1)$ 为第 $t-1$ 天的砾质粗砂层含水量，mm；$S3(t)$ 为第 $t$ 天的砾质粗砂层渗漏量，mm；$w_{QS}(t)$ 为第 $t$ 天的潜水蒸发量，mm，只有当地下水埋深小于地下水极限埋深时才存在潜水蒸发，其计算过程将在地下含水层水平衡计算中进行介绍。

砾质粗砂层向下渗漏量。定义中间变量 $w33(t)$，该变量表示的是以第 $t-1$ 天的砾质粗砂层含水量为基础，考虑了第 $t$ 天的粉砂质黏壤土层渗漏量后的中间砾质粗砂层含水量，其计算公式如下：

$$w33(t)=w3(t-1)+S2(t) \tag{5.23}$$

则砾质粗砂层的渗漏量可根据式（5.24）计算。

$$S3(t)=\begin{cases}0 & 当\ w33(t)\leqslant w3_{fc} \\ (w33(t)-w3_{fc})\times k_3 & 当 w3_{fc}<w33(t)\leqslant w3_s \\ w33(t)-w3_s+(w3_s-w3_{fc})\times k_3 & 当\ w33(t)>w3_s\end{cases} \tag{5.24}$$

式中：$w3_{fc}$ 为砾质粗砂层含水量达到田间持水量时对应的水量，mm；$w3_s$ 为砾质粗砂层的蓄水容量，即含水量达到饱和含水量时对应的水量，mm；$k_3$ 为砾质粗砂层的限制性下渗系数。

当基础模拟单元的地下水埋深大于根系层和粉砂质黏壤土层的厚度之和时，砾质粗砂层的向下渗漏量 $S3(t)$ 即为第 $t$ 天的补给地下水量。

（3）地下含水层水平衡计算

模型中根据研究区的实际情况假定含水层厚度为 100m。地下水层的水量平衡主要考虑补给地下水量、潜水蒸发量、地下水侧向流动量和抽取地下水量，当地下水位高于沟道或河道底部时，需考虑沟道或河道与地下水的直接交换量。该层的水量平衡方程为：

$$\Delta SW(t)=S_W(t)+Vg'(t)+Dg'(t)+Rg'(t)+W_{侧向}(t)-W_{QS}(t)-W_P(t) \tag{5.25}$$

式中：$\Delta SW(t)$ 为基础模拟单元在第 $t$ 天的地下水变化量，$m^3$；$S_W(t)$ 为基础模拟单元在第 $t$ 天的补给地下水量，$m^3$；$Vg'(t)$ 为第 $t$ 天的支沟与地下水交换量，$m^3$；$Dg'(t)$ 为第 $t$ 天的干沟与地下水交换量，$m^3$；$Rg'(t)$ 为第 $t$ 天的河道与地下水交换量，$m^3$；$W_{侧向}(t)$ 为基础模拟单元在第 $t$ 天的地下水侧向流动量，$m^3$；$W_{QS}(t)$ 为基础模拟单元在第 $t$ 天的潜水蒸发量，$m^3$；$W_P(t)$ 为基础模拟单元在第 $t$ 天的地下水利用量，$m^3$。

基础模拟单元的地下水位变化情况可通过蓄水量变化除以给水度计算得到，公式如下：

$$DP(t)=DP(t-1)+\frac{\Delta sw(t)}{\mu} \tag{5.26}$$

$$\Delta sw(t)=\frac{\Delta SW(t)}{A} \tag{5.27}$$

式中：$DP(t)$ 为基础模拟单元在第 $t$ 天的地下水位，m；$DP(t-1)$ 为基础模拟单元在第 $t-1$ 天的地下水位，m；$\Delta sw(t)$ 为基础模拟单元在第 $t$ 天的地下水变化量，m；$\mu$ 为给水度，与土壤性质有关。

1）补给地下水量

当地下水埋深小于根系层和粉砂质黏壤土层厚度之和时，粉砂质黏壤土层渗漏量 $S2(t)$ 即为第 $t$ 天的补给地下水量。当地下水埋深大于根系层和粉砂质黏壤土层厚度之和时，砾质粗砂层的渗漏量 $S3(t)$ 即为第 $t$ 天的补给地下水量。

2）河沟与地下水的交换量

当基础模拟单元的地下水位低于沟道或河道底部时，沟道和河道发生渗漏补给地下水，前面已经介绍，不再赘述。当地下水位高于沟道或河道底部时，地下水与沟道或河道直接发生交换，此时又可以根据地下水位与沟道或河道内的水面高程分为两种情况：一是当地下水位高于沟道或河道底部，且低于沟道或河道内的水面高程时，此时沟道和河道仍然发生渗漏补给地下水；二是当地下水位高于沟道或河道内的水面高程时，地下水将向沟道或河道内排水。

①支沟与地下水的交换量。当地下水位高于支沟底部时，支沟与地下水间的交换量由地下水位与支沟内的水面高程决定，此时支沟与地下水的交换量为：

$$Vg'(t)=Vrg(t) \tag{5.28}$$

式中：$Vrg(t)$ 为第 $t$ 天支沟与地下水的交换量，$m^3$，此种情况下 $Vrg(t)$ 的计算见式(5.41)，若该值为正代表支沟渗漏补给地下水，若该值为负代表地下水向支沟内排水。

② 干沟与地下水的交换量。当地下水位高于干沟底部时，干沟与地下水间的交换量由地下水位与干沟内的水面高程决定，此时干沟与地下水的交换量按各基础模拟单元与干沟的相邻长度进行线性分布，计算公式为：

$$Dg'(t)=\frac{1}{2}Drg(t)\frac{b_{支控}}{L_{干}} \tag{5.29}$$

式中：$Drg(t)$ 为第 $t$ 天干沟与地下水的交换量，$m^3$，此种情况下 $Drg(t)$ 的计算见式

(5.52)，若该值为正代表干沟渗漏补给地下水，若该值为负代表地下水向干沟内排水；$b_{支控}$为支沟单元的宽度，m；$L_{干}$为干沟的长度，m。

③河道与地下水的交换量。当地下水位高于河道底部时，河道与地下水间的交换量由地下水位与河道内的水面高程决定，此时河道与地下水的交换量按各基础模拟单元与河道的相邻长度进行线性分布，计算公式为：

$$Rg'(t)=\frac{1}{2}Rrg(t)\frac{L_{支}}{L_{河}} \tag{5.30}$$

式中：$Rrg(t)$为第$t$天河道与地下水的交换量，$m^3$，此种情况下$Rrg(t)$的计算可参考干沟水平衡计算中的式（5.52），该值为正代表河道渗漏补给地下水，该值为负代表地下水向河道内排水；$L_{支}$为支沟的长度，m；$L_{河}$为河道的长度，m。

3）地下水侧向流动量

相邻的基础模拟单元间均存在地下水侧向流动（图5.3），应用达西定律可分别计算每个模拟单元与所有相邻单元间的地下水侧向交换量，再进行代数求和后即可得到该单元的地下水侧向流动量。

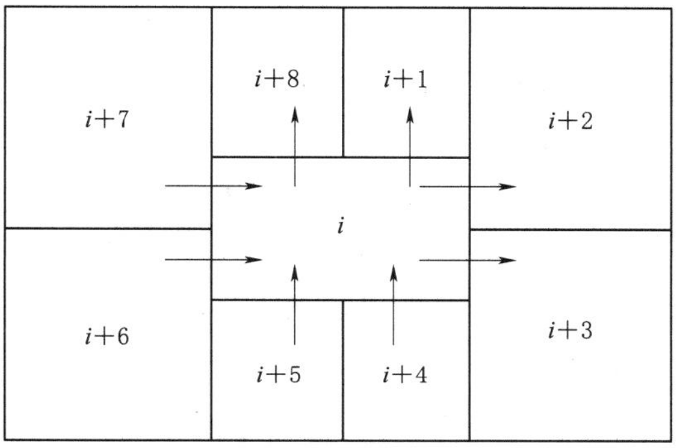

图5.3 基础模拟单元间地下水侧向流动示意图

第$i$个模拟单元与其相邻各模拟单元的侧向交换量可按下式计算：

$$\begin{aligned}W_{侧向}(t,j)&=kiA\\&=k\frac{(100-AP_i(t))-(100-AP_j(t))}{D_{支邻}}\left(L_{支邻}\frac{(100-AP_i(t))+(100-AP_j(t))}{2}\right)\\&=k\frac{AP_j(t)-AP_i(t)}{D_{支邻}}\left(L_{支邻}\frac{200-AP_i(t)-AP_j(t)}{2}\right)\end{aligned} \tag{5.31}$$

式中：$W_{侧向}(t,j)$为第$i$个模拟单元与第$j$个模拟单元间在第$t$天的侧向流动量，$m^3/d$，$j=i+1, i+2, \cdots, i+8$；$k$为地下水所在含水层的渗透系数，m/d；$AP_i(t)$为第$i$个模拟单元的地下水埋深，m；$AP_j(t)$为第$j$个模拟单元的地下水埋深，m；$D_{支邻}$为第$i$个模拟单元与第$j$个模拟单元间的距离，m；$L_{支邻}$为第$i$个模拟单元与第$j$个模拟单元相邻边界的长度，m。

第$i$个模拟单元的净侧向流动量可按下式计算：

$$W_{侧向}(t)=\sum_{j=1}^{8}W_{侧向}(t,j) \tag{5.32}$$

式中：$W_{侧向}(t)$为第$i$个模拟单元的净侧向流动量，$m^3/d$，若该值为正代表侧向流出，若该值为负代表侧向流入。

4）潜水蒸发量

当地下水埋深大于极限埋深时，潜水蒸发可忽略不计。否则，按照下式计算潜水蒸发量（罗玉峰等，2013年）。

$$W_{QS}(t)=w_{QS}(t)\times A(i)\times 10^{-3} \tag{5.33}$$

$$w_{QS}(t)=K_G E_0(t)\left[1-\frac{h(t)}{h_0}\right]^n \tag{5.34}$$

式中：$w_{QS}(t)$ 为基础模拟单元在第 $t$ 天的潜水蒸发量，mm；$E_0(t)$ 为第 $t$ 天的水面蒸发量，mm；$h(t)$ 为基础模拟单元在第 $t$ 天的地下水埋深，m；$h_0$ 为潜水蒸发极限埋深，m；$n$ 为经验系数，一般取 1～3；$K_G$ 为潜水蒸发强度作物影响系数，无量纲；其他符号意义同上。

5）地下水利用量

模型中的抽取地下水量主要用于灌溉，因此，基础模拟单元内的地下水利用量仅适用于水田单元。

$$Wp(t)=wp(t)\times A_{rice}\times 10^{-3} \tag{5.35}$$

式中：$wp(t)$ 为水田单元在第 $t$ 天的地下水利用量，mm；$A_{rice}$ 为基础模拟单元内水田单元的面积，$m^2$。

#### 5.1.2.2　沟道/河道水平衡计算

当基础模拟单元的排水进入支沟内时，即启动支沟水平衡模块，并根据水流汇聚情况依次启动干沟水平衡模块和河道水平衡模块。下面分别对支沟、干沟和别拉洪河的水量平衡进行分析计算。

（1）支沟水平衡计算

支沟水平衡主要考虑支沟控制范围内各土地利用类型的排水量、降雨量、支沟水面蒸发量、支沟渗漏量或支沟与地下水的交换量、支沟排水再利用量和支沟排水量等，支沟的水量平衡方程为：

$$V(t)=V(t-1)+V_P(t)+V_{inDr}(t)-V_E(t)-Vrg(t)-IrV(t)-V_{dr}(t) \tag{5.36}$$

式中：$V(t)$ 为第 $t$ 天的支沟蓄水量，$m^3$；$V(t-1)$ 为第 $t-1$ 天的支沟蓄水量，$m^3$；$V_P(t)$ 为第 $t$ 天进入支沟的降雨量，$m^3$；$V_{inDr}(t)$ 为支沟在第 $t$ 天承接基础模拟单元内各土地利用类型的排水量，$m^3$；$V_E(t)$ 为第 $t$ 天支沟的蒸发量，$m^3$；$Vrg(t)$ 为第 $t$ 天支沟的渗漏量或支沟与地下水的交换量，$m^3$；$IrV(t)$ 为第 $t$ 天支沟的排水再利用量，$m^3$；$V_{dr}(t)$ 为第 $t$ 天的支沟排水量，$m^3$。

1）承接排水量

支沟承接控制范围内各土地利用类型的排水，总的承接水量计算公式如下：

$$V_{inDr}(t)=\sum_{i=1}^{5}DR(t,i)\times A(i)\times 10^{-3} \tag{5.37}$$

式中：$i$ 为基础模拟单元内的第 $i$ 种土地利用类型；$DR(t,i)$ 为该基础模拟单元内第 $i$ 种土地利用类型在第 $t$ 天的排水量，mm；$A(i)$ 为该基础模拟单元内第 $i$ 种土地利用类型的面积，$m^2$。

2）支沟与地下水交换量

当地下水位低于支沟底部时，支沟会产生渗漏并补给地下水，此时渗漏量的计算采用经验公式（毛昶熙，2003 年）。当地下水位高于支沟底部时，支沟内水量与地下水直接发生交换，交换量由支沟内的水面高程和地下水位共同决定，根据达西定律进行计算。

① 当地下水位低于支沟底部时，支沟的渗漏量可按式（5.38）计算。

$$Vrg(t)=c_{支}\cdot q_{支}(t)\cdot L_{支}=c_{支}\cdot k_{粘}\cdot(B_{支}(t)+A_{支}(t)\cdot h_{支}(t))\cdot L_{支} \tag{5.38}$$

式中：$q_{支}(t)$ 为支沟在第 $t$ 天的单位长度渗漏量，$m^3/m$；$k_{粘}$ 为沟底土壤的渗透系数，m/d；$B_{支}(t)$ 为支沟在第 $t$ 天的水面宽度，m；$A_{支}(t)$ 为支沟在第 $t$ 天的计算系数；$h_{支}(t)$ 为支沟在第 $t$ 天的水深，m；$c_{支}$ 为校正系数。

式（5.38）中，校正系数 $c_{支}$ 的取值与地下水位到支沟底部的距离相关，当地下水位到支沟底部的距离大于 3m 时，支沟发生稳定自由渗漏，此时该系数取值为 1；当地下水位到支沟底部的距离小于 3m 时，支沟发生顶托渗漏，这就需要在稳定自由渗漏量的基础上，用校正系数进行修正，此时该系数可按式（5.39）进行计算。

$$c_{支}=0.63\,Q_{支}^{0.205} \tag{5.39}$$

式中：$Q_{支}$ 为支沟的流量，$m^3/s$。

式（5.38）中，系数 $A_{支}(t)$ 与所在沟道的水面宽度、水深和边坡系数有关，模型中支沟的边坡系数为 1.5，此时系数 $A_{支}(t)$ 可根据下式进行确定。

$$A_{支}(t)=1.022ln(B_{支}(t)/h_{支}(t))+0.825 \tag{5.40}$$

②当地下水位高于支沟底部时，支沟与地下水的交换量由支沟内的水面高程和地下水位的高低决定（图 5.4）。当地下水位低于支沟内的水面高程时，此时支沟仍然发生渗漏补给地下水，当地下水位高于支沟内的水面高程时，地下水向支沟内排水。

交换量可根据达西定律进行计算，计算公式如下：

$$Vrg(t)=k_{粘}\cdot i_{支}\cdot A_{支} \tag{5.41}$$

式中：$i_{支}$ 为支沟水与地下水之间的水力坡度，按式（5.42）计算；$A_{支}$ 为支沟水与地下水流动的横断面面积，$m^2$，按式（5.43）计算。

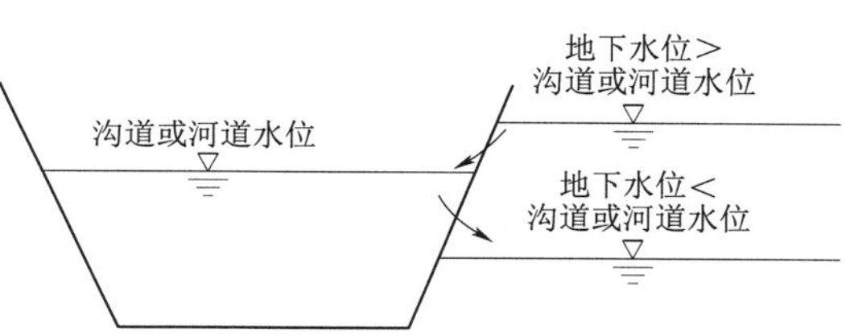


图 5.4 沟道或河道与地下水交换图

$$i_{支}=\frac{H_{支}(t)-DP(t)}{0.5\times b_{支控}} \tag{5.42}$$

$$A_{支}=\frac{1}{2}(H_{支}(t)+DP(t))L_{支} \tag{5.43}$$

式中：$H_{支}(t)$ 为支沟的水面高程，m；其他符号意义同上。

3）支沟排水再利用量

支沟的排水再利用量即为该条沟道所能提供的灌溉水量，由排水再利用比例和支沟蓄水量决定。模型中认为支沟排水再利用量发生在时段初（或前一时段末），因此计算该值时考虑的是时段初的支沟蓄水量，公式如下：

$$IrV(t)=ratiov\times V(t-1) \tag{5.44}$$

式中：$ratiov$ 为支沟的排水再利用比例。

4）支沟排水量

定义中间变量 $V'(t)$，该变量表示的是支沟在第 $t-1$ 天蓄水量的基础上，考虑了第 $t$ 天的降雨量、承接排水量、蒸发量、支沟与地下水的交换量和排水再利用量后得到的中间支沟蓄水量，该值按式（5.45）计算。

$$V'(t)=V(t-1)+V_P(t)+V_{inDr}(t)-V_E(t)-Vrg(t)-IrV(t) \tag{5.45}$$

支沟的排水量由支沟的拦蓄系数和蓄水量控制，其计算公式如下：

$$V_{dr}(t)=(1-\sigma_{支})\cdot V'(t) \tag{5.46}$$

式中：$\sigma_{支}$为支沟的拦蓄系数。

（2）干沟水平衡计算

根据干沟控制范围内支沟的数量，将干沟从上游到下游划分为 $n$ 段分别进行水量平衡计算。干沟需要考虑其控制范围内各支沟的排水量、降雨量、干沟水面蒸发量、干沟渗漏量或干沟与地下水的交换量、干沟排水再利用量和干沟排水量等，则干沟的水量平衡方程为：

$$D(t)=D(t-1)+D_P(t)+D_{inDr}(t)-D_E(t)-Drg(t)-IrD(t)-D_{dr}(t) \tag{5.47}$$

式中：$D(t)$ 为第 $t$ 天的干沟蓄水量，$m^3$；$D(t-1)$ 为第 $t-1$ 天的干沟蓄水量，$m^3$；$D_P(t)$ 为第 $t$ 天进入干沟的降雨量，$m^3$；$D_{inDr}(t)$ 为干沟在第 $t$ 天承接各支沟的排水量，$m^3$；$D_E(t)$ 为第 $t$ 天干沟的蒸发量，$m^3$；$Drg(t)$ 为第 $t$ 天干沟渗漏量或干沟与地下水的交换量，$m^3$；$IrD(t)$ 为第 $t$ 天干沟提供的排水再利用量，$m^3$；$D_{dr}(t)$ 为第 $t$ 天的干沟排水量，$m^3$。

由于干沟的降雨量、水面蒸发量、干沟排水再利用量和干沟排水量等计算方法与支沟水平衡中相应水循环要素相同，故在此不再赘述，仅介绍干沟各段承接排水量和干沟渗漏量或干沟与地下水的交换量的计算方法。

1）承接排水量

对于干沟第 1 段而言，承接的排水量为该段控制范围内各支沟的排水，总的承接水量为该段内各支沟排水量之和；对于第 2 段到第 $n$ 段，承接的排水量除该段控制范围内各支沟的排水外，还需要考虑干沟上一段的排水量，则此时总的承接水量为该段内各支沟排水量和干沟上一段排水量之和，承接排水量可按式（5.48）进行计算。

$$D_{inDr}(t)=\sum_{i=1}^{r}V_{dr}(t,\ i)+D'_{dr}(t) \tag{5.48}$$

式中：$i$ 为干沟各段内的第 $i$ 条支沟；$r$ 为干沟各段内的支沟条数；$V_{dr}(t,\ i)$ 为干沟各段内第 $i$ 条支沟在第 $t$ 天的排水量，$m^3$；$D'_{dr}(t)$ 为干沟上一段的排水量，$m^3$，对于干沟第 1 段，该值为 0。

2）干沟与地下水交换量

同支沟与地下水交换量计算方法相似，可按以下两种情况进行计算。

① 当地下水位低于干沟底部时，干沟的渗漏量可按式（5.49）计算。

$$Drg(t)=c_{干}\cdot q_{干}(t)\cdot L_{干}=c_{干}\cdot k_{粘}\cdot(B_{干}(t)+A_{干}(t)\cdot h_{干}(t))\cdot L_{干} \tag{5.49}$$

式中：$q_{干}(t)$ 为干沟在第 $t$ 天的单位长度渗漏量，$m^3/m$；$k_{粘}$为沟底土壤的渗透系数，m/d；$B_{干}(t)$ 为干沟在第 $t$ 天的水面宽度，m；$A_{干}(t)$ 为干沟在第 $t$ 天的计算系数；$h_{干}(t)$ 为干沟在第 $t$ 天的水深，m；$c_{干}$为校正系数。

式（5.49）中，校正系数 $c_{干}$的取值与地下水位到干沟底部的距离相关，当地下水位到干沟底部的距离大于 3m 时，干沟发生稳定自由渗漏，此时该系数取值为 1；当地下水位到干沟底部的距离小于 3m 时，干沟发生顶托渗漏，这就需要在稳定自由渗漏量的基础

上，用校正系数进行修正，此时该系数可按式（5.50）进行计算：

$$c_{干}=0.63\cdot Q_{干}^{0.205} \tag{5.50}$$

式中：$Q_{干}$为干沟的流量，$m^3/s$。

式（5.49）中，系数$A_{干}(t)$与所在沟道的水面宽度、水深和边坡系数有关，模型中干沟的边坡系数为3，此时系数$A_{干}(t)$可根据下式进行确定：

$$A_{干}(t)=1.165\cdot ln(B_{干}(t)/h_{干}(t))-0.3353 \tag{5.51}$$

②当平均地下水位高于干沟底部时，干沟与地下水的交换量由干沟内的水面高程和地下水位的高低决定（图5.4）。当地下水位低于干沟内的水面高程时，此时干沟仍然发生渗漏补给地下水，当地下水位高于干沟内的水面高程时，地下水向干沟内排水。交换量可根据达西定律进行计算，计算公式如下：

$$Drg(t)=k_{粘}\cdot i_{干}\cdot A_{干} \tag{5.52}$$

式中：$i_{干}$为干沟水与地下水之间的水力坡度，按式（5.53）计算；$A_{干}$为干沟水与地下水流动的横断面面积，$m^2$，按式（5.54）计算。

$$i_{干}=\frac{H_{干}(t)-DP_{干}(t)}{0.5\times L_{支}} \tag{5.53}$$

$$A_{干}=\frac{1}{2}\cdot(H_{干}(t)+DP_{干}(t))\cdot L_{干} \tag{5.54}$$

式中：$H_{干}(t)$为干沟的水面高程，m；$DP_{干}(t)$为干沟控制范围内基础模拟单元的平均地下水位，m。

（3）河道水平衡计算

根据河道水位监测点的布置情况，将别拉洪河从上游到下游划分为m段，并按各分段进行水量平衡计算。河道的水平衡与干沟水平衡相似，需要考虑河道各分段控制范围内各干沟的排水量、降雨量、河道的水面蒸发量、河道渗漏量或与地下水的交换量、河道排水再利用量和河道排水量等，则河道各段的水量平衡方程为：

$$R(t)=R(t-1)+R_P(t)+R_{inDr}(t)-R_E(t)-Rrg(t)-IrR(t)-R_{dr}(t) \tag{5.55}$$

式中：$R(t)$为第$t$天的河道蓄水量，$m^3$；$R(t-1)$为第$t-1$天的河道蓄水量，$m^3$；$R_P(t)$为第$t$天进入河道的降雨量，$m^3$；$R_{inDr}(t)$为河道在第$t$天承接各干沟的排水量，$m^3$；$R_E(t)$为第$t$天河道的蒸发量，$m^3$；$Rrg(t)$为第$t$天河道与地下水的交换量，$m^3$；$IrR(t)$为第$t$天河道提供的排水再利用量，$m^3$；$R_{dr}(t)$为第$t$天的河道排水量，$m^3$。

由于河道的降雨量、水面蒸发量、河道各段承接排水量、河道与地下水的交换量、河道排水再利用量和河道排水量等计算方法与干沟各段水平衡中相应水循环要素相同，故此处不再赘述，具体计算时可参考相应计算公式。

#### 5.1.2.3 渠道水平衡计算

（1）支渠水平衡计算

支渠水平衡考虑支渠引水量、蒸发量、分配水量和渗漏量等，其水量平衡方程为：

$$Ws_{支}(t)=E_{支}(t)+Wrg_{支渠}(t)+Ws_{田}(t) \tag{5.56}$$

式中：$Ws_{支}(t)$为支渠在第$t$天的地表水引用量，$m^3$；$E_{支}(t)$为支渠在第$t$天的蒸发量，$m^3$；$Wrg_{支渠}(t)$为支渠在第$t$天的渗漏量，$m^3$；$Ws_{田}(t)$为第$t$天的支渠分配水量，$m^3$。

支渠水量平衡方程中各要素的计算如下：

$$Ws_{田}(t)=wsnet(t)\times A_{rice}\times 10^{-3} \tag{5.57}$$

$$Ws_{支}(t)=\frac{Ws_{田}(t)}{\eta_{支}} \tag{5.58}$$

$$Wrg_{支渠}(t)=(1-\eta_{支})Ws_{支}(t)-E_{支}(t) \tag{5.59}$$

式中：$\eta_{支}$为支渠的渠道水利用系数。

(2) 干渠水平衡计算

干渠水平衡考虑干渠引水量、蒸发量、分配水量和渗漏量等，其水量平衡方程为：

$$Ws_{干}(t)=E_{干}(t)+Wrg_{干渠}(t)+\sum_{i=1}^{n}Ws_{支}(t,\ i) \tag{5.60}$$

式中：$Ws_{干}(t)$为干渠在第 $t$ 天的地表水引水量，$m^3$；$E_{干}(t)$为干渠在第 $t$ 天的蒸发量，$m^3$；$Wrg_{干渠}(t)$为干渠在第 $t$ 天的渗漏量，$m^3$；$Ws_{支}(t,\ i)$为干渠内的第 $i$ 条支渠在第 $t$ 天的地表水引水量，$m^3$；$n$ 为干渠内的支渠总数。

干渠水量平衡方程中各要素的计算公式如下：

$$Ws_{干}(t)=\frac{\sum_{i=1}^{n}Ws_{支}(t,\ i)}{\eta_{干}} \tag{5.61}$$

$$Wrg_{干渠}(t)=(1-\eta_{干})Ws_{干}(t)-E_{干}(t) \tag{5.62}$$

### 5.1.3 模型定解条件和输入输出

#### 5.1.3.1 模型时空离散

研究区内有一条骨干河道，即别拉洪河，位于研究区中部。在河道中选取了 B—1、B—2 和 B—3 三个断面进行水位和流量监测，并将河道分为 4 段分别进行水量平衡计算。区域内共有 28 条干沟和 28 条干渠，进一步分为 43 个干沟段和 43 个干渠段。此外，模型还包括 365 条支沟、365 条支渠和 365 个基础模拟单元（图 5.5）。模型时段按天计算。

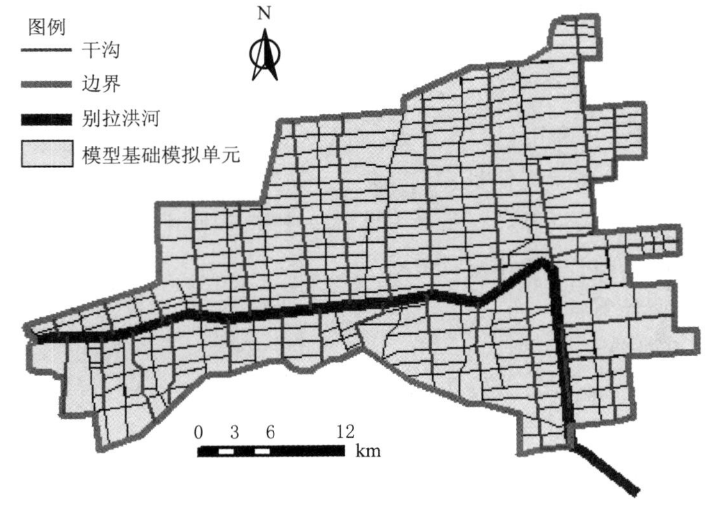


图 5.5　研究区基础模拟单元划分

#### 5.1.3.2　边界条件

模型边界条件包括上边界、下边界和水平边界。上边界主要由灌溉、降雨和腾发量三部分组成，其中灌溉量可根据实测的灌溉数据得到，降雨量可通过气象站获得相应的降雨数据，腾发量可根据彭曼—蒙蒂斯公式计算得到。下边界以饱和带以下作为边界条件，含水层厚度取100m，按零流量边界处理。水平边界是指地下水侧向流入或流出，可根据达西定律计算给定流量。

#### 5.1.3.3　初始条件

模型初始条件主要体现在地表水层、根系层、土壤传导层、地下水层和沟道/河道。地表的初始水层按0进行计算，根系层和土壤传导层的初始土壤含水量取为田间持水量，地下水层的初始地下水位采用实测数据，沟道/河道内的初始水深同样采用实测数据。

#### 5.1.3.4　输入数据

模型的输入数据主要包括：逐日气象数据、水量数据、作物参数、土壤参数、水文地质参数、基础模拟单元参数、沟道参数、河道参数和渠道参数等。具体的数据内容和相应的用途可见表5.2。

**表5.2　灌区半分布式水量平衡模型的输入数据**

| 数据类型 | 数据内容 | 数据用途 |
|---|---|---|
| 逐日气象数据 | 平均气压、最高温度、最低温度、平均温度、平均相对湿度、平均风速、日照时数 | 计算基础模拟单元的逐日参考作物腾发量 |
| | 降雨量 | 计算灌溉量、入渗量和排水量 |
| 水量数据 | 渠道引水量 | 检验模型中的参数 |
| | 机井抽水量 | |
| 作物参数 | 作物系数 | 计算基础模拟单元的逐日潜在腾发量和潜水蒸发量 |
| | 水稻灌溉模式的水层控制规则 | 计算灌溉量 |
| | 水稻各生育阶段的最大田面蓄水深度 | 计算排水量 |
| 土壤参数 | 各层土壤的厚度、初始含水量、田间持水量、饱和含水量 | 计算各土壤层的含水量和渗漏量 |
| 水文地质参数 | 渗透系数 | 计算地下水侧向流动量和沟道或河道与地下水的交换量 |
| | 给水度 | 计算地下水位变化 |
| 基础模拟单元参数 | 基础模拟单元的控制面积、各土地利用类型的面积 | 将不同土地利用类型的水循环各要素加权到基础模拟单元 |
| | 基础模拟单元的地面高程、初始地下水位 | 计算地下水蓄变量 |
| | 地下水极限埋深 | 参与计算潜水蒸发量 |
| | 各基础模拟单元与其相邻支沟单元间的距离和相邻边界的长度 | 计算基础模拟单元的地下水侧向流动量 |
| 沟道参数 | 支沟的长度、底宽、边坡、顶宽、支沟内的初始水量 | 计算支沟内的水量变化和支沟与地下水的交换量 |
| | 干沟的分段情况；干沟各段的长度、底宽、边坡、顶宽及初始水量 | 计算干沟内的水量变化和干沟与地下水的交换量 |

续表

| 数据类型 | 数　据　内　容 | 数　据　用　途 |
| --- | --- | --- |
| 河道参数 | 河道的分段情况；河道各段的长度、底宽、边坡、顶宽及初始水量 | 计算河道内的水量变化和河道与地下水的交换量 |
| 渠道参数 | 支渠和干渠的长度、渠道水利用系数 | 计算渠道引水量和渗漏量 |

#### 5.1.3.5　输出数据

模型可根据尺度划分情况进行输出。各尺度的输出数据可见表 5.3。

**表 5.3　灌区半分布式水量平衡模型不同尺度的输出数据**

| 尺度划分 | 数据类型 | 具　体　数　据 |
| --- | --- | --- |
| 根区尺度 | 入流量 | 降雨量 |
| | | 别拉洪河/干沟/支沟的排水再利用量 |
| | | 地表水引用量 |
| | | 地下水利用量 |
| | 出流量 | 排水量 |
| | | 根系层渗漏量 |
| | 消耗量 | 逐日潜在腾发量 |
| 支沟尺度 | 入流量 | 降雨量 |
| | | 别拉洪河/干沟的排水再利用量 |
| | | 支渠渠首引水量 |
| | | 附近渠道渗漏补给量 |
| | | 附近沟道或河道渗漏补给量 |
| | | 地下水侧向流入量 |
| | 出流量 | 支沟排水量 |
| | | 地下水侧向流出量 |
| | 消耗量 | 逐日潜在腾发量 |
| | 内部水量 | 各层土壤的渗漏量 |
| | | 地下水利用量 |
| | | 尺度内支沟的排水再利用量 |
| | | 尺度内支渠和支沟渗漏量 |
| | | 潜水蒸发量 |
| 干沟尺度 | 入流量 | 降雨量 |
| | | 别拉洪河的排水再利用量 |
| | | 干渠渠首引水量 |
| | | 附近渠道渗漏补给量 |
| | | 附近沟道或河道渗漏补给量 |
| | | 地下水侧向流入量 |
| | 出流量 | 干沟排水量 |
| | | 地下水侧向流出量 |

续表

| 尺度划分 | 数据类型 | 具 体 数 据 |
|---|---|---|
| 干沟尺度 | 消耗量 | 逐日潜在腾发量 |
| | 内部水量 | 各层土壤的渗漏量 |
| | | 地下水利用量 |
| | | 尺度内支沟/干沟的排水再利用量 |
| | | 尺度内干沟和以下各级渠道/沟道渗漏量 |
| | | 潜水蒸发量 |
| 灌区尺度 | 入流量 | 降雨量 |
| | | 尺度内各干渠渠首引水量之和 |
| | | 地下水侧向流入量 |
| | 出流量 | 河道排水量 |
| | | 地下水侧向流出量 |
| | 消耗量 | 逐日潜在腾发量 |
| | 内部水量 | 各层土壤的渗漏量 |
| | | 地下水利用量 |
| | | 尺度内别拉洪河/干沟/支沟的排水再利用量 |
| | | 尺度内各级渠道/沟道/河道渗漏量 |
| | | 潜水蒸发量 |

## 5.2 分布式模型参数敏感性分析和检验

模型参数敏感性分析可以定性或者定量地评价模型中的参数变化对水平衡各要素计算值的影响（Kim et al.，1997 年；Beven et al.，2001 年；Crosetto et al.，2001 年；徐崇刚等，2004 年；黄聿刚，2005 年），并确定模型中各参数对模型输出结果影响的大小。这一分析有助于深入了解水平衡各要素对模型参数变化的灵敏度，对进一步完善模型和确定模型参数范围十分重要。如果某个水平衡要素对其相关影响参数的修正并不灵敏，则不需要花很多精力去修正其控制参数的精度；若某个水平衡要素对其相关控制参数的微小变化都非常敏感，则应做进一步监测和研究，以便提高控制参数的精度。参数的敏感性分析可以分为局部敏感性分析和全局敏感性分析（Saltelli et al.，1999 年），本节第一部分对两种方法进行了计算分析，筛选出敏感参数后，本节第二部分根据实测的地下水位和河道断面流量数据对模型进行了率定和验证。

### 5.2.1 模型参数敏感性分析

由于模型需要输入的数据及参数众多，经过筛选确定的敏感性分析参数主要有：粉砂质黏壤土的田间持水量 $\theta_{fc1}$、饱和含水量 $\theta_{s1}$、垂直渗透系数 $K_{v1}$、水平渗透系数 $K_{h1}$、给水度 $\mu_1$、限制性下渗系数 $k_1$，砾质粗砂的田间持水量 $\theta_{fc2}$、饱和含水量 $\theta_{s2}$、水平渗透系数 $K_{h2}$、给水度 $\mu_2$、限制性下渗系数 $k_2$、入渗参数 $a$ 和 $b$。以 2015 年水稻生育期内的地

下水位变化幅度作为判别依据，对上述参数进行敏感性分析。

#### 5.2.1.1　局部敏感性分析

局部敏感性分析（Local sensitivity analysis）能够直观呈现模型中参数变化对输出结果的影响。进行局部敏感性分析时，将选定的敏感性分析参数以±5%、±10%的幅度变化，当其中一种参数变化时，其他参数保持不变。根据参数的变化相应的运行模型进行检验，如此重复，直到检验完所有控制参数变化的影响，最后对计算结果进行分析。各敏感性分析参数的变化与地下水位变幅的关系可见图 5.6。

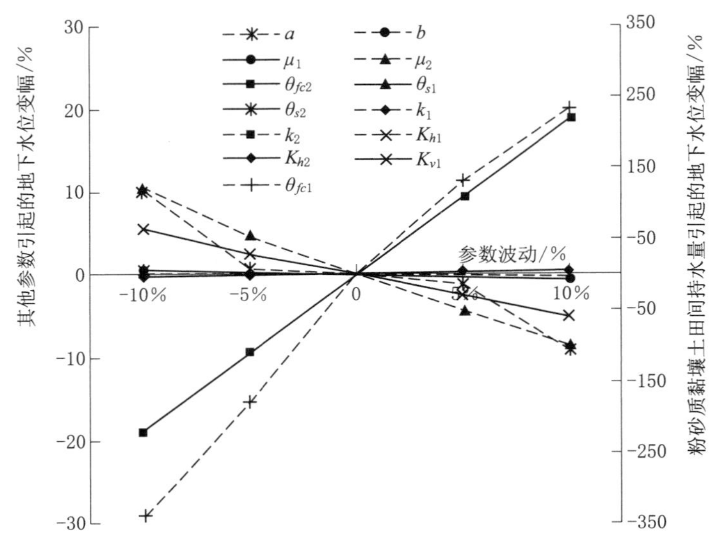


图 5.6　参数波动与地下水位变幅的关系

可以看出，粉砂质黏壤土的田间持水量 $\theta_{fc1}$、砾质粗砂的田间持水量 $\theta_{fc2}$、砾质粗砂的给水度 $\mu_2$、粉砂质黏壤土的垂直渗透系数 $K_{v1}$ 和入渗参数 $a$ 对地下水位变幅的影响最为明显，其他 8 个参数的影响较小。其中，$\theta_{fc1}$ 和 $\theta_{fc2}$ 的影响尤其显著，随着田间持水量的增加或减少，相应土层的渗漏量减少或增加，对地下水的补给量减少或增加，则地下水位变化幅度会相应出现变化，当 $\theta_{fc1}$ 和 $\theta_{fc2}$ 分别减小 10%时，地下水位变化幅度相应减小了 341%和 18.9%。现状条件下研究区地下水主要位于砾质粗砂层，$\mu_2$ 对模拟结果影响较大，当 $\mu_2$ 减小 10%时，地下水位变化幅度增加了 10.5%。由于 $K_{v1}$ 直接影响沟道和河道等的渗漏量，进而影响地下水的补给量，则 $K_{v1}$ 对地下水位变化的影响效果也较为显著。入渗参数 $a$ 变化±5%时，对结果影响较小，但当变化幅度增长到±10%时，对地下水位变化的影响效果与 $\mu_2$ 几乎一致，说明参数 $a$ 只有变化到一定程度时才会对模型造成较显著的影响。

#### 5.2.1.2　全局敏感性分析

（1）傅里叶幅度敏感性检验扩展法

全局敏感性分析方法不仅可以反映单个参数对模型模拟结果的影响，而且可以定量分析参数与参数之间相互作用对模拟结果的影响（王中根等，2007 年；吴锦等，2009 年；姜志伟等，2011 年；Wang et al.，2013 年；何亮等，2015 年）。全局敏感性分析方法主要包括：多元回归法、Morris 法、Sobol 法、傅里叶幅度灵敏度检验法和傅里叶幅度灵敏度

检验扩展法（Extended Fourier Amplitude Sensitivity Test，简称 EFAST）。目前，Sobol′法和傅里叶幅度敏感性检验扩展法已在水文模型和地理空间模型等的分析中得到了广泛应用（徐崇刚等，2004 年）。经综合比较，选取傅里叶幅度敏感性检验扩展法对构建的模型进行分析。

EFAST 法由 Saltelli et al.（2005 年）结合 Sobol′法和傅里叶幅度敏感性检验法的优点所提出。该方法基于模型方差分析的思想设计，认为模型输出变量的方差 $V$ 是由单个输入参数的变异及参数之间的相互作用引起的，分解模型方差可以求出各参数及参数间相互作用对该方差的贡献量，即各参数的敏感性指数（Bos et al.，1989 年；罗玉丽等，2007 年）。模型的总方差 $V$ 可分解为下式：

$$V=\sum_{i}V_i+\sum_{i\neq j}V_{ij}+\sum_{i\neq j\neq m}V_{ijm}+\cdots+V_{1,2,\cdots,k} \tag{5.63}$$

式中：$V_i$ 为由参数 $x_i$ 引起的模型结果的方差；$V_{ij}$ 为参数 $x_i$ 通过参数 $x_j$ 作用所贡献的方差（耦合方差）；$V_{ijm}$ 为参数 $x_i$ 通过参数 $x_j$、$x_m$ 所贡献的方差；$V_{1,2,\cdots,k}$ 为参数 $x_i$ 通过参数 $x_1$、$x_2$、…，$x_k$ 作用所贡献的方差。参数 $x_i$ 的一阶敏感性指数 $S_i$ 和二阶敏感性指数 $S_{ij}$ 可分别定义为下式：

$$S_i=\frac{V_i}{V},\quad S_{ij}=\frac{V_{ij}}{V} \tag{5.64}$$

其中敏感性指数 $S_i$ 反映的是该参数对模型输出总方差的直接贡献率。参数 $x_i$ 的全局敏感性指数反映了参数直接贡献率和通过参数间的交互作用间接对模型输出总方差的贡献率之和，可表示为下式：

$$S_{T.i}=S_i+S_{ij}+S_{ijm}+\cdots+S_{1,2,\cdots,i,\cdots,k} \tag{5.65}$$

（2）全局敏感性分析

敏感性分析选取的参数及参数取值范围见表 5.4，共取样 845 次（EFAST 法认为采样次数≥参数个数×65 的分析结果有效）。将取样得到的不同参数组输入构建的模型中进行模拟，并对相应的地下水位变幅进行计算，然后利用 EFAST 法对各个参数进行敏感性分析。

**表 5.4 敏感性分析参数和参数取值范围**

| 敏感性分析参数 | 参数最小值 | 参数最大值 |
| --- | --- | --- |
| 入渗参数 $a$ | 0.01 | 0.2 |
| 入渗参数 $b$ | 0.15 | 0.23 |
| 粉砂质黏壤土给水度 $\mu_1$ | 0.04 | 0.08 |
| 砾质粗砂给水度 $\mu_2$ | 0.1 | 0.17 |
| 粉砂质黏壤土田间持水量 $\theta_{fc1}/(cm^3/cm^3)$ | 0.3 | 0.32 |
| 砾质粗砂田间持水量 $\theta_{fc2}/(cm^3/cm^3)$ | 0.05 | 0.08 |
| 粉砂质黏壤土饱和含水量 $\theta_{s1}/(cm^3/cm^3)$ | 0.35 | 0.49 |
| 砾质粗砂饱和含水量 $\theta_{s2}/(cm^3/cm^3)$ | 0.32 | 0.39 |
| 粉砂质黏壤土限制性下渗系数 $k_1$ | 0.4 | 1 |
| 砾质粗砂限制性下渗系数 $k_2$ | 0.4 | 1 |
| 粉砂质黏壤土水平渗透系数 $K_{h1}/(m/d)$ | 0.1 | 0.4 |
| 砾质粗砂水平渗透系数 $K_{h2}/(m/d)$ | 30 | 70 |
| 粉砂质黏壤土垂直渗透系数 $K_{v1}/(m/d)$ | 0.1 | 0.3 |

图 5.7 是参数全局敏感性分析的结果。可以看出，一阶敏感性指数排序前 5 位的参数是 $\theta_{fc1}$、$\theta_{fc2}$、$K_{v1}$、$\mu_2$ 和 $a$，相应的敏感性指数值分别为 0.832、0.258、0.161、0.096 和 0.062，其余参数均小于 0.06。全局敏感性指数排序前 5 位的参数是 $\theta_{fc1}$、$K_{v1}$、$\theta_{fc2}$、$\mu_2$ 和 $a$，相应的敏感性指数值分别为 0.91、0.363、0.321、0.165 和 0.114，其余参数均小于 0.1。一阶敏感性指数最大的前 5 个参数与全局敏感性指数最大的前 5 个参数相同，这 5 个参数对模型模拟结果的影响较为明显，但 $K_{v1}$ 的一阶敏感性指数明显小于其相应的全局敏感性指数，两者比值为 0.44，这说明各参数间交互作用对模型输出结果的影响较明显。

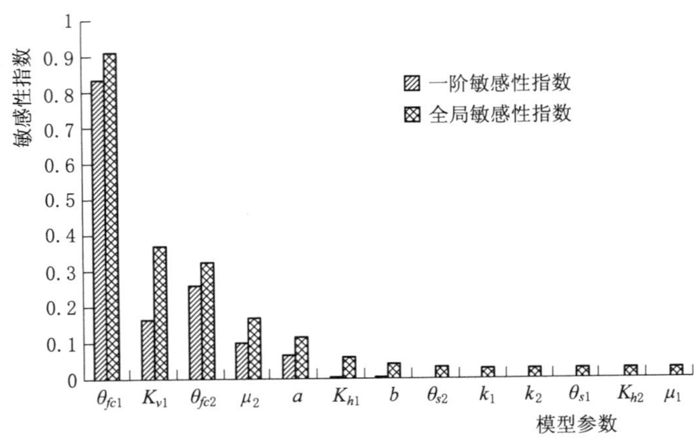


图 5.7　参数全局敏感性分析结果

### 5.2.2　模型检验

将 2015 年水稻生育期开始到 2016 年水稻生育期结束这一时段作为模型的率定期。研究区所处的三江平原地区近年来大面积发展水稻种植，导致水田面积大量增加，但从 2010 年开始水田面积基本趋于稳定，因此选择 2010—2014 年作为模型的验证期。

#### 5.2.2.1　模型参数取值

模型检验是在实测数据基础上通过不断调整参数的取值，使模型的模拟输出值与河道各断面流量和观测井地下水位的实测值的误差最小，从而确定最终的参数取值。本小节主要给出了粉砂质黏壤土和砾质粗砂的土壤参数、水文地质参数及渗漏量参数的取值。

(1) 土壤参数

研究区内的土壤在垂向上按土壤质地可分为粉砂质黏壤土和砾质粗砂两层，水平方向上分为 3 个区，各区的参数取值情况见表 5.5。

**表 5.5　模型的土壤参数取值**

| 土壤质地 | 具体参数 | 参数取值/($cm^3/cm^3$) | | |
|---|---|---|---|---|
| | | 分区一 | 分区二 | 分区三 |
| 粉砂质黏壤土 | 田间持水量 | 0.302 | 0.304 | 0.303 |
| | 饱和含水量 | 0.430 | 0.425 | 0.425 |
| 砾质粗砂 | 田间持水量 | 0.050 | 0.051 | 0.055 |
| | 饱和含水量 | 0.355 | 0.350 | 0.360 |

(2) 水文地质参数

研究区按水文地质参数不同可分为 4 个区，各区的参数取值情况见表 5.6。

**表 5.6 模型的水文地质参数取值**

| 土壤质地 | 具体参数 | 参数取值 | | | |
|---|---|---|---|---|---|
| | | 分区一 | 分区二 | 分区三 | 分区四 |
| 粉砂质黏壤土 | 渗透系数/(m/d) | 0.158 | 0.179 | 0.160 | 0.166 |
| | 给水度 | 0.060 | 0.060 | 0.060 | 0.060 |
| 砾质粗砂 | 渗透系数/(m/d) | 56.191 | 60.637 | 37.750 | 64.281 |
| | 给水度 | 0.160 | 0.165 | 0.160 | 0.150 |

(3) 渗漏量参数

模型中的渗漏量参数主要包括：田面入渗拟合参数 $a$、$b$ 和各土壤层的限制性下渗系数，其中田面入渗参数 $a$ 和 $b$ 取值分别为 0.06 和 0.2，根系层和土壤传导层限制性下渗系数的取值均为 1。

#### 5.2.2.2 模拟结果与效果评价

为了定量检验模拟值与实测值的差异程度，选用了决定系数 $R^2$、Nash－Sutcliffe 效率系数、相对误差 $RE$、平均残差比例和分散均方根比例（Saleh et al.，2000 年；张新，2005 年；代俊峰等，2009 年）等指标对模型的模拟效果进行评价。

(1) 率定期模拟结果与效果评价

1) 地下水位对比

通过对 2015 年水稻生育期内研究区平均地下水位模拟值与实测值的对比，可以分析地下水位在年内的变化规律，见图 5.8。

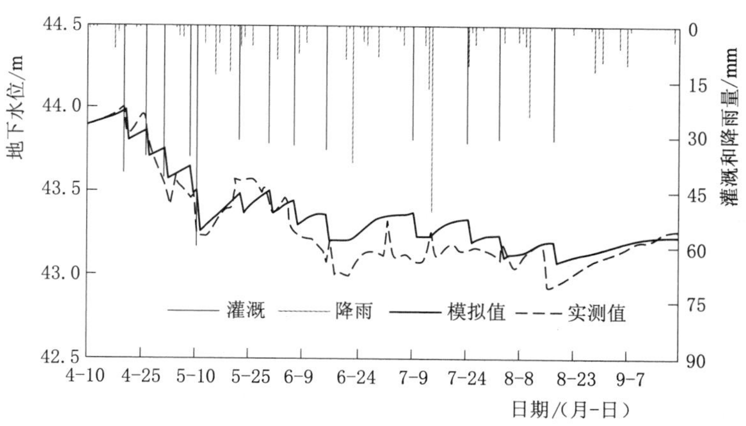


图 5.8 率定期研究区平均地下水位模拟值与实测值对比

从图 5.8 中可以看出，4 月下旬开始集中泡田后，由于大范围开采地下水导致地下水位下降明显，整个泡田期共补充灌溉了 3 次，因此这段时间的地下水位整体上有较大幅度的下降。从 5 月中上旬插秧到 8 月中旬稻田排水，整个生育期共灌溉了 9 次，地下水位在这段时间内随灌溉时间和灌溉量呈现不同程度的下降和回升。8 月中下旬稻田排水后将不再进行灌溉，地下水位开始出现稳定的上升趋势。总体上看，模型模拟值的变化趋势与实测值基本一致，模拟结果能够较好地反映地下水位在整个水稻生育期内的波动情况。需要指出的是，由于部分观测井的位置距离排水沟太近，导致泡田期排水和汛期出现大降雨时，沟水会进入观测井，从而出现图中显示的“陡增”现象，如 7 月 2 日和 7 月 14 日的两个“峰值”，但这并不影响地下水位的整体模拟效果评价。

图 5.9 为研究区内 14 眼地下水位观测井模拟值与实测值的过程比较情况，从图中可以看出，模型可以有效地模拟地下水位的波动和变化趋势。

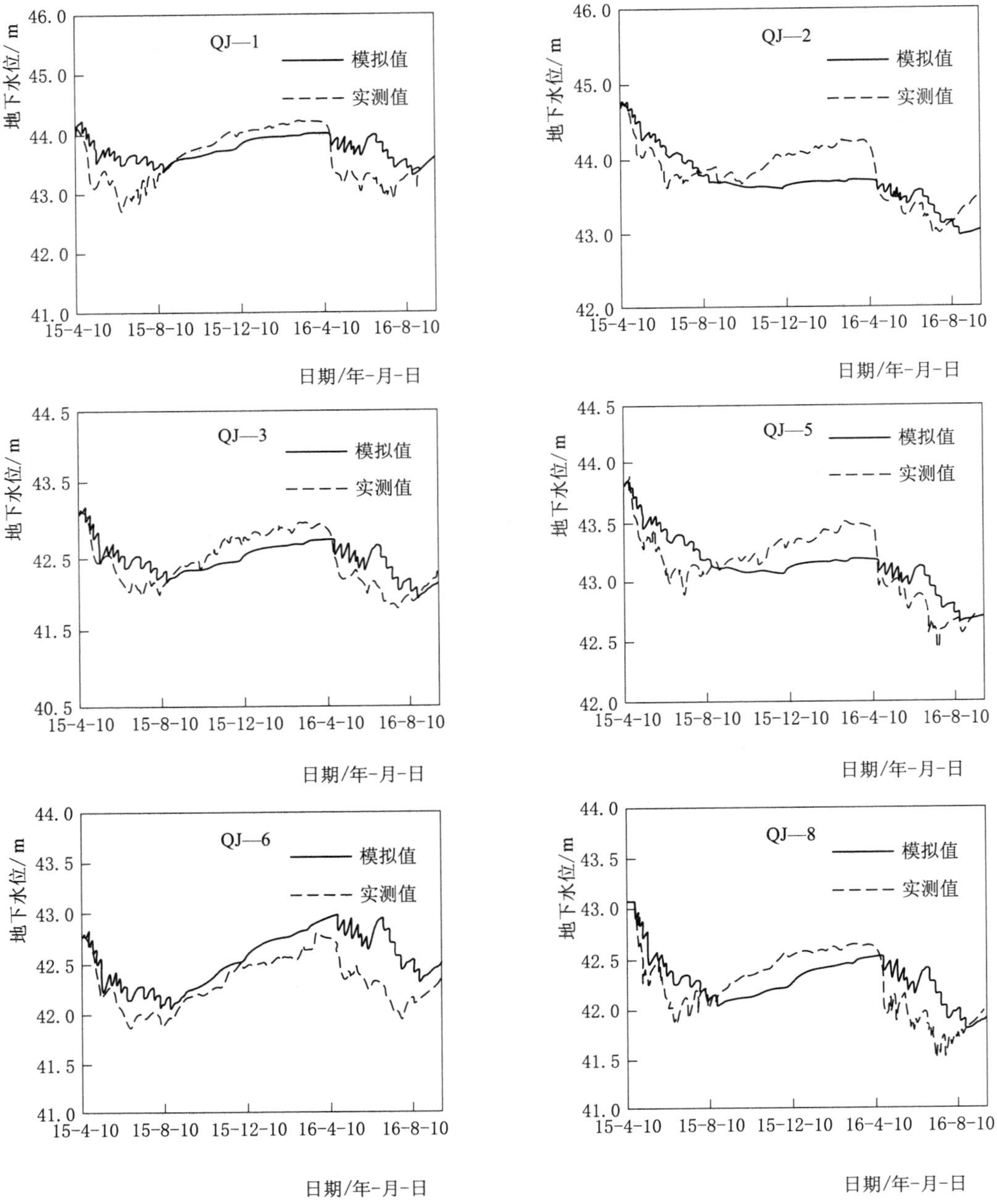

图 5.9（一）　率定期部分地下水位观测井模拟值与实测值对比

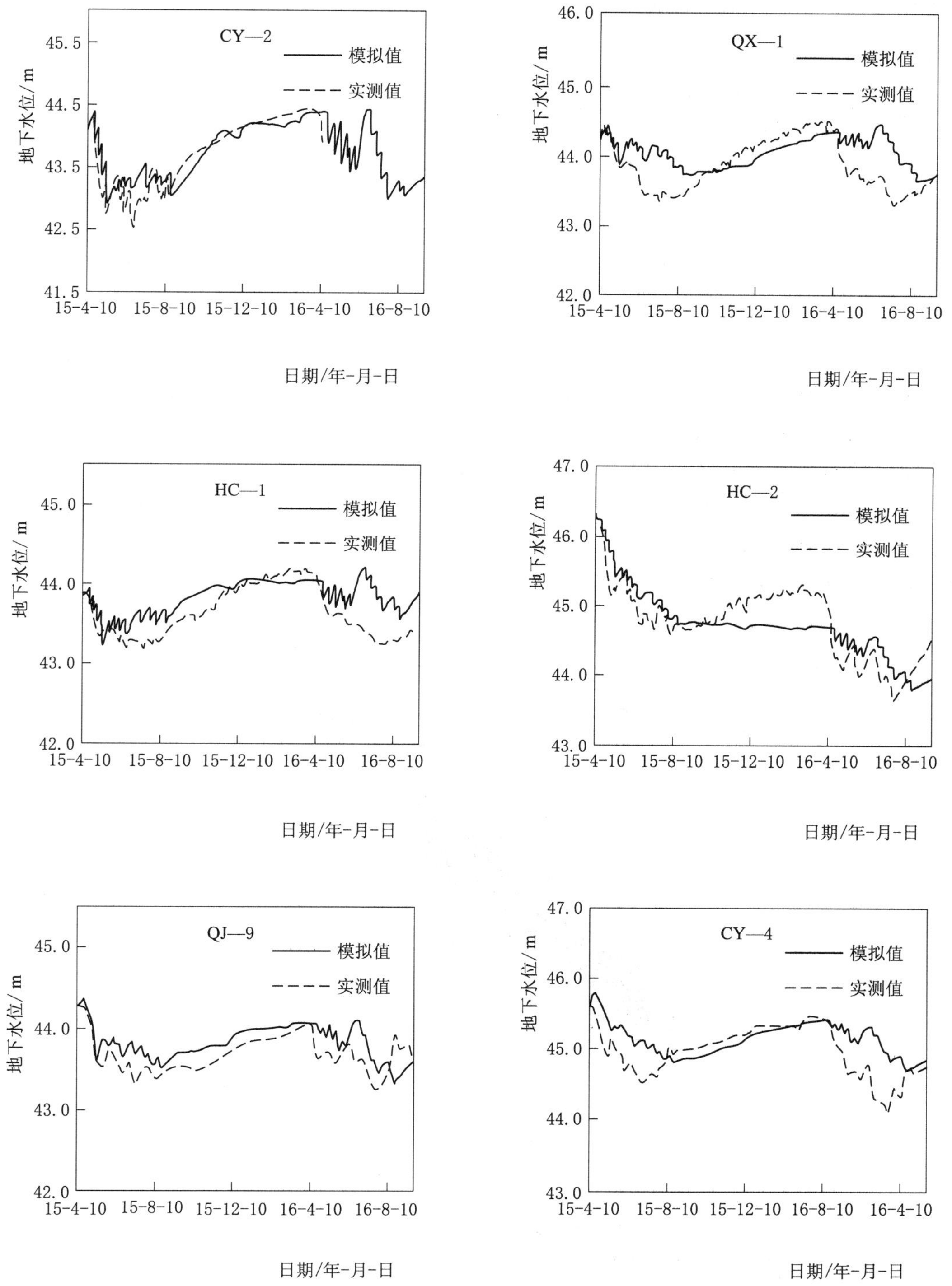

CY—2
模拟值
实测值
地下水位/m
45.5
44.5
43.5
42.5
41.5
15-4-10 15-8-10 15-12-10 16-4-10 16-8-10
日期/年-月-日

QX—1
模拟值
实测值
地下水位/m
46.0
45.0
44.0
43.0
42.0
15-4-10 15-8-10 15-12-10 16-4-10 16-8-10
日期/年-月-日

HC—1
模拟值
实测值
地下水位/m
45.0
44.0
43.0
42.0
15-4-10 15-8-10 15-12-10 16-4-10 16-8-10
日期/年-月-日

HC—2
模拟值
实测值
地下水位/m
47.0
46.0
45.0
44.0
43.0
15-4-10 15-8-10 15-12-10 16-4-10 16-8-10
日期/年-月-日

QJ—9
模拟值
实测值
地下水位/m
45.0
44.0
43.0
42.0
15-4-10 15-8-10 15-12-10 16-4-10 16-8-10
日期/年-月-日

CY—4
模拟值
实测值
地下水位/m
47.0
46.0
45.0
44.0
43.0
15-4-10 15-8-10 15-12-10 16-8-10 16-4-10
日期/年-月-日

图 5.9（二） 率定期部分地下水位观测井模拟值与实测值对比

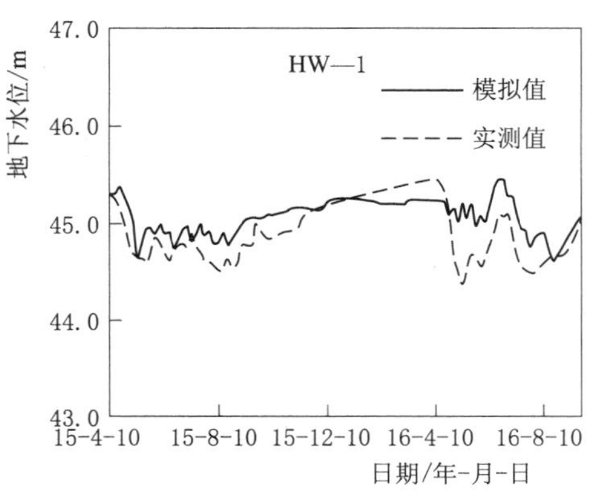


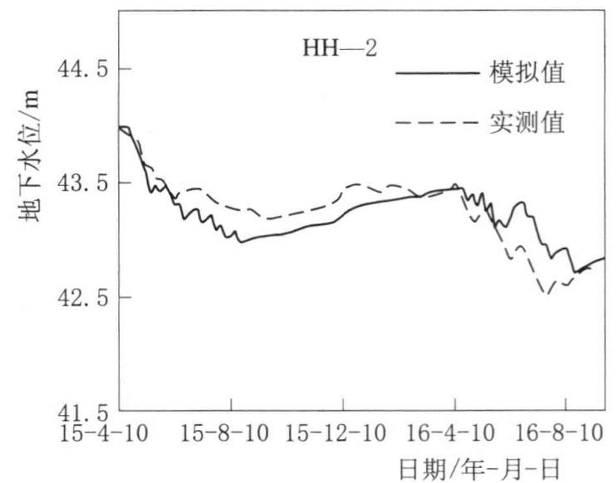


图 5.9（三）　率定期部分地下水位观测井模拟值与实测值对比

图 5.10 是率定期地下水位模拟值与实测值的散点分布图，从图中可以看出，率定期地下水位的实测值与模拟值较为接近，二者的比值基本都散布在 1∶1 线附近。表 5.7 是模拟率定期地下水位的模拟效果统计指标及相应的评价效果。可以看出，率定期地下水位模拟的 Nash - Sutcliffe 效率系数的值为 0.88，相应的评价效果为“优”。决定系数 $R^2$ 的值为 0.90，其评价效果也可达到“良”。相对误差 $RE$ 为 18.2%，评价效果为“中”。平均残差比例和分散均方根比例均小于 15%，效果较为理想。

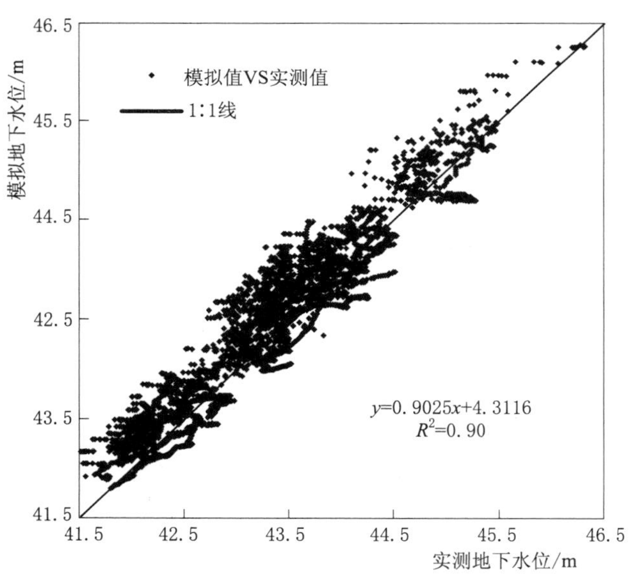


图 5.10　率定期地下水位模拟值与实测值散点分布图

**表 5.7　模型率定期地下水位模拟效果评价**

| 评价指标 | 指标值 | 效果评价 |
|---|---|---|
| 决定系数 $R^2$ | 0.90 | 良 |
| $N-S$ 效率系数 | 0.89 | 优 |
| 相对误差 $RE$/% | 18.20 | 中 |

续表

| 评价指标 | 指标值 | 效果评价 |
|---|---|---|
| 平均残差比例/% | 5.00 | ＜15% |
| 分散均方根比例/% | 6.15 | ＜15% |

2）河道断面流量

将三个断面流量的实测值与模型的模拟输出值进行对比分析，结果见图 5.11。

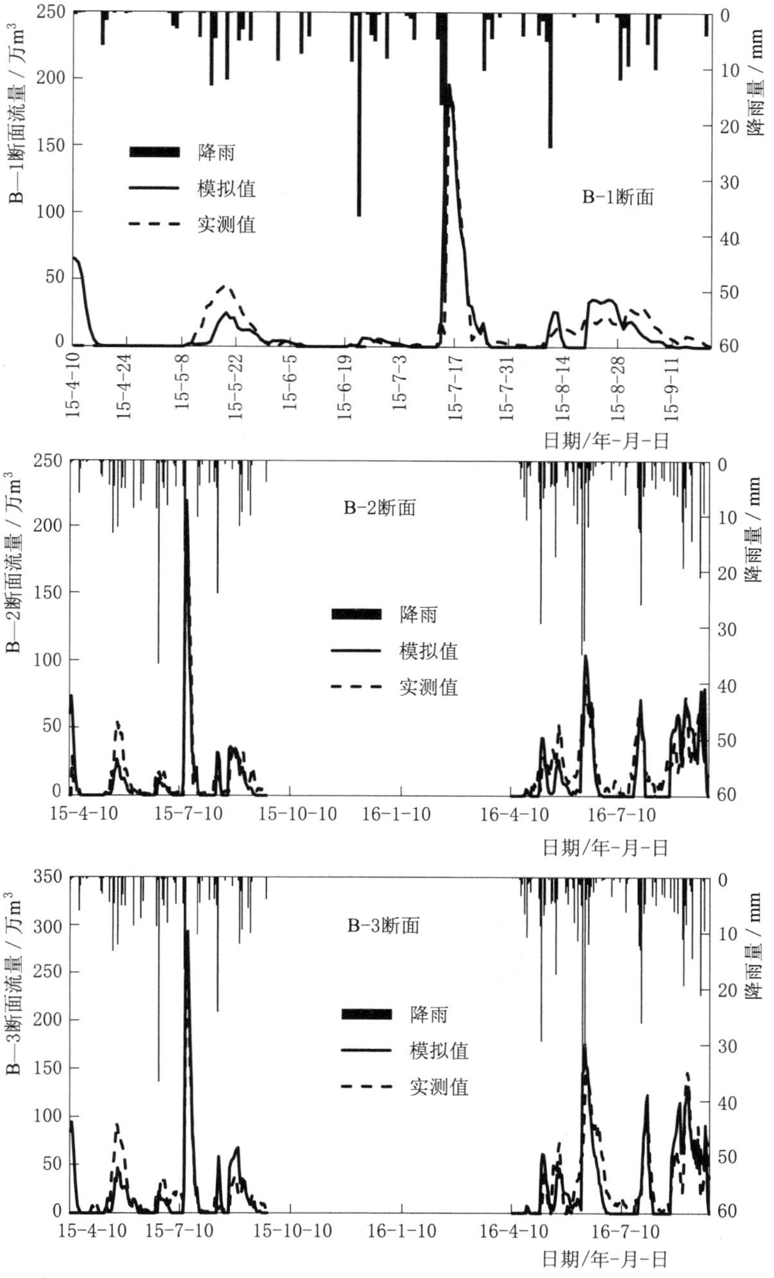

图 5.11　率定期河道 3 个断面流量模拟值与实测值对比图

从图5.11中B—1断面流量图可以看出，5月中上旬泡田期结束，稻田开始排水，导致河道断面流量增大，考虑到存在管理制度的差异，各田块的排水时间不一致，因此5月份河道断面流量的峰值不是很大且持续时间相对较长。6月22日虽然有一次较大降雨，但并未引起河道断面流量大幅增加，主要是由于这一时段稻田和沟道内的水量较少，降雨可以蓄存在田间和各级沟道内，因此没有产生较大排水。7月中旬河道断面流量急剧增加，峰值较大且持续时间较短，造成这一现象的原因主要是由于6月下旬的降雨已经将各级沟道蓄满，且7月上旬进行过一次灌溉，导致田间和沟道内没有足够的蓄存空间。8月中旬稻田开始陆续排水，由于管理制度的差异，导致此次排水峰值不大且持续时间长，这与5月份泡田期结束时的排水趋势一致。上述分析表明，模型对河道三个断面流量的模拟情况符合实际，且模拟值的变化趋势与实测值基本一致。

图5.12是率定期河道断面流量的模拟值与实测值的散点分布图。可以看出，率定期河道各断面流量的实测值与模拟值的比值基本都散布在1∶1线附近，说明模拟值与实测值接近。采用决定系数$R^2$、Nash-Sutcliffe效率系数、相对误差$RE$、平均残差比例和分散均方根比例等指标的评价结果（表5.8）可以看出，河道断面流量相对误差$RE$的评价效果为“良”，Nash-Sutcliffe效率系数的平均评价效果为“良”，平均残差比例和分散均方根比例均小于15%，效果较为理想。决定系数$R^2$的评价效果虽然是“中”，但该值大于0.6。对于实测资料本身存在较大误差的情况，如果$RE$小于15%，$R^2$大于0.6且$E_{ns}$大于0.5（谢先红，2008年），则认为模型的模拟效果是可以接受的，参数较为可靠，模型可用于实际模拟应用。

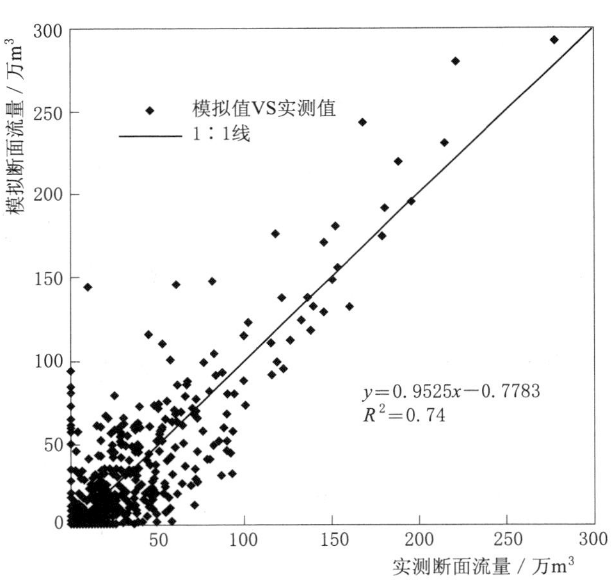


图5.12　率定期河道各断面流量模拟值与实测值散点分布图

3）水量平衡检验

水量平衡检验是判别构建的模拟模型是否遵循水量平衡原理的重要依据，利用模型对率定期水循环进行模拟，得到研究区水循环过程中各水平衡要素，见表5.9。模型模拟输

出的水量平衡误差值为 2.21%，说明构建的模型遵守水量平衡原理。

**表 5.8　模型率定期河道各断面流量模拟效果评价**

| 评价指标 | 指标值 | 评价效果 |
|---|---|---|
| 决定系数 $R^2$ | 0.74 | 中 |
| $N-S$ 效率系数 | 0.68 | 良 |
| 相对误差 $RE$/% | −8.26 | 良 |
| 平均残差比例/% | 4.23 | <15% |
| 分散均方根比例/% | 6.78 | <15% |

**表 5.9　研究区率定期水量平衡表**　　单位：亿 $m^3$

| 水平衡项 | 各项的水平衡要素及计算值 | | 合计 |
|---|---|---|---|
| 入流项 | 陆面总降雨量 | 9.074 | 9.281 |
| | 沟道/河道总降雨量 | 0.101 | |
| | 侧向流入量 | 0.106 | |
| 出流项 | 水田蒸发量 | 4.787 | 11.462 |
| | 水田蒸腾量 | 3.626 | |
| | 非水田腾发量 | 1.411 | |
| | 沟道/河道总蒸发量 | 0.115 | |
| | 河道排水量 | 1.402 | |
| | 侧向流出量 | 0.121 | |
| 蓄变项 | 地表水层蓄变量 | −0.271 | −1.976 |
| | 根系层蓄变量 | −0.317 | |
| | 土壤传导层蓄变量 | −0.161 | |
| | 地下水层蓄变量 | −1.202 | |
| | 沟道/河道蓄变量 | −0.025 | |
| 水量平衡误差/% | | | −2.209 |

地表水层、根系层、土壤传导层、地下水层、沟道和河道的水平衡见表 5.10～表 5.13，结果表明各层的水量供给与消耗基本平衡，符合水量平衡原理。

**表 5.10　研究区率定期地表水层和根系层水量平衡表**　　单位：亿 $m^3$

| 水平衡项 | 各项的水平衡要素及计算值 | | 合计 |
|---|---|---|---|
| 入流项 | 陆面总降雨量 | 9.074 | 16.151 |
| | 灌溉量 | 6.316 | |
| | 补给根系层量 | 0.761 | |
| 出流项 | 水田蒸发量 | 4.787 | 16.960 |
| | 水田蒸腾量 | 3.626 | |
| | 非水田腾发量 | 1.411 | |
| | 田块排水量 | 4.088 | |
| | 根系层渗漏量 | 3.048 | |

续表

| 水平衡项 | 各项的水平衡要素及计算值/亿 $m^3$ | | 合计/亿 $m^3$ |
|---|---|---|---|
| 蓄变项 | 地表水层蓄变量 | −0.271 | −0.588 |
| | 根系层蓄变量 | −0.317 | |
| 水量平衡误差/% | | | −1.368 |

**表 5.11　研究区率定期土壤传导层水量平衡表**　　单位：亿 $m^3$

| 水平衡项 | 各项的水平衡要素及计算值 | | 合计 |
|---|---|---|---|
| 入流项 | 根系层渗漏量 | 3.048 | 5.674 |
| | 沟道/河道渗漏量 | 2.626 | |
| 出流项 | 补给根系层量 | 0.761 | 5.835 |
| | 补给地下水量 | 5.074 | |
| 蓄变项 | 土壤传导层蓄变量 | −0.1613 | −0.1613 |
| 水量平衡误差/% | | | 0.005 |

**表 5.12　研究区率定期地下水层水量平衡表**　　单位：亿 $m^3$

| 水平衡项 | 各项的水平衡要素及计算值 | | 合计 |
|---|---|---|---|
| 入流项 | 补给地下水量 | 5.074 | 5.180 |
| | 侧向流入量 | 0.106 | |
| 出流项 | 抽取地下水量 | 6.272 | 6.393 |
| | 侧向流出量 | 0.121 | |
| 蓄变项 | 地下水层蓄变量 | −1.202 | −1.202 |
| 水量平衡误差/% | | | −0.212 |

**表 5.13　研究区率定期沟道和河道水量平衡表**　　单位：亿 $m^3$

| 水平衡项 | 各项的水平衡要素及计算值 | | 合计 |
|---|---|---|---|
| 入流项 | 田块排水量 | 4.088 | 4.189 |
| | 沟道/河道总降雨量 | 0.101 | |
| 出流项 | 沟道/河道总蒸发量 | 0.115 | 4.187 |
| | 沟道/河道排水再利用量 | 0.044 | |
| | 沟道/河道渗漏量 | 2.626 | |
| | 河道排水量 | 1.402 | |
| 蓄变项 | 沟道/河道蓄变量 | −0.025 | −0.025 |
| 水量平衡误差/% | | | 0.644 |

因此，从整个模拟评价的效果来看，构建的半分布式水量平衡模型的模拟效果较好，参数取值合理可靠，符合研究区的实际情况，可以进行模拟应用。

（2）验证期模拟结果与效果评价

1）地下水位检验

选用 2010 年 1 月 1 日到 2014 年 12 月 31 日期间，研究区内 4 眼地下水位实测数据与模型模拟值进行对比，见图 5.13。

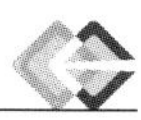









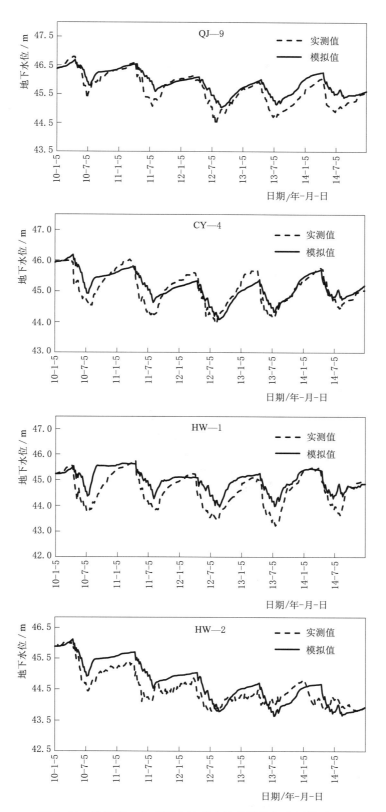

图 5.13　验证期 4 个观测井地下水位模拟值与实测值对比

可以看出，模拟值能够较好地反映地下水位的波动情况，变化趋势与实测值基本一致。由于研究区现状条件是纯井灌溉，每年 4 月份泡田期大量开采地下水进行泡田，导致地下水位出现大幅度下降。随着汛期来临，降雨量增多，研究区及周边的沟道和河道等对地下水的渗漏补给量也会增大，且水稻生育期后期的灌溉水量相对较少，因此地下水位在 7 月底或 8 月初出现较快回升。由于平均初霜期一般在 9 月 20 日左右，平均终霜期在 5 月 18 日左右，因此从 10 月份到次年 4 月泡田期前，地下水位的回升相对较缓。

图 5.14 是验证期地下水位模拟值与实测值的散点分布图。可以看出，验证期地下水位的实测值与模拟值的比值基本都散布在 1∶1 线附近，说明模拟值与实测值接近。采用决定系数 $R^2$、Nash－Sutcliffe 效率系数、相对误差 $RE$、平均残差比例和分散均方根比例等指标的评价结果（表 5.14），可以看出，相对误差 $RE$ 仅为 0.48%，指标的评价效果为“优”，Nash－Sutcliffe 效率系数为 0.71，决定系数 $R^2$ 的值为 0.80，这两个指标的评价效果均可达到“良”。平均残差比例和分散均方根比例均小于 15%，效果较为理想。因此，从整个模拟评价的效果来看，模型的模拟效果较好，参数较为可靠，模型可用于实际模拟应用。

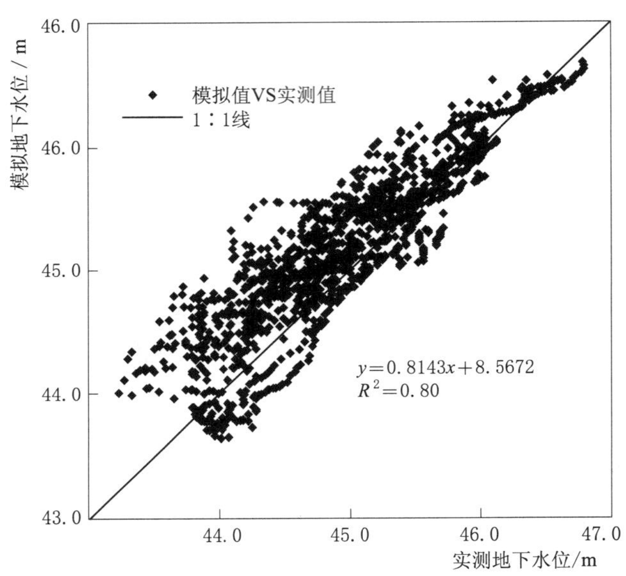


图 5.14　验证期地下水位模拟值与实测值散点分布

**表 5.14　模型验证期地下水位模拟效果评价**

| 评价指标 | 指标值 | 效果评价 |
|---|---|---|
| 决定系数 $R^2$ | 0.80 | 良 |
| $N$-$S$ 效率系数 | 0.71 | 良 |
| 相对误差 $RE$/% | 0.48 | 优 |
| 平均残差比例/% | 8.46 | <15 |
| 分散均方根比例/% | 10.88 | <15 |

2）水量平衡检验

研究区2010年到2014年各水平衡要素模拟值见表5.15。可以看出，模型模拟输出的水量平衡误差值为0.059%，说明构建的水量平衡模型和确定的模型参数较为合理。

**表5.15 研究区验证期水量平衡表**

单位：亿 $m^3$

| 水平衡项 | 各项的水平衡要素 | 计算值 | 合计 |
|---|---|---|---|
| 入流项 | 陆面总降雨量 | 29.395 | 30.764 |
| | 沟道/河道总降雨量 | 0.328 | |
| | 侧向流入量 | 1.041 | |
| 出流项 | 水田蒸发量 | 11.963 | 32.856 |
| | 水田蒸腾量 | 8.703 | |
| | 非水田腾发量 | 4.552 | |
| | 沟道/河道总蒸发量 | 0.256 | |
| | 河道排水量 | 7.017 | |
| | 侧向流出量 | 0.365 | |
| 蓄变项 | 地表水层蓄变量 | +0.016 | −2.110 |
| | 根系层蓄变量 | −0.263 | |
| | 土壤传导层蓄变量 | −0.633 | |
| | 地下水层蓄变量 | −1.205 | |
| | 沟道/河道蓄变量 | −0.025 | |
| 水量平衡误差/% | | | 0.059 |

地表水层、根系层、土壤传导层、地下水层、沟道和河道的水平衡见表5.16～表5.19，各层的水量供给与消耗基本平衡，符合水量平衡原理。

**表5.16 研究区验证期地表水层和根系层水量平衡表**

单位：亿 $m^3$

| 水平衡项 | 各项的水平衡要素 | 计算值 | 合计 |
|---|---|---|---|
| 入流项 | 陆面总降雨量 | 29.395 | 49.251 |
| | 灌溉量 | 17.350 | |
| | 补给根系层量 | 2.506 | |
| 出流项 | 水田蒸发量 | 11.963 | 49.480 |
| | 水田蒸腾量 | 8.703 | |
| | 非水田腾发量 | 4.552 | |
| | 田块排水量 | 14.546 | |
| | 根系层渗漏量 | 9.716 | |
| 蓄变项 | 地表水层蓄变量 | +0.016 | −0.247 |
| | 根系层蓄变量 | −0.263 | |
| 水量平衡误差/% | | | 0.036 |

表 5.17　研究区验证期土壤传导层水量平衡表　单位：亿 $m^3$

| 水平衡项 | 各项的水平衡要素 | 计算值 | 合计 |
|---|---|---|---|
| 入流项 | 根系层渗漏量 | 9.716 | 17.168 |
| | 沟道/河道渗漏量 | 7.452 | |
| 出流项 | 补给根系层量 | 2.506 | 17.802 |
| | 补给地下水量 | 15.296 | |
| 蓄变项 | 土壤传导层蓄变量 | －0.633 | －0.633 |
| 水量平衡误差/% | | | －0.006 |

表 5.18　研究区验证期地下水层水量平衡表　单位：亿 $m^3$

| 水平衡项 | 各项的水平衡要素 | 计算值 | 合计 |
|---|---|---|---|
| 入流项 | 补给地下水量 | 15.296 | 16.337 |
| | 侧向流入量 | 1.041 | |
| 出流项 | 抽取地下水量 | 17.177 | 17.542 |
| | 侧向流出量 | 0.365 | |
| 蓄变项 | 地下水层蓄变量 | －1.205 | －1.205 |
| 水量平衡误差/% | | | 0.001 |

表 5.19　研究区验证期沟道和河道水量平衡表　单位：亿 $m^3$

| 水平衡项 | 各项的水平衡要素 | 计算值 | 合计 |
|---|---|---|---|
| 入流项 | 田块排水量 | 14.546 | 16.874 |
| | 沟道/河道总降雨量 | 0.328 | |
| 出流项 | 沟道/河道总蒸发量 | 0.256 | 17.898 |
| | 沟道/河道排水再利用量 | 0.173 | |
| | 沟道/河道渗漏量 | 7.452 | |
| | 河道排水量 | 7.017 | |
| 蓄变项 | 沟道/河道蓄变量 | －0.025 | －0.025 |
| 水量平衡误差/% | | | 0.007 |

## 5.3　小　　结

现有的流域水文模型难以刻画灌区沟、渠、塘等复杂地貌条件下的引、灌、排和再利用过程，对地下水的模拟也较为简单。针对三江平原水稻区复杂的灌溉排水条件，本章构建了一个可以有效模拟稻田水循环过程的半分布式水量平衡模型。对单个基础模拟单元而言，模拟单元内部土地利用没有考虑空间位置，但对整个研究区来说，各基础模拟单元间的土地利用、土壤参数和水文地质参数等又存在一定的差别。针对构建的稻田半分布式水量平衡模型进行了参数敏感性分析，并基于水平衡监测试验资料对模型进行了检验，主要研究结论如下：

（1）模型在水平方向上划分为基础模拟单元、渠道水平衡单元和沟道/河道水平衡单元，其中基础模拟单元的土地利用方式主要考虑水田、林地/草地、旱地、裸地和居民地，在垂向上又可分为地表水层、根系层、土壤传导层和地下含水层共 4 层，其中土壤传导层

在垂向上又可以根据土壤质地分为粉砂质黏壤土层和砾质粗砂层。

（2）水稻田根据确定的灌溉模式建立不同生育期的水层控制规则，根据规则推算得到逐次灌溉水量后，有3种灌溉水源可供选择，分别是附近河道/干沟/支沟的排水、地下水和地表引水。当地表水层超过最大田面蓄水深度后，产生的地表排水进入沟道，各级沟道承接上一级沟道产生的排水，扣除排水再利用、水面蒸发及渗漏后，该级沟道的排水量由相应的拦蓄系数控制。地下水的水量平衡主要考虑渗漏补给地下水量、地下水侧向流动量、潜水蒸发量和抽取地下水量。

（3）模型的输入数据包括逐日气象数据、水量数据、土壤参数、水文地质参数、作物参数、基础模拟单元参数、沟道/河道参数和渠道参数等。模型的输出数据可根据后续研究中对不同尺度的划分情况，按相应的尺度输出水循环过程中的各水平衡要素。

（4）模型参数敏感性分析结果表明，粉砂质黏壤土的田间持水量 $\theta_{fc1}$、砾质粗砂的田间持水量 $\theta_{fc2}$、砾质粗砂的给水度 $\mu_2$、粉砂质黏壤土的垂直渗透系数 $K_{v1}$ 和入渗参数 $a$ 对地下水位变幅的影响最为明显，即这五个参数对模型结果影响较大。

（5）基于水平衡监测试验资料对模型进行了检验。率定期地下水位和河道断面流量模拟的相对误差 $RE$ 分别为0.44%和−5.15%，Nash-Sutcliffe效率系数分别为0.88和0.71，决定系数 $R^2$ 分别为0.92和0.76，平均残差比例和分散均方根比例均小于15%。验证期地下水位的相对误差 $RE$ 为0.48%，Nash-Sutcliffe效率系数为0.71，决定系数 $R^2$ 为0.80，平均残差比例和分散均方根比例均小于15%，说明构建的半分布式水量平衡模型的模拟效果较好，参数取值合理可靠，符合研究区实际情况，可用于模拟应用。

## 本 章 参 考 文 献

[1] Beven K, Freer J. Equifinality, data assimilation, and uncertainty estimation in mechanistic modelling of complex environmental systems using the GLUE methodology [J]. Journal of Hydrology, 2001, 249 (1-4): 11-29.

[2] Bos M G, Wolters W. Project or overall irrigation efficiency. In Irrigation theory and practice [A]. Rydzewski J R, Ward C F. Proceedings of the International Conference held at the University of Southampton [C]. London: Pentech Press, 1989: 499-506.

[3] Crosetto M, Tarantola S. Uncertainty and sensitivity analysis: tools for GIS-based model implementation [J]. International Journal of Geographical Information Science, 2001, 15 (5): 415-437.

[4] Kim S, Delleur J W, Beven K J. Sensitivity analysis of extended TOPMODEL for agricultural watersheds equipped with tile drains [J]. Hydrological Processes, 1997, 11 (9): 1243-1261.

[5] Monteith J L. Evaporation and environment [J]. Symposia of the Society for Experimental Biology, 1965, 19: 205-234.

[6] Saleh A, Arnold J G, Gassman P W, et al. Application of SWAT for the upper north bosque river watershed [J]. Transactions of the ASAE, 2000, 43 (5): 1077-1087.

[7] Saltelli A, Ratto M, Tarantola S, et al. Sensitivity analysis for chemical models [J]. Chemical Reviews, 2005, 105 (7): 2811-2828.

[8] Saltelli A, Tarantola S, Chan K. A quantitative model - independent method for global sensitivity analysis of model output [J]. Technometrics, 1999, 41 (1): 39 - 56.

[9] Wang J, Li X, Lu L, et al. Parameter sensitivity analysis of crop growth models based on the extended Fourier Amplitude Sensitivity Test method [J]. Environmental Modelling & Software, 2013, 48 (5): 171 - 182.

[10] 代俊峰，崔远来．基于 SWAT 的灌区分布式水文模型-Ⅰ模型构建的原理与方法 [J]. 水利学报，2009，40 (2)：145 - 152.

[11] 黄聿刚．干旱区绿洲四水转化模型及其应用 [M]. 北京：清华大学出版社，2005.

[12] 黄敬峰，陈拉，王秀珍．水稻生长模型参数的敏感性及其对产量遥感估测的不确定性 [J]. 农业工程学报，2012，28 (19)：119 - 129.

[13] 何亮，赵刚，靳宁，等．不同气候区和不同产量水平下 APSIM - Wheat 模型的参数全局敏感性分析 [J]. 农业工程学报，2015，31 (14)：148 - 157.

[14] 姜志伟，陈仲新，周清波，等．CERES - Wheat 作物模型参数全局敏感性分析 [J]. 农业工程学报，2011，27 (1)：236 - 242.

[15] 罗玉丽，何宏谋，章博．灌区节水量与可转换水权研究 [J]. 中国水利，2007，19：62 - 65.

[16] 罗玉峰，毛怡雷，彭世彰，等．作物生长条件下的阿维里扬诺夫潜水蒸发公式改进 [J]. 农业工程学报，2013，29 (4)：102 - 109.

[17] 毛昶熙．渗流计算分析与控制 [M]. 2 版．北京：中国水利水电出版社，2003.

[18] 聂晓．三江平原寒地稻田水热过程及节水增温灌溉模式研究 [D]. 中科院博士论文，2012.

[19] 石艳芬，缴锡云，罗玉峰，等．水稻作物系数与稻田渗漏模型参数的同步估算 [J]. 水利水电科学进展，2013，33 (4)：27 - 30.

[20] 申双和，李胜利．一种改进的土壤水分平衡模式 [J]. 气象，1998，24 (6)：17 - 21.

[21] 宋明丹，冯浩，李正鹏，等．基于 Morris 和 EFAST 的 CERES - Wheat 模型敏感性分析 [J]. 农业机械学报，2014，45 (10)：124 - 131.

[22] 王建鹏，崔远来．水稻灌区水量转化模型及其模拟效率分析 [J]. 农业工程学报，2011，27 (1)：22 - 28.

[23] 吴锦，余福水，陈仲新，等．基于 EPIC 模型的冬小麦生长模拟参数全局敏感性分析 [J]. 农业工程学报，2009，25 (7)：136 - 142.

[24] 王中根，夏军，刘昌明，等．分布式水文模型的参数率定及敏感性分析探讨 [J]. 自然资源学报，2007，22 (4)：649 - 655.

[25] 徐崇刚，胡远满，常禹，等．生态模型的灵敏度分析 [J]. 应用生态学报，2004，15 (6)：1056 -1062.

[26] 谢先红．灌区水文变量标度不变性与水循环分布式模拟 [D]. 武汉：武汉大学，2008.

[27] 张新．基于系统动力学的稻田回归水模拟 [D]. 武汉：武汉大学，2005.

# 第6章 河北石津灌区用水效率的尺度效应

本章将在前述内容的基础上探讨不同时空尺度的用水效率及其尺度效应。首先，结合水平衡要素量化的实际情况对空间尺度进行更为具体的定义；然后，对两种时间尺度下不同空间尺度的用水效率指标进行评估并揭示其空间尺度效应；最后，量化各种指标的时间尺度效应。在论述过程中，由于每一个时间尺度都对应着五个空间尺度，为了行文方便，在单独对每个时间尺度下的不同空间尺度进行论述时，不再说明该空间尺度分析的时间尺度前提。

## 6.1 空间尺度修正

按照第3章对空间尺度的定义，根区尺度和田间尺度的水平边界理论上是末级渠系覆盖范围，但在实际计算时难以进行如此的细化以得到每个末级渠系控制范围内的水平衡要素。由于本研究获取水文变量的最小单位为模拟单元（图4.25），所以根区和田间尺度皆是以模拟单元为基础，即在计算这两个空间尺度的用水效率指标时，所采用的水平衡要素值皆以模拟单元为单位进行统计，本质上是各模拟单元内所有根区尺度和田间尺度用水效率的平均值。

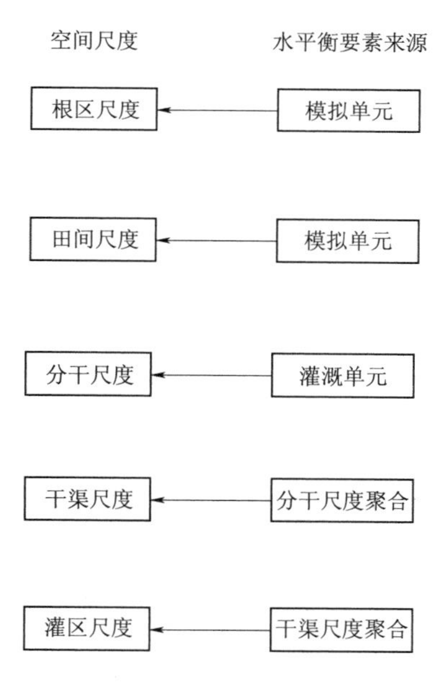

图6.1 空间尺度的水平衡要素来源示意图

从狭义上来看，分干和干渠尺度只针对渠道或者井渠结合灌域，分别表示分干和干渠的控制区域（含渠系），但石津灌区还存在着纯井灌域，这些区域显然无法用分干和干渠尺度的狭义内涵来进行尺度定义，所以采用广义内涵以便包含这些纯井灌域。广义的分干尺度是以灌溉单元为基础，每个灌溉单元内含有若干模拟单元，灌溉单元的划分已在第4章中论述（图4.19），即对于纯井灌域，按照县域行政边界将其划分为10个分干尺度，对于井渠结合灌域，按照分干控制边界将其划分为20个分干尺度，这样整个研究区一共有30个分干尺度，广义的分干尺度分区及包含的模拟单元见图6.2。干渠尺度是将各条干渠控制范围内的各个分干进行聚合得到，这些分干既包含渠道分干尺度，又包含有纯井分干尺度。本研究的广义干渠尺度分区及所包含的模拟单元见图6.3。

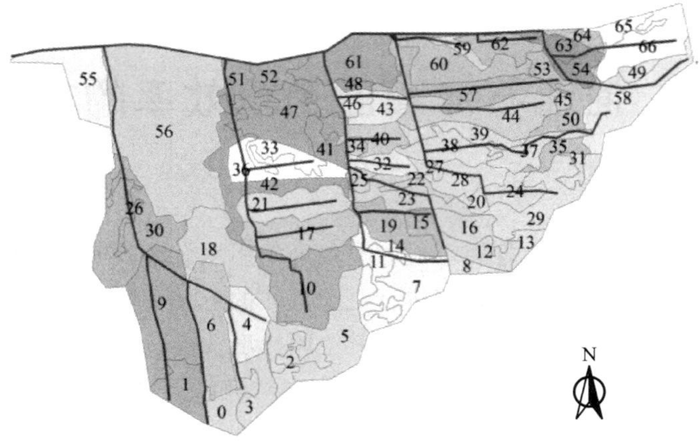

图 6.2　广义分干尺度分区

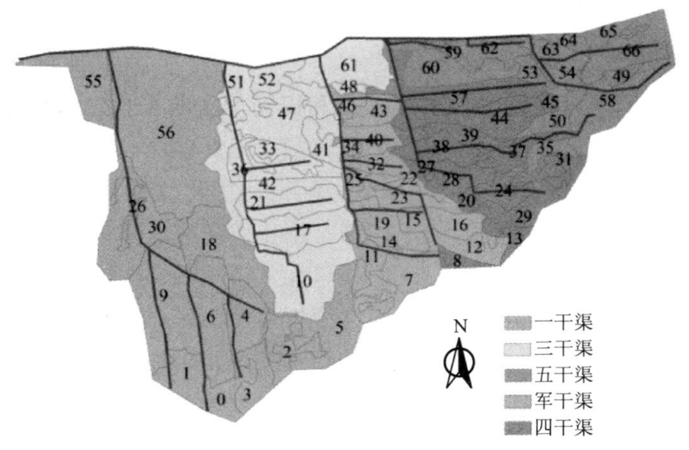


图 6.3　广义干渠尺度分区

## 6.2　无限时间尺度下用水效率及其空间尺度效应

某个空间尺度的水分出流量最终成为回归水需要一定的时间过程。在大埋深条件下，渗漏水量最终回归进入地下水需要较长时间，但在无限时间条件下，这些渗漏水量最终将会全部进入地下水，即出流量将全部成为回归水。本节主要论述无限时间尺度下的空间尺度问题。

### 6.2.1　不同空间尺度用水效率评估

#### 6.2.1.1　根区尺度

（1）净入流量水分生产率

图 6.4 给出了整个研究区净入流量水分生产率指标的空间分布。从图上可以看出，不同区域有较大差异，该指标的波动范围为 1.09～2.11kg/m³。一般来说，有渠水灌溉的区

域，净入流量水分生产率普遍较小，而井水灌溉的区域，则指标较大，这是因为渠道灌溉强度较井水灌溉强度大，产生了较多的根系层渗漏出流，这些渗漏对于根区尺度来说已流出边界外，属于该尺度的水分损失。

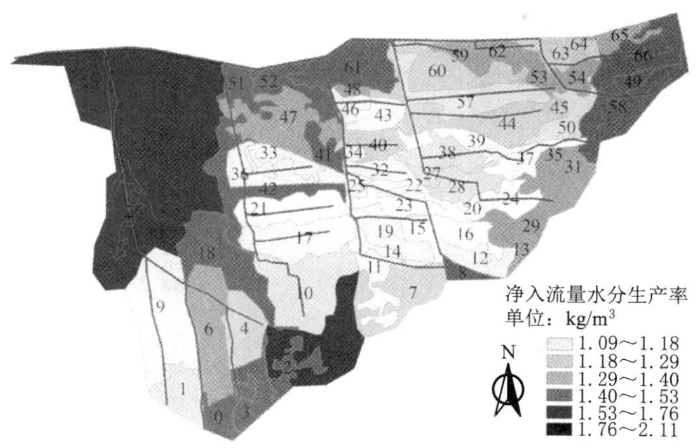


图 6.4 无限时间尺度根区尺度净入流量水分生产率分布

每一个模拟单元都可以通过计算得到根区尺度净入流量水分生产率，而每条分干、干渠和整个研究区都包含不同数量的模拟单元，因此可以统计不同水平范围（分干范围、干渠范围和整个研究区范围）内根区尺度的净入流量水分生产率的平均值。在进行某个范围平均值计算时，并非将该范围内所有根区尺度净入流量水分生产率进行简单的算术平均，而是将对应的水平衡要素进行线性聚合累加后再根据净入流量水分生产率计算公式（表 3.3）进行指标计算。如某条分干内含有 $n$ 个模拟单元，则采用如下公式计算该分干范围内的根区尺度净入流量水分生产率平均值。

$$\overline{WP_i}=\frac{\sum_{i=1}^{n}Y_i}{\sum_{i=1}^{n}Pe_i+\sum_{i=1}^{n}I_{cw,i}+\sum_{i=1}^{n}I_{up,i}+\sum_{i=1}^{n}I_{cp,i}+\sum_{i=1}^{n}Ca_i-\sum_{i=1}^{n}\Delta Sr_i} \tag{6.1}$$

式中：$\overline{WP_i}$ 为该分干范围内根区尺度净入流量的平均值；$Y_i$、$Pe_i$、$I_{cw,i}$、$I_{up,i}$、$I_{cp,i}$、$Ca_i$、$\Delta Sr_i$分别为第 $i$ 个模拟单元的冬小麦产量、降雨量、渠道灌溉水量、潜水灌溉量、承压水灌溉量和作物根系层土壤储水改变量。该式计算的平均值本质上是大范围内各个小尺度用水效率进行简单线性聚合的结果。

不同分干范围内该指标平均值的波动范围为 1.09～2.07kg/m³，军干渠和四干渠范围内根区尺度净入流量水分生产率平均值相对较小，一干渠和五干渠较大，三干渠居中，整个研究区根区尺度净入流量水分生产率的平均值为 1.38kg/m³。

（2）灌溉降雨水分生产率

根区尺度灌溉降雨水分生产率指标的空间分布与根区尺度净入流量水分生产率分布规律类似，见图 6.5。该指标的波动范围为 1.03～2.49kg/m³。纯井灌域该指标值明显大于井渠结合灌域。

不同分干范围内该指标平均值的波动范围为 1.08～2.49kg/m³，整个研究区平均的根

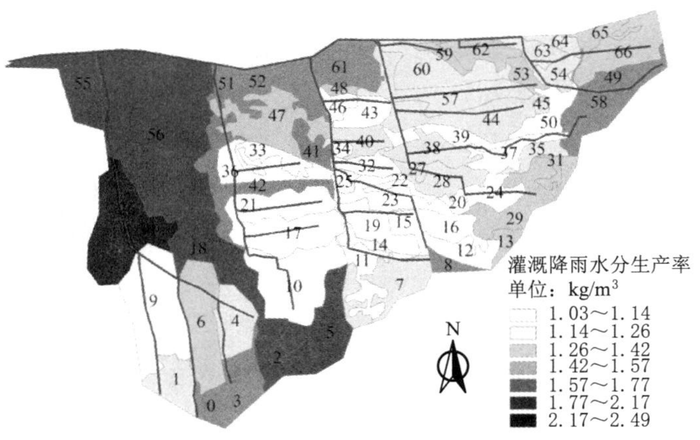


图 6.5　无限时间尺度根区尺度灌溉降雨水分生产率分布

区尺度灌溉降雨水分生产率为 1.42kg/m$^3$，其中一干渠平均为 1.69kg/m$^3$，三干渠为 1.35kg/m$^3$，军干渠为 1.18kg/m$^3$，四干渠为 1.28kg/m$^3$，五干渠为 1.47kg/m$^3$。

（3）灌溉水分生产率

根区尺度灌溉水分生产率指标的空间分布见图 6.6，其波动范围为 1.30～4.25kg/m$^3$。纯井灌域该指标值明显大于井渠结合灌域。

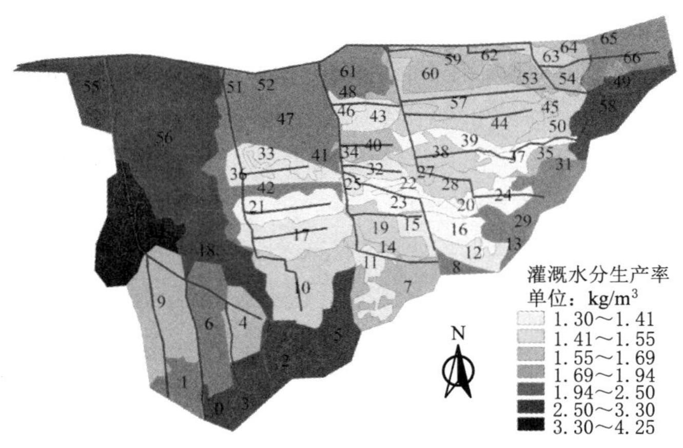


图 6.6　无限时间尺度根区尺度灌溉水分生产率分布

不同分干范围内该指标平均值的波动范围为 1.41～4.25kg/m$^3$，整个研究区平均的根区尺度灌溉水分生产率为 1.94kg/m$^3$，其中一干渠平均为 2.53kg/m$^3$，三干渠为 1.85kg/m$^3$，军干渠为 1.53kg/m$^3$，四干渠为 1.63kg/m$^3$，五干渠为 1.96kg/m$^3$。

（4）净灌溉降雨水分生产率

对于无限时间尺度，根区尺度的净灌溉降雨量要在灌溉降雨量的基础上扣除掉作物根系层的深层渗漏量，因为这部分水量在无限时间尺度上来说是可以最终回归到地下水库的。因此净灌溉降雨水分生产率必然要大于或等于灌溉降雨水分生产率。图 6.7 展示了研究区净灌溉降雨水分生产率的空间分布情况，从图上看出，净灌溉降雨水分生产率的波动范围为 1.49～2.49kg/m$^3$。

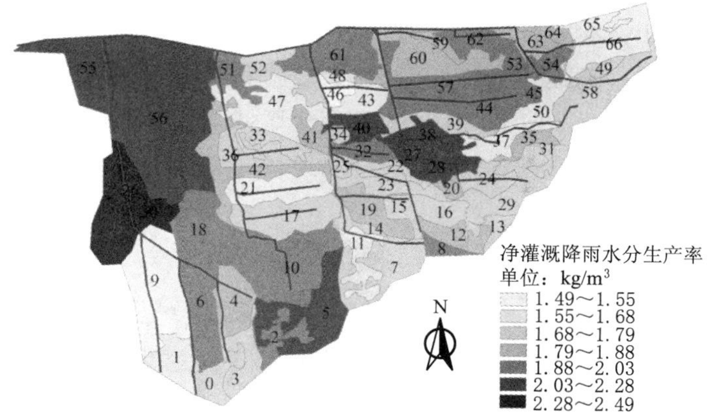


图 6.7 无限时间尺度根区尺度净灌溉降雨水分生产率分布

不同分干范围内该指标平均值的波动范围为 1.54～2.49kg/m³，整个研究区平均的根区尺度净灌溉降雨水分生产率为 1.84kg/m³，其中一干渠平均为 1.87kg/m³，三干渠为 1.79kg/m³，军干渠为 1.79kg/m³，四干渠为 1.93kg/m³，五干渠为 1.79kg/m³。可见扣除掉回归水后（根区尺度为根系层深层渗漏量），井渠结合灌域该指标值并不一定比纯井灌域的小，它主要取决于作物产量的空间变异。

（5）净灌溉水分生产率

净灌溉水量是将灌溉水量扣除掉回归水量，在无限时间尺度下，根区尺度回归水量为冬小麦根系层深层渗漏量，因此净灌溉水分生产率必然大于或等于灌溉水分生产率。图 6.8 给出了研究区净灌溉水分生产率的空间分布图，可以看出与净灌溉降雨水分生产率分布基本一致，该指标在研究区的波动范围为 2.32～4.25kg/m³。

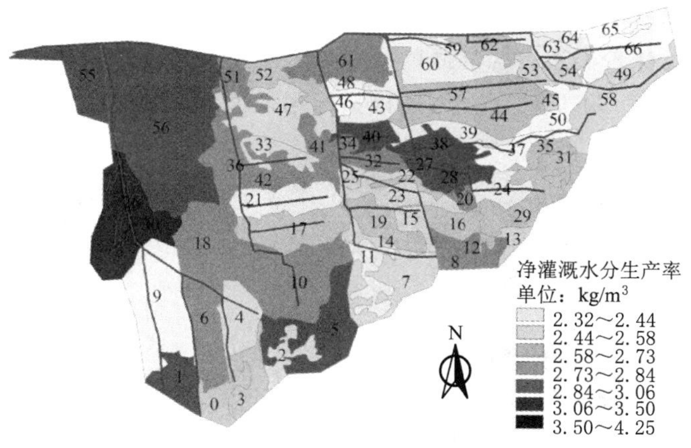


图 6.8 无限时间尺度根区尺度净灌溉水分生产率分布

不同分干范围内该指标平均值的波动范围为 2.42～4.25kg/m³，整个研究区平均的根区尺度净灌溉水分生产率为 2.82kg/m³，其中一干渠平均为 2.96kg/m³，三干渠为 2.81kg/m³，军干渠为 2.73kg/m³，四干渠为 2.83kg/m³，五干渠为 2.59kg/m³。可见扣除掉回归水后，井渠结合灌域该指标值并不一定比纯井灌域的小，它也是主要取决于作物

产量的空间变异。

（6）腾发量水分生产率

图 6.9 给出了研究区无限时间尺度下根区尺度腾发量水分生产率的空间分布，从图上看出，该指标波动范围为 1.39～2.11kg/m³。由于区域腾发量变异相对要小于作物产量的空间变异，因此该指标的区域差异主要是由作物产量的空间差异导致的。

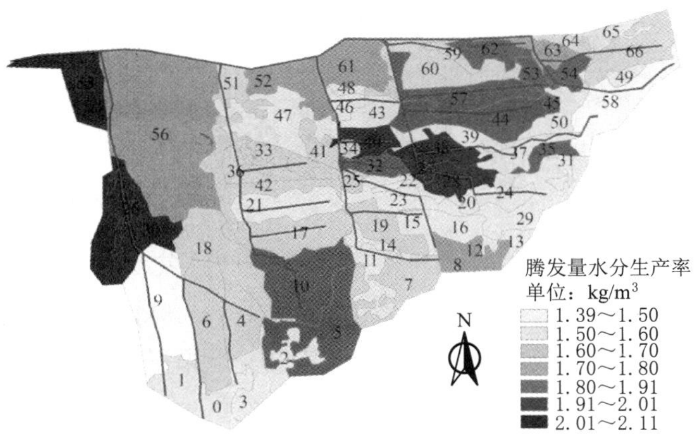


图 6.9　无限时间尺度根区尺度腾发量水分生产率分布

不同分干范围内该指标平均值的波动范围为 1.45～2.07kg/m³，整个研究区平均的根区尺度腾发量水分生产率为 1.77kg/m³，其中一干渠平均为 1.73kg/m³，三干渠为 1.78kg/m³，军干渠为 1.74kg/m³，四干渠为 1.85kg/m³，五干渠为 1.77kg/m³。

（7）腾发量占净入流量比例

腾发量占净入流量的比例反映了消耗水量所占的百分比。图 6.10 给出了研究区的空间分布。从图上可以看出，该指标的波动范围为 0.59～1.00。井渠结合灌域的该指标普遍要小于纯井灌域，意味着渠道参与灌溉的区域，耗水量在净入流量中所占的比例要小于没有渠道参与灌溉的区域。不同分干范围内该指标平均值的波动范围为 0.60～1.00，整个研

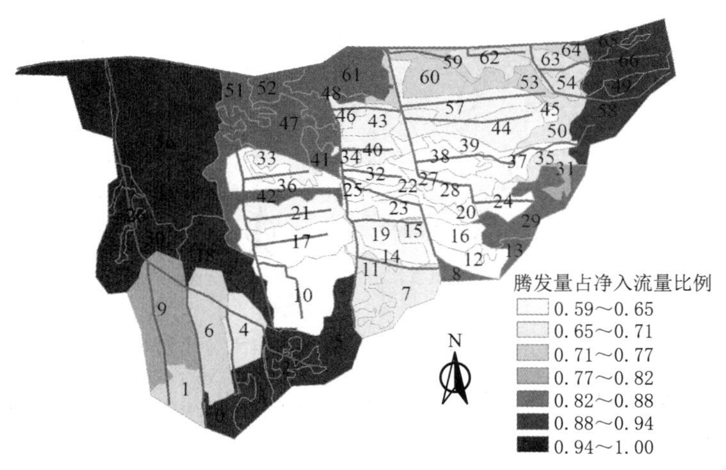


图 6.10　无限时间尺度根区尺度腾发量占净入流量比例分布

究区根区尺度平均的腾发量占净入流量比例为0.78，其中一干渠平均为0.91，三干渠为0.75，军干渠和四干渠为0.67，五干渠为0.82。

(8) 腾发量占灌溉降雨量比例

腾发量占灌溉降雨量比例的空间分布见图6.11。该指标在整个研究区的波动范围为0.61～1.22，其中指标大于1的区域表示仅靠灌溉和降雨量无法提供作物的正常生长需要，必须依靠作物根系层土壤水库提供部分水量，而且从对灌溉降雨资源一次利用的角度来看，该指标越大，说明冬小麦对灌溉降雨水资源的利用程度越高。从图上可以看出，井渠结合灌域该指标值要小于纯井灌域。

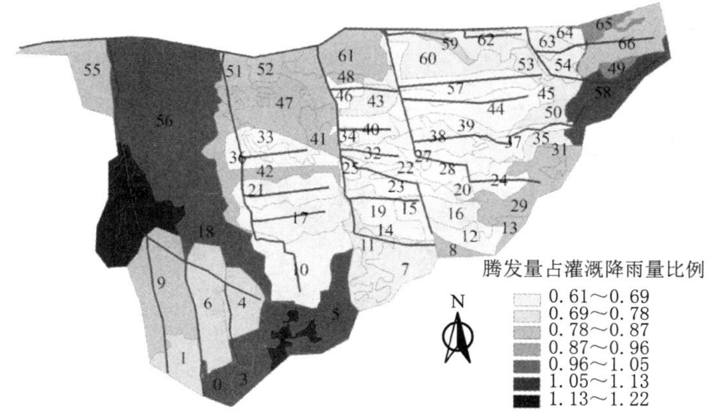


图6.11 无限时间尺度根区尺度腾发量占灌溉降雨量比例分布

不同分干范围内该指标平均值的波动范围为0.61～1.22，整个研究区根区尺度平均的腾发量占灌溉降雨量的比例为0.80，其中一干渠平均为0.98，三干渠为0.76，军干渠为0.68，四干渠为0.69，五干渠为0.83。

(9) 腾发量占净灌溉降雨量比例

图6.12给出了腾发量占净灌溉降雨量比例，扣除掉回归水量后，腾发量占净灌溉降雨量的比重很大，说明从无限时间尺度来看，研究区冬小麦对灌溉降雨资源的利用效率已经非常高了。

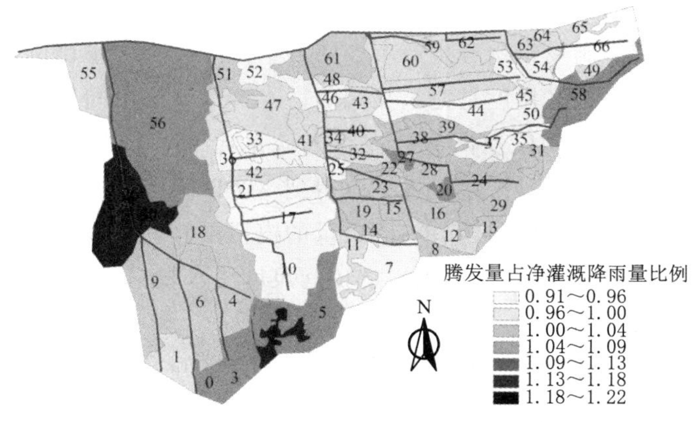


图6.12 无限时间尺度根区尺度腾发量占净灌溉降雨量比例分布

不同分干范围内该指标平均值的波动范围为0.99～1.21，整个研究区根区尺度平均的腾发量占净灌溉降雨量的比例为1.04，其中一干渠平均为1.08，三干渠为1.01，军干渠为1.03，四干渠为1.04，五干渠为1.01。

（10）出流量占净入流量比例

出流量占净入流量比例表示流出边界之外水量所占比重大小，出流量占净入流量比例越大意味着在一定的时空尺度下无法被重新利用的水量比例越大。图6.13展现了该指标的空间分布，其波动范围为0.00～0.41。井渠结合灌域根区尺度的出流量占净入流量比例明显大于纯井灌域，这是因为渠道参与灌溉的区域灌溉强度较大，导致作物根系层深层渗漏量较大。

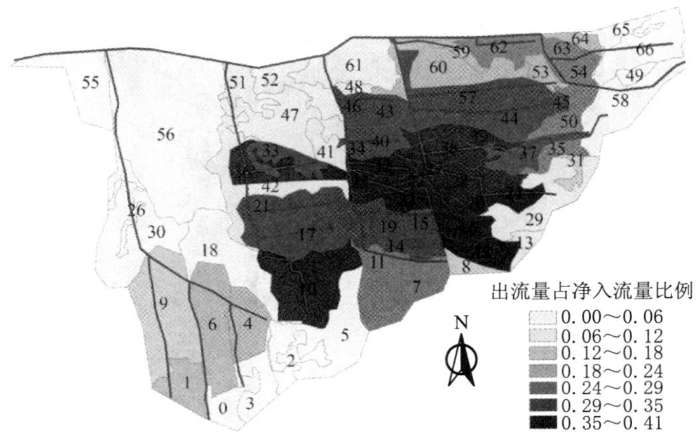


图6.13　无限时间尺度根区尺度出流量占净入流量比例分布

不同分干范围内该指标平均值的波动范围为0.00～0.41，整个研究区根区尺度平均的出流量占净入流量比例为0.22，其中一干渠平均为0.09，三干渠为0.25，军干渠为0.33，四干渠为0.33，五干渠为0.18。

#### 6.2.1.2　田间尺度

与根区尺度相比，田间尺度的灌溉水量、灌溉降雨量、净灌溉水量、净灌溉降雨量、腾发量均未发生变化，因此灌溉降雨水分生产率、净灌溉降雨水分生产率、灌溉水分生产率、净灌溉水分生产率、腾发量水分生产率、腾发量占灌溉降雨量比例、腾发量占净灌溉降雨量比例共7个指标与根区尺度是完全相同的。本节只分析田间尺度的净入流量水分生产率、腾发量占净入流量比例以及出流量占净入流量比例3个发生了改变的用水效率指标。与根区尺度一样，每一个模拟单元也可以得到一个田间尺度的用水效率值，由于各个分干、干渠和整个研究区范围内包含有不同数量的模拟单元，所以可以统计不同水平范围（分干范围、干渠范围和整个研究区范围）的田间尺度用水效率平均值。

（1）净入流量水分生产率

图6.14给出了田间尺度净入流量水分生产率的空间分布，其波动范围为0.56～2.11kg/m$^3$，模拟单元61附近（军干渠首附近）的净入流量水分生产率明显较小，这是因为该区域位于漏斗附近，地下水通过水平流动向漏斗区汇集，导致出流量相对较大，在

消耗水量相近的情况下使得净入流量很大，从而造成净入流量水分生产率较小。

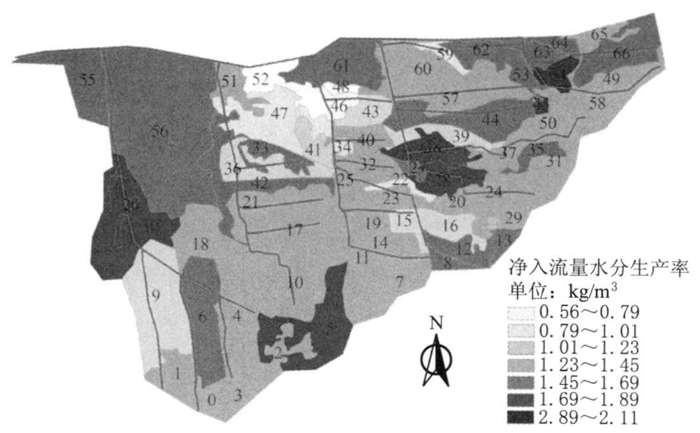


图 6.14 无限时间尺度田间尺度净入流量水分生产率分布

不同分干范围内该指标平均值的波动范围为 1.15～2.11kg/m$^3$，整个研究区田间尺度平均的净入流量水分生产率为 1.53kg/m$^3$，其中一干渠平均为 1.56kg/m$^3$，三干渠为 1.32kg/m$^3$，军干渠为 1.48kg/m$^3$，四干渠为 1.70kg/m$^3$，五干渠为 1.64kg/m$^3$。

（2）腾发量占净入流量比例

田间尺度腾发量占净入流量比例的空间分布见图 6.15，其波动范围为 0.31～1.00，在三干渠北部区域该指标较小，原因在于该区域靠近研究区最大的潜水漏斗，从而导致大量的地下水水平出流，使得净入流量相对较大。

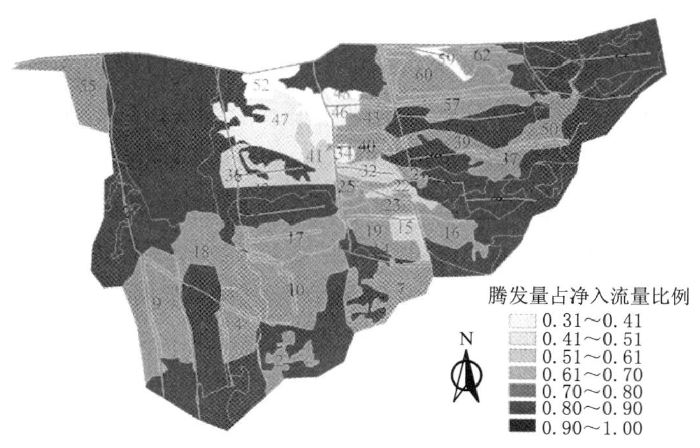


图 6.15 无限时间尺度田间尺度腾发量占净入流量比例分布

不同分干范围内该指标平均值的波动范围为 0.58～1.00，整个研究区田间尺度平均的腾发量占净入流量比例为 0.87，其中一干渠平均为 0.90，三干渠为 0.74，军干渠为 0.85，四干渠为 0.92，五干渠为 0.93。

（3）出流量占净入流量比例

按照简化的水平衡框架，净入流量为腾发量与出流量之和，所以出流量占净入流量比例的分布特征正好与腾发量占净入流量比例的分布特征相反。图 6.16 给出了该指标的空间分布，其波动范围为 0.00～0.69。在三干渠北部靠近潜水漏斗的区域地下水出流量很大，导致该指标相对较大。

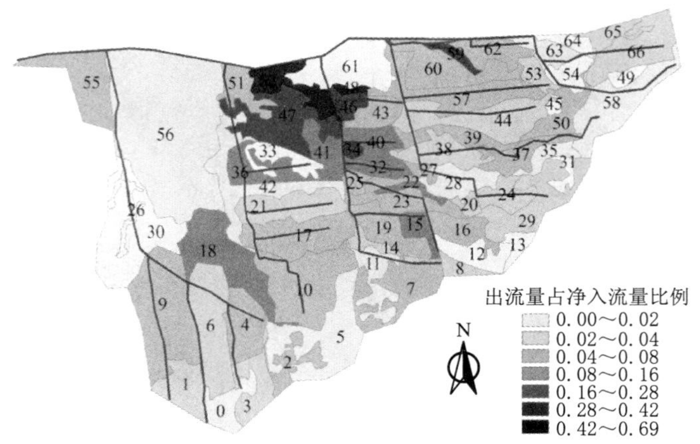


图 6.16　无限时间尺度田间尺度出流量占净入流量比例分布

不同分干范围内该指标平均值的波动范围为 0.00～0.42，整个研究区田间尺度平均的出流量占净入流量比例为 0.13，其中一干渠平均为 0.10，三干渠为 0.26，军干渠为 0.15，四干渠为 0.08，五干渠为 0.07。

#### 6.2.1.3　分干尺度

研究区共有分干尺度 30 个，其中井渠结合灌域 20 个、纯井灌域 10 个，由于各个干渠和整个研究区包含有不同数量的分干尺度，所以在每一个分干尺度计算得到一个用水效率值的基础上，可以在干渠范围和整个研究区范围分别统计各自范围内分干尺度用水效率的平均值。随着空间尺度的增大，灌溉量虽然会增大，但是增大的灌溉水量主要来源于渠灌水量的增加，而这部分渠灌增加水量主要是由渠系的渗漏损失增加造成的，但是在无限时间尺度下，渠系的渗漏损失全部属于回归水量，因此扣除了回归水量的净灌溉水量和净灌溉降雨量都不会随空间尺度的增大而增大，故而分干尺度的净灌溉降雨水分生产率、净灌溉水分生产率和腾发量占净灌溉降雨量的比例这三个指标值与各条分干范围统计的田间尺度结果一样，所以本节将不再给出这 3 个用水效率指标。表 6.1 为这些指标在研究区的评估情况，可以看出，渠灌强度较大的军干渠和四干渠范围内，灌溉降雨水分生产率、灌溉降雨水分生产率和腾发量占灌溉降雨比例都相对较小。

**表 6.1　无限时间尺度下分干尺度用水效率评估结果**

| 用水效率指标 | 波动范围 | 灌区平均 | 一干渠平均值 | 三干渠平均值 | 军干渠平均值 | 四干渠平均值 | 五干渠平均值 |
|---|---|---|---|---|---|---|---|
| 净入流量水分生产率/(kg/m$^3$) | 1.26～2.13 | 1.59 | 1.52 | 1.58 | 1.57 | 1.74 | 1.65 |
| 灌溉降雨水分生产率/(kg/m$^3$) | 0.85～2.49 | 1.29 | 1.65 | 1.24 | 0.98 | 1.11 | 1.37 |
| 灌溉水分生产率/(kg/m$^3$) | 1.01～4.25 | 1.70 | 2.43 | 1.65 | 1.21 | 1.36 | 1.80 |

续表

| 用水效率指标 | 波动范围 | 灌区平均 | 一干渠平均值 | 三干渠平均值 | 军干渠平均值 | 四干渠平均值 | 五干渠平均值 |
|---|---|---|---|---|---|---|---|
| 腾发量水分生产率/(kg/m³) | 1.45～2.07 | 1.77 | 1.73 | 1.78 | 1.74 | 1.85 | 1.77 |
| 腾发量占净入流量比例/% | 58～100 | 90 | 88 | 89 | 90 | 94 | 93 |
| 腾发量占灌溉降雨量比例/% | 47～121 | 73 | 95 | 70 | 56 | 60 | 77 |
| 出流量占净入流量比例/% | 0～42 | 10 | 12 | 11 | 10 | 6 | 7 |

#### 6.2.1.4 干渠尺度

(1) 净入流量水分生产率和腾发量水分生产率

各个干渠尺度净入流量水分生产率见图 6.17，四干渠最大，原因在于其出流量较少，从而在腾发量区域变异相对较小的情况下使得净入流量较小，加之四干渠作物产量相对较高。整个研究区平均的干渠尺度净入流量水分生产率为 1.68kg/m³。各条干渠的腾发量水分生产率的区域差异主要由作物产量的区域差异所决定，四干渠作物单产相对较大，所以其腾发量水分生产率最大。整个研究区范围干渠尺度腾发量水分生产率平均值为 1.77kg/m³。

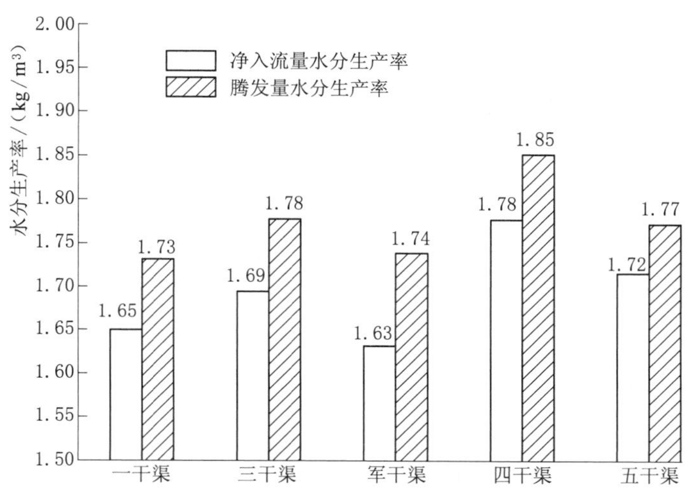


图 6.17 干渠尺度净入流量水分生产率和腾发量水分生产率

(2) 灌溉降雨水分生产率和净灌溉降雨水分生产率

各个干渠尺度的灌溉降雨水分生产率见图 6.18。从图上可以看出，在渠灌水量占灌溉总量比例较大的军干渠和四干渠，其灌溉降雨水分生产率明显小于其他三条干渠，这是由于渠道灌溉强度较大所致。整个研究区统计范围内的干渠尺度灌溉降雨水分生产率的平均值为 1.23kg/m³。干渠尺度净灌溉降雨水分生产率见图 6.18，四干渠最大，原因主要是作物产量相对较大所致。整个研究区范围的干渠尺度净灌溉降雨水分生产率平均值为

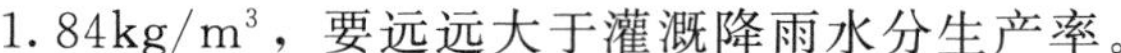

1.84kg/m³，要远远大于灌溉降雨水分生产率。

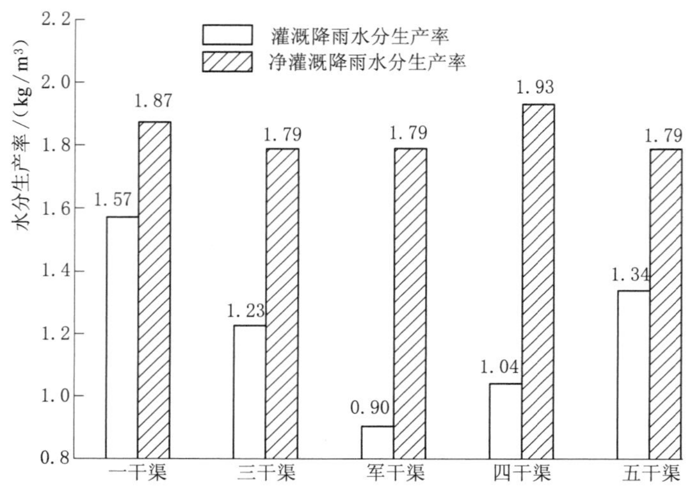

图 6.18　干渠尺度灌溉降雨水分生产率和净灌溉降雨水分生产率

(3) 灌溉水分生产率和净灌溉水分生产率

各个干渠尺度灌溉水分生产率见图 6.19，从图上可以看出，渠道灌溉比例相对较大的军干渠和四干渠的灌溉水分生产率明显小于其他三条干渠，这是由于渠道灌溉强度较大所致，井水灌溉比例很大的一干渠尺度灌溉水分生产率较大，是由井水灌溉强度较小造成的。整个研究区统计范围内的干渠尺度灌溉降雨水分生产率的平均值为 1.60kg/m³，干渠尺度净灌溉水分生产率见图 6.19。一干渠最大，五干渠最小，整个研究区范围的干渠尺度净灌溉降雨水分生产率平均值为 2.82kg/m³，要远远大于灌溉降雨水分生产率。

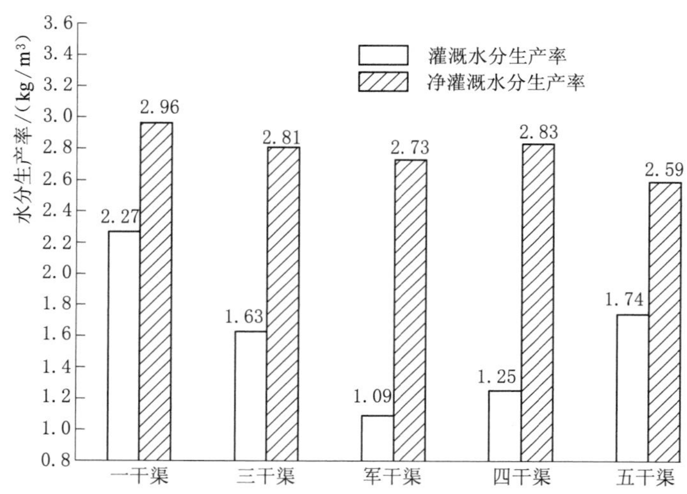

图 6.19　干渠尺度灌溉水分生产率和净灌溉水分生产率

(4) 腾发量占净入流量比例和出流量占净入流量比例

干渠尺度腾发量占净入流量比例见图 6.20。可以看出，净入流量几乎全部被用于腾发量消耗，说明该区域在干渠尺度对净入流水资源的利用效率已经非常高。在整个研究区范

围内，干渠尺度该指标的平均值为95%。干渠尺度出流量占净入流量比例在3%～7%（图6.20），其中军干渠最大，原因是军干渠北部潜水漏斗导致军干渠存在可观的地下水出流，该漏斗被划分进三干渠尺度，因此三干渠尺度的出流并不大。整个研究区该指标的平均值为4.63%，说明在干渠尺度，流出边界外的水量占净入流量的比例已经很小，只有不到5%的水资源在无限时间尺度下无法被干渠尺度内所利用。

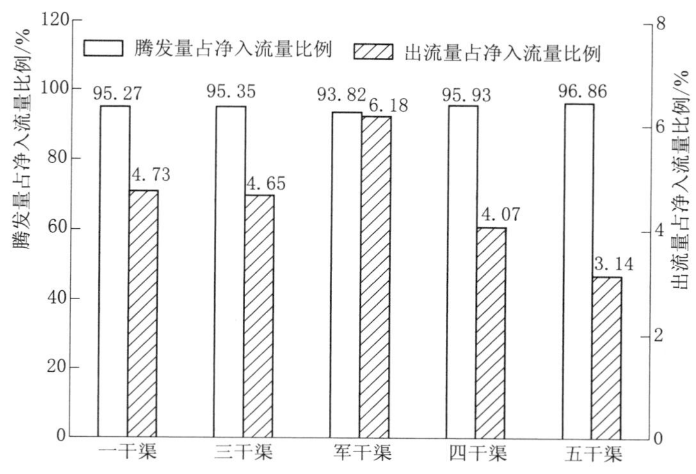


图6.20　干渠尺度腾发量占净入流量比例和出流量占净入流量比例

（5）腾发量占灌溉降雨量比例和腾发量占净灌溉降雨量比例

干渠尺度腾发量占灌溉降雨量比例见图6.21。军干渠和四干渠由于渠道灌溉面积的比例较高，导致该指标明显要小于其他三条干渠尺度。在整个研究区范围，干渠尺度该指标的平均值为70%。将灌溉降雨量扣除掉渠系渗漏损失以及作物根系层深层渗漏损失这两部分回归水量后，腾发量占净灌溉降雨量比例指标在腾发量占灌溉降雨量比例的基础上有了显著提高，五条干渠尺度该指标皆大于1（图6.21），说明在无限时间尺度上考虑回归水

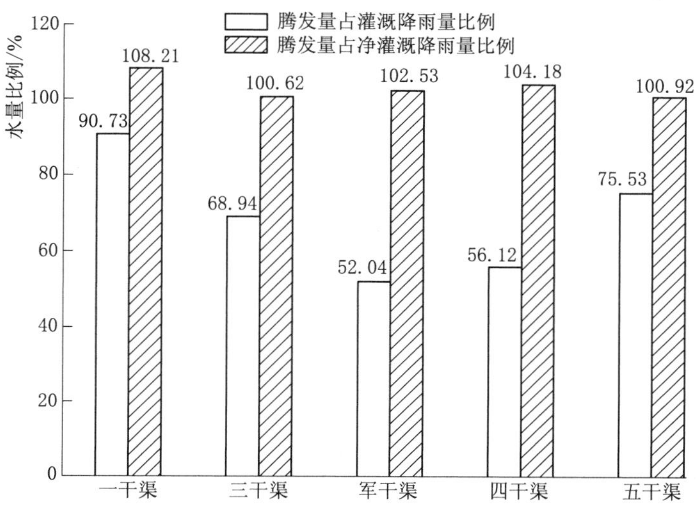


图6.21　干渠尺度腾发量占净灌溉降雨量比例

的再利用后，研究区对灌溉降雨资源的利用水平已经相当高，同时结合腾发量占灌溉降雨量比例，看出军干渠和四干渠对灌溉降雨的一次利用程度较低，若仅仅关注一次利用程度，这两条干渠尺度对灌溉降雨量资源的利用水平还有待提高，若关注无限时间尺度，结论则有所差异。所以关注时间尺度的不同，对用水效率的评估有着显著的差异。在整个研究区范围内，干渠尺度上腾发量占净灌溉降雨量比例平均值为104%。

#### 6.2.1.5　灌区尺度

灌区尺度各个用水效率指标计算结果见图 6.22。

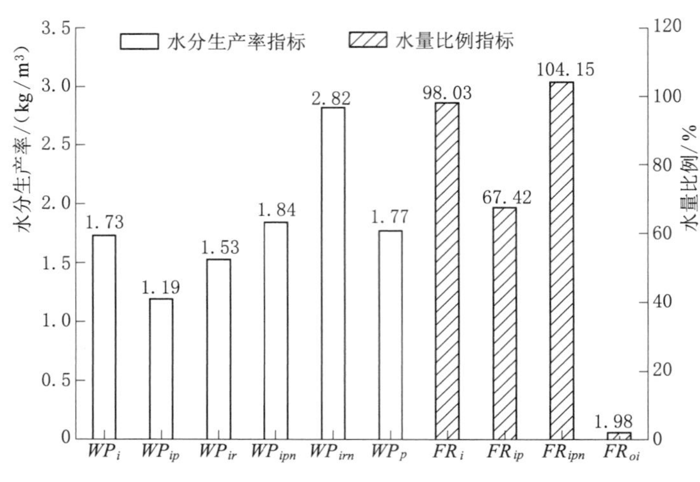


图 6.22　灌区尺度用水效率指标

从图 6.22 可以看出，灌区尺度各种水分生产率指标还是比较高的，尤其是净灌溉水分生产率甚至高达 2.82kg/cm$^3$，这是因为在灌溉量中扣除了渠系渗漏损失和根系层深层渗漏损失（在水资源一次利用过程中被视作损失）这两项回归水量。灌溉水分生产率达 1.19kg/m$^3$，这是因为整个研究区有大量的井水灌溉参与，导致灌溉水分生产率较大。

灌区尺度腾发量占净入流量比例几乎接近 1，出流量很少，说明在无限时间尺度上，灌区尺度对水资源的利用程度很高，从多年平均的时间尺度来看，灌区的节水潜力很小，灌区流向边界之外，从而可供更大尺度回归利用的水资源量很少。

### 6.2.2　用水效率的空间尺度效应

理论上求得各尺度的农业用水效率点绘成图即可展现其尺度效应，但从不同尺度用水效率评估结果看，即使是同一尺度，其值由于灌溉、降雨、土壤等在空间上也存在较大的变异性，所以选择不同大小统计范围的平均值（本质上代表该统计范围内所有小尺度的线性聚合）作为该尺度的代表，可能会得到不同的尺度效应现象。图 6.23 列出了分别使用研究区范围、干渠范围和分干范围的统计平均值得到的各尺度净入流量水分生产率 $WP_i$ 的尺度效应。

由图 6.23 可知，整体而言，不同统计范围内的平均值所表现的空间尺度效应比较类似，但是统计范围越小，各指标及其空间尺度效应的空间变异性越强，随着统计范围的扩大，空间变异效应被逐渐平均，也表现出了显著的规律性。因此，农业用水效率的实际尺

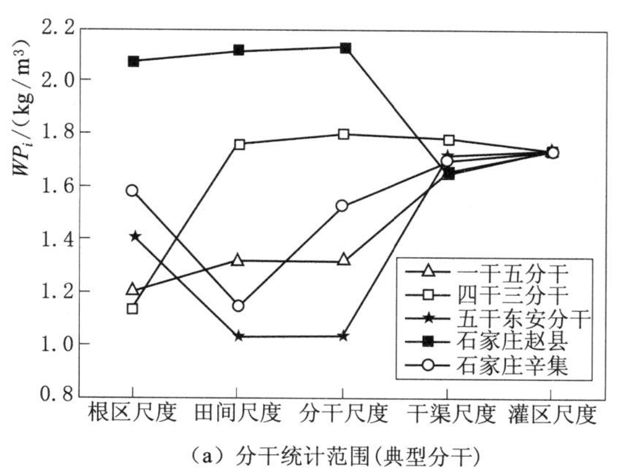

(a) 分干统计范围(典型分干)

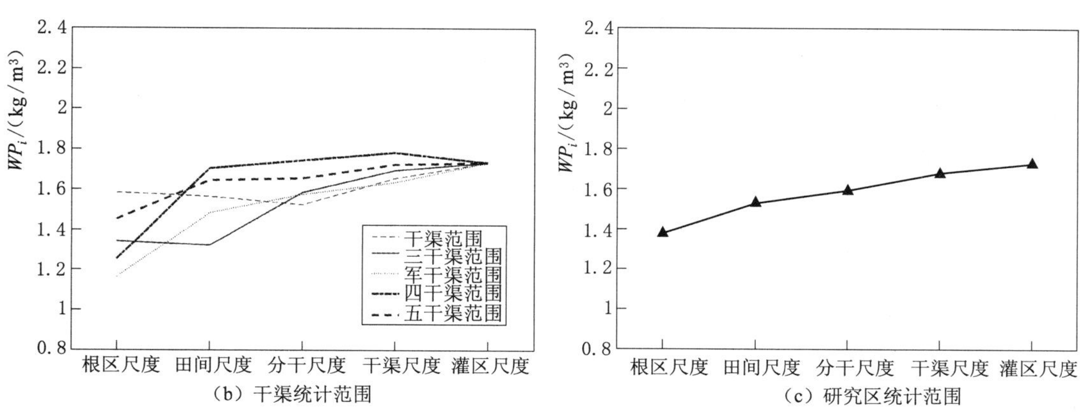

(b) 干渠统计范围

(c) 研究区统计范围

图 6.23 不同统计范围净入流量水分生产率空间尺度效应

度效应是空间变异性和纯尺度效应（即由于水分循环特征的尺度差异导致）的叠加，当空间变异剧烈时，很可能掩盖了用水效率的纯尺度效应，反之则表现比较明显的尺度效应，因此为了研究尺度效应，应该通过一定的技术手段将空间变异性的影响予以消除，也说明了每一个空间尺度不能简单地采用某几个小范围内统计的平均值来代表该尺度的用水效率值，更不能只采用某一个典型区来代表该尺度的用水效率值，而应该采用大范围大数量的典型区平均值来代表该尺度的情况，否则极有可能得到被空间变异掩盖了的片面的尺度效应结论。

本研究采用扩大范围来推求平均值的方法取到了较好的效果，在分析尺度效应时，采用最大的空间范围（研究区范围）的平均值来代表各个尺度的用水效率值，从而展现用水效率尺度效应，其本质上是将研究区范围内的根区尺度、田间尺度、分干尺度和干渠尺度进行线性聚合后再参与尺度变化规律的分析。每个空间尺度的研究区范围的统计平均值在各空间尺度用水效率评估中已做了计算，本节将这些用水效率值点绘连线展示其尺度效应并分析变化的机理性原因。需要说明的是，采用研究区范围进行各种尺度用水效率的统计后，空间变异性得以消除，大尺度的作物产量、冬小麦腾发量、降雨量为小尺度相应值的线性聚合，各种用水效率指标的差异不会由这三个变量引起。

（1）净入流量水分生产率

以研究区为统计范围得到的净入流量水分生产率的空间尺度变化规律见图 6.23(c)。

从图上可以看出，随着尺度的提升该指标的近似线性增加，且随着尺度的增大，增加幅度略有减小。

根据水平衡，净入流量为出流量与腾发量之和，采用研究区为统计范围后，不同尺度的腾发量和作物产量是相等的，所以各个空间尺度净入流量水分生产率的差异由出流量大小决定，尺度出流量越大，意味着净入流量越大。随着空间尺度的增大，较小尺度上渗漏损失掉的出流在大尺度被重复利用了或者储存在大尺度范围内，在无限时间尺度上被大尺度上重复利用（如储存在根系层以下非饱和带的土壤水量），大尺度上的出流要小于较小尺度出流量的简单线性聚合。如根区尺度出流量为根系层深层渗漏量，整个研究区根区尺度出流量的简单线性聚合水量为$14.22\times10^{7}m^{3}$，而灌区尺度出流量为流出研究区边界的地下水出流，其大小为$10.14\times10^{6}m^{3}$，灌区尺度出流量仅为根区尺度出流线性聚合水量的7%左右，即根区尺度流出的水资源量有93%在灌区尺度内被重新利用或者储存在根区尺度以外灌区尺度以内的区域，从而使得灌区尺度的净入流量水分生产率较根区尺度大得多，两个尺度净入流量水分生产率的差异恰恰由于重复利用水量所致。

（2）灌溉降雨水分生产率

从根区尺度到田间尺度，水平边界并未扩充，只是在垂向上将作物根系层扩大至整个饱和、非饱和带，因此作物和田间尺度的灌溉降雨量是相等的，皆是田间净灌溉水量与麦地上的有效降雨量之和，所以灌溉降雨水分生产率在这两个尺度是相等的。从田间尺度至灌区尺度，灌溉降雨水分生产率是逐渐减小的，原因在于每一次尺度的提升，都会使渠系损失增加，大尺度损失途径的增多使得其灌溉水量比所含的小尺度灌溉水量的线性聚合要大，从而使得灌溉降雨水分生产率逐渐减小。

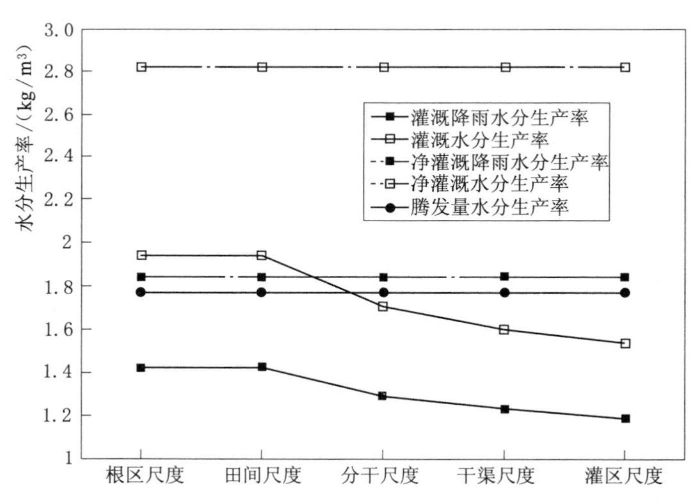


图6.24　无限时间尺度水分生产率指标空间尺度效应

（3）灌溉水分生产率

灌溉水分生产率空间尺度效应变化规律和变化原因与灌溉降雨水分生产率相同，不再赘述。

（4）净灌溉降雨水分生产率

不同尺度的净灌溉降雨水分生产率是相同的，原因在于净灌溉降雨水量是将灌溉降雨

量扣除掉回归水量得到的，当尺度提升后，虽然渠系损失的增多会导致大尺度的灌溉量比小尺度线性聚合的灌溉量要大，但是增加的渠系损失在无限时间尺度上是被视作回归水量而从灌溉水量中扣除掉的，因此大尺度的净灌溉水量等于小尺度净灌溉水量的线性聚合，加之大尺度的作物产量、降雨量也等于小尺度作物产量和降雨量的线性聚合，因此大尺度的净灌溉降雨水分生产率与小尺度的净灌溉降雨水分生产率是完全一致的。

（5）净灌溉水分生产率

净灌溉水分生产率空间尺度效应变化规律和变化原因与净灌溉降雨水分生产率相同，不再赘述。

（6）腾发量水分生产率

不同尺度的腾发量水分生产率是相同的，原因在于当采用研究区范围统计平均值时，大尺度的腾发量和作物产量都等于小尺度腾发量和作物产量的简单线性聚合，从而在本质上消除了腾发量和作物产量的空间变异性，因此不同空间尺度该指标值是一致的。

（7）腾发量占净入流量比例

以研究区为统计范围得到的腾发量占净入流量比例随着尺度的提升而近似线性增加，这与净入流量水分生产率的变化规律是相似的。由于采用整个研究区作为统计范围，大尺度的腾发量等于小尺度腾发量的线性聚合，所以腾发量占净入流量比例指标的尺度差异主要来源于不同尺度净入流量的尺度差异，这在净入流量水分生产率尺度效应中已做分析，即主要因为小尺度的出流量在大尺度上被重复利用或存储在大尺度范围内而使得大尺度的出流量要小于小尺度出流量的线性聚合。

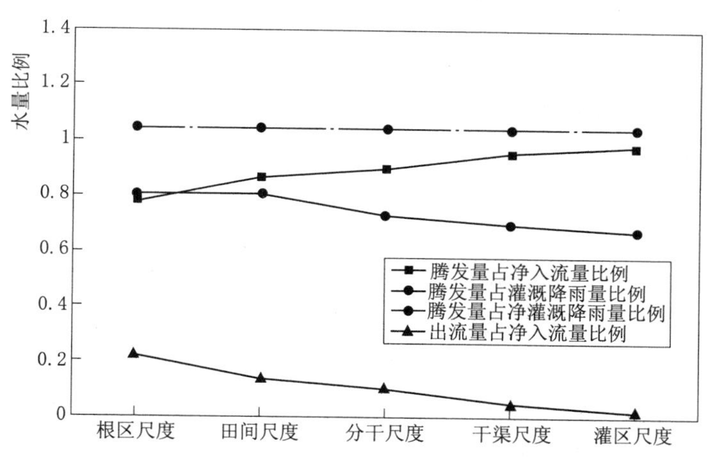


图 6.25 水量比例指标尺度效应

（8）腾发量占灌溉降雨量比例

腾发量占灌溉降雨量比例随着空间尺度的增大而减小，但根区尺度与田间尺度该指标值是相同的，其原因与灌溉降雨量水分生产率相同。

（9）腾发量占净灌溉降雨量比例

腾发量占净灌溉降雨量比例不随空间尺度提升而改变，其原因与净灌溉降雨水分生产率相同，不再赘述。

（10）出流量占净入流量比例

出流量占净入流量比例随空间尺度的增加而下降，根区尺度高达 22.06%，然后迅速减少至田间尺度的 13.41%、分干尺度的 10.03%、干渠尺度的 4.63%，最后降至灌区尺度的 1.98%。一方面这意味着在无限时间尺度视角下，随着空间尺度的提升，尺度出流量越来越小，灌区节水措施的实施效果会越来越小，灌区尺度水资源已基本被充分利用，灌区尺度的节水潜力很小；另一方面说明，尺度效应在该灌区以上的尺度并不明显，空间变异性将是导致尺度规律的主要原因。

## 6.3　作物生育期时间尺度下用水效率及其空间尺度效应

与无限时间尺度相比，生育期时间尺度主要将作物根系层以下非饱和带与渠系底部以下非饱和带的水量视作土壤水出流量而非土壤水储变量，即这两个区域属于空间尺度边界之外。

根区尺度不涉及根系层以下和渠系底部以下非饱和带，所以生育期时间尺度与无限时间尺度下的根区尺度水循环要素内涵是完全相同的，但两个时间尺度下回归水量的内涵是不同的，在生育期时间尺度下，田间尺度和根区尺度的回归水量仅指根系层深层渗漏补给地下水库的部分，田间以上尺度还包括渠系渗漏损失补给地下水的部分，而在无限时间尺度下，田间尺度和根区尺度的回归水量指根系层深层渗漏，田间以上尺度还包括渠系渗漏损失，这样导致两个时间尺度下净灌溉水量和净灌溉降雨量的内涵也不同。

### 6.3.1　不同空间尺度用水效率评估

#### 6.3.1.1　根区尺度

本小节对净灌溉降雨水分生产率、净灌溉水分生产率和腾发量占净灌溉降雨量比例三个用水效率指标评估结果进行介绍，其他用水效率指标与无限时间尺度下的根区尺度是相同的。

（1）净灌溉降雨水分生产率

对于生育期时间尺度，根区尺度的净灌溉降雨量要在灌溉降雨量的基础上扣除掉作物根系层深层渗漏量补给地下水库的部分，因为这部分水量在生育期时间尺度上来看是回归到了地下水库的。图 6.26 展示了研究区净灌溉降雨水分生产率的空间分布情况。从图上看出，净灌溉降雨水分生产率的波动范围为 1.10～2.49kg/m³。三干渠和军干渠南部该指标较小，原因是这些区域灌溉强度较大，加之地下水埋深较大，根系层深层渗漏量在生育期间回归地下水库的水量相对较小所致。研究区纯井灌域该指标值普遍较大，原因是其灌溉降雨量本身就较小，即便这些区域回归水量更少，但是综合后期净入流量仍然较小，所以该指标普遍要较大。

不同分干范围内该指标平均值的波动范围为 1.10～2.49kg/m³，整个研究区平均的根区尺度净灌溉降雨水分生产率为 1.48kg/m³，其中一干渠平均为 1.71kg/m³，三干渠为 1.38kg/m³，军干渠为 1.27kg/m³，四干渠为 1.41kg/m³，五干渠为 1.49kg/m³。

（2）净灌溉水分生产率

图 6.27 给出了根区尺度净灌溉水分生产率的空间分布，其波动范围为 1.43～4.25kg/m³，

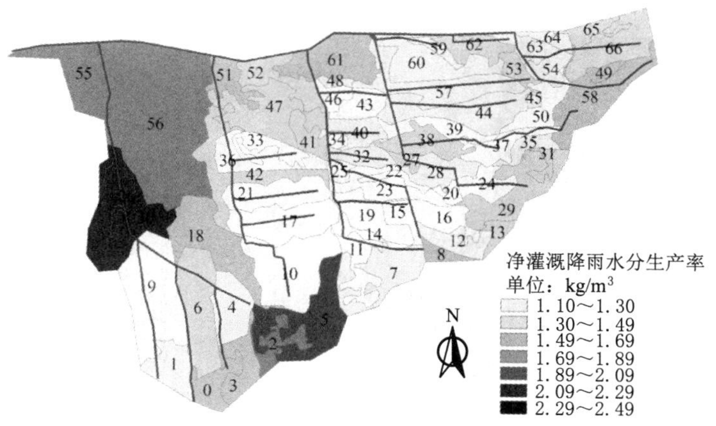


图 6.26 生育期时间尺度根区尺度净灌溉降雨水分生产率分布

井渠结合灌域普遍要小于纯井灌域。不同分干范围内该指标平均值的波动范围为 1.43～4.25kg/m³，整个研究区平均的根区尺度净灌溉降雨水分生产率为 2.05kg/m³，其中一干渠平均为 2.57kg/m³，三干渠为 1.91kg/m³，军干渠为 1.68kg/m³，四干渠为 1.83kg/m³，五干渠为 2.01kg/m³。

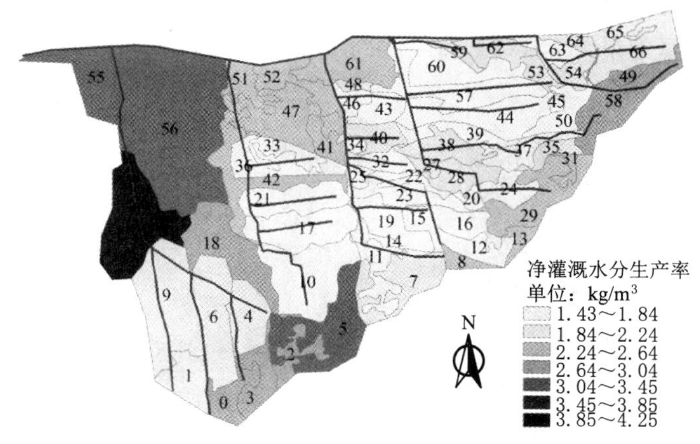


图 6.27 生育期时间尺度根区尺度净灌溉水分生产率分布

(3) 腾发量占净灌溉降雨量比例

图 6.28 给出了根区尺度腾发量占净灌溉降雨量比例的空间分布，其波动范围为 64%～122%，不同分干范围内该指标平均值的波动范围为 64%～121%。整个研究区平均的根区尺度腾发量占净灌溉降雨量比例为 84%，其中一干渠平均为 99%，三干渠为 77%，军干渠为 73%，四干渠为 76%，五干渠为 84%。

#### 6.3.1.2 田间尺度

田间尺度的灌溉降雨水分生产率、灌溉水分生产率、腾发量水分生产率、腾发量占灌溉降雨量比例与无限时间尺度下田间尺度相应的指标值相同，净灌溉降雨水分生产率、净灌溉水分生产率、腾发量占净灌溉降雨量比例与根区尺度相应指标值相同，这些指标在前

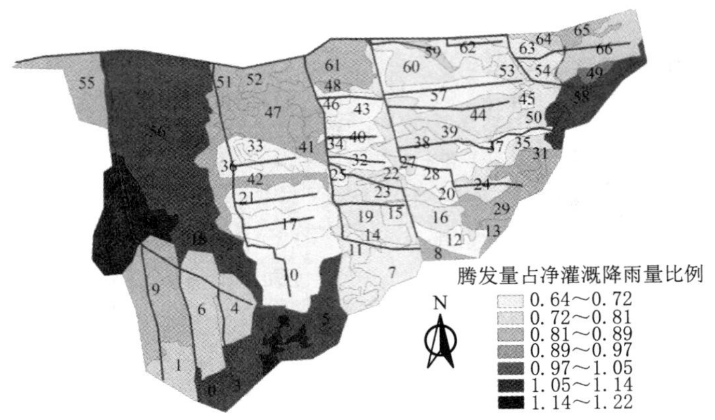


图 6.28　生育期时间尺度根区尺度腾发量占净灌溉降雨量比例分布

面已经进行论述。本小节只论述田间尺度净入流量水分生产率、腾发量占净入流量比例和出流量占净入流量比例三个指标的评估结果。

（1）净入流量水分生产率

图 6.29 给出了田间尺度净入流量水分生产率的空间分布，其波动范围为 0.55～2.11kg/m³。不同分干范围内该指标平均值的波动范围为 0.91～1.94kg/m³。整个研究区平均的田间尺度净入流量水分生产率为 1.28kg/m³，其中一干渠平均为 1.45kg/m³，三干渠为 1.08kg/m³，军干渠为 1.11kg/m³，四干渠为 1.32kg/m³，五干渠为 1.39kg/m³。

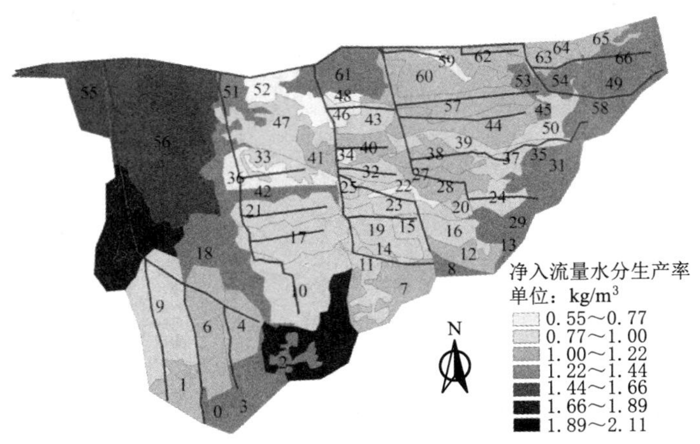


图 6.29　生育期时间尺度田间尺度净入流量水分生产率分布

（2）腾发量占净入流量比例

图 6.30 给出了田间尺度腾发量占净入流量比例的空间分布，其波动范围为 30%～100%。不同分干范围内该指标平均值的波动范围为 52%～100%。整个研究区平均的田间尺度腾发量占净入流量比例的平均值为 72%，其中一干渠平均为 84%，三干渠为 61%，军干渠为 64%，四干渠为 71%，五干渠为 79%。

（3）出流量占净入流量比例

图 6.31 给出了田间尺度出流量占净入流量比例的空间分布，其波动范围为 0～70%，研究区中部地区田间尺度出流量比例较大，不同分干范围内该指标平均值的波动范围为

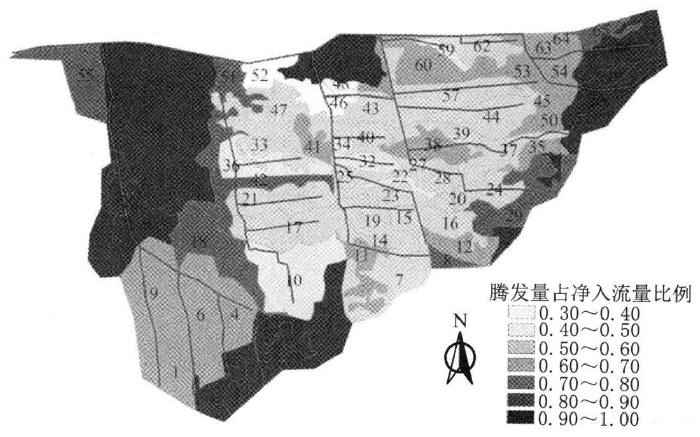


图 6.30 生育期时间尺度田间尺度腾发量占净入流量比例分布

0～44%。整个研究区平均的田间尺度出流量占净入流量比例的平均值为 28%，其中一干渠平均为 16%，三干渠为 39%，军干渠为 36%，四干渠为 29%，五干渠为 21%。

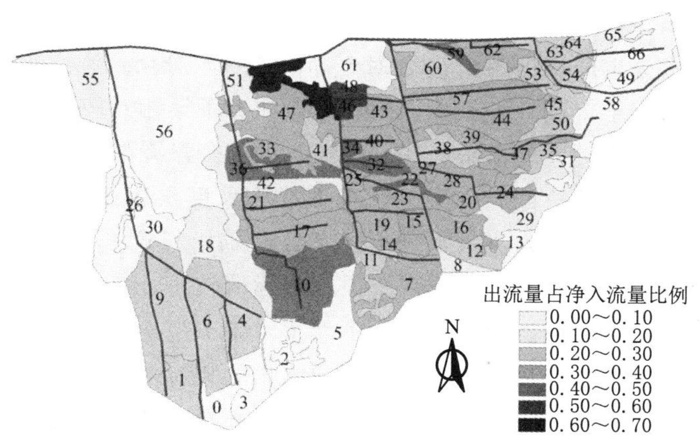


图 6.31 生育期时间尺度田间尺度出流量占净入流量比例分布

#### 6.3.1.3 分干尺度

生育期时间尺度时分干尺度灌溉降雨水分生产率、灌溉水分生产率、腾发量水分生产率、腾发量占灌溉降雨量比例与无限时间尺度时分干尺度相应指标值是相同的，在此不再赘述。其他指标计算结果见表 6.2。从表中可以看出，渠灌量比较大的军干渠和四干渠出流量相对较大，净入流量水分生产率相对较小。

**表 6.2 生育期时间尺度下分干尺度用水效率评估结果**

| 用水效率指标 | 波动范围 | 灌区平均 | 一干渠平均值 | 三干渠平均值 | 军干渠平均值 | 四干渠平均值 | 五干渠平均值 |
|---|---|---|---|---|---|---|---|
| 净入流量水分生产率 /($kg/m^3$) | 0.78～1.81 | 1.25 | 1.43 | 1.18 | 1.01 | 1.20 | 1.33 |
| 净灌溉降雨水分生产率 /($kg/m^3$) | 0.90～2.49 | 1.38 | 1.67 | 1.30 | 1.10 | 1.26 | 1.43 |

续表

| 用水效率指标 | 波动范围 | 灌区平均 | 一干渠平均值 | 三干渠平均值 | 军干渠平均值 | 四干渠平均值 | 五干渠平均值 |
|---|---|---|---|---|---|---|---|
| 净灌溉水分生产率/(kg/m³) | 1.11～4.25 | 1.86 | 2.49 | 1.76 | 1.39 | 1.59 | 1.89 |
| 腾发量占净入流量比例/% | 44～99 | 71 | 83 | 67 | 58 | 65 | 75 |
| 腾发量占净灌溉降雨量比例/% | 54～121 | 78 | 97 | 73 | 63 | 68 | 80 |
| 出流量占净入流量比例/% | 1～49 | 29 | 17 | 33 | 42 | 35 | 25 |

#### 6.3.1.4　干渠尺度

生育期时间尺度时干渠尺度灌溉降雨水分生产率、灌溉水分生产率、腾发量水分生产率、腾发量占灌溉降雨量比例与无限时间尺度时干渠尺度相应指标值是相同的，在此不再赘述。

（1）水分生产率

各个干渠尺度水分生产率见图 6.32。对于净入流量水分生产率，渠灌水量占灌溉总量比例较大的军干渠和四干渠该指标较小，而一干渠和五干渠相对较大，原因是军干渠和四干渠灌溉强度较大，形成较大的根系层深层渗漏，这部分渗漏量大部分都蓄存在根系层以下非饱和带，在生育期间无法回归到地下水库而成为尺度出流，从而导致净入流量较大。整个研究区平均的干渠尺度净入流量水分生产率为 1.24kg/m³。对于干渠尺度净灌溉降雨水分生产率，灌溉强度较大的军干渠和四干渠该指标值较小，一干渠和五干渠较大，原因是灌溉强度大的干渠，其灌溉降雨量要大，虽然这两条干渠地下水埋深相对要小，使得其回归水量绝对值要大，但与灌溉强度相比，回归水量的相对值还是较小的，所以将灌溉降雨量扣除掉回归水量后，军干渠和四干渠的净灌溉降雨量仍然较其他干渠要大，导致其净

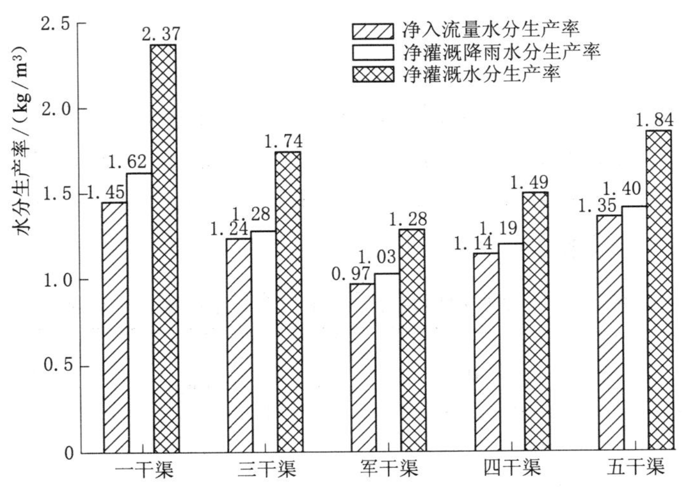

图 6.32　干渠尺度水分生产率指标

灌溉降雨水分生产率相对要小。整个研究区平均的干渠尺度净灌溉降雨水分生产率为 1.33kg/m³。对于干渠尺度净灌溉水分生产率，军干渠和四干渠较小，一干渠和五干渠较大，造成各条干渠该指标值差异的主要原因与净灌溉降雨水分生产率相同，不再赘述。整个研究区平均的干渠尺度净灌溉水分生产率为 1.77kg/m³。

（2）水量比例

干渠尺度水量比例指标见图 6.33。对于腾发量占净入流量比例，军干渠和四干渠较小，一干渠和五干渠较大，造成各条干渠该指标值差异的主要原因与净入流量水分生产率相同，不再赘述。整个研究区平均的腾发量占净入流量比例为 70%。对于干渠尺度腾发量占净灌溉降雨量比例，军干渠和四干渠较小，一干渠和五干渠较大，造成各条干渠该指标值差异的主要原因与净灌溉降雨水分生产率相同，不再赘述。整个研究区平均的腾发量占净灌溉降雨量比例为 75%。对于干渠尺度出流量占净入流量比例，军干渠和四干渠较大，一干渠和五干渠较小，与其他指标的规律恰好相反，从生育期时间角度来看，该指标越大意味着尺度出流量越大，其用水效率越低，节水潜力越大。造成各条干渠该指标值差异的主要原因与净入流量水分生产率相同，不再赘述。整个研究区平均的腾发量占净灌溉降雨量比例为 30%。

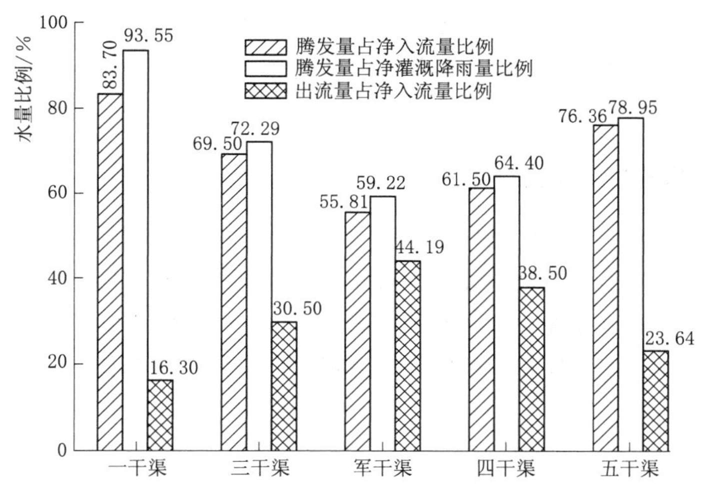


图 6.33　干渠尺度水量比例指标

#### 6.3.1.5　灌区尺度

灌区尺度各个用水效率指标计算结果见图 6.34，其中灌溉降雨水分生产率、灌溉水分生产率、腾发量水分生产率、腾发量占灌溉降雨量比例与无限时间尺度时灌区尺度相应指标值是相同的。

从图 6.34 可以看出，当把时间尺度限定在生育期时，灌区尺度还有较大的节水潜力可挖，由于研究区埋深普遍较大，生育期间作物根系层深层渗漏量回归地下水库的比例很小，即便扣除掉回归水量，从灌溉降雨水分生产率、灌溉水分生产率到净灌溉降雨水分生产率、净灌溉水分生产率没有出现大幅提高的现象，这与无限时间尺度有很大的不同。另外，腾发量占净入流量比例、腾发量占灌溉降雨量比例、腾发量占净灌溉降雨量比例也只有 70%左右，还有 30%的水资源在该时间尺度下流出了灌区尺度的边界，流出水量主要

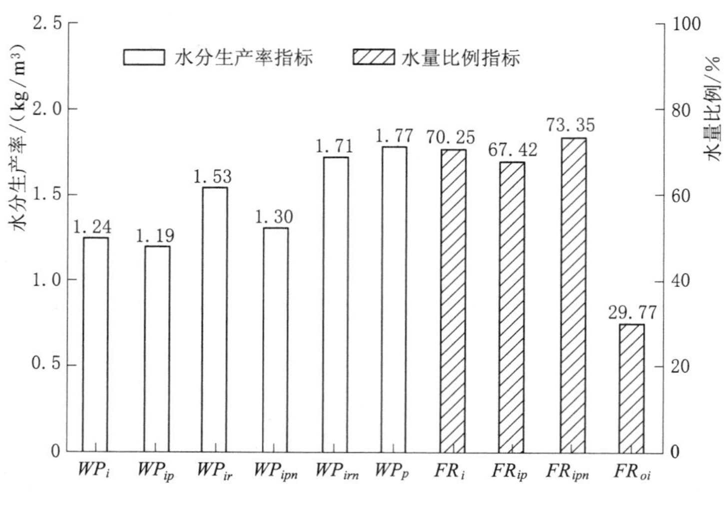


图 6.34　灌区尺度用水效率指标

来源于作物根系层以下和渠系底部以下的非饱和带，这部分水量无法在生育期间回归到地下水库重新利用，因此是被视作水资源损失的。如果以出流量占净入流量比例视作节水潜力，则在作物生育期内，整个灌区尺度的灌溉节水潜力高达 30%，节水的主要方向是减少渗漏损失，因此，采用渠道防渗、微喷灌、管道灌溉等常规措施都是能够达到节水效果的。

## 6.3.2　用水效率的空间尺度效应

与无限时间尺度一样，这里仍然采用最大的空间范围（研究区范围）内各个尺度用水效率的平均值来展现用水效率尺度效应，这样可以避免空间变异性的影响。各种水分生产率指标和水量比例指标尺度效应见图 6.35 和图 6.36。可以发现，时间尺度由无限长变为生育期后，各种用水效率指标尺度效应完全呈现出不同的变化趋势。仍然要说明的是，采

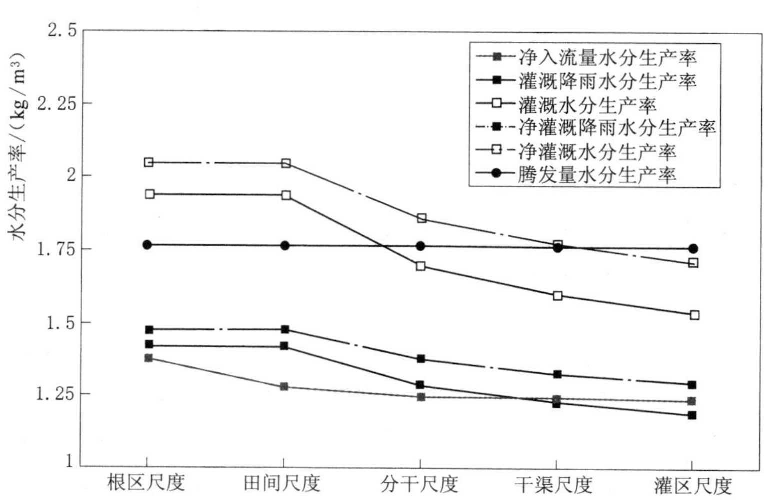


图 6.35　生育期时间尺度水分生产率指标空间尺度效应

用研究区范围进行各种尺度用水效率的统计后，空间变异性得以消除，大尺度的作物产量、冬小麦腾发量、降雨量为小尺度相应值的线性聚合，各种用水效率指标的差异不会由这三个变量引起。

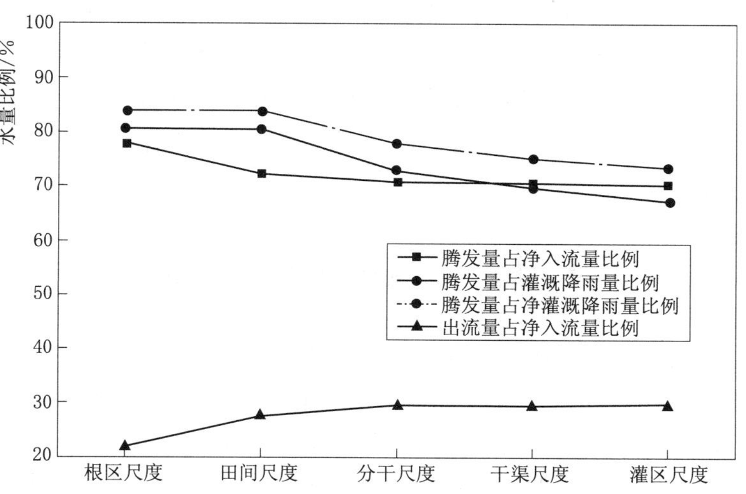


图 6.36 生育期时间尺度水量比例指标空间尺度效应

净入流量水分生产率随着尺度的增大而减小，但减小幅度逐渐降低，原因是净入流量等于腾发量与出流量之和，而大尺度与小尺度线性聚合的腾发量相等，但大尺度的出流量越来越大，导致大尺度净入流量越来越大，从而使得净入流量水分生产率变小。但随着尺度的进一步增大，出流量相对增幅逐渐减少，因此净入流量水分生产率的减小幅度逐渐趋于零。与净入流量水分生产率尺度效应类似的还有腾发量占净入流量比例。

灌溉降雨水分生产率和灌溉水分生产率随着尺度的增大而逐渐减小，但是因为田间尺度并没有在根区尺度的基础上扩充水平范围，因此这两个尺度灌溉降雨水分生产率和灌溉水分生产率是相等的。田间以上随着尺度的提升，渠道引水量越来越大从而使得这两个指标随尺度增大而减小。与此规律类似的还有腾发量占灌溉降雨量比例。

净灌溉降雨水分生产率和净灌溉水分生产率变化规律与灌溉降雨水分生产率、灌溉水分生产率一致，即根区尺度和田间尺度相同，田间以上随尺度提升而指标逐渐减小，但减小幅度要小于灌溉降雨水分生产率和灌溉水分生产率的减小幅度。原因在于净灌溉水量是在灌溉水量的基础上扣除掉回归水量，对于生育期时间尺度，回归水量为根系层深层渗漏和渠系渗漏损失补充地下水库的水量。随着尺度的提升，渠系渗漏损失越来越大，增加的渠系损失只有部分回归到地下水库成为回归水被扣除掉，因此净灌溉量和净灌溉降雨量随着尺度的提升而逐渐增大，导致净灌溉降雨量水分生产率和净灌溉水分生产率随尺度提升而逐渐减小。但是因为扣除掉了回归水，因此其减小幅度要略小于灌溉降雨量水分生产率和灌溉水分生产率。与净灌溉降雨量水分生产率、净灌溉水分生产率尺度效应类似的还有腾发量占净灌溉降雨量比例。

腾发量水分生产率不随尺度发生变化，原因在于当采用研究区范围统计平均值时，大尺度的腾发量和作物产量都等于小尺度腾发量和作物产量的简单线性聚合，本质上消除了腾发量和作物产量的空间变异性，因此不同空间尺度该指标值是一致的。

出流量占净入流量比例随着尺度提升而逐渐增大，但增幅趋缓。原因在于生育期时间尺度下，出流量不仅包括地下水出流量，还包括根系层和渠底以下非饱和带土壤储水增加量。随着尺度的提升，渠系渗漏损失越来越大，这些损失只有部分回到地下水库，大部分仍然蓄存在渠底以下的非饱和带中被视作土壤水出流，这样造成出流量随尺度提升而持续增大，但其增大的相对幅度有减缓趋势。从该指标的空间尺度效应可知，若将视角限定在生育期时间尺度，节水措施的实施效果会随着尺度的增大而更为显著，但到达分干以上尺度时，虽然绝对节水量仍然会继续增加，但相对节水效果基本保持不变，分干及以上尺度的节水潜力约为 30%。

## 6.4　用水效率的时间尺度效应

在井渠结合灌域尤其是大埋深区域，有必要进行用水效率指标的时间尺度效应，这主要是因为渗漏水量在回归过程中需要持续一定的时间，这一点与地表水灌区有很大的差异，因为地表水灌区的回归过程持续时间相对较短，可以很快到达塘堰被重新再利用。

本节分别将生育期时间尺度和无限时间尺度的用水效率指标进行对比分析其时间尺度效应。值得说明的是，在分析时间尺度时，灌溉降雨水分生产率和净灌溉降雨水分生产率本质上是相同的，只是因为考虑的时间尺度不同，扣除不同的回归水量而使得指标值有所差异，基于这种考虑，将未扣除任何回归水的灌溉降雨水分生产率视作瞬时尺度（本质上是仅考虑灌溉降雨水资源的一次利用），生育期和无限时间尺度下的净灌溉降雨水分生产率视作扣除各自时间尺度下回归水的灌溉降雨水分生产率，这样灌溉降雨水分生产率便有三个时间尺度，分别为瞬时尺度（即传统意义上的灌溉降雨水分生产率）、生育期时间尺度以及无限长时间尺度。与此性质相同的还有灌溉水分生产率、腾发量占灌溉降雨量比例。

（1）净入流量水分生产率

净入流量水分生产率的时间尺度效应见图 6.37。从图上可以看出，从生育期时间尺度提升到无限长时间尺度后，该指标值呈增加趋势，而且空间尺度越大，时间尺度的增加效应越大，如在根区尺度，两个时间尺度上的净入流量水分生产率没有差异。在田间尺度，两个时间尺度上该指标值差异达 0.25kg/m$^3$，分干和干渠尺度差异较田间尺度更大，而在灌区尺度，无限时间尺度较生育期时间尺度该指标值增幅达 0.49kg/m$^3$。造成这种现象的原因是当把根系层以下和渠系底部以下非饱和带土壤储水增加量视作出流量时，随着时间尺度的增长，这两个非饱和带区域的水量回归进入地下水库的水量占根系层深层渗漏量和渠系渗漏损失量的比例逐渐增大，从而使得尺度出流量越来越小，而净入流量为出流量和腾发量之和，在腾发量不变的情况下，出流量的减小意味着净入流量的减小，从而使得较长时间尺度的净入流量水分生产率更高。根区尺度上，由于其空间边界本身并不涉及渠系以及根系层以下的非饱和带，所以取何种时间尺度，对根区尺度的净入流量水分生产率并不造成影响。在田间及以上空间尺度，随着空间尺度的提升，根系层以下和渠系底部以下非饱和带的区域越来越大，导致空间尺度越大，两个时间尺度上净入流量水分生产率的差异越大。

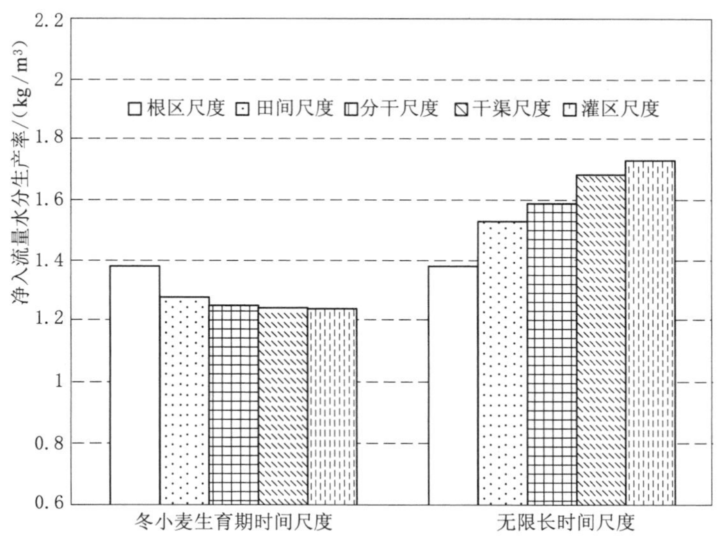


图 6.37 净入流量水分生产率时间尺度效应

(2) 灌溉降雨水分生产率

前面已经提到，若是将不扣除回归水量的灌溉降雨水分生产率视作瞬时尺度，则净灌溉降雨水分生产率实际上是考虑了扣除不同时间尺度回归水量的灌溉降雨水分生产率，所以灌溉降雨水分生产率和净灌溉降雨水分生产率本质上是相同的，只是考虑的时间尺度有所不同而已。这样可以在瞬时、生育期以及无限长三个时间尺度上分析灌溉降雨水分生产率的尺度变化规律，其中瞬时尺度就是农田水利学科传统意义上的灌溉降雨水分生产率，它只考虑了灌溉降雨资源的一次利用，而不考虑任何回归水量的重复利用；而在生育期时间尺度，需从灌溉降雨量扣除掉在该时间尺度内回归到地下水库的根系层深层渗漏量和渠系渗漏损失量，即考虑了这部分水量的回归重复利用；在无限时间尺度上，作物根系层深层渗漏量和渠系渗漏损失量会全部回归进入地下水库，因此应从灌溉降雨量中扣除掉所有的根系层深层渗漏量和渠系渗漏损失量，这样就得到了灌溉降雨水分生产率的时间尺度效应见图 6.38。

可以看出，随着时间尺度的提升，灌溉降雨水分生产率会增加。在瞬时尺度，即传统农田水利学科对该指标定义中，不考虑水资源的回归和重复利用，只考虑水资源的一次利用效率，得到该指标值普遍较小；当关注的时间尺度变长后，被视作损失的水量能够回归进入地下水库被重新利用，若考虑这部分回归水量的再利用，则可以使得灌溉降雨水分生产率指标得到提升，且考虑的时间尺度越长，损失水量回归进入地下水库的部分就越大，使得灌溉降雨水分生产率越来越大。可见，是否考虑以及在多长的时间范围内考虑损失水量的重复利用对该指标有很大影响，而且随着空间尺度的增大，考虑回归水重复利用对于该指标的提升效果越来越明显，在作物和田间尺度，考虑无限时间尺度上回归水重复利用后该指标由 1.42kg/m$^3$ 提升至 1.84kg/m$^3$，提升幅度为 0.42kg/m$^3$，而在灌区尺度，考虑回归水重复利用后该指标由 1.19kg/m$^3$ 提升至 1.84kg/m$^3$，提升幅度为 0.65kg/m$^3$。造成这种现象的原因在于随着空间尺度的提升，灌溉引水量越来越大，在资源的一次利用

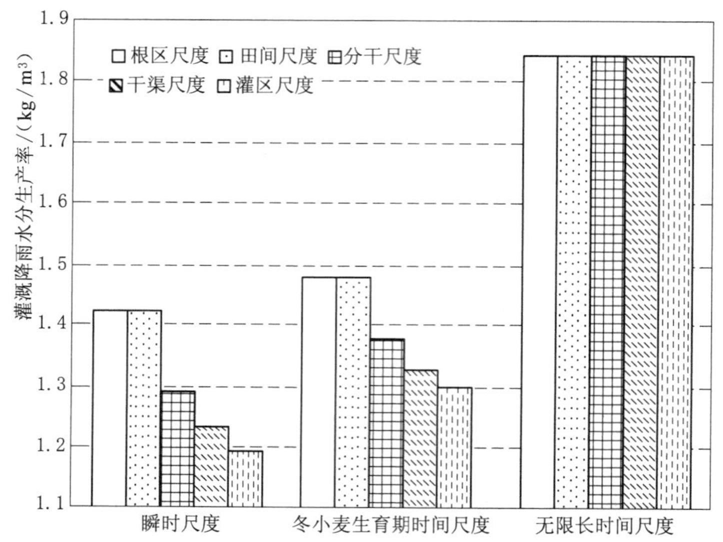


图 6.38　灌溉降雨水分生产率时间尺度效应

过程中被视作损失的水量也越来越大，因此当时间尺度提升后，回归水也越来越大，所以考虑回归水后该指标值提升更大。

(3) 灌溉水分生产率

灌溉水分生产率的时间尺度效应见图 6.39。该指标随时间尺度的变化规律及产生原因与灌溉降雨水分生产率完全相同，在此不再赘述。

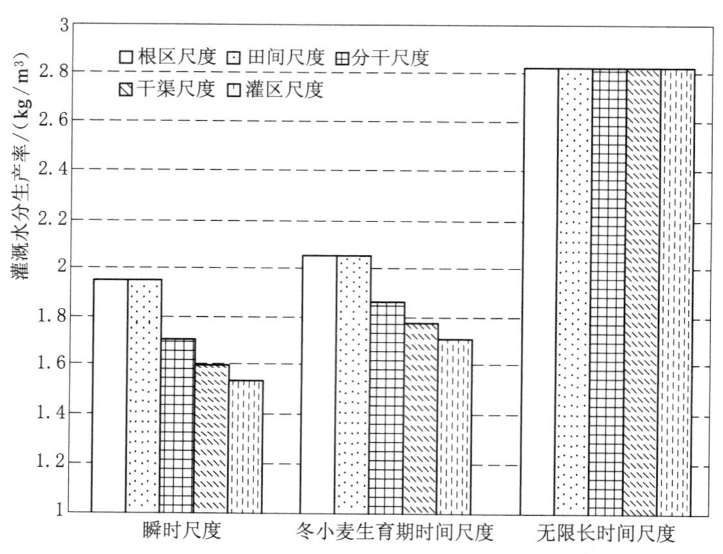


图 6.39　灌溉水分生产率时间尺度效应

(4) 腾发量水分生产率

腾发量水分生产率不随时间尺度变化而变化，原因在于腾发量不会受到回归水量的影响，即无论考虑多长时间的回归水量，冬小麦生育期的累积腾发量是不会有改变的。

(5) 腾发量占净入流量比例

腾发量占净入流量比例的时间尺度效应见图 6.40。该指标随时间尺度的变化规律及产生原因与净入流量水分生产率完全相同，在此不再赘述。

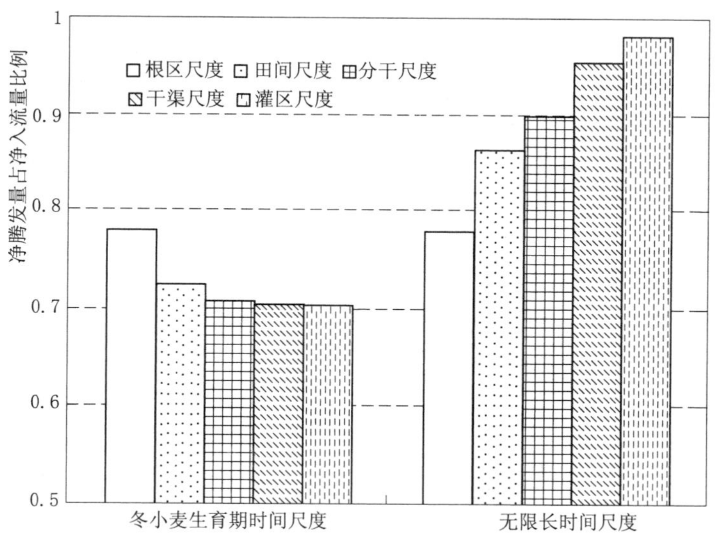


图 6.40 腾发量占净入流量比例的时间尺度效应

(6) 腾发量占灌溉降雨量比例

腾发量占灌溉降雨量比例的时间尺度效应见图 6.41。该指标随时间尺度的变化规律及产生原因与灌溉降雨水分生产率完全相同，在此不再赘述。

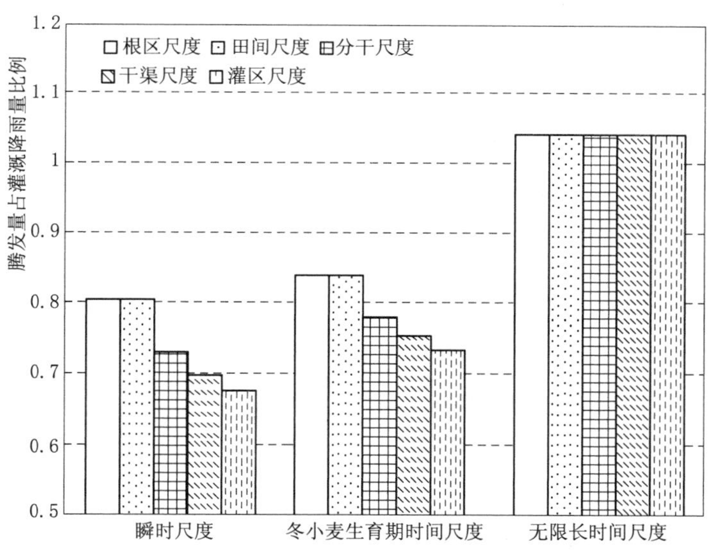


图 6.41 腾发量占灌溉降雨量比例时间尺度效应

(7) 出流量占净入流量比例

出流量占净入流量比例的时间尺度效应见图 6.42。从图上可以看出，该指标值随着时间尺度的提升而逐渐减小，其原因在于当时间尺度较短时，大量的根系层深层渗漏和渠系渗漏损失都储存在根系层以下和渠底以下的非饱和带中，尚未回归到地下水库，这部分水量被视作尺度出流而损失掉，当时间尺度提升后，这两个非饱和带区域的水量会逐渐回归进入地下水库，不再被视作尺度出流，所以时间尺度越大，出流量越小。而且随着空间尺度的增加，是否考虑回归水量对该指标的影响也越来越大，从而导致出流量占净入流量比例的减小幅度也越来越大。如在根区尺度，两个时间尺度该指标值没有差异，在田间尺度，其差异为 14.20%，在分干和干渠尺度差异分别为 19.31%和 24.98%，在灌区尺度则高达 27.79%。

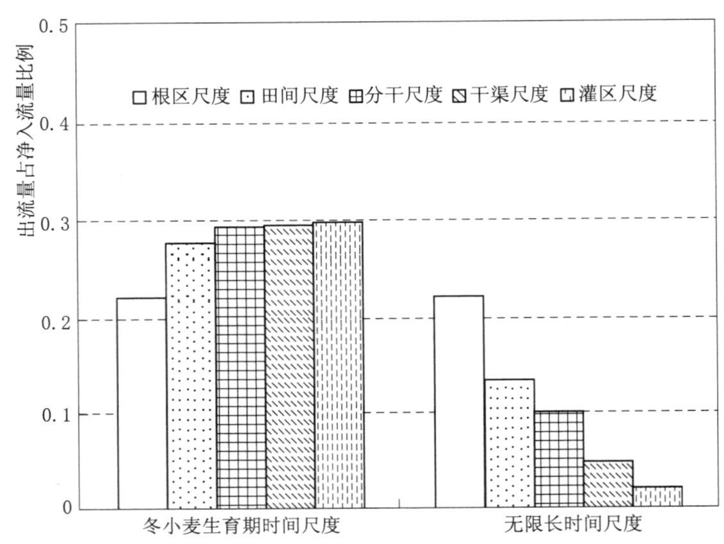


图 6.42　出流量占净入流量比例时间尺度效应

综上所述，用水效率指标在不同时间尺度出现差异的原因皆为回归水量的影响，这也是大埋深井渠结合灌溉区域的特征所造成，埋深较大，在小尺度损失的水量需要经过一定的时间才能回归到地下水库被重新利用，关注时间尺度的大小对回归水量大小有很大影响，导致用水效率指标时间尺度效应的出现。

## 6.5　小　　结

本章基于水平衡要素模拟结果，并按照第 3 章定义的时空尺度，评估了十种用水效率指标及其时空尺度效应。主要结论如下：

（1）不考虑空间变异性的无限时间尺度下，整个研究区根区尺度到灌区尺度的净入流量水分生产率平均值分别为 1.38kg/m$^3$、1.53kg/m$^3$、1.59kg/m$^3$、1.68kg/m$^3$ 和 1.73kg/m$^3$，呈逐渐增大现象；灌溉降雨水分生产率分别为 1.42kg/m$^3$、1.42kg/m$^3$、1.29kg/m$^3$、1.23kg/m$^3$ 和 1.19kg/m$^3$，呈逐渐减小现象；灌溉水分生产率分别为 1.94kg/m$^3$、1.94kg/m$^3$、1.70kg/m$^3$、1.60kg/m$^3$ 和 1.53kg/m$^3$，呈现逐渐减小的现象；净灌溉降雨水分生产率、净灌溉水分生产率和腾发量水分生产率不随尺度而变，分别为 1.84kg/m$^3$、2.82kg/m$^3$ 和 1.77kg/m$^3$；腾发量占净入流量比例分别为 78%、87%、90%、95%和 98%，呈现逐渐增大的规律；腾发量占灌溉降雨量比例分别为 80%、80%、73%、70%和 67.42%，呈现逐渐减

小的规律；腾发量占净灌溉降雨量比例各个空间尺度皆为104.15%；出流量占净入流量比例各个空间尺度分别为22%、13%、10%、4.63%和1.98%，呈逐渐减小的趋势。

（2）不考虑空间变异性时，在生育期时间尺度条件下，灌溉降雨水分生产率、灌溉水分生产率、腾发量水分生产率、腾发量占灌溉降雨量比例与无限时间尺度下相应的指标值相同，整个研究区根区尺度到灌区尺度的净入流量水分生产率的平均值分别为1.38kg/m$^3$、1.28kg/m$^3$、1.25kg/m$^3$、1.24kg/m$^3$和1.24kg/m$^3$，呈现逐渐减小的现象；净灌溉降雨水分生产率分别为1.48kg/m$^3$、1.48kg/m$^3$、1.38kg/m$^3$、1.33kg/m$^3$和1.30kg/m$^3$，呈现逐渐减小的现象；净灌溉水分生产率分别为2.05kg/m$^3$、2.05kg/m$^3$、1.86kg/m$^3$、1.77kg/m$^3$和1.71kg/m$^3$，呈现逐渐减小的现象；腾发量占净入流量比例分别为78%、72%、71%、70%和70%，呈现逐渐减小的规律；腾发量占净灌溉降雨量比例各个空间尺度分别为84%、84%、78%、75%和73%，呈现逐渐减小的规律；出流量占净入流量比例各个空间尺度分别为22%、28%、29%、30%和30%，呈现逐渐增大的趋势。

（3）时间尺度效应方面，净入流量水分生产率、灌溉降雨水分生产率、灌溉水分生产率、腾发量占净入流量比例、腾发量占灌溉降雨量比例随时间尺度提升而变大；腾发量水分生产率不随时间尺度改变而变化；出流量占净入流量比例随时间尺度提升而变小。并且随着空间尺度的增大，各个用水指标的时间尺度效应趋势会变得更显著。

（4）灌溉用水效率的时空尺度效应呈现出复杂的变化特征：一是与具体的计算指标内涵有密切的关系，不同的指标表现出不同的特征；二是与评价方法有密切关系，时空尺度的界定和选择具有重要影响，评价时应注意内在机理联系。

（5）灌溉用水效率的实际尺度效应是空间变异性与纯尺度效应叠加的结果，前者与地域相关因素（降雨、灌溉、气象、土壤、产量等）有关，后者与不同尺度间的水分循环重复利用有关，研究尺度效应必须考虑两者影响。灌溉用水效率具有空间局限性，在有水力联系的尺度范围内或者空间变异性并不显著的范围内，回归水导致的尺度效应相对明显，否则则不显著，表现为空间变异性。

# 第7章　河北石津灌区用水效率尺度转换的理论推导

本章在考虑主观视角差异和客观的空间变异性两方面因素的基础上，推导具有普适性的灌溉用水效率的时空尺度转换公式。由于空间变异性和非线性特征不是本研究的重点，所以对于客观的空间变异性，仅采取简单的形式纳入尺度转换公式中考虑。在推导出各个灌溉用水效率时空尺度转换公式时，也给出了不考虑空间变异性而仅考虑回归水重复利用的转换公式，并结合常用的经验参数将其实用化。随后，利用尺度转换公式获得的灌溉用水效率值与基于模拟的水平衡要素计算的灌溉用水效率值进行对比，验证尺度转换公式的正确性，最后介绍如何根据所推导的尺度转换公式来确定回归水利用和空间变异性两个因素对尺度效应的影响权重。

## 7.1　时空尺度转换公式推导

假定有一个母尺度 $M$ 中嵌套 $n$ 个子尺度，即 $M=\{1,2,3,\cdots,k,\cdots,m,\cdots,n\}$。$A$ 为母尺度的面积，$A_m$ 为其中第 $m$ 个子尺度的面积（图7.1）。

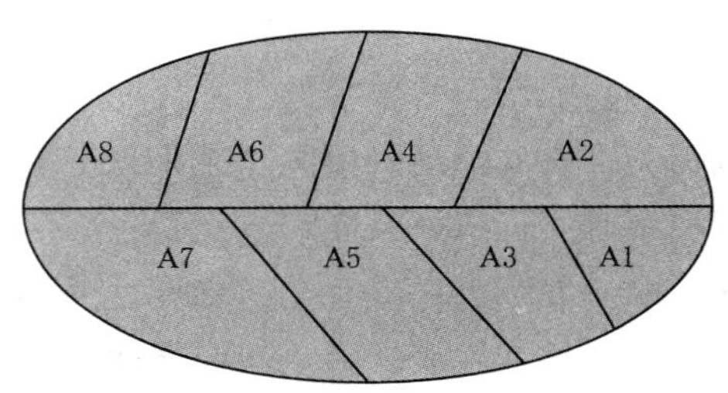


图7.1　尺度嵌套示意图

定义母尺度与第 $m$ 个子尺度的面积倍比 $n'$：

$$n'=\frac{\sum_{k=1}^{n}A_k}{A_m}=\frac{A}{A_m} \tag{7.1}$$

定义作物产量空间变异系数 $k_Y$、作物腾发量空间变异系数 $k_{ET}$、边界出流量空间变异系数 $k_O$、灌溉水量空间变异系数 $k_I$ 分别表示如下：

$$k_Y=\frac{\sum_{k=1}^{n}Y_k}{n'Y_m} \tag{7.2}$$

$$k_{ET}=\frac{\sum_{k=1}^{n}ET_k}{n'ET_m} \tag{7.3}$$

$$k_O=\frac{\sum_{k=1}^{n}O_k}{n'O_m} \tag{7.4}$$

$$k_I=\frac{\sum_{k=1}^{n} I_k}{n' I_m} \tag{7.5}$$

式中：$Y_m$、$ET_m$、$O_m$ 和 $I_m$ 为第 $m$ 个子尺度的作物总产量、总腾发量、边界出流量和总灌溉水量（含各种灌溉水源）。

定义重复利用水量，如下：

$$R=\sum_{k=1}^{n} O_k - O \tag{7.6}$$

式中：$O_k$ 为第 $k$ 个子尺度的边界出流量；$O$ 为母尺度的边界出流量。

### 7.1.1　净入流量水分生产率

第 $m$ 个子尺度净入流量水分生产率与母尺度净入流量水分生产率比值如下：

$$\begin{aligned}
\frac{WP_{i,m}}{WP_i} &= \frac{\dfrac{Y_m}{Q_{i,m}}}{\dfrac{Y}{Q_i}} = \frac{\dfrac{Y_m}{ET_m+O_m}}{\dfrac{Y}{ET+O}} = \frac{Y_m}{ET_m+O_m}\,\frac{ET+O}{Y} = \frac{n'Y_m}{ET_m+O_m}\,\frac{\dfrac{ET+O}{n'}}{\sum_{i=1}^{n} Y_i} \\
&= \frac{1}{k_Y}\,\frac{\dfrac{\sum_{i=1}^{n} ET_i}{n'}+\dfrac{O}{n'}}{ET_m+O_m} = \frac{1}{k_Y}\,\frac{k_{ET}ET_m+\dfrac{O}{n'}}{ET_m+O_m} = \frac{k_{ET}}{k_Y}\,\frac{ET_m+\dfrac{O}{k_{ET}n'}}{ET_m+O_m} \\
&= \frac{k_{ET}}{k_Y}\,\frac{ET_m+O_m-\left(O_m-\dfrac{O}{k_{ET}n'}\right)}{ET_m+O_m} = \frac{k_{ET}}{k_Y}\left(1-\frac{O_m-\dfrac{O}{k_{ET}n'}}{ET_m+O_m}\right) \\
&= \frac{k_{ET}}{k_Y}\left(1-\frac{O_m-\dfrac{\sum_{i=1}^{n} O_i-R}{k_{ET}n'}}{ET_m+O_m}\right) = \frac{k_{ET}}{k_Y}\left(1-\frac{O_m-\dfrac{n'k_O O_m-R}{k_{ET}n'}}{ET_m+O_m}\right) \\
&= \frac{k_{ET}}{k_Y}\left(1-\frac{O_m-\dfrac{k_O}{k_{ET}}O_m+\dfrac{R}{k_{ET}n'}}{ET_m+O_m}\right) = \frac{k_{ET}}{k_Y}\left(1-\frac{\left(1-\dfrac{k_O}{k_{ET}}\right)O_m+\dfrac{R}{k_{ET}n'}}{ET_m+O_m}\right) \\
&= \frac{k_{ET}}{k_Y}\left(1-\left(1-\frac{k_O}{k_{ET}}\right)\frac{O_m}{Q_{i,m}}-\frac{R}{k_{ET}n'Q_{i,m}}\right)
\end{aligned} \tag{7.7}$$

式中：$WP_{i,m}$ 和 $WP_i$ 分别为第 $m$ 个子尺度和母尺度的净入流量水分生产率；$Q_{i,m}$ 为第 $m$ 个子尺度的净入流量，其他变量定义见前述。

式（7.7）是净入流量水分生产率时空尺度转换的普适性公式。该式中，作物腾发量和产量的空间变异性系数以及重复利用水量是两个尺度产生关联的桥梁，所以从公式可知，空间变异性与重复利用水量为净入流量水分生产率尺度效应产生的两个因素。分析公式可以发现，重复利用水量 $R$ 越大，净入流量水分生产率随尺度提升作用越明显。

若不考虑空间变异性，此时所有的空间变异系数为 1。上述公式可简化为：

$$\frac{WP_{i,m}}{WP_i}=1-\frac{R}{n'Q_{i,m}} \tag{7.8}$$

不考虑空间变异性时，第 $m$ 个子尺度的产量、腾发量、出流量等信息皆为所有子尺度相应信息线性聚合的 $1/n'$。

式（7.8）是一个不考虑空间变异性，但是考虑了回归水重复利用影响的普适性净入流量水分生产率时空尺度转换公式。从该式可以看出：若 $R>0$，意味着大尺度出流要小于子尺度出流的线性聚合，则 $WP_{i.m}<WP_i$，其含义为若大尺度存在对小尺度出流的重复利用，则净入流量水分生产率随着尺度的增加而增加，且重复利用水量越多，提升速度越快；若 $R<0$，则 $WP_{i.m}>WP_i$，其含义为若大尺度不存在对小尺度出流的重复利用，并且大尺度的出流大于所含各个子尺度出流累积量，则净入流量水分生产率随着尺度的增加而减少。

为了增强该尺度转换公式的实用性，对不考虑空间变异性的时空尺度转换式（7.8）进一步修改，得到各个尺度转换的公式如下：

（1）根区尺度——田间尺度

由于根区尺度到田间尺度不存在水平边界的扩充，因此每个田间尺度在水平范围内只包含一个根区尺度，即 $n'=1$。根区尺度出流量为根系层深层渗漏量，即

$$O_c=P=I_{net}(1-\eta_f) \tag{7.9}$$

式中：$O_c$为根区尺度出流量；$P$ 为作物根系层深层渗漏量；$I_{net}$为冬小麦生育期累积田间净入渗水量（包含渠道、潜水和承压水以及降雨等所有供水来源）；$\eta_f$为田间水利用系数。

田间尺度出流量由两部分组成，一部分为根系层深层渗漏量扣除掉回归地下水库的水量，第二部分为地下水水平流出量，即：

$$O_f=P-I_{net}\alpha_f+Q_{out,f}=I_{net}(1-\eta_f-\alpha_f)+Q_{out,f} \tag{7.10}$$

式中：$O_f$为田间尺度出流量；$Q_{out,f}$为田间尺度地下水水平出流量；$\alpha_f$为灌溉降雨量在给定的时间尺度内对地下水的补给系数，该系数能够反映时间尺度的影响，当为无限时间尺度时，该系数与（$1-\eta_f$）相等，此时田间尺度出流量仅为地下水水平出流量 $Q_{out,f}$。

田间尺度地下水水平出流量 $Q_{out,f}$可以根据达西定律进行估算：

$$Q_{out,f}=K_f A_f i_{out,f} \tag{7.11}$$

式中：$K_f$为田间尺度边界处地下水水平渗透系数；$A_f$为田间尺度边界出流断面面积；$i_{out,f}$为田间尺度边界出流断面的水力坡度。

将式（7.9）～式（7.11）代入式（7.6），得到根区尺度到田间尺度的重复利用水量：

$$R=O_c-O_f=I_{net}\alpha_f-K_f A_f i_{out,f} \tag{7.12}$$

而根区尺度的净入流量为腾发量与其出流量之和，即：

$$Q_{i,c}=O_c+ET=I_{net}(1-\eta_f)+ET \tag{7.13}$$

式中：$ET$ 为根区尺度作物腾发量。

将式（7.12）和式（7.13）代入式（7.8），得到不考虑空间变异性时，根区尺度到田间尺度的时空尺度转换公式为：

$$\frac{WP_{i,m}}{WP_i}=1-\frac{R}{n'Q_{i,m}}=1-\frac{I_{net}\alpha_f-K_f A_f i_{out,f}}{ET+I_{net}(1-\eta_f)} \tag{7.14}$$

从上式发现，除作物腾发量外，其他变量皆可以采用经验系数或通过常规资料估算获得，表明该转换公式基本可达到实用目的。

(2) 田间尺度——分干尺度

假定一条分干内还有 $n$ 个田间尺度（模拟单元）。田间尺度出流量为根系层深层渗漏量扣除掉回归地下水库的水量与地下水水平流出量之和，第 $k$ 个田间尺度出流量在式(7.10) 各变量基础上添加下标 $k$ 即可。

分干尺度出流量为所包含的所有田间尺度根系层以下非饱和带土壤储水增加量、渠系底部以下非饱和带土壤储水增加量以及分干边界处地下水出流量之和，即：

$$O_{bc}=\sum_{k=1}^{n}[I_{net,k}(1-\eta_{f,k}-\alpha_{f,k})]+Q_{out,bc}+Q_{bc}(1-\eta_{bcs})(1-\gamma_{bcs}) \tag{7.15}$$

式中：$O_{bc}$ 为分干尺度的出流量；下标 $k$ 为田间尺度的个数；$Q_{out,bc}$ 为分干尺度边界处的地下水出流量；$Q_{bc}$ 为分干渠首引水量；$\eta_{bcs}$ 为分干及以下的渠系水利用系数，$\gamma_{bcs}$ 为分干以及以下渠系渗漏损失补给地下水的修正系数，当为无限时间尺度时，渠系渗漏损失能够全部补给地下水库，则该修正系数为 1，此时加之灌溉降雨量在给定的时间尺度内对地下水的补给系数 $\alpha_f$ 等于 $(1-\eta_f)$，故无限时间尺度时分干尺度出流量只有其尺度边界处的地下水出流量。

则田间尺度到分干尺度的重复利用水量为：

$$R=\sum_{k=1}^{n}O_{f,k}-O_{bc}=\sum_{k=1}^{n}Q_{out,f,k}-Q_{out,bc}-Q_{bc}(1-\eta_{bcs})(1-\gamma_{bcs}) \tag{7.16}$$

而第 $m$ 个田间尺度的净入流量为腾发量与其出流量之和，即：

$$Q_{i,f,m}=O_{f,m}+ET_m=I_{net,m}(1-\eta_{f,m}-\alpha_{f,m})+Q_{out,f,m}+ET_m \tag{7.17}$$

将式 (7.16) 和式 (7.17) 代入式 (7.8)，得到不考虑空间变异性时，第 $m$ 个田间尺度到分干尺度的时空尺度转换公式为：

$$\frac{WP_{i,f}}{WP_{i,bc}}=1-\frac{R}{n'Q_{i,m}}=1-\frac{\sum_{k=1}^{n}Q_{out,f,k}-Q_{out,bc}-Q_{bc}(1-\eta_{bcs})(1-\gamma_{bcs})}{n'[I_{net,m}(1-\eta_{f,m}-\alpha_{f,m})+Q_{out,f,m}+ET_m]} \tag{7.18}$$

式中：$WP_{i,f}$ 和 $WP_{i,bc}$ 分别为田间尺度和分干尺度的净入流量水分生产率；$n'$ 为分干尺度与第 $m$ 个田间尺度的面积比值。

用达西定律估算分干尺度边界处的地下水出流量 $Q_{out,bc}$：

$$Q_{out,bc}=K_{bc}A_{bc}i_{out,bc} \tag{7.19}$$

式中：$K_{bc}$ 为分干尺度边界处地下水水平渗透系数；$A_{bc}$ 为分干尺度边界出流断面面积；$i_{out,bc}$ 为分干尺度边界出流断面的水力坡度。

则田间到分干尺度的时空尺度转换公式可变为：

$$\frac{WP_{i,f}}{WP_{i,bc}}=1-\frac{\sum_{k=1}^{n}K_{f,k}A_{f,k}i_{out,f,k}-K_{bc}A_{bc}i_{out,bc}-Q_{bc}(1-\eta_{bcs})(1-\gamma_{bcs})}{n'[I_{net,m}(1-\eta_{f,m}-\alpha_{f,m})+K_{f,m}A_{f,m}i_{out,f,m}+ET_m]} \tag{7.20}$$

(3) 分干尺度——干渠尺度

假定某干渠内含有 $n$ 个分干尺度，则分干尺度到干渠尺度转换过程与田间尺度到分干尺度转换过程类似，经过推导，第 $m$ 个分干尺度到干渠尺度的时空尺度转换公式为：

$$\frac{WP_{i,bc}}{WP_{i,M}}=1-\frac{R}{n'Q_{i,m}}$$

$$=1-\frac{\sum_{k=1}^{n}Q_{out,bc,k}-Q_{out,M}-Q_M(1-\eta_{Mc})(1-\gamma_{Mc})}{n'[I_{net,m}(1-\eta_{f,m}-\alpha_{f,m})+Q_{out,bc,m}+Q_{bc,m}(1-\eta_{bcs,m})(1-\gamma_{bcs})+ET_m]}$$

(7.21)

式中：$WP_{i,bc}$ 和 $WP_{i,M}$ 分别为分干尺度和干渠尺度的净入流量水分生产率；下标 $k$ 表示第 $k$ 条分干；$Q_{out,M}$ 为干渠尺度边界处的地下水出流量；$Q_M$ 为干渠渠首引水量；$\eta_{Mc}$ 为干渠的渠道水利用系数；$\gamma_{Mc}$ 为干渠渗漏损失补给地下水的修正系数；$n'$ 为干渠尺度与第 $m$ 个分干尺度的面积比值；其他变量含义见前述。

同样可以用达西定律估算干渠尺度边界处的地下水出流量 $Q_{out,M}$：

$$Q_{out,M}=K_M A_M i_{out,M} \tag{7.22}$$

则分干尺度到干渠尺度的时空尺度转换公式为：

$$\frac{WP_{i,bc}}{WP_{i,M}}=1-\frac{\sum_{k=1}^{n}K_{bc,k}A_{bc,k}i_{out,bc,k}-K_M A_M i_{out,M}-Q_M(1-\eta_{Mc})(1-\gamma_{Mc})}{n'[I_{net,m}(1-\eta_{f,m}-\alpha_{f,m})+K_{bc,m}A_{bc,m}i_{out,bc,m}+Q_{bc,m}(1-\eta_{bcs,m})(1-\gamma_{bcs})+ET_m]}$$

(7.23)

式中：$K_M$ 为干渠尺度边界处地下水水平渗透系数；$A_M$ 为干渠尺度边界出流断面面积；$i_{out,M}$ 为干渠尺度边界出流断面的水力坡度；其他变量含义见前述。

（4）干渠尺度——灌区尺度

假定某灌区内含有 $n$ 个干渠尺度，则干渠尺度到灌区尺度转换过程与分干尺度到干渠尺度转换过程类似，经过推导，第 $m$ 个干渠尺度到灌区尺度的时空尺度转换公式为：

$$\frac{WP_{i,M}}{WP_{i,S}}=1-\frac{R}{n'Q_{i,m}}$$

$$=1-\frac{\sum_{k=1}^{n}Q_{out,M,k}-Q_{out,S}-Q_S(1-\eta_{Sc})(1-\gamma_{Sc})}{n'[I_{net,m}(1-\eta_{f,m}-\alpha_{f,m})+Q_{out,M,m}+Q_{M,m}(1-\eta_{Ms,m})(1-\gamma_{Ms,m})+ET_m]}$$

(7.24)

式中：$WP_{i,M}$ 和 $WP_{i,S}$ 分别为干渠尺度和灌区尺度的净入流量水分生产率；下标 $k$ 表示第 $k$ 条干渠；$Q_{out,S}$ 为灌区尺度边界的地下水出流量；$Q_S$ 为总干渠渠首引水量；$\eta_{Sc}$ 为总干渠的渠道水利用系数；$\gamma_{Sc}$ 为总干渠渗漏损失补给地下水的修正系数；$\eta_{Ms,m}$ 为第 $m$ 条干渠及以下各级渠系的渠系水利用系数；$\gamma_{Ms,m}$ 为第 $m$ 条干渠及以下各级渠系的渗漏损失补给地下水的修正系数；$n'$ 为灌区尺度与第 $m$ 个干渠尺度的面积比值；其他变量含义见前述。

同样可以用达西定律估算干渠尺度边界处的地下水出流量 $Q_{out,S}$：

$$Q_{out,S}=K_S A_S i_{out,S} \tag{7.25}$$

则干渠尺度到灌区尺度的时空尺度转换公式为：

$$\frac{WP_{i,bc}}{WP_{i,M}}=1-\frac{\sum_{k=1}^{n}K_{M,k}A_{M,k}i_{out,M,k}-K_S A_S i_{out,S}-Q_M(1-\eta_{Sc})(1-\gamma_{Sc})}{n'[I_{net,m}(1-\eta_{f,m}-\alpha_{f,m})+K_{M,m}A_{M,m}i_{out,M,m}+Q_{M,m}(1-\eta_{Ms,m})(1-\gamma_{Ms,m})+ET_m]}$$

(7.26)

式中：$K_S$为干渠尺度边界处地下水水平渗透系数；$A_S$为干渠尺度边界出流断面面积；$i_{out,S}$为灌区尺度边界出流断面的水力坡度；其他变量含义见前述。

### 7.1.2 灌溉水分生产率

灌溉水分生产率与净灌溉水分生产率本质上是相同的，只是考虑不同时间尺度回归水的差异，因此将两者统一进行时空尺度转换模型构建。第 $m$ 个子尺度灌溉水分生产率与母尺度灌溉水分生产率比值为：

$$
\begin{aligned}
\frac{WP_{ir,m}}{WP_{ir}} &= \frac{\dfrac{Y_m}{I_m - I_{net,m}\alpha_{f,m} - I_m(1-\eta_{s,m})\gamma_m}}{\dfrac{Y}{I - I_{net}\alpha_f - I(1-\eta_s)\gamma}} = \frac{Y_m}{Y}\frac{I - I_{net}\alpha_f - I(1-\eta_s)\gamma}{I_m - I_{net,m}\alpha_{f,m} - I_m(1-\eta_{s,m})\gamma_m} \\
&= \frac{n'Y_m}{n'\sum_{i=1}^{n} Y_k}\frac{I - I_{net}\alpha_f - I(1-\eta_s)\gamma}{I_m - I_{net,m}\alpha_{f,m} - I_m(1-\eta_{s,m})\gamma_m} \\
&= \frac{1}{k_Y}\frac{I - I_{net}\alpha_f - I(1-\eta_s)\gamma}{n'[I_m - I_{net,m}\alpha_{f,m} - I_m(1-\eta_{s,m})\gamma_m]} \\
&= \frac{1}{k_Y}\frac{I[1-(1-\eta_s)\gamma] - I_{net}\alpha_f}{n'I_m[1-(1-\eta_{s,m})\gamma_m] - \dfrac{I_{net}\alpha_{f,m}}{k_I}}
\end{aligned}
\tag{7.27}
$$

式中：$I_m$和$I$分别为第$m$个子尺度以及母尺度的毛灌溉水量（含所有供水水源）；$\eta_{s,m}$和$\eta_s$分别为第$m$个子尺度和母尺度的渠系水利用系数；$\alpha_{f,m}$和$\alpha_f$分别为第$m$个子尺度和母尺度的灌溉降雨对地下水的补给系数；$\gamma_m$和$\gamma$分别为第$m$个子尺度和母尺度的渠系水渗漏损失对地下水的补给系数；其他变量含义见前述。

式（7.27）过于复杂，也难以判别出子尺度和母尺度的大小关系，将其进一步变形，用分子减去分母可得：

$$
I[1-(1-\eta_s)\gamma] - n'I_m[1-(1-\eta_{s,m})\gamma_m] - I_{net}\left(\alpha_f - \frac{\alpha_{f,m}}{k_I}\right) \tag{7.28}
$$

定义：

$$
\chi = \alpha_f - \frac{\alpha_{f,m}}{k_I} \tag{7.29}
$$

$$
\lambda = 1-(1-\eta_s)\gamma \tag{7.30}
$$

上述定义的两个变量为常数，可根据灌溉降雨补给系数、渠系水利用系数以及渠系渗漏损失补给地下水修正系数三个经验系数获取。对于根区尺度和田间尺度，没有渠系，则$\eta_s=1$，即$\lambda=1$。

将式（7.29）和式（7.30）代入式（7.28），可得：

$$
I\lambda - n'I_m\lambda_m - I_{net}\chi \tag{7.31}
$$

将式（7.31）代入式（7.27），则可以得到：

$$
\frac{WP_{ir,m}}{WP_{ir}} = \frac{1}{k_Y}\left(1 + \frac{I\lambda - n'I_m\lambda_m - I_{net}\chi}{n'I_m\lambda_m - \dfrac{I_{net}\alpha_{f,m}}{k_Y}}\right) \tag{7.32}
$$

上式是灌溉水分生产率时空尺度转换的普适性公式。从该公式可以看出，灌溉水分生产率出现尺度效应的影响因素有两个，第一个是空间变异性，由空间变异系数 $k_Y$ 所表征，另外一个是回归水的重复利用，通过灌溉降雨补给系数、渠系水利用系数以及渠系渗漏损失补给地下水修正系数来表现在公式中。

当不考虑空间变异性时，$k_Y=k_I=1$，$\alpha_f=\alpha_{f,m}$，$\chi=0$，$n'I_m=\sum_{i=1}^{n}I_k$，则子尺度与母尺度灌溉水分生产率的比值为：

$$\frac{WP_{ir,m}}{WP_{ir}}=1+\frac{I\lambda-\lambda_m\sum_{i=1}^{n}I_k}{\lambda_m\sum_{i=1}^{n}I_k-I_{net}\alpha_{f,m}} \tag{7.33}$$

上式为不考虑空间变异性时，灌溉水分生产率的时空尺度转换的普适性公式，利用该式可以在跨时间和空间尺度进行任意转换，且需要的资料皆为可获取的常规资料，因此该公式可以达到实用的目的。

根据不考虑空间变异的普适性公式（7.33）可以得到一种特例，当为瞬时尺度时，即不考虑从灌溉量中扣除回归水，此时 $\gamma=0$，$\lambda=1$，$\alpha_{f,m}=0$，此时可以得到传统灌溉水分生产率的尺度转换公式（瞬时尺度）：

$$\frac{WP_{ir,m}}{WP_{ir}}=1+\frac{I-\sum_{i=1}^{n}I_k}{\sum_{i=1}^{n}I_k} \tag{7.34}$$

由于母尺度渠首引水量恒大于它所包含的所有子尺度渠首引水量之和，即分子恒为正，故 $WP_{ir,m}>WP_{ir}$ 恒成立，所以不考虑扣除回归水的传统灌溉水分生产率会随着尺度的提升而减小。

### 7.1.3　灌溉降雨水分生产率

灌溉降雨水分生产率的时空尺度转换公式与灌溉水分生产率时空尺度转换公式推导过程完全一致，不再赘述，给出第 $m$ 个子尺度灌溉降雨水分生产率与母尺度灌溉降雨水分生产率比值：

$$\frac{WP_{ip,m}}{WP_{ip}}=\frac{1}{k_Y}\left(1+\frac{I\lambda-n'I_m\lambda_m-I_{net}\chi}{n'I_m\lambda_m-\frac{I_{net}\alpha_{f,m}}{k_Y}+n'Pe_m}\right) \tag{7.35}$$

当不考虑空间变异时，得到：

$$\frac{WP_{ip,m}}{WP_{ip}}=1+\frac{I\lambda-\lambda_m\sum_{i=1}^{n}I_k}{\lambda_m\sum_{i=1}^{n}I_k-I_{net}\alpha_{f,m}+\sum_{i=1}^{n}Pe_k} \tag{7.36}$$

根据不考虑空间变异的灌溉降雨水分生产率尺度转换普适性公式给出一种特例，当为瞬时尺度时，即不考虑从灌溉降雨量中削减回归水，此时 $\gamma=0$，$\lambda=1$，$\alpha_{f,m}=0$，可以得到传统灌溉水分生产率的尺度转换公式（瞬时尺度）：

$$\frac{WP_{ip,m}}{WP_{ip}}=1+\frac{I-\sum_{i=1}^{n}I_k}{\sum_{i=1}^{n}I_k+\sum_{i=1}^{n}Pe_k} \tag{7.37}$$

由于母尺度引水量恒大于它所包含的所有子尺度的引水量之和，即分子恒为正，故 $WP_{ip,m}>WP_{ip}$ 恒成立，所以不考虑扣除回归水的传统灌溉降雨水分生产率会随着尺度的提升而减小。

### 7.1.4 腾发量水分生产率

第 $m$ 个子尺度与母尺度腾发量水分生产率比值：

$$\frac{WP_{p,m}}{WP_p}=\frac{Y_m/ET_m}{Y/ET}=\frac{k_{ET}}{k_Y} \tag{7.38}$$

从该式可以看出,腾发量水分生产率主要与腾发量和作物产量的空间变异性有关,若不考虑空间变异性,则：

$$\frac{WP_{p,m}}{WP_p}=1 \tag{7.39}$$

说明若子尺度的腾发量水分生产率取母尺度内所有小区的加权平均值时，该指标不随空间和时间尺度发生变化。

### 7.1.5 腾发量占净入流量比例

腾发量占净入流量比例时空尺度转换公式与净入流量水分生产率推导过程相似，直接给出推导结果。第 $m$ 个子尺度与母尺度该指标尺度转化公式为：

$$\frac{FR_{i,m}}{FR_i}=1-\left(1-\frac{k_O}{k_{ET}}\right)\frac{O_m}{Q_{i,m}}-\frac{R}{k_{ET}\,n'\,Q_{i,m}} \tag{7.40}$$

不考虑空间变异性时的时空尺度转换公式与净入流量水分生产率完全一致，见式(7.8)、式(7.14)、式(7.20)、式(7.23)和式(7.26)。

### 7.1.6 腾发量占灌溉降雨量比例

腾发量占灌溉降雨量比例的时空尺度转换公式与灌溉降雨水分生产率的推导过程相似，直接给出推导结果。第 $m$ 个子尺度与母尺度转换公式为：

$$\frac{FR_{ip,m}}{FR_{ip}}=\frac{1}{k_{ET}}\left(1+\frac{I\lambda-n'I_m\lambda_m-I_{net}\chi}{n'I_m\lambda_m-\frac{I_{net}\alpha_{f,m}}{k_Y}+n'Pe_m}\right) \tag{7.41}$$

不考虑空间变异性时的时空尺度转换公式与净入流量水分生产率完全一致，见式(7.36)。

### 7.1.7 出流量占净入流量比例

考虑空间变异性时，第 $m$ 个子尺度与母尺度的转换公式为：

$$\frac{FR_{oi,m}}{FR_{oi}}=\frac{\dfrac{O_m}{Q_{i,m}}}{\dfrac{O}{Q_i}}=\frac{\dfrac{O_m}{ET_m+O_m}}{\dfrac{O}{ET+O}}=\frac{O_m}{ET_m+O_m}\frac{ET+O}{O}=\frac{n'O_m}{ET_m+O_m}\frac{\dfrac{ET+O}{n'}}{\sum\limits_{i=1}^{n}O_i-R}$$

$$=\frac{n'O_m}{n'O_mk_O-R}\frac{\dfrac{ET+O}{n'}}{ET_m+O_m}=\frac{n'O_m}{n'O_mk_O-R}\frac{\dfrac{\sum\limits_{i=1}^{n}ET_i}{n'}+\dfrac{O}{n'}}{ET_m+O_m}$$

$$=\frac{n'O_m}{n'O_mk_O-R}\frac{k_{ET}ET_m+\dfrac{O}{n'}}{ET_m+O_m}=\frac{n'k_{ET}O_m}{n'O_mk_O-R}\frac{ET_m+\dfrac{O}{k_{ET}n'}}{ET_m+O_m}$$

$$=\frac{n'k_{ET}O_m}{n'O_mk_O-R}\frac{ET_m+O_m+\dfrac{O}{k_{ET}n'}-O_m}{ET_m+O_m}$$

$$=\frac{n'k_{ET}O_m}{n'O_mk_O-R}\left[1+\frac{\dfrac{O}{k_{ET}n'}-O_m}{ET_m+O_m}\right]$$

$$=\frac{n'k_{ET}O_m}{n'O_mk_O-R}\left[1+\frac{\dfrac{O}{k_{ET}}-n'O_m}{n'ET_m+n'O_m}\right]$$

$$=\frac{n'k_{ET}O_m}{n'O_mk_O-R}\left[1+\frac{\dfrac{O}{k_{ET}}-\dfrac{O+R}{k_O}}{n'Q_{i,m}}\right]$$

$$=\frac{n'k_{ET}O_m}{n'O_mk_O-R}\left(1+\frac{(k_O-k_{ET})O-k_{ET}R}{n'k_Ok_{ET}Q_{i,m}}\right) \tag{7.42}$$

不考虑空间变异性时，第 $m$ 个子尺度与母尺度转换公式可简化为：

$$\frac{FR_{oi,m}}{FR_{oi}}=\frac{n'O_m}{n'O_m-R}\left(1-\frac{R}{n'Q_{i,m}}\right) \tag{7.43}$$

可以发现式（7.43）与不考虑空间变异性的净入流量水分生产率尺度转换公式（7.8）非常接近，也可以仿照净入流量水分生产率推导过程，根据式（7.9）～式（7.26）得到不同尺度之间的实用转换公式，这里不再给出。

## 7.2　时空尺度转换公式的验证

本节以冬小麦生育期时间尺度下的曹元分干尺度转换到无限时间尺度下的军干渠尺度为例，验证所推导的各个用水效率尺度转换公式的正确性。为不失一般性，对考虑空间变异性的时空尺度转换普适性公式进行验证。该实例包括时间和空间两个尺度的转换，各种要素信息来自于第 4 章中模型的模拟结果、RS 的破译以及灌区普查数据。因为由具体的某个子尺度而并非所有子尺度的平均值转换到母尺度，因此还包含有空间变异性的影响，所以该例包含所有的一般性情况。

在前面尺度转换公式推求中，腾发量占净入流量比例与净入流量水分生产率推导过程

完全一致，灌溉降雨水分生产率、腾发量占灌溉降雨量比例与灌溉水分生产率推导过程完全一致，因此只验证净入流量水分生产率、灌溉水分生产率、腾发量水分生产率和出流量占净入流量比例四个指标的尺度转换公式。

表 7.1 给出了两个尺度的各种要素，由于考虑空间变异性的影响，因此需要母尺度军干渠尺度内其他子尺度的线性聚合的信息，一并列于表 7.1 中。

**表 7.1 时空尺度转换公式验证实例各尺度信息要素表**

| 尺　　度 | 冬小麦生育期时间尺度曹园分干 | 无限时间尺度军干渠 | 军干渠所有子尺度线性聚合 |
|---|---|---|---|
| 0. 冬小麦面积/m² | 17035317.56 | 216882643.63 | 216882643.63 |
| 1. 净入流量/m³ | 12343494.62 | 85710487.97 | 138336271.10 |
| 1.1 毛入流量/m³ | 12086032.02 | 149354970.15 | 143601882.34 |
| 1.1.1 渠道灌溉/m³ | 6271497.99 | 72033819.22 | 60173104.40 |
| 1.1.2 深井灌溉/m³ | 3487575.32 | 49743242.74 | 49743242.74 |
| 1.1.3 降雨量/m³ | 2060847.54 | 26778324.35 | 26778324.35 |
| 1.1.4 边界外渠系补给量/m³ | 266111.16 | 0.00 | 2520690.98 |
| 1.1.5 地下水入流量/m³ | 0.00 | 799583.84 | 4386519.87 |
| 1.2 土壤储水变化量/m³ | －128480.37 | 56710402.00 | －1668468.95 |
| 1.3 地下水储水变化量/m³ | －128982.23 | 6934080.18 | 6934080.18 |
| 2. 总耗水量/m³ | 6239133.95 | 80414380.41 | 80414380.41 |
| 2.1 麦地腾发量/m³ | 6239133.95 | 80414380.41 | 80414380.41 |
| 3. 出流量/m³ | 6104360.67 | 5296107.55 | 57921890.69 |
| 3.1 地下水出流量/m³ | 1836915.25 | 5296107.55 | 8883043.58 |
| 3.2 土壤水出流/m³ | 4267445.41 | 0.00 | 49038847.11 |
| 4. 作物产量/kg | 11907627.44 | 139841679.16 | 139841679.16 |
| 5. 总井水灌溉量/m³ | 3763442.36 | 55715373.10 | 55715373.10 |
| 6. 总灌溉量/m³ | 10034940.35 | 127749192.31 | 115888477.50 |
| 7. 回归水量/m³ | 1717688.89 | 76097107.37 | 15185005.80 |
| 7.1 田间地下水补给量/m³ | 1177055.27 | 40070626.17 | 7935275.89 |
| 7.2 渠系损失地下水补给量/m³ | 540633.62 | 36026481.20 | 7249729.91 |
| 8. 扣除回归水后的净灌溉水量/m³ | 8317251.46 | 51652084.94 | 100703471.69 |
| 9. 根系层深层渗漏/m³ | 4183022.23 | 40070626.17 | 40070626.17 |
| 10. 渠系渗漏损失/m³ | 1802112.08 | 36026481.20 | 24561766.38 |
| 11. 田间净灌溉水量/m³ | 8232828.27 | 91722711.11 | 91326711.11 |
| 12. 净入渗水量/m³ | 10293675.81 | 118501035.46 | 118501035.46 |
| 13. 净入流量水分生产率/(kg/m³) | 0.96 | 1.63 | 1.01 |
| 14. (净) 灌溉水分生产率*/(kg/m³) | 1.43 | 2.73 | 1.21 |
| 15. 腾发量水分生产率/(kg/m³) | 1.91 | 1.74 | 1.74 |
| 16. 出流量占净入流量比例/% | 49.45 | 6.18 | 41.87 |

* 由于在冬小麦生育期时间尺度和无限时间尺度下，灌溉水分生产率皆考虑了扣除这两个时间尺度下的回归水量，因此灌溉水分生产率的取值实际上为各自时空尺度下的净灌溉水分生产率。

(1) 净入流量水分生产率

曹元分干为子尺度 $m$，其水平衡要素带有下标 $m$，军干渠为母尺度，尺度转换公式

(7.7) 中各个变量值如下：

$n'=12.73$，$k_{ET}=1.01$，$k_Y=0.92$，$k_O=0.75$，$Om=6104360.67\text{m}^3$，$O=5296107.55\text{m}^3$，$Q_{i,m}=12343494.62\text{m}^3$，$R=52625783.14\text{m}^3$。

将上述各个变量值代入式 (7.7) 可得到曹元分干与军干渠净入流量水分生产率比值的计算值为：

$$\left(\frac{WP_{i,m}}{WP_i}\right)_{\text{scaling}}=0.59 \tag{7.44}$$

而根据搜集的资料及模型模拟的水平衡要素计算的实际曹元分干与军干渠净入流量水分生产率比值为：

$$\left(\frac{WP_{i,m}}{WP_i}\right)_{\text{modeling}}=\frac{0.96}{1.63}=0.59 \tag{7.45}$$

可见，机理性的尺度转换公式与基于实测资料及模型模拟的净入流量水分生产率比值是完全相同的，由此可得到该机理性时空尺度转换公式是正确的。

(2) 灌溉水分生产率

尺度转换公式 (7.32) 中各个变量值如下：

$n'=12.73$，$k_Y=0.92$，$k_I=0.90$，$\alpha_{f,m}=0.11$，$\alpha_f=0.34$，$\eta_{s,m}=0.82$，$\eta_s=0.72$，$\gamma_m=0.30$，$\gamma=1.0$，$I_m=10034940.35\text{m}^3$，$I=127749192.31\text{m}^3$，$I_{net,m}=10293675.81\text{m}^3$，$I_{net}=118501035.46\text{m}^3$，$X=0.21$，$\lambda_m=0.95$，$\lambda=0.72$。

将上述各个变量值代入式 (7.32) 可得到曹元分干与军干渠灌溉水分生产率比值的计算值为：

$$\left(\frac{WP_{ir,m}}{WP_{ir}}\right)_{\text{scaling}}=0.52 \tag{7.46}$$

而根据搜集的资料及模型模拟的水平衡要素计算的实际曹元分干与军干渠灌溉水分生产率比值为：

$$\left(\frac{WP_{ir,m}}{WP_{ir}}\right)_{\text{modeling}}=\frac{1.43}{2.73}=0.52 \tag{7.47}$$

可见，机理性的尺度转换公式与基于实测资料及模型模拟的灌溉水分生产率比值是完全相同的，由此可得到该机理性时空尺度转换公式是正确的。

(3) 腾发量水分生产率

尺度转换公式 (7.38) 中各个变量值如下：$k_Y=0.92$，$k_{ET}=1.01$。将上述各个变量值代入式 (7.38) 可得到曹元分干与军干渠腾发量水分生产率比值的计算值为：

$$\left(\frac{WP_{p,m}}{WP_p}\right)_{\text{scaling}}=\frac{1.01}{0.92}=1.10 \tag{7.48}$$

而根据搜集的资料及模型模拟的水平衡要素计算的实际曹元分干与军干渠腾发量水分生产率比值为：

$$\left(\frac{WP_{p,m}}{WP_p}\right)_{\text{modeling}}=\frac{1.91}{1.74}=1.10 \tag{7.49}$$

可见，机理性的尺度转换公式与基于实测资料及模型模拟的腾发量水分生产率比值是完全相同的，由此可得到该机理性时空尺度转换公式是正确的。

(4) 出流量占净入流量比例

根据尺度转换公式(7.42)可得到曹元分干与军干渠出流量占净入流量比例的比值的计算值为:

$$\left(\frac{FR_{oi,\ m}}{FR_{oi}}\right)_{\text{scaling}}=8.00 \tag{7.50}$$

而根据搜集的资料及模型模拟的水平衡要素计算的实际曹元分干与军干渠出流量占净入流量比例的比值为:

$$\left(\frac{FR_{oi,\ m}}{FR_{oi}}\right)_{\text{modeling}}=\frac{49.45\%}{6.18\%}=8.00 \tag{7.51}$$

可见,机理性的尺度转换公式与基于实测资料及模型模拟的出流量占净入流量比例的比值是完全相同的,由此可得到该机理性时空尺度转换公式是正确的。

## 7.3 尺度效应影响因素的权重计算

通过时空尺度转换公式的构建可知,当从某个具体的子尺度提升到母尺度时,灌溉用水效率尺度效应是回归水重复利用与空间变异性综合影响的结果。本小节将介绍如何基于前面构建的时空尺度转换模型,来获得两个影响因素各自的作用权重。若是从所有子尺度的平均值(采用大范围内所有子尺度的平均值)提升到母尺度,则空间变异性被消除,此时尺度转换完全由回归水重复利用所决定。

计算尺度效应影响因素的作用权重的基本流程如图 7.2 所示。需要说明的是,本方法

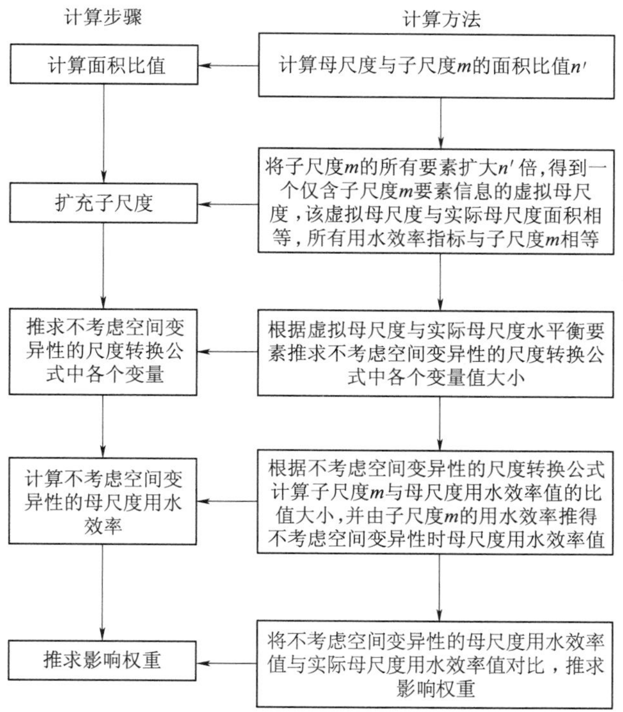


图 7.2 尺度效应影响因素作用权重计算流程图

适用的对象是从某个具体的子尺度提升到母尺度。

下面按照图 7.2 中的各个计算步骤，以无限时间尺度下四干渠尺度提升到灌区尺度的净入流量水分生产率尺度转换模型为例介绍计算方法。子尺度和母尺度要素信息见表 7.2，其中水平衡要素主要来自于模型模拟结果和灌区实地搜集，作物产量来自于实地调查，面积来自于 RS 破译，净入流量水分生产率根据公式计算得到。

**表 7.2　无限时间尺度下四干渠尺度和灌区尺度要素信息表**

| 尺　　度 | 四干渠尺度 | 虚拟母尺度 | 灌区尺度 |
|---|---|---|---|
| 0. 冬小麦面积/$m^2$ | 217875901.97 | 1359545628.28 | 1359818768.08 |
| 1. 净入流量/$m^3$ | 84047896.44 | 524458873.81 | 512554747.72 |
| 1.1 毛入流量/$m^3$ | 140088562.00 | 874152626.68 | 669146296.20 |
| 1.1.1 渠道灌溉/$m^3$ | 56097957.16 | 350051252.65 | 215313385.80 |
| 1.1.2 深井灌溉/$m^3$ | 56765491.09 | 354216664.42 | 262777056.68 |
| 1.1.3 降雨量/$m^3$ | 24678254.98 | 153992311.10 | 166921674.95 |
| 1.1.4 边界外渠系补给量/$m^3$ | 1784206.00 | 11133445.44 | 0.00 |
| 1.1.5 地下水入流量/$m^3$ | 762652.74 | 4758953.07 | 24134178.77 |
| 1.2 土壤储水变化量/$m^3$ | 46878700.01 | 292523088.03 | 186181192.07 |
| 1.3 地下水储水变化量/$m^3$ | 9161965.52 | 57170664.83 | −29589643.60 |
| 2. 总耗水量/$m^3$ | 80628768.16 | 503123513.30 | 502432994.12 |
| 2.1 麦地腾发量/$m^3$ | 80628768.16 | 503123513.30 | 502432994.12 |
| 3. 出流量/$m^3$ | 3419128.29 | 21335360.52 | 10138502.28 |
| 3.1 地下水出流量/$m^3$ | 3419128.29 | 21335360.52 | 10138502.28 |
| 4. 作物产量/kg | 149333023.80 | 931838068.52 | 887389278.49 |
| 5. 总井水灌溉量/$m^3$ | 62900884.05 | 392501516.45 | 363045881.60 |
| 6. 总灌溉量/$m^3$ | 118998841.20 | 742552769.10 | 578359267.38 |
| 7. 根系层深层渗漏量/$m^3$ | 39168514.78 | 244411532.23 | 142237093.72 |
| 8. 渠系渗漏损失量/$m^3$ | 27115683.59 | 169201865.59 | 120622469.55 |
| 9. 净灌溉水量/$m^3$ | 52714642.83 | 328939371.28 | 315499704.11 |
| 10. 净入流量水分生产率/($kg/m^3$) | 1.78 | 1.78 | 1.73 |

（1）计算面积比值

灌区尺度与四干渠尺度面积比值为：

$$n'=\frac{A}{A_m}=\frac{1359818768.08}{217875901.97}=6.24 \tag{7.52}$$

（2）扩充子尺度

将四干渠尺度的所有要素扩充 $n'=6.24$ 倍，得到虚拟母尺度各个信息要素，见表 7.2。

（3）推求不考虑空间变异性的尺度转换公式中各个变量值

不考虑空间变异性时，净入流量水分生产率尺度转换公式见式（7.8），公式中涉及重

复利用水量为虚拟母尺度出流量与实际母尺度出流量之差，即：

$$R=\sum_{k=1}^{n}O_k-O=n'O_m-O=21335360.52-10138502.28=11196858.24\text{m}^3 \quad (7.53)$$

虚拟母尺度净入流量：

$$n'Q_{i,m}=524458873.81\text{m}^3 \quad (7.54)$$

(4) 计算不考虑空间变异性的母尺度净入流量水分生产率

根据式（7.8）可得到不考虑空间变异性时，四干渠尺度与灌区尺度净入流量水分生产率的比值为：

$$\frac{WP_{i,m}}{WP_i}=1-\frac{R}{n'Q_{i,m}}=1-\frac{11196858.24}{524458873.81}=97.87\% \quad (7.55)$$

而四干渠尺度净入流量水分生产率为 1.78kg/m³，则不考虑空间变异性时，灌区尺度净入流量水分生产率为：

$$WP_i=\frac{WP_{i,m}}{97.87\%}=1.82\text{kg/m}^3 \quad (7.56)$$

(5) 推求影响权重

图 7.3 给出了从四干渠尺度提升到灌区尺度后的中间变化细节，根据该图可以推求影响权重。根据图 7.3 可以看出，当从四干渠尺度提升到灌区尺度时，若不考虑空间变异，则灌区尺度净入流量水分生产率为 1.82kg/m³，即回归水重复利用导致指标值增加 0.04kg/m³，而由于在提升过程中，其他几条干渠的空间变异导致灌区尺度的实际净入流量水分生产率为 1.73kg/m³，即空间变异性导致指标值降低 0.09kg/m³，这样两者综合作用导致了灌区尺度实际指标值为 1.73kg/m³。因此可以认为从四干渠提升到灌区尺度时，回归水重复利用和空间变异性各自的影响权重分别为：

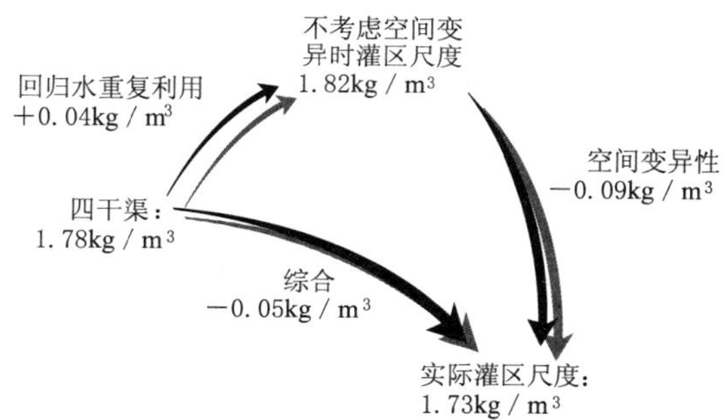

图 7.3　四干渠尺度——灌区尺度净入流量水分生产率变化过程示意图

$$\bar{\omega}_r=\frac{0.04}{0.04+0.09}=30.77\% \quad (7.57)$$

$$\bar{\omega}_k=\frac{0.09}{0.04+0.09}=69.23\% \quad (7.58)$$

式中：$\bar{\omega}_r$ 和 $\bar{\omega}_k$ 分别为回归水重复利用和空间变异性对尺度效应的影响权重。

可见，将净入流量水分生产率从四干渠尺度提升到灌区尺度，空间变异性是主导因素，且重复利用水量对该指标的尺度效应产生正作用，空间变异性对该指标尺度效应产生负作用。

其他用水效率指标也可以按照上述方法进行时空尺度效应中各个影响因素权重的推求。由于涉及的指标和跨尺度的情况较多，这里就不一一计算了。需要说明的是，若回归水的重复利用对用水效率指标的升高产生负作用，认为尺度效应全部由空间变异性决定，因为此时大尺度出流量大于虚拟母尺度（小尺度线性聚合）的出流量，可认为实际上不存在大尺度对小尺度出流的再利用。

## 7.4　时空尺度转换公式评述

本章从不同时空尺度水量平衡的内涵出发，通过寻找尺度间水平衡要素的内在联系，构建了不同灌溉用水效率指标的时空尺度转换模型，该模型为纯机理性模型，具有明确的物理内涵，并且能够进行跨时间、跨空间以及同时跨时空尺度的任意转换。

当然，需要看到的是，考虑空间变异和回归水重复利用的时空尺度转换公式中，由于各种空间变异系数的存在，要求提供母尺度内每一个小尺度的信息，故而考虑空间变异的时空尺度转换公式必须基于大量的空间信息才能够得到，这就限制了其实用性，即需要该母尺度内其他子尺度大量的空间信息作为辅助以便推求空间变异系数，才能单独将某个子尺度的用水效率值转换到母尺度用水效率值。因此要想将考虑空间变异性的时空尺度转换公式投入实际应用中，必须很好地解决用少量的信息就能够推求空间变异系数这一难题，这依赖于产量、腾发量等参数的空间变异性研究，若能首先获得这些变量的尺度转换公式，则本研究中考虑空间变异性的时空尺度转换公式即可投入实用。尽管如此，考虑空间变异的转换公式的推导过程以及推导结果能够为进一步深化研究奠定基础，当然也可以采用一些经验系数来替代这些空间变异系数，以便加强其实用性。

若不考虑空间变异性的时空尺度转换公式能够在获取一些常规经验系数如田间水利用系数、灌溉降雨对地下水的补给系数、渠系水利用系数等的基础上应用于实际情况，其实用性较好。但是由于忽略了空间变异性，因此得到的时空尺度转换结果是子尺度的平均化用水效率值与母尺度的转换关系，而并非具体某个子尺度和母尺度的转换关系，这一点是其前提。

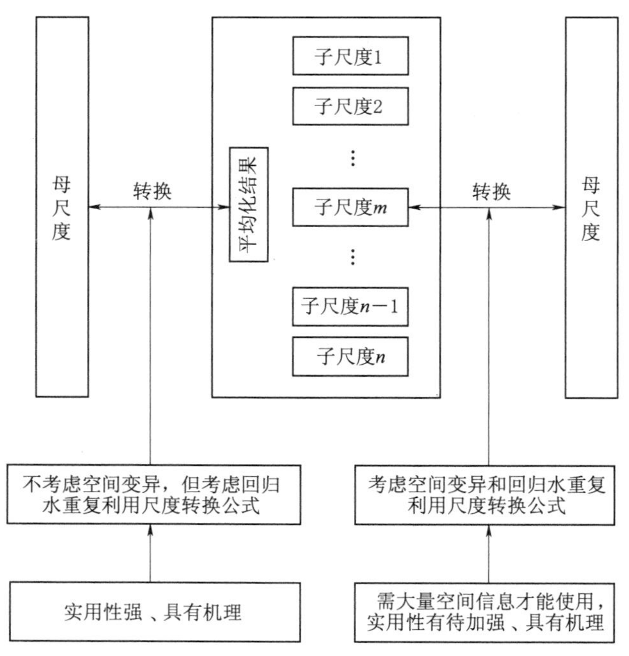


图 7.4　时空尺度转换公式功能评估示意图

## 7.5 小　结

本章推导了各种用水效率指标的时空尺度转换公式，并对其进行了验证。由于用水效率指标时空尺度效应由空间变异性和回归水重复利用双重因素影响，本章还根据尺度转换公式计算了各自影响权重。主要研究结论如下：

（1）构建了综合考虑空间变异性和水循环通量的灌溉用水效率时空尺度转换方法，并根据观测资料和水分循环模拟结果进行了验证，获得了满意的结果，为灌溉用水效率的尺度转换提供了理论依据和可能的解决途径，为不同尺度农业用水效率计算的深化奠定了基础，其中不考虑空间变异性的时空尺度转换模型达到了实用目标。

（2）介绍了如何根据所构建的时空尺度转换模型，评估空间变异性和水分循环重复利用量两个影响因素分别对尺度效应的作用权重，以石津灌区四干渠尺度提升到灌区尺度为例，详细展示了作用权重计算步骤和方法，发现在这一尺度的提升过程中，空间变异性对尺度效应的影响权重为69.23%，回归水重复利用量影响权重只占30.77%。

# 第 8 章　别拉洪河水稻区节水的尺度效应

本章考虑不同灌溉模式、排水再利用比例、地表水引用比例和渠道水利用系数四种因素，交叉组合设置了 45 套模拟方案，基于第 5 章构建的半分布式水量平衡模型对方案进行模拟，得到各方案下不同尺度的水循环要素和用水效率指标等。基于模拟结果，首先以灌区为尺度，比较了不同措施下节水量和净节水量、腾发量占灌溉降雨比例和腾发量占净灌溉降雨比例增幅的差异，分析是否考虑重复利用水量对不同内涵节水效果差异的影响，并从理论上推导了两者差异的原因。然后对比分析不同空间尺度上用水效率和节水效果的差异，揭示节水效果的尺度效应及产生机理。

## 8.1　灌区尺度不同内涵节水效果差异

### 8.1.1　模拟方案设置

根据不同灌溉模式、不同排水再利用比例、不同地表水引用比例和不同渠道水利用系数组合，确定模拟情景方案集。具体的方案设置如下：

（1）灌溉模式

结合研究区当地的灌溉情况，方案中共设置了现状灌溉、浅湿晒灌溉（聂晓，2012 年）和控制灌溉（黑龙江省水利厅，2010 年）3 种灌溉模式，每种灌溉模式各生育期的水层控制规则见表 8.1。

**表 8.1　三种灌溉模式各生育期的水层控制规则**　　单位：mm

| 控制规则 | 泡田期 | 移植返青 | 分蘖前期 | 分蘖后期 | 拔节孕穗 | 抽穗开花 | 乳熟期 | 黄熟期 |
|---|---|---|---|---|---|---|---|---|
| 现状灌溉 | 20～55 | | | 30～65 | | | | 0～30 |
| 浅湿晒灌溉 | 20～50 | 30～50 | 30～50 | 0～50 | 30～50 | 10～30 | 0～30 | 0～30 |
| 控制灌溉 | 20～50 | 90%$\theta_s$～50 | 90%$\theta_s$～50 | 80%$\theta_s$～100%$\theta_s$ | 90%$\theta_s$～30 | 90%$\theta_s$～30 | 80%$\theta_s$～100%$\theta_s$ | 70%$\theta_s$～100%$\theta_s$ |

注　%代表土壤含水量占饱和含水量（$\theta_s$）的百分比。

（2）排水再利用比例

排水再利用必须满足两个基本条件：一是灌溉需要；二是灌溉日沟中有水。结合研究区的排水再利用情况，方案中设置了低、中、高三种排水再利用比例，分别取值 5%、40%和 80%，该比例指的是灌溉当天的排水再利用量占沟道和河道中可利用水量的百分比。

（3）地表水引用比例

研究区目前是纯井灌溉，地表水使用比例为 0，考虑到保障地下水可持续发展，需要

适当引用地表水，随着青龙山灌区引江水工程的实施，该区在未来几年可实现利用地表水进行灌溉。因此，在水稻生育期内利用地下水和地表水进行灌溉时，模拟方案中设置了40%、30%和0三种地表水引用比例，该比例指的是地表水引用量占扣除排水再利用量后的灌溉水量的百分比。

（4）渠道水利用系数

认为渠道衬砌只发生在支渠，设置支渠水利用系数0.65和0.8两种情景，其中前者代表现状条件下支渠未衬砌的情况，后者为《青龙山灌区规划报告》的规划情况。干渠的渠道水利用系数保持0.7不变。

根据上述设置的4种不同因素进行交叉组合，得到45套模拟方案，每套方案的编号及具体情景设置可见表8.2。

**表8.2 不同情景模拟方案设置**

| 方案编号 | 灌溉模式 | 排水再利用比例/% | 地表水引用比例/% | 渠道水利用系数 |
|---|---|---|---|---|
| C1 | 现状灌溉 | 5 | 40 | 支渠0.65、干渠0.7 |
| C2 | 现状灌溉 | 5 | 30 | 支渠0.65、干渠0.7 |
| C3 | 现状灌溉 | 5 | 0 | 支渠0.65、干渠0.7 |
| C4 | 浅湿晒灌溉 | 5 | 40 | 支渠0.65、干渠0.7 |
| C5 | 浅湿晒灌溉 | 5 | 30 | 支渠0.65、干渠0.7 |
| C6 | 浅湿晒灌溉 | 5 | 0 | 支渠0.65、干渠0.7 |
| C7 | 控制灌溉 | 5 | 40 | 支渠0.65、干渠0.7 |
| C8 | 控制灌溉 | 5 | 30 | 支渠0.65、干渠0.7 |
| C9 | 控制灌溉 | 5 | 0 | 支渠0.65、干渠0.7 |
| C10 | 现状灌溉 | 5 | 40 | 支渠0.8、干渠0.7 |
| C11 | 现状灌溉 | 5 | 30 | 支渠0.8、干渠0.7 |
| C12 | 浅湿晒灌溉 | 5 | 40 | 支渠0.8、干渠0.7 |
| C13 | 浅湿晒灌溉 | 5 | 30 | 支渠0.8、干渠0.7 |
| C14 | 控制灌溉 | 5 | 40 | 支渠0.8、干渠0.7 |
| C15 | 控制灌溉 | 5 | 30 | 支渠0.8、干渠0.7 |
| C16 | 现状灌溉 | 40 | 40 | 支渠0.65、干渠0.7 |
| C17 | 现状灌溉 | 40 | 30 | 支渠0.65、干渠0.7 |
| C18 | 现状灌溉 | 40 | 0 | 支渠0.65、干渠0.7 |
| C19 | 浅湿晒灌溉 | 40 | 40 | 支渠0.65、干渠0.7 |
| C20 | 浅湿晒灌溉 | 40 | 30 | 支渠0.65、干渠0.7 |
| C21 | 浅湿晒灌溉 | 40 | 0 | 支渠0.65、干渠0.7 |
| C22 | 控制灌溉 | 40 | 40 | 支渠0.65、干渠0.7 |
| C23 | 控制灌溉 | 40 | 30 | 支渠0.65、干渠0.7 |
| C24 | 控制灌溉 | 40 | 0 | 支渠0.65、干渠0.7 |
| C25 | 现状灌溉 | 40 | 40 | 支渠0.8、干渠0.7 |
| C26 | 现状灌溉 | 40 | 30 | 支渠0.8、干渠0.7 |

续表

| 方案编号 | 灌溉模式 | 排水再利用比例/% | 地表水引用比例/% | 渠道水利用系数 |
|---|---|---|---|---|
| C27 | 浅湿晒灌溉 | 40 | 40 | 支渠 0.8、干渠 0.7 |
| C28 | 浅湿晒灌溉 | 40 | 30 | 支渠 0.8、干渠 0.7 |
| C29 | 控制灌溉 | 40 | 40 | 支渠 0.8、干渠 0.7 |
| C30 | 控制灌溉 | 40 | 30 | 支渠 0.8、干渠 0.7 |
| C31 | 现状灌溉 | 80 | 40 | 支渠 0.65、干渠 0.7 |
| C32 | 现状灌溉 | 80 | 30 | 支渠 0.65、干渠 0.7 |
| C33 | 现状灌溉 | 80 | 0 | 支渠 0.65、干渠 0.7 |
| C34 | 浅湿晒灌溉 | 80 | 40 | 支渠 0.65、干渠 0.7 |
| C35 | 浅湿晒灌溉 | 80 | 30 | 支渠 0.65、干渠 0.7 |
| C36 | 浅湿晒灌溉 | 80 | 0 | 支渠 0.65、干渠 0.7 |
| C37 | 控制灌溉 | 80 | 40 | 支渠 0.65、干渠 0.7 |
| C38 | 控制灌溉 | 80 | 30 | 支渠 0.65、干渠 0.7 |
| C39 | 控制灌溉 | 80 | 0 | 支渠 0.65、干渠 0.7 |
| C40 | 现状灌溉 | 80 | 40 | 支渠 0.8、干渠 0.7 |
| C41 | 现状灌溉 | 80 | 30 | 支渠 0.8、干渠 0.7 |
| C42 | 浅湿晒灌溉 | 80 | 40 | 支渠 0.8、干渠 0.7 |
| C43 | 浅湿晒灌溉 | 80 | 30 | 支渠 0.8、干渠 0.7 |
| C44 | 控制灌溉 | 80 | 40 | 支渠 0.8、干渠 0.7 |
| C45 | 控制灌溉 | 80 | 30 | 支渠 0.8、干渠 0.7 |

### 8.1.2　不同内涵节水效果评估及其差异分析

选取腾发量占灌溉降雨比例（$FR_{ip}$）和腾发量占净灌溉降雨比例（$FR_{ipn}$）作为是否考虑回归水重复利用情况的用水效率评价指标，45 套模拟方案对应的重复利用水量和两个用水效率指标值可见图 8.1。

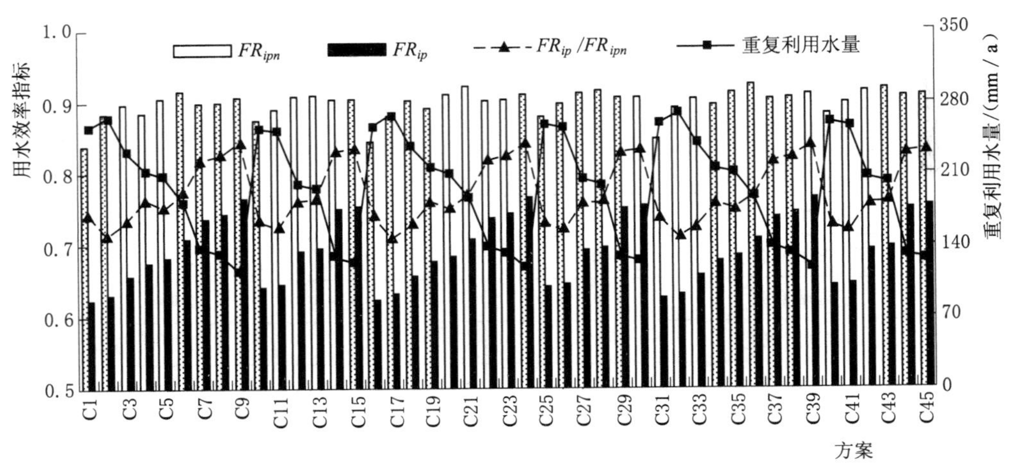


图 8.1　不同情景模拟方案重复利用水量与用水效率指标

可以看出，不考虑重复利用时，用水效率（腾发量占灌溉降雨比例）为0.624～0.766；考虑回归水重复利用后，用水效率（腾发量占净灌溉降雨比例）为0.838～0.923。考虑回归水重复利用后，灌区尺度用水效率平均提升了29.92%，最高可提升41.03%。可见，回归水重复利用有利于灌区尺度用水效率的提升，且效果较为显著。

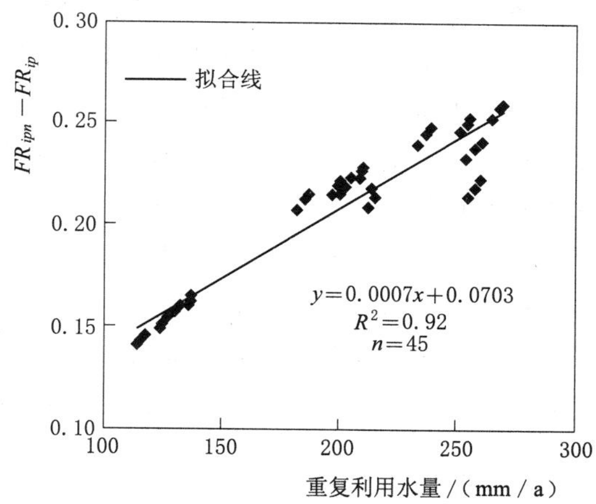


图8.2 重复利用水量与两个用水效率指标差值的关系

图8.2是不同方案的重复利用水量与两个用水效率指标差值的相关关系图。从图中可以看出，重复利用水量与两个用水效率指标的差值具有显著的正相关性，决定系数达0.92，说明随着重复利用水量的增加，灌区尺度用水效率的提升效果呈线性增加。

#### 8.1.2.1 节水量评估及差异分析

传统的节水量为节水措施采取前后毛取水量的差值，本质上是毛节水量。该指标并不考虑回归水重复利用的影响，这可能会导致对节水效果进行评估时考虑不全面，因为毛灌溉取水量中有一部分可能来自于回归水的重复利用。为了避免这种情况，引入净灌溉取水量概念，含义为毛取水量扣除重复利用水量，节水措施实施后，净取水量的差异为净节水量。本小节对纯井灌溉和井渠结合灌溉下，不同措施实施后，这两类不同内涵节水量大小进行了评估和比较，以便从节水量的角度，分析回归水重复利用对节水效果的影响。

（1）纯井灌溉

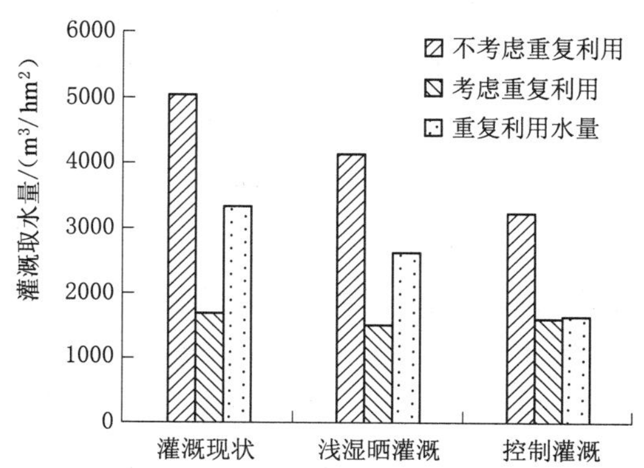


图8.3 纯井灌溉下是否考虑重复利用时不同灌溉模式灌溉取水量

选取C3、C6和C9三套方案进行比较分析，结果见图8.3。可以看出，在纯井灌溉下，采用浅湿晒灌溉后，按照传统观念不考虑回归水重复利用时，灌溉取水量减少了915.0$m^3/hm^2$，节水率为18.17%，考虑重复利用后灌溉取水量只减少了188.4$m^3/hm^2$，节水率为11.08%。采用控制灌溉后，按照传统观念，灌溉取水量减少了1794.4$m^3/hm^2$，节水率为35.64%，而考虑回归水重复利用后，抽取地下水量只减少了96.2$m^3/hm^2$，节水率仅为5.66%。造成这种现象的主要原因是灌溉取水量中有很大一部分来源于地下水补给量及排水的再利用，传统观念中没有考虑这部分重复利用水量，从而导致计算得到的节水量偏大。

在纯井灌溉下，重复利用水量主要包括水田补给、非水田补给、支沟补给、干沟补给、河道补给和排水沟道再利用，不同灌溉模式下重复利用水量的组成情况见图 8.4。可以看出，采用节水灌溉后水田补给地下水量降幅明显，而非水田、支沟、干沟和河道等其他补给地下水量及沟道排水再利用量变化不显著。现状灌溉条件下，水田补给地下水量占重复利用总水量的 53.18%，采用浅湿晒灌溉后，水田补给量较现状灌溉下降了 34.52%，但水田补给仍然占重复利用水量的 44.52%。若采用控制灌溉，水田补给量较现状灌溉下降了 77.81%，且此时水田补给量小于干沟补给和支沟补给量，仅占重复利用水量的 24.03%。说明采用节水灌溉模式后，水田单元的补给量减少，直接导致了重复利用水量的减少，重复利用水量占总灌溉取水量的比例也减少了。采用浅湿晒灌溉和控制灌溉后，重复利用量占总灌溉取水量的比例分别为 63.33% 和 50.54%，均小于现状灌溉时的 66.25%。

(2) 井渠结合灌溉

从灌溉模式、地表水引用比例、渠道水利用系数和排水再利用比例四个方面对井渠结合灌溉下是否考虑回归水重复利用的节水效果进行评估。

1) 不同灌溉模式

水稻生育期引用地表水比例为 30% 时，选取 C2、C5 和 C8 三套方案比较分析，见图 8.5。

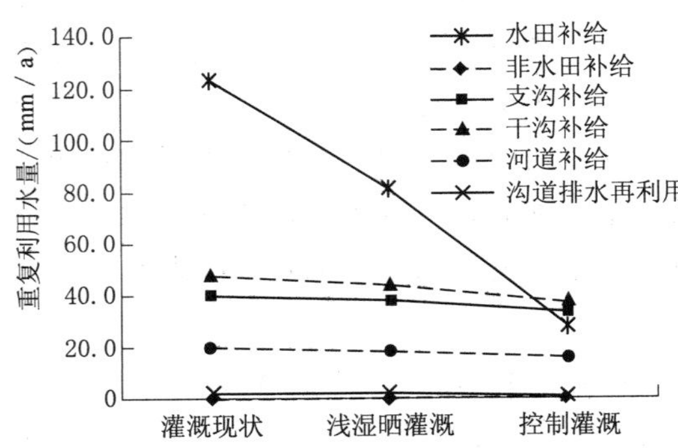


图 8.4　纯井灌溉下不同灌溉模式的重复利用水量组成

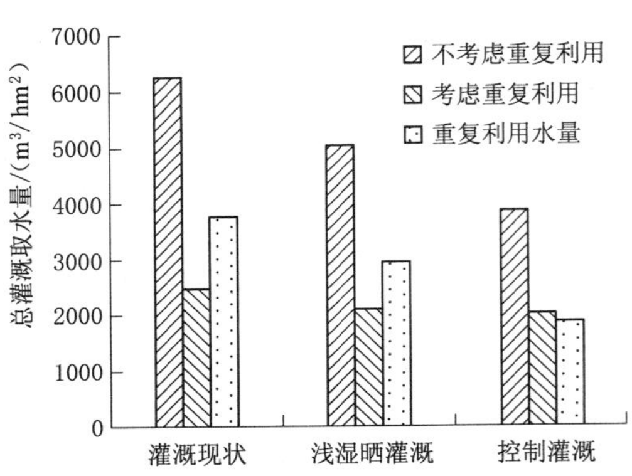


图 8.5　井渠结合灌溉下不同灌溉模式的总灌溉取水量

可以看出，采用浅湿晒灌溉后，按照传统观念，总灌溉取水量减少了 1208.6$m^3/hm^2$，节水率为 19.24%，但考虑回归水重复利用后，总取水量只减少了 390.7$m^3/hm^2$，节水率为 15.71%。采用控制灌溉后，按照传统观念，总灌溉取水量减少了 2397.2$m^3/hm^2$，节水率为 38.17%，但考虑回归水重复利用后，总取水量只减少了 479.2$m^3/hm^2$，节水率为 19.27%。由此可知，井渠结合灌溉下按传统方法计算得到的节水潜力同样偏大。此外，无论是否考虑回归水重复利用，井渠灌溉的总灌溉取水量和节水量大于纯井灌溉，这主要是由于该模式下，渠道输水过程中会有一定的渗漏损失，正是这部分损失水量导致了引用地表水量的增加。

井渠结合灌溉的重复利用水量在纯井灌溉重复利用水量的基础上增加了支渠和干渠渗漏补给，该模式下重复利用水量的组成情况见图 8.6。可以看出，采用节水灌溉模式后，水田补给地下水量降幅明显，支渠和干渠的补给量也呈现较显著的下降趋势，但非水田、

支沟、干沟和河道等其他补给地下水量及沟道排水再利用量变化不显著。采用浅湿晒灌溉后，水田补给量较现状灌溉下降了33.58%，此时水田补给量占重复利用总水量的37.49%，支渠补给量和干渠补给量较现状灌溉分别下降了26.13%和25.9%。若采用控制灌溉，水田补给量较现状灌溉下降了77.19%，此时水田补给量仅占重复利用水量的20.42%，支渠补给量和干渠补给量较现状灌溉分别下降了55.64%和55.67%。因此，此种模式下节水灌溉模式的实施同样会导致重复利用水量的减少。

2）不同地表水引用比例

针对不同地表水引用比例，选取C1、C2和C3三套方案比较分析，结果见图8.7。可以看出，无论是否考虑回归水重复利用，随着引用地表水量的减少，总灌溉取水量也会相应减少。当地表水引用比例由40%减少到30%时，按照传统观念，灌区尺度的总灌溉取水量减少了415.2$m^3/hm^2$，节水率为6.2%，但考虑回归水重复利用后，取水量减少了583.34$m^3/hm^2$，节水率为19.0%，此时考虑重复利用后的节水效果更为显著。造成这一现象的主要原因是当地表水引用比例由40%减少到30%时，重复利用水量没有减少反而增加了4.64%，且重复利用水量占总灌溉取水量的比例由54.15%增加到60.41%。

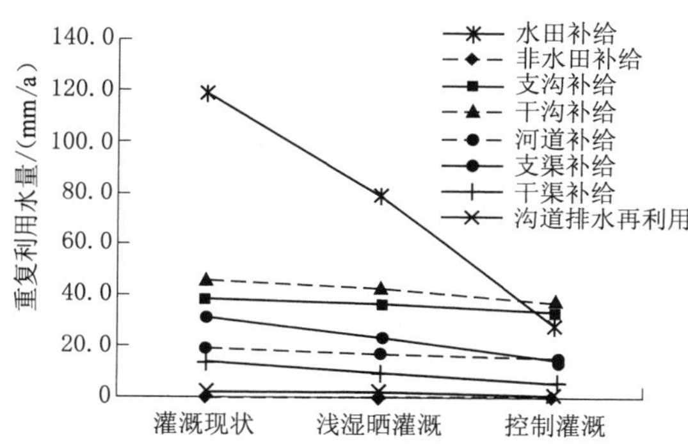


图8.6 井渠结合灌溉下不同灌溉模式的重复利用水量组成

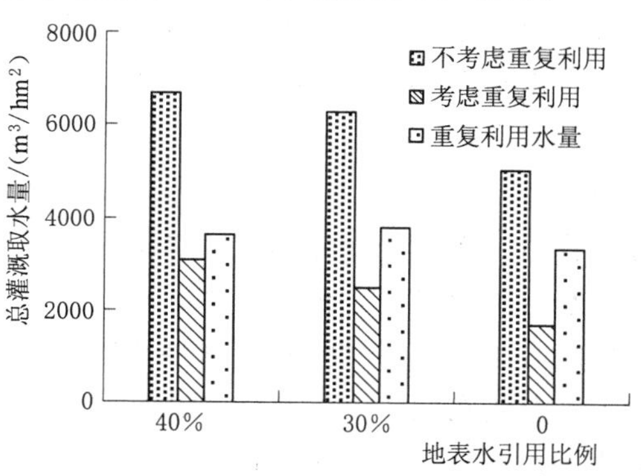


图8.7 现状灌溉下不同地表水引用比例的总灌溉取水量

当地表水引用比例由30%减少到0时，按照传统观念，灌区尺度的节水率为19.83%，但考虑回归水重复利用后，节水率为31.67%。此时考虑回归水重复利用后的节水效果同样比传统观念显著，原因是当比例由30%减少到0时，总灌溉取水量相应减少了19.83%，同时，由于渠道渗漏量减少（图8.8），补给地下水量也相应减少，此时重复利用水量减少了12.07%，总灌溉取水量的减少幅度大于重复利用水量降幅，相应的重复利用水量占总灌溉取水量的比例由60.41%增加至66.25%。

3）不同渠道水利用系数

地表水引用比例为30%时，选取C2和C11两套方案分析支渠是否衬砌对总灌溉取水量和重复利用水量的影响，见图8.9。渠道衬砌后，按照传统观念，灌区尺度的节水率为6.82%，考虑回归水重复利用后，节水率为9.64%，略大于传统观念。支渠进行衬砌后，重复利用水量和总灌溉取水量均减少了，此时重复利用水量占总灌溉取水量的比例为61.6%，略大于支渠未衬砌时的60.41%，因此考虑重复利用后支渠衬砌的节水效果要略优于按传统观点计算的节水效果。此外，由于渠道引地表水的比例相对较小，因此无论是

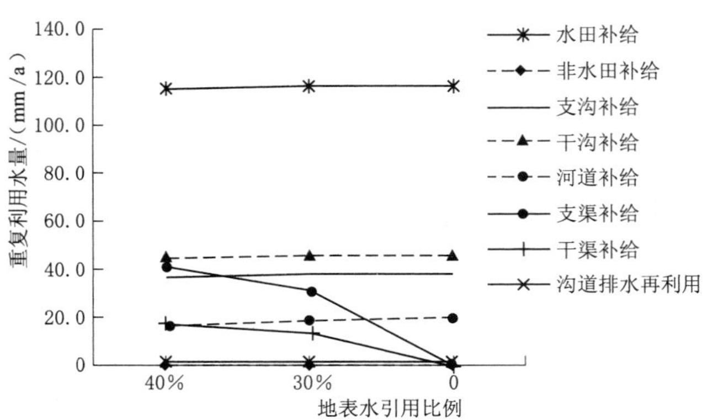


图 8.8　现状灌溉下不同地表水引用比例的重复利用水量组成

否考虑重复利用水量，支渠衬砌的节水效果并不显著。

4）不同排水再利用比例

水稻生育期内地表水引用比例为 30%时，选取 C2、C17 和 C32 三套方案，分析不同排水再利用比例对灌溉取水量和重复利用水量的影响，结果见图 8.10。按传统方法计算时，当排水再利用比例由 5%增加到 40%时，灌区尺度的节水率为 0.63%，该比例由 40%增加到 80%时，节水率为 0.44%。考虑回归水重复利用后，当排水再利用比例由 5%增加到 40%时，灌区尺度的节水率为 3.54%，由 40%增加到 80%时，节水率为 1.92%。可以看出，无论是否考虑回归水重复利用，提高排水再利用比例的节水效果都较小，这是由排水再利用量在三种灌溉水源中所占的比例较小所致。考虑重复利用后的节水效果要大于传统观念，原因是随着排水再利用比例的提高，排水再利用量逐渐增加，虽然此时补给地下水总量在减小，但整体来看重复利用水量在逐渐增加，重复利用水量占总灌溉取水量的比例也在增加。当排水再利用比例由 5%增加到 40%时，重复利用水量占总灌溉取水量的比例由 60.41%增加到 61.57%，排水再利用比例由 40%增加到 80%时，重复利用水量占总灌溉取水量的比例由 61.57%增加到 62.14%。

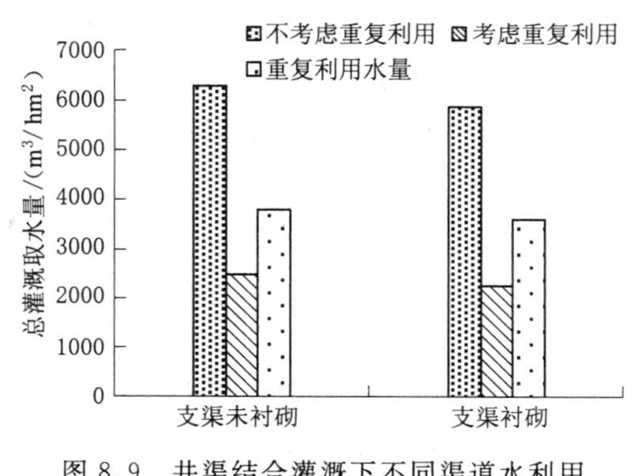


图 8.9　井渠结合灌溉下不同渠道水利用系数的总灌溉取水量

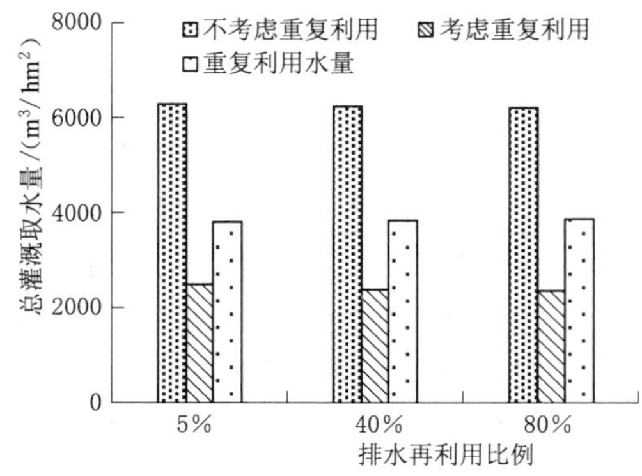


图 8.10　纯井灌溉下不同排水再利用比例的总灌溉取水量

#### 8.1.2.2　用水效率提升幅度评估及差异分析

分析不同节水灌溉模式和措施对灌区尺度用水效率的提升效果时，选取腾发量占灌溉

降雨比例和腾发量占净灌溉降雨比例这两个指标作为是否考虑回归水重复利用的用水效率评价指标，指标中各项的具体含义此处不再赘述。

（1）纯井灌溉

选取C3、C6和C9三套方案分析纯井灌溉下，考虑回归水重复利用对用水效率的影响，见图8.11。采用浅湿晒灌溉，按传统观念，灌区尺度用水效率提升了7.81%，但考虑重复利用后，用水效率只提升了2.11%。采用控制灌溉后，按照传统观念，灌区尺度的用水效率提升了16.59%，考虑回归水重复利用后，用水效率仅提升了1.13%。可以看出，考虑回归水重复利用后，采用节水灌溉对用水效率的提升效果并不显著，且远远小于传统观点。造成这一现象的原因是，按传统观念，用水效率的提升效果与腾发量和灌溉量有关，由于腾发量差异不显著，则灌溉量起主要作用，而考虑重复利用后，用水效率的提升效果不仅与灌溉量有关，还要考虑重复利用水量，最终的用水效率是二者综合作用的结果。

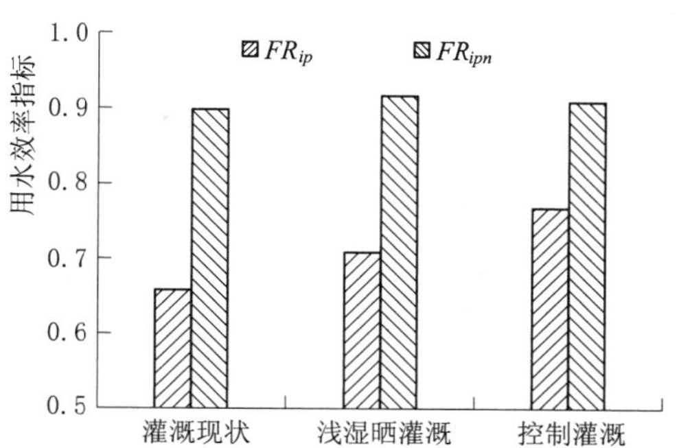


图8.11　纯井灌溉时不同灌溉模式下灌区尺度用水效率指标

采用节水灌溉模式后，不考虑回归水重复利用时，用水效率指标的大小只与灌溉量有关，节水量越大用水效率的提升效果越显著，传统观念计算得到控制灌溉的节水量为1794.4$m^3/hm^2$，比节水量为915.0$m^3/hm^2$的浅湿晒灌溉的节水效果好，因此其用水效率提升效果也较显著。考虑回归水重复利用后，用水效率指标的大小是节水量和重复利用水量综合作用的结果，随着节水灌溉的实施，灌溉水量减少，田间渗漏补给地下水量随之减少，重复利用水量也相应减少，此种情况下用水效率由扣除重复利用水量后的净灌溉水量决定。考虑重复利用后，浅湿晒灌溉的地下水利用量为1510.9$m^3/hm^2$，小于现状灌溉的1699.3$m^3/hm^2$，因此用水效率会出现提升，但效果较小。控制灌溉考虑重复利用后的地下水利用量为1603.1$m^3/hm^2$，小于现状灌溉但大于浅湿晒灌溉，此时用水效率较现状灌溉同样会出现提升，但提升效果要小于浅湿晒灌溉。

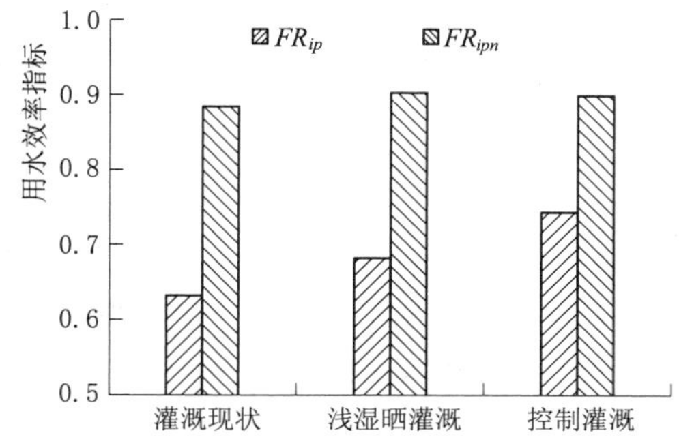


图8.12　不同灌溉模式对应的灌区尺度用水效率指标

（2）井渠结合灌溉

从灌溉模式、地表水引用比例、渠道水利用系数和排水再利用比例四个方面对井渠结合灌溉下，是否考虑回归水重复利用对灌区尺度用水效率增幅的影响进行了评估。

1）不同灌溉模式

当水稻生育期地表水引用比例为30%时，选取C2、C5和C8三套方案比较分析，结果见图8.12。采用浅湿晒灌溉后，按传统观念，灌区尺度的用水效率提升了8.2%，考虑回归水重复利用后，用水效率只提升了2.55%。采用控制灌溉后，按传统观念，用水效率提升了 17.82%，考虑回归水重复利用后，用水效率仅提升了 1.96%。可以看出，考虑回归水重复利用后，采用节水灌溉模式对灌区尺度用水效率的提升效果不显著，且小于传统观点的提升效果。这一结果与纯井灌溉下采用节水灌溉模式对灌区尺度用水效率的提升效果相似。

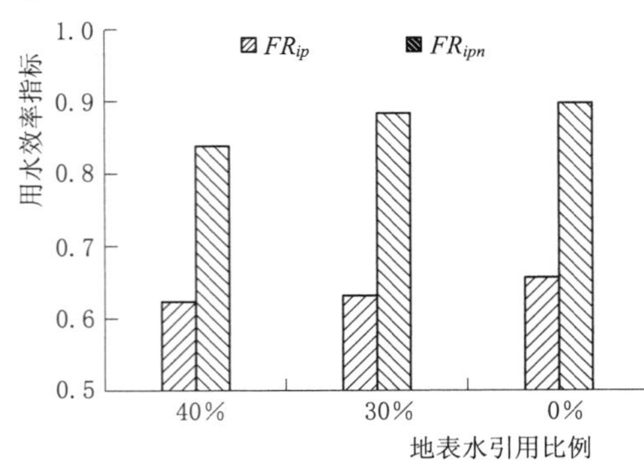

图 8.13　不同地表水引用比例对应的灌区尺度用水效率指标

2）不同地表水引用比例

针对不同地表水引用比例，选取 C1、C2 和 C3 三套方案进行分析比较，结果见图 8.13。随着地表水引用比例的减少，总灌溉取水量随之减少，灌区尺度用水效率增加，能产生一定的节水效果。当地表水引用比例由 40%减少到 30%时，按传统观点，用水效率提升了 1.22%，考虑回归水重复利用后，效率提升了 5.35%，后者节水效果更大。原因是此时重复利用水量增加了 4.64%，而总灌溉取水量减少了 6.2%，重复利用水量占总灌溉取水量的比例由 54.15%增加到 60.41%，重复利用水量占总灌溉取水量和降雨量的比例由 25.59%增加到 27.41%。当地表水引用比例由 30%减少到 0 时，传统观念的节水率为 19.83%，用水效率提升了 4.07%，考虑重复利用后，节水率为 31.67%，效率提升了 1.53%。此时考虑回归水重复利用后的节水率比传统观念高，但用水效率提升效果小于传统观念。原因是此种情况下，重复利用水量占总灌溉取水量的比例由 60.41%增加到 66.25%，而重复利用水量占总灌溉取水量和降雨量的比例由 27.41%减小到 26.49%。

3）不同渠道水利用系数

水稻生育期内地表水引用比例为 30%时，选取 C2 和 C11 两套方案分析支渠是否衬砌对灌区尺度用水效率的影响，结果见图 8.14。渠道衬砌后，按传统观念，灌区尺度用水效率提升了 2.18%，考虑重复利用后，效率只提升了 0.91%。可以看出，当地表水引用比例较小时，无论是否考虑重复利用，支渠衬砌对灌区尺度用水效率的提升效果都不大，且考虑重复利用后的提升效果小于传统观点。原因是支渠衬砌后，重复利用水量和总灌溉取水量均减少了，但衬砌后重复利用水量占总灌溉取水量和降雨量的比例为 26.88%，略小于未衬砌时的 27.41%。

4）不同排水再利用比例

水稻生育期内地表水引用比例为 30%时，选取 C2、C17 和 C32 三套方案分析不同排水再利用比例对用水效率的影响，结果见图 8.15。可以看出，无论是否考虑回归水重复利用，增加排水再利用比例能够提升灌区尺度用水效率，但提升效果很小，均不足 1%，主要是因为排水再利用量在三种灌溉水源中占的比重较小。

### 8.1.3　不同内涵节水效果差异的理论推导

#### 8.1.3.1　节水率差异

采取某种措施后，考虑回归水重复利用与未考虑重复利用的节水率差值，可由式

(8.1) 计算得到：

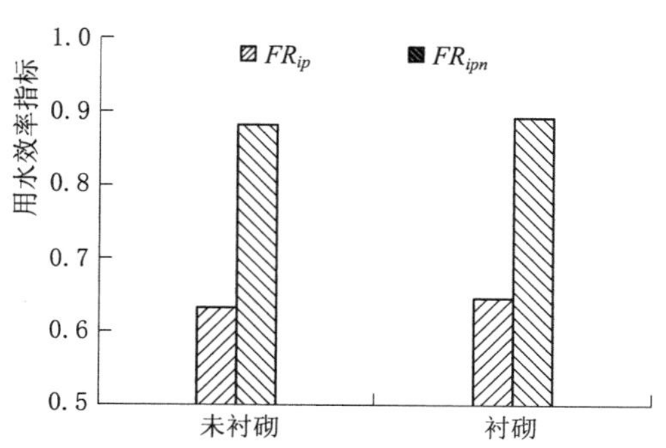


图 8.14 不同渠道水利用系数对应的灌区尺度用水效率指标

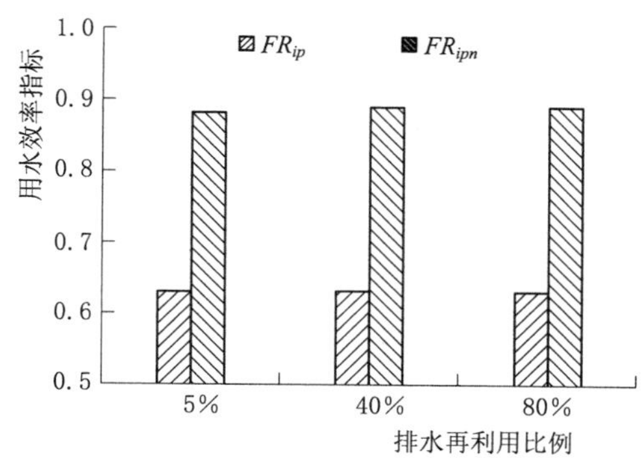


图 8.15 不同排水再利用比例灌区尺度用水效率指标

$$R_{I-\lambda}-R_I=\frac{(I-\lambda)-(I'-\lambda')}{I-\lambda}-\frac{I-I'}{I}$$

$$=\frac{I(I-\lambda)-I(I'-\lambda')-(I-\lambda)(I-I')}{I(I-\lambda)}=\frac{I\lambda'-I'\lambda}{I(I-\lambda)}$$

$$=\frac{II'\left(\frac{\lambda'}{I'}-\frac{\lambda}{I}\right)}{I(I-\lambda)}=\frac{I'\left(\frac{\lambda'}{I'}-\frac{\lambda}{I}\right)}{I-\lambda}=\frac{I'\left(\frac{\lambda'}{I'}-\frac{\lambda}{I}\right)}{I\left(1-\frac{\lambda}{I}\right)}$$

$$=\frac{I'}{I}\left(\frac{\frac{\lambda'}{I'}-\frac{\lambda}{I}}{1-\frac{\lambda}{I}}\right) \tag{8.1}$$

式中：$R_{I-\lambda}$为采取某种措施后考虑回归水重复利用时的节水率，%；$R_I$为采取某种措施后未考虑重复利用时的节水率，%；$I$ 为没有采取措施时未考虑回归水重复利用的灌溉水量，$m^3$；$I'$为采取某种措施后未考虑回归水重复利用时的灌溉水量，$m^3$；$\lambda$ 为没有采取措施时的重复利用水量，$m^3$；$\lambda'$为采取某种措施后的重复利用水量，$m^3$。

由于重复利用量占总灌溉取水量的比例小于 1 恒成立，即 $1-\frac{\lambda}{I}>0$ 恒成立，则式 (8.1) 计算结果的正负由节水措施实施前后，重复利用量占总灌溉取水量的比例的差值所决定。

如果节水措施实施后，重复利用量占总灌溉取水量的比例增加，说明采取此措施后，考虑回归水重复利用的节水率大于传统观念。例如，当地表水引用比例由 40%减少到 30%时，重复利用量占总灌溉取水量的比例由 54.15%增加到 60.41%，此时传统观念的节水率为 6.2%，考虑重复利用后的节水率为 19.0%，后者大于前者。当地表水引用比例由 30%减少到 0 时，重复利用水量占总灌溉取水量的比例由 60.41%增加到 66.25%，此时传统观念的节水率为 19.83%，考虑重复利用后的节水率为 31.67%，后者大于前者。

如果节水措施实施后，重复利用量占总灌溉取水量的比例减小，说明采取此措施后，考虑回归水重复利用的节水率小于传统观念。例如，在纯井灌溉下，采用浅湿晒灌溉后，重复利用水量占总灌溉取水量的比例为 63.33%，小于现状灌溉条件下的 66.25%，此时传统观念的节水率为 18.17%，考虑重复利用后的节水率为 11.08%，后者小于前者。

#### 8.1.3.2　用水效率提升幅度差异

采取某种措施后，考虑回归水重复利用时与未考虑重复利用的用水效率提升幅度的差值可由式（8.2）计算得到：

$$
\begin{aligned}
R_{FR_{ipn}} - R_{FR_{ip}} &= \frac{\left(\dfrac{ET}{I+P-\lambda}\right)' - \dfrac{ET}{I+P-\lambda}}{\dfrac{ET}{I+P-\lambda}} - \frac{\left(\dfrac{ET}{I+P}\right)' - \dfrac{ET}{I+P}}{\dfrac{ET}{I+P}} = \frac{I+P-\lambda}{I'+P-\lambda'} - \frac{I+P}{I'+P} \\
&= \frac{(I+P-\lambda)(I'+P)-(I'+P-\lambda')(I+P)}{(I'+P-\lambda')(I'+P)} \\
&= \frac{\lambda'(I+P)-\lambda(I'+P)}{(I'+P-\lambda')(I'+P)} = \frac{\lambda'\dfrac{I+P}{I'+P}-\lambda}{I'+P-\lambda'} \\
&= \frac{(I+P)\left(\dfrac{\lambda'}{I'+P}-\dfrac{\lambda}{I+P}\right)}{I'+P-\lambda'} = \frac{(I+P)\left(\dfrac{\lambda'}{I'+P}-\dfrac{\lambda}{I+P}\right)}{(I'+P)\left(1-\dfrac{\lambda'}{I'+P}\right)} \\
&= \frac{I+P}{I'+P}\left(\frac{\dfrac{\lambda'}{I'+P}-\dfrac{\lambda}{I+P}}{1-\dfrac{\lambda'}{I'+P}}\right)
\end{aligned} \tag{8.2}
$$

式中：$R_{FR_{ipn}}$ 为采取某种措施后考虑回归水重复利用时用水效率的提升幅度，%；$R_{FR_{ip}}$ 为采取某种措施后未考虑回归水重复利用时用水效率的提升幅度，%。

由于采取某种措施后重复利用量占总灌溉取水量和降雨量的比例小于 1 恒成立，即 $1-\dfrac{\lambda'}{I'+P}>0$ 恒成立，则式（8.2）计算结果的正负是由节水措施实施前后，重复利用量占总灌溉取水量和降雨量比例的差值决定。

如果节水措施实施后，重复利用量占总灌溉取水量和降雨量的比例增加，说明采取此措施后，考虑回归水重复利用后用水效率增幅大于传统观念。例如，当地表水引用比例由 40%减少到 30%时，重复利用量占总灌溉取水量和降雨量的比例由 25.59%增加到 27.41%，此时按传统观念，用水效率提升了 1.22%，考虑重复利用后，效率提升了 5.35%，后者大于前者。

如果节水措施实施后，重复利用量占总灌溉取水量和降雨量的比例减小，说明采取此措施后，考虑回归水重复利用后用水效率增幅小于传统观念。例如，当地表水引用比例由 30%减少到 0 时，重复利用量占总灌溉取水量和降雨量的比例由 27.41%减小到 13.0%，按传统观念，用水效率提升了 4.07%，考虑重复利用后，效率提升了 1.53%，前者大于后者。

各套方案的节水率与用水效率提升幅度见表 8.3。

表 8.3 各方案的节水率与用水效率提升幅度统计

| 方案 | 节水率/% | | | | 用水效率提升幅度/% | | | |
|---|---|---|---|---|---|---|---|---|
| | $\frac{\lambda}{I}$ | $\frac{\lambda'}{I'}$ | 未考虑重复利用节水率 | 考虑重复利用节水率 | $\frac{\lambda}{I+P}$ | $\frac{\lambda'}{I'+P}$ | 未考虑重复利用提升幅度 | 考虑重复利用提升幅度 |
| C1 | 54.49 | | | | 25.59 | | | |
| C2 | 54.49 | 60.41 | 6.20 | 19.00 | 25.59 | 27.41 | 1.22 | 5.35 |
| C3 | 60.41 | 66.25 | 19.83 | 31.67 | 27.41 | 26.49 | 4.07 | 1.53 |
| C5 | 60.41 | 58.68 | 19.24 | 15.71 | 27.41 | 23.56 | 8.20 | 2.54 |
| C6 | 66.25 | 63.33 | 18.17 | 11.08 | 26.49 | 22.34 | 7.81 | 2.11 |
| C8 | 60.41 | 48.31 | 38.17 | 19.27 | 27.41 | 16.39 | 17.82 | 1.96 |
| C9 | 66.25 | 50.54 | 35.64 | 5.66 | 26.49 | 15.16 | 16.59 | 1.13 |
| C11 | 60.41 | 61.60 | 6.82 | 8.72 | 27.41 | 26.88 | 2.18 | 0.91 |
| C17 | 60.41 | 61.57 | 0.63 | 3.54 | 27.41 | 27.84 | 0.09 | 0.71 |
| C32 | 60.41 | 62.14 | 0.44 | 1.92 | 27.41 | 28.03 | 0.05 | 0.26 |

## 8.2 节水的尺度效应及其产生机理

利用第 5 章构建的灌区半分布式水量平衡模型对设置的 45 套方案进行模拟，得到每套方案在各个尺度上的水平衡要素和用水效率评价指标，本小节分析了采取不同节水灌溉模式或措施后，用水效率及其增幅的空间尺度变化规律，揭示了灌区节水的尺度效应及产生机理。

### 8.2.1 用水效率的尺度效应及其产生机理

#### 8.2.1.1 用水效率的尺度效应

选取 6 套情景方案（C2、C3、C4、C9、C12 和 C32），分析不同灌溉模式、排水再利用比例、地表水引用比例和渠道水利用系数时，腾发量占净灌溉降雨比例随尺度变化情况，见图 8.16 和图 8.17。可以看出，考虑回归水重复利用后，用水效率总体上呈现随尺度增大而增大的趋势，但在跨越部分尺度时存在局部变小现象。原因是考虑了回归水重复利用后，随着尺度的增大，小尺度损失水量会在更大尺度上被重复利用，从而使得用水效率随着尺度提升而增加，而由于各尺度上水田单元面积占总控制面积的比例不同，又会造成局部变小的现象。用水效率随尺度变化的整体规律可以用幂函数表示，这与谢先红等（2010 年）的研究结果一致。各尺度水田面积、总面积和水田所占比例情况见表 8.4。

另外，从图 8.16 和图 8.17 中可以看出，由根区尺度跨越到支沟尺度时，用水效率提升效果最显著，如代表现状条件的 C3 方案，从根区尺度到支沟尺度时，用水效率提升了 26.91%。原因是根区尺度只包含了地表水层和根系层，而支沟尺度将整个饱和带与非饱和带均包含进来，加之研究区内回归水的主要利用方式是机井抽水灌溉，因此当尺度从根区跨越到支沟尺度时，用水效率提升幅度最大。随着尺度继续增大，用水效率提升效果并不显著，主要是由于研究区的地表排水再利用量相对较少，因此当尺度进一步扩大后，效率提升幅度有限。

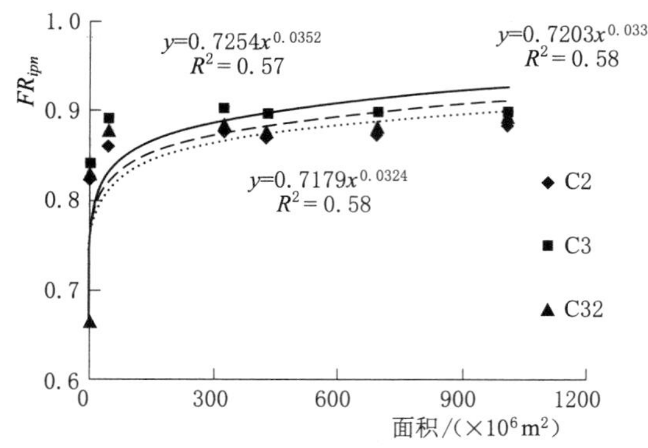


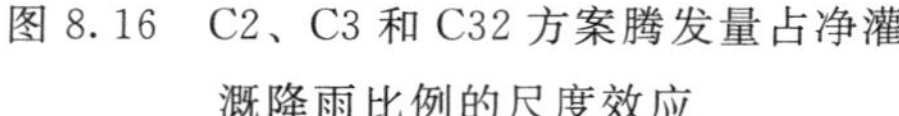
图 8.16　C2、C3 和 C32 方案腾发量占净灌溉降雨比例的尺度效应

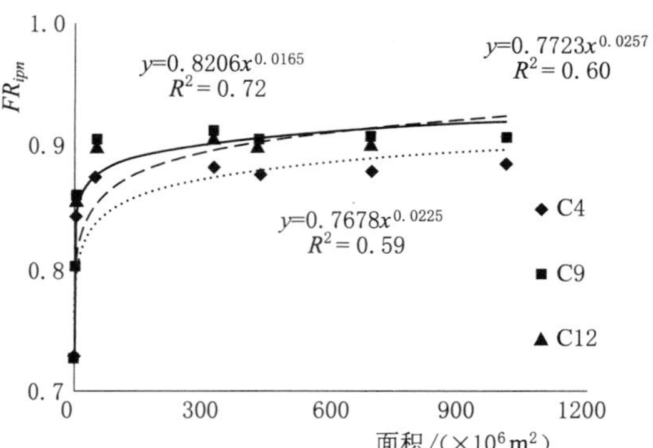


图 8.17　C4、C9 和 C12 方案腾发量占净灌溉降雨比例的尺度效应

**表 8.4　各尺度水田面积和总面积统计表**

| 尺度划分 | 根区尺度 | 支沟尺度 | 干沟尺度 1 | 干沟尺度 2 | 干沟尺度 3 | 干沟尺度 4 | 灌区尺度 |
|---|---|---|---|---|---|---|---|
| 尺度编号 | 尺度 1 | 尺度 2 | 尺度 3 | 尺度 4 | 尺度 5 | 尺度 6 | 尺度 7 |
| 总面积/hm$^2$ | 317.9 | 401.3 | 4772 | 32389 | 42937 | 69288 | 100772 |
| 水田面积/hm$^2$ | 317.9 | 317.9 | 3772 | 22799 | 29031 | 47894 | 70411 |
| 水田比例/% | 100 | 79.20 | 79.06 | 70.39 | 67.61 | 69.12 | 69.87 |

#### 8.2.1.2　尺度效应的机理分析

选择重复利用系数 $RF$、回归有效系数 $ERFF$ 和灌溉降雨回归系数 $RFF_{I+P}$ 三个指标量化回归水重复利用的大小及使用情况（陈皓锐等，2009 年；Jiang et al.，2015 年）。重复利用系数 $RF$ 是重复利用水量与理论回归水量的比值，能够直接反映回归水被重复利用的程度，若不存在回归水重复利用，则重复利用系数 $RF$ 为 0，反之，如果一个理论上完全封闭的系统排水量为 0，则 $RF$ 为 1。回归有效系数 $ERFF$ 是实际回归水量与理论回归水量的比值，$ERFF$ 值越大表明出流量越大，即重复利用水量越小。灌溉降雨回归系数 $RFF_{I+P}$ 是实际回归水量与总灌溉取水量和降雨量的比值，可用于说明回归水量占总供水量（包含灌溉和降雨）的比例，也可从另一侧面反映灌溉水的有效利用程度。三个系数的计算分别见式（8.3）～式（8.5）。

$$RF=\frac{\lambda}{Q_{CRF}} \tag{8.3}$$

$$ERFF=\frac{Q_{RF}}{Q_{CRF}}=\frac{Q_{CRF}-\lambda}{Q_{CRF}} \tag{8.4}$$

$$RFF_{I+P}=\frac{Q_{RF}}{I+P}=\frac{Q_{CRF}-\lambda}{I+P} \tag{8.5}$$

式中：$RF$ 为重复利用系数；$Q_{CRF}$ 为理论回归水量，m$^3$，本研究中的理论回归水量是指地表排水量和渗漏量的总和；$ERFF$ 为回归有效系数；$Q_{RF}$ 为实际回归水量，m$^3$，由理论回归水量扣除重复利用量后得到；$RFF_{I+P}$ 为灌溉降雨回归系数；$P$ 为降雨量，m$^3$。

以现状条件（C3 方案）为例，重复利用系数 $RF$ 和回归有效系数 $ERFF$ 随尺度的变

化见图 8.18。可以看出，随着尺度的增大，$RF$ 逐渐增大，说明回归水重复利用量随尺度而逐渐增加。从根区尺度跨越到支沟尺度时，重复利用水量提升幅度最大，随着尺度继续增大，重复利用水量逐渐增加但变化幅度不大，且会出现局部变小的情况，这与前面分析得到的腾发量占净灌溉降雨比例 $FR_{ipn}$ 随尺度变化的规律是一致的。另外，回归有效系数 $ERFF$ 随尺度的增大而逐渐减小，这与重复利用系数 $RF$ 的变化规律刚好相反，原因是随着尺度的增大，回归有效系数 $ERFF$ 逐渐减小，说明出流量在逐渐减小。

图 8.19 是现状条件（C3 方案）下，重复利用水量占总灌溉取水量和降雨量的比例 $\lambda/(I+P)$ 及灌溉降雨回归系数 $RFF_{I+P}$ 随尺度的变化情况。可以看出，$\lambda/(I+P)$ 随尺度的增大而增大，说明随着尺度的增大，对灌溉量和降雨量的有效利用程度逐渐增加，这与重复利用系数 $RF$ 随尺度的变化规律基本一致。此外，灌溉降雨回归系数 $RFF_{I+P}$ 随尺度的增大而减小，说明实际回归水量占灌溉量和降雨量的比例在逐渐减小，从另一层面也说明了随尺度增大对灌溉量和降雨量的有效利用程度也是逐渐增加的。

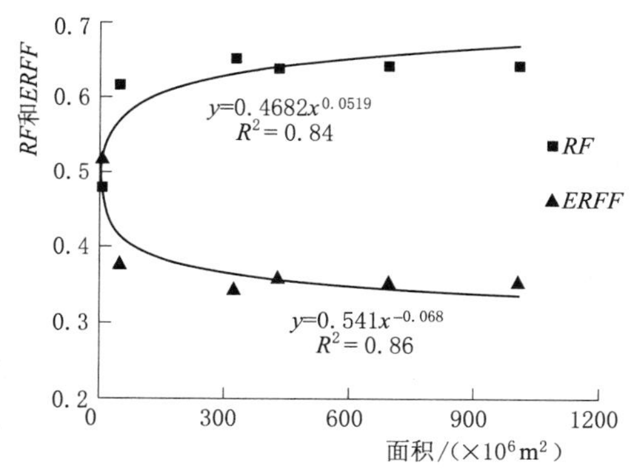


图 8.18 现状条件下重复利用系数和回归有效系数的尺度效应



图 8.19 现状条件下重复利用水量占总灌溉取水量和降雨量比例及灌溉降雨回归系数的尺度效应

对现状条件（C3 方案）下不同尺度重复利用水量的组成情况进行分析，由于根区尺度不存在重复利用水量，因此只分析了其他 6 个尺度的重复利用水量及其组成，结果见图 8.20。可以看出，重复利用水量整体上随尺度的增大而增大，但存在局部变小且最终趋于

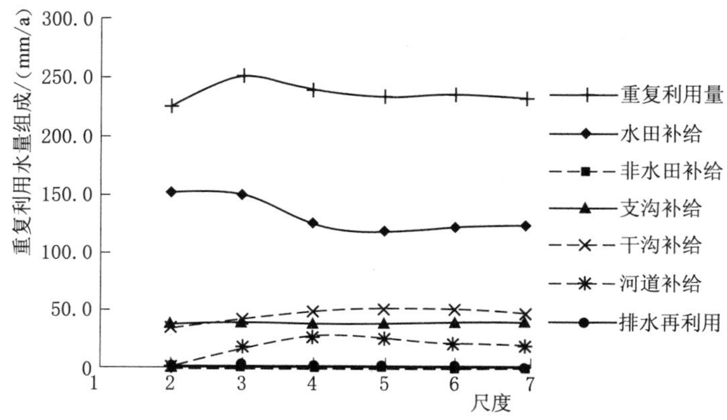


图 8.20 现状条件下各尺度重复利用水量组成

稳定，水田补给量随尺度的增大先减小后有小幅增加并趋于稳定，干沟补给、支沟补给和河道补给在整体上随尺度增大而增大，局部有变小现象，这主要是由水田单元面积占总控制面积的比例不同造成的。水田补给量在重复利用水量中占的比例最大，该比例在 6 个尺度上均大于 50%，平均为 55.83%，其次是干沟补给、支沟补给和河道补给。

## 8.2.2　节水的尺度效应及其产生机理

### 8.2.2.1　纯井灌溉

选取 C3、C6 和 C9 三套方案分析纯井灌溉下，现状灌溉、浅湿晒灌溉和控制灌溉时两个用水效率指标增幅的尺度效应。

（1）腾发量占灌溉降雨比例

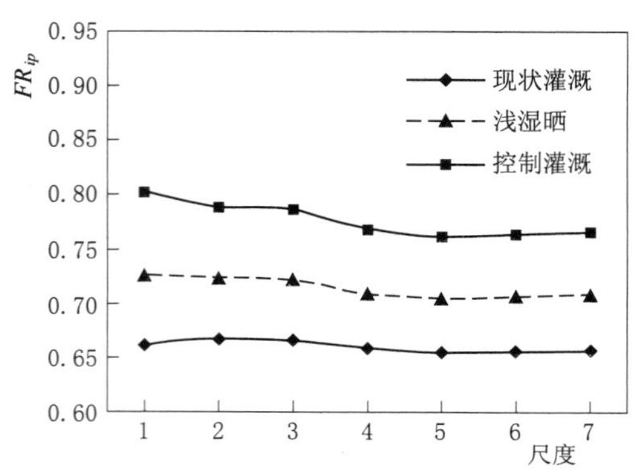


图 8.21　纯井灌溉下腾发量占灌溉降雨比例的尺度效应

纯井灌溉下，现状灌溉、浅湿晒灌溉和控制灌溉的腾发量占灌溉降雨比例的空间尺度变化见图 8.21。可以看出，采取节水灌溉模式后，腾发量占灌溉降雨比例在 7 个尺度上均有较明显的提升效果，根区尺度效果最为显著，其他尺度的提升效果差别不大。与现状灌溉相比，采用浅湿晒灌溉后，用水效率在各尺度上可以提高 7.64%～9.79%，平均提高 8.26%。采用控制灌溉后，用水效率提升效果比浅湿晒灌溉更显著，可提高 16.2%～21.2%，平均提高 17.63%。根区尺度的提升效果最显著，原因是该尺度的土地类型全部为水田单元，不需要考虑其他土地利用的影响。随着尺度的增大，用水效率提升效果呈现先减小后增大的趋势，且在干沟尺度 3 的提升效果相对最小，这是由于水田单元面积占总控制面积的比例在各尺度呈先减小后增大的趋势，且干沟尺度 3 最小为 67.61%。因此，对于未考虑回归水重复利用的情况，采用节水灌溉模式后，土地利用类型的空间变异性是产生节水尺度效应的主要原因。

（2）腾发量占净灌溉降雨比例

纯井灌溉下，现状灌溉、浅湿晒灌溉和控制灌溉的腾发量占净灌溉降雨比例的空间尺度变化见图 8.22。可以看出，采取节水灌溉模式后，腾发量占净灌溉降雨比例在 7 个尺度上均有一定的提升效果，根区尺度效果最为显著，其他尺度的提升效果不明显且尺度间差别很小。采用浅湿晒灌溉后，根区尺度的用水效率提高了 9.79%，但其他尺度的提升效果不显著，平均仅提高了 2.21%，且随尺度的增大，这一效果呈现先减小后增大

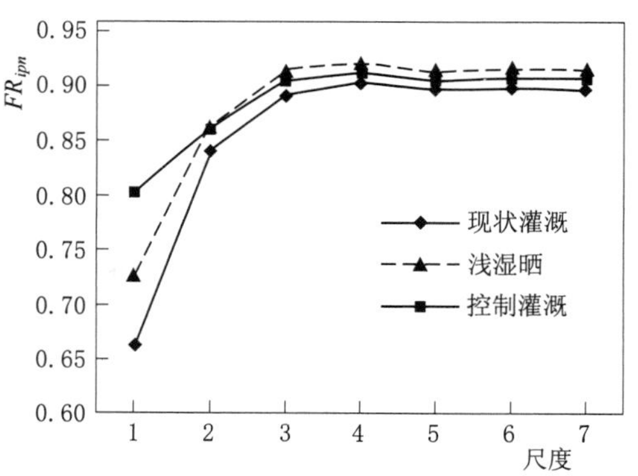


图 8.22　纯井灌溉下腾发量占净灌溉降雨比例的尺度效应

的整体较平稳的趋势，这与水田单元面积占总控制面积的比例有关。采用控制灌溉后，根区尺度的用水效率提高了21.2%，提升效果比浅湿晒灌溉显著，但其他尺度平均仅提升了1.31%，小于浅湿晒灌溉的效率提升值。在根区尺度上两种节水灌溉模式的效率提升效果最显著，原因是该尺度全部为水田单元且没有回归水重复利用。随着尺度的增大，用水效率提升效果不显著，主要是由于采用节水灌溉模式后，总灌溉取水量减少，重复利用水量也随之减少，导致考虑了回归水重复利用后的节水效果不显著。因此，考虑回归水重复利用时，采用节水灌溉模式后，尺度效应是由回归水重复利用和土地利用类型的空间变异共同引起的。

纯井灌溉下，现状灌溉、浅湿晒灌溉和控制灌溉的重复利用系数 *RF* 和回归有效系数 *ERFF* 随尺度的变化分别见图8.23和图8.24。可以看出，采用浅湿晒灌溉后，重复利用系数 *RF* 减小了5.37%～11.78%，平均减小6.63%，回归有效系数 *ERFF* 平均增大10.11%。此种情况下的重复利用水量在支沟及以上尺度平均减小了22.94%，总灌溉取水量和降雨量之和在支沟及以上尺度平均减小了7.43%。采用控制灌溉后，重复利用系数 *RF* 减小了28.31%～49.04%，平均减小33.1%，回归有效系数 *ERFF* 平均约增大51.76%。此种情况下的重复利用水量在支沟及以上尺度平均减小了53.7%，总灌溉取水量和降雨量之和在支沟及以上尺度平均减小了14.57%。重复利用系数 *RF* 的减小值随尺度的增大而减小，并逐渐趋于稳定，回归有效系数 *ERFF* 的增加值随尺度的增大而增大，但存在局部变小现象。可见，采用节水灌溉模式后，随着尺度的增大，实际回归水量逐渐增大，而回归水重复利用量逐渐减少，最终导致用水效率提升效果有下降趋势。

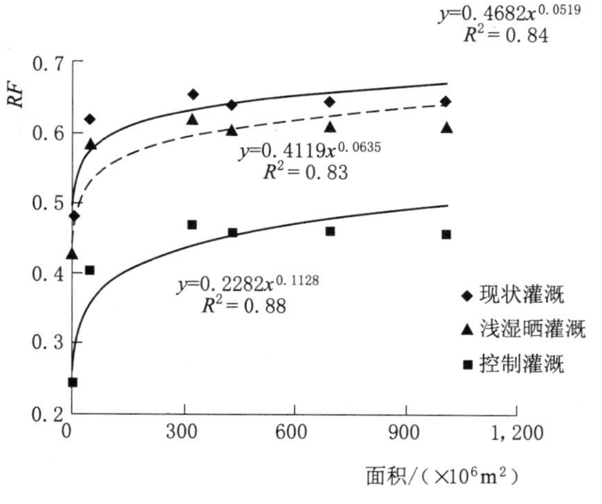


图8.23 纯井灌溉下不同灌溉模式的重复利用系数的尺度效应

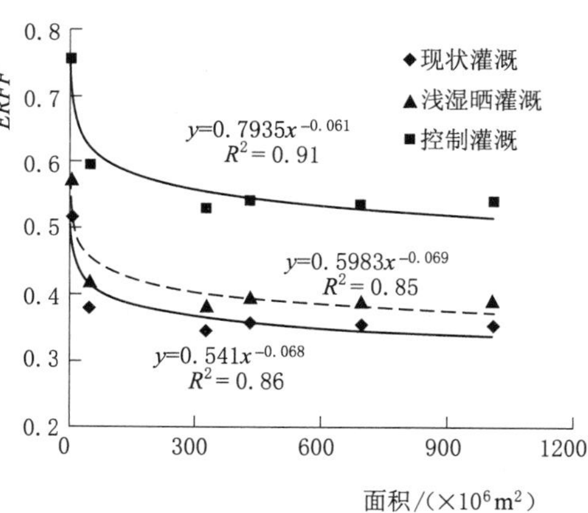


图8.24 纯井灌溉下不同灌溉模式的回归有效系数的尺度效应图

纯井灌溉下，现状灌溉、浅湿晒灌溉和控制灌溉的重复利用水量占总灌溉取水量和降雨量的比例 $\lambda/(I+P)$ 及灌溉降雨回归系数 $RFF_{I+P}$ 随尺度的变化分别见图8.25和图8.26。可以看出，采用浅湿晒灌溉后，重复利用水量占总灌溉取水量和降雨量的比例减小了15.17%～21.77%，平均减小16.77%，灌溉降雨回归系数 $RFF_{I+P}$ 变化非常小，平均只减小1.84%；采用控制灌溉后，$\lambda/(I+P)$ 减小了41.06%～59.37%，平均减小45.84%，

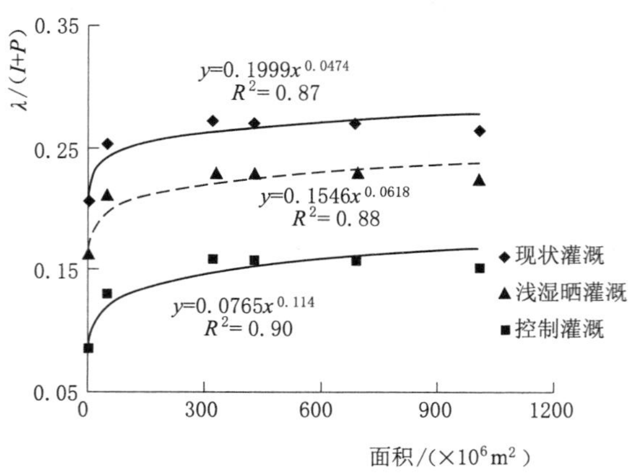


图 8.25　不同灌溉模式的重复利用水量占总灌溉取水量和降雨量比例的尺度效应

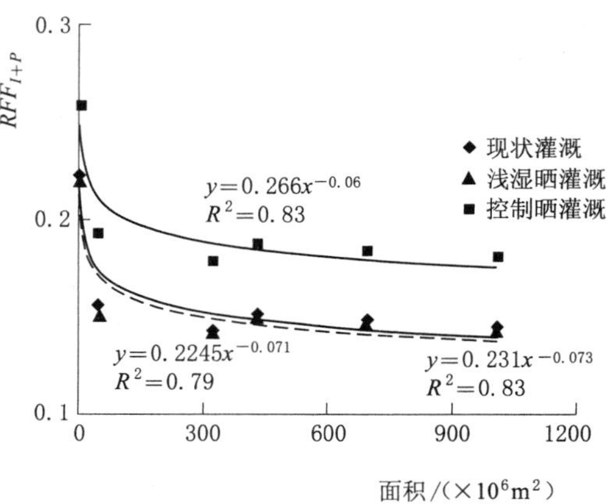


图 8.26　纯井灌溉下不同灌溉模式的灌溉降雨回归系数的尺度效应

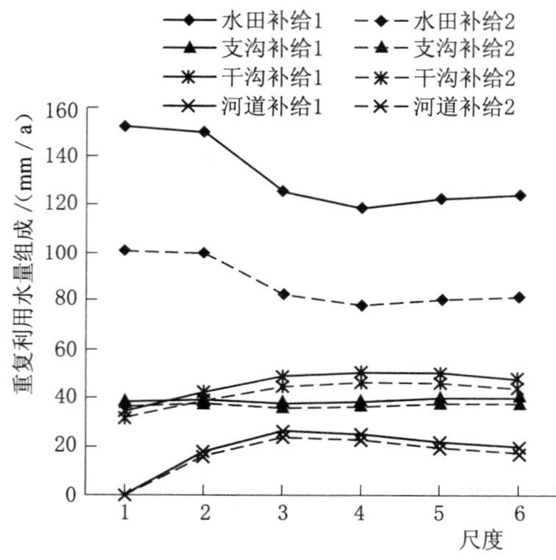


注：图中 1 代表现状灌溉，2 代表浅湿晒灌溉。

图 8.27　采用节水灌溉模式后重复利用水量组成变化的尺度效应

$RFF_{I+P}$ 平均增大 22.72%。重复利用水量占总灌溉取水量和降雨量的比例 $\lambda/(I+P)$ 的减小值随尺度的增大而减小，并逐渐趋于稳定，灌溉降雨回归系数 $RFF_{I+P}$ 的增加值随尺度的增大而增大，且存在局部变小现象。可见，采用节水灌溉模式后，随着尺度的增大，对灌溉量和降雨量的有效利用程度逐渐减少，回归水重复利用量逐渐减少，用水效率提升效果有下降趋势。

以浅湿晒灌溉为例，说明采用节水灌溉模式后重复利用水量组成中水田补给、支沟补给、干沟补给和河道补给的变化，见图 8.27。由于非水田补给和排水再利用量较少，因此不予考虑。可以看出，采用浅湿晒灌溉后，支沟补给、干沟补给和河道补给略有减小，水田补给减小幅度较大，平均减小了 34.23%，说明采用节水灌溉模式后，重复利用水量随尺度的变化主要是由水田补给的变化引起的。

### 8.2.2.2　井渠结合灌溉

从灌溉模式、地表水引用比例、渠道水利用系数和排水再利用比例四个方面对井渠结合灌溉下，两个用水效率指标增幅的空间尺度变化规律进行分析。

(1) 不同灌溉模式

当水稻生育期引用地表水比例为 30%时，选取 C2、C5 和 C8 三套方案分析现状灌溉、浅湿晒灌溉和控制灌溉时，两个用水效率指标的空间尺度变化规律。

1) 腾发量占灌溉降雨比例

当水稻生育期引用地表水比例为30%时，现状灌溉、浅湿晒灌溉和控制灌溉的腾发量占灌溉降雨比例的空间尺度变化见图8.28。可以看出，采取节水灌溉模式后，腾发量占灌溉降雨比例在7个尺度上均有较明显的提升效果，根区尺度效果最显著，其他尺度差别不大。采用浅湿晒灌溉后，用水效率可以提高8.04%～9.79%，平均提高8.67%。采用控制灌溉后，用水效率提升效果比浅湿晒灌溉更显著，可提高17.44%～21.2%，平均提高18.84%。根区尺度提升效果最显著，主要是由于引用地表水会增加渠系的渗漏损失，而根区尺度全部为水田单元不存在这部分损失。随着尺度的增大，用水效率提升效果与水田单元面积占总控制面积的比例密切相关，该比例越大，提升效果越显著。因此，不考虑回归水重复利用时，采用节水灌溉模式后，土地利用类型的空间变异性是产生尺度效应的主要原因。

2）腾发量占净灌溉降雨比例

当水稻生育期引用地表水比例为30%时，现状灌溉、浅湿晒灌溉和控制灌溉的腾发量占净灌溉降雨比例的空间尺度变化见图8.29 。可以看出，采取节水灌溉模式后，腾发量占净灌溉降雨比例在根区尺度的提升效果最为显著，在其他尺度的效果不明显且尺度间差别不大。采用浅湿晒灌溉后，根区尺度的用水效率提高了9.79%，但在其他尺度的效果不显著，平均仅提高3.0%。采用控制灌溉后，根区尺度的用水效率提高了21.2%，提升效果比浅湿晒灌溉显著，但其他尺度平均仅提升2.65%，提升效果略小于浅湿晒灌溉。在根区尺度上，两种节水灌溉模式的效率提升效果最显著，原因与井灌模式相同，此处不再赘述。

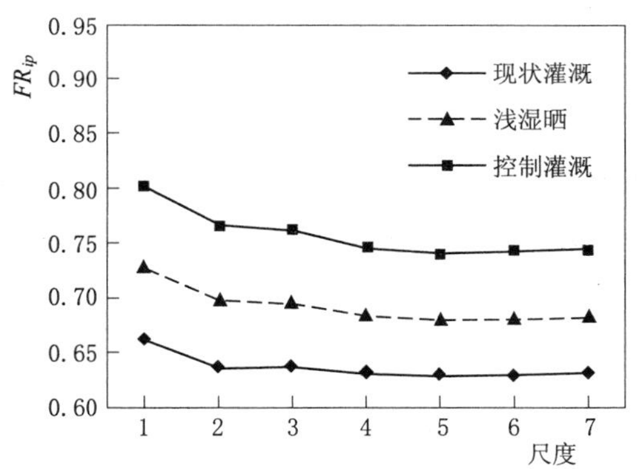


图8.28　地表水引用比例为30%时腾发量占灌溉降雨比例的尺度效应

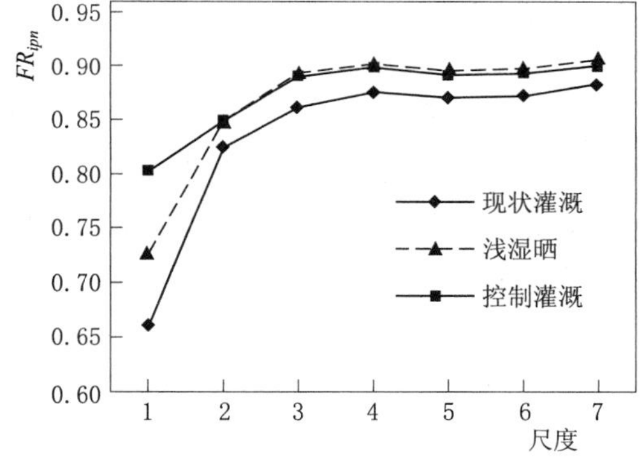


图8.29　地表水引用比例为30%时腾发量占净灌溉降雨比例的尺度效应

水稻生育期引用地表水比例为30%时，现状灌溉、浅湿晒灌溉和控制灌溉的重复利用系数$RF$和回归有效系数$ERFF$随尺度的变化分别见图8.30和图8.31。可以看出，采用浅湿晒灌溉后，重复利用系数$RF$减小了3.02%～11.51%，平均减小4.95%，回归有效系数$ERFF$平均增大6.93%。重复利用水量在支沟及以上尺度平均减小22.34%，总灌溉取水量和降雨量之和在支沟及以上尺度平均减小8.78%。采用控制灌溉后，重复利用系数$RF$减小24.63%～45.86%，平均减小29.51%，回归有效系数$ERFF$平均增大43.98%。重复利用水量在支沟及以上尺度平均减小了52.86%，总灌溉取水量和降雨量之和在支沟及以上尺度平均减小了 17.39%。重复利用系数 $RF$ 的减小值随尺度的增大呈现出先减小后小幅增大，并逐渐趋于稳定。因此，采用节水灌溉模式后，随着尺度的增大，回归水重复利用量的减小量先逐渐减少，尺度继续增大，会出现小幅增加，最终导致用水效率的提升效果呈现出相应的趋势。

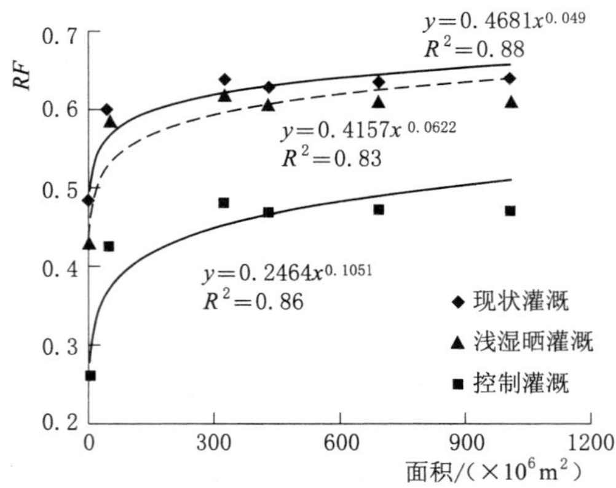


图 8.30　地表水引用比例为 30%时不同灌溉模式的重复利用系数的尺度效应

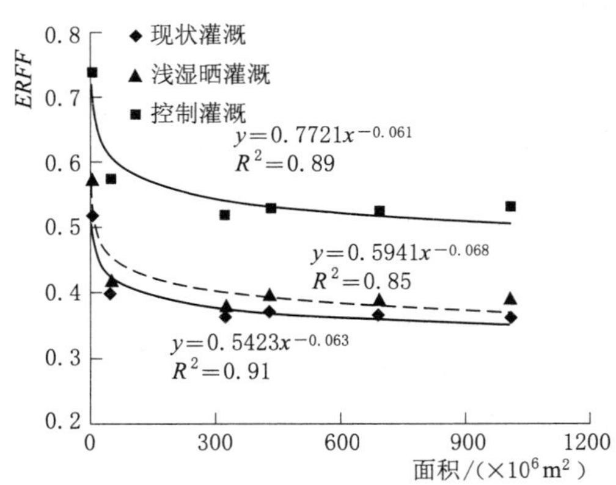


图 8.31　地表水引用比例为 30%时不同灌溉模式的回归有效系数的尺度效应

水稻生育期引用地表水比例为 30%时，现状灌溉、浅湿晒灌溉和控制灌溉的重复利用水量占总灌溉取水量和降雨量的比例 $\lambda/(I+P)$ 以及灌溉降雨回归系数 $RFF_{I+P}$ 随尺度的变化分别见图 8.32 和图 8.33。可以看出，采用浅湿晒灌溉后，$\lambda/(I+P)$ 减小了 12.89%～21.61%，平均减小 14.86%，$RFF_{I+P}$ 平均减小 4.24%；采用控制灌溉后，$\lambda/(I+P)$ 减小了 38.26%～57.4%，平均减小 42.92%，$RFF_{I+P}$ 平均约增大 16.4%。$\lambda/(I+P)$ 的减小值随尺度的增大而减小，尺度继续增大时会出现小幅度增长最终趋于稳定，$RFF_{I+P}$ 的增加值随尺度的增大呈现先增大后小幅减小的趋势。因此，采用节水灌溉模式后，回归水重复利用量的减小值随尺度增大呈现先减少后小幅增加。

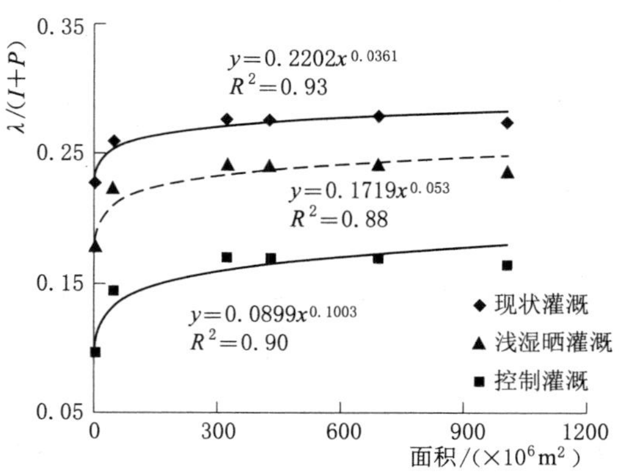


图 8.32　地表水引用比例为 30%时不同灌溉模式的 $\lambda/(I+P)$ 的尺度效应

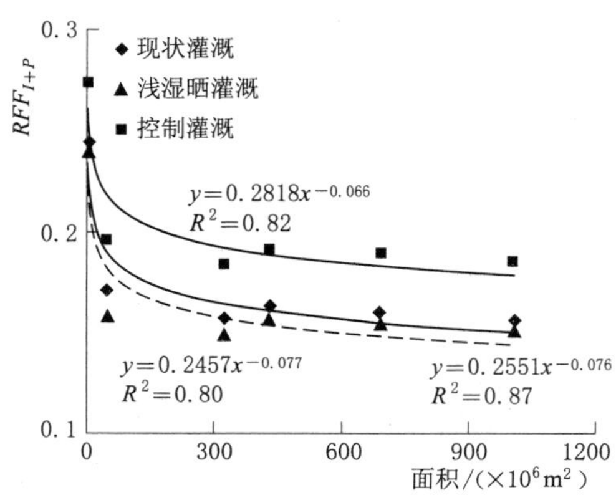


图 8.33　地表水引用比例为 30%时不同灌溉模式的灌溉降雨回归系数的尺度效应

水稻生育期引用地表水比例为30%时，虽然存在渠道渗漏补给地下水量，但此时水田补给量占重复利用水量的比例依然最大，如现状灌溉（C2方案）时，该比例为42.5%～53.97%。因此，采用节水灌溉模式后，重复利用水量随尺度的变化主要是由水田补给的变化引起的，这与纯井灌溉类似。

（2）不同地表水引用比例

选取C1、C2和C3三套方案，分析了不同地表水引用比例时，两个用水效率指标的空间尺度变化规律。

1）腾发量占灌溉降雨比例

不同地表水引用比例时，腾发量占灌溉降雨比例的空间尺度变化结果见图8.34。可以看出，不同地表水引用比例对根区尺度没有影响，原因是根区尺度仅包含水田单元，不存在渠道。随着尺度继续增大，尺度间用水效率降幅差别不大，且在干沟尺度3的降低效果相对最小，这与水田单元面积占总控制面积的比例密切相关。当地表水引用比例由0增加为30%时，除根区尺度外，其他6个尺度的用水效率平均降低了4.09%；地表水引用比例增加为40%时，除根区尺度外，其他6个尺度的用水效率平均降低了5.32%。

2）腾发量占净灌溉降雨比例

不同地表水引用比例时，腾发量占净灌溉降雨比例的空间尺度变化结果见图8.35。可以看出，当地表水引用比例由40%降为30%时，从尺度4开始出现效率提升现象，平均提升4.46%，且灌区尺度提升相对最大。地表水引用比例由30%降为0时，尺度3到尺度6的提升效果相对明显，平均约提升3.13%，支沟尺度和灌区尺度的提升效果很小。当增加地表水供水时，会出现两种情况：一是渠系渗漏损失会增加；二是回归水量和重复利用量增多。前者使得用水效率随尺度降低，后者使得用水效率随尺度提升，最终的尺度效应是两方面综合作用的结果。

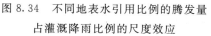

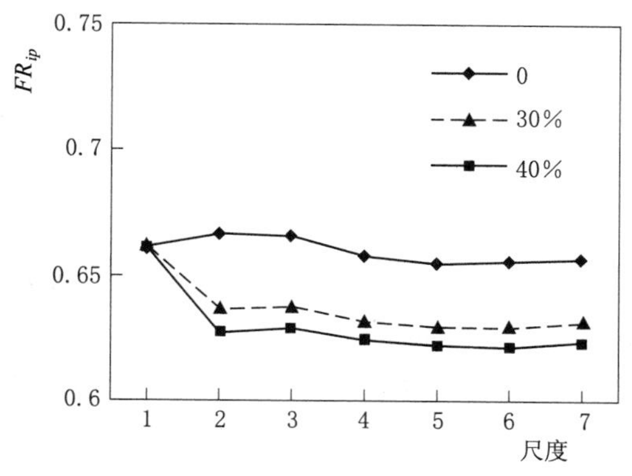


图8.34 不同地表水引用比例的腾发量占灌溉降雨比例的尺度效应

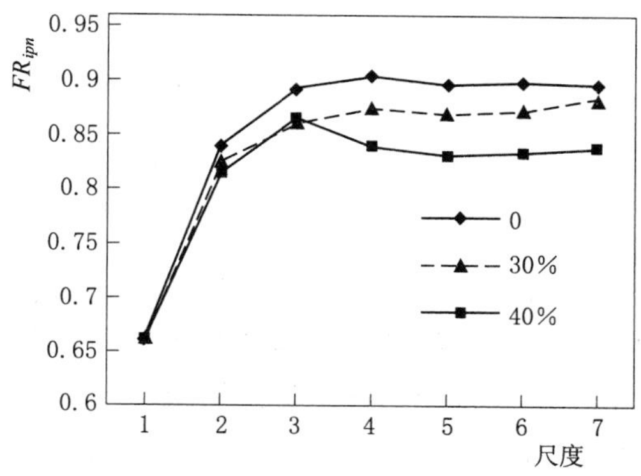


图8.35 不同地表水引用比例的腾发量占净灌溉降雨比例的尺度效应

不同地表水引用比例的重复利用系数$RF$和回归有效系数$ERFF$随尺度的变化可见图8.36。可以看出，地表水引用比例由30%降为0时，重复利用系数$RF$在干沟及以上尺度均有小幅增加，且增幅随尺度增大逐渐减小，平均增大1.9%，在灌区尺度仅增大1.21%。重复利用系数$RF$是重复利用水量与理论回归水量的比值，该值的变化是由重复利用水量和理论回归水量二者的变化共同决定的。由于降低地表水引用比例导致重复利用水量在干沟及以上尺度平均减小 13.03%，理论回归水量在干沟及以上尺度平均减小 15.23%，两者共同作用使得重复利用系数 $RF$ 呈现上述变化。回归有效系数 $ERFF$ 在支沟尺度增加了 0.51%，在干沟及以上尺度均有小幅减小，且该减小值随尺度的增大逐渐减小，平均减小 3.36%，在灌区尺度仅减小了 2.2%。回归有效系数 $ERFF$ 是实际回归水量与理论回归水量的比值，由于降低地表水引用比例导致实际回归水量在干沟及以上尺度平均减小了 19.11%，使得回归有效系数 $ERFF$ 呈现上述变化。可见，当地表水引用比例由 30%降为 0 时，用水效率提升效果在尺度 3 到尺度 6 相对显著，而灌区尺度的提升效果不明显。

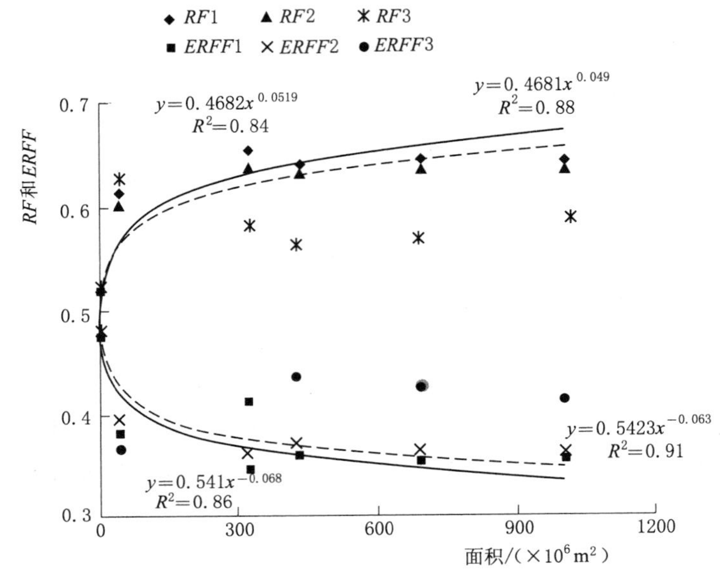


注：图中1、2和3分别代表地表水引用比例为 0、30%和40%。

图 8.36　不同地表水引用比例的重复利用系数和回归有效系数的尺度效应

另外，根据图 8.36 可知，当地表水引用比例由 40%降为 30%时，重复利用系数 $RF$ 从尺度 4 开始出现一定幅度的增大，平均增加了 9.13%。原因是重复利用水量平均增大了 5.11%，而理论回归水量平均减小了 4.42%。回归有效系数 $ERFF$ 从尺度 4 开始出现较显著的减小，平均减小了 15.81%。因此，当地表水引用比例由 40%降为 30%时，从尺度 4 开始出现较明显的效率提升。

不同地表水引用比例时，重复利用水量占总灌溉取水量和降雨量的比例 $\lambda/(I+P)$ 及灌溉降雨回归系数 $RFF_{I+P}$ 随尺度的变化见图 8.37。可以看出，地表水引用比例由 30%降为 0 时，$\lambda/(I+P)$ 在干沟及以上尺度有小幅减小，平均减小 2.76%。由于引用地表水量的减少导致总灌溉取水量和降雨量总和减小，且减幅随尺度的增大先减小后小幅增加，平均减小 9.99%，该值小于重复利用水量在干沟及以上尺度的平均减小值 13.03%，从而使得 $\lambda/(I+P)$ 呈小幅减小变化。灌溉降雨回归系数 $RFF_{I+P}$ 在干沟及以上尺度均有小幅减

小，且减幅随尺度的增大逐渐减小，平均减小了 8.28%。$RFF_{I+P}$ 是实际回归水量与总灌溉取水量和降雨量的比值，前者平均减小了 19.11%，大于后者的减小值 15.23%，使得 $RFF_{I+P}$ 最终呈一定幅度的减小。上述分析同样可说明当地表水引用比例由 30%降为 0 时，用水效率提升效果在尺度 3 到尺度 6 相对较好，而灌区尺度的提升效果不明显。

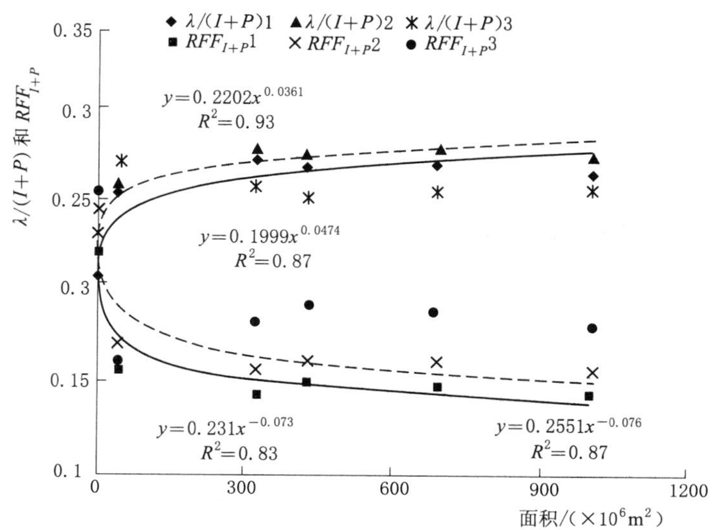

注：图中 1 、2和 3 分别代表地表水引用比例为 0 、30% 和 40%。

图 8.37　不同地表水引用比例 $\lambda/(I+P)$ 和 $RFF_{I+P}$ 的尺度效应

另外，根据图 8.37 可知，当地表水引用比例由 40%降为 30%时，重复利用水量占总灌溉取水量和降雨量的比例 $\lambda/(I+P)$ 从尺度 4 开始出现一定幅度的增大，平均增加了 7.86%。原因是总灌溉取水量和降雨量之和在尺度 4 及以上尺度减小 2.98%，而重复利用水量平均增大 5.11%。灌溉降雨回归系数 $RFF_{I+P}$ 从尺度 4 开始出现较显著的减小，平均减小 17.43%。因此，当地表水引用比例由 40%降为 30%时，从尺度 4 开始出现较明显的效率提升。

（3）不同渠道水利用系数

井渠结合灌溉下水稻生育期内地表水引用比例为 30%时，选取 C2 和 C11 两套方案分析支渠是否衬砌对两个用水效率指标增幅的尺度效应的影响。

1）腾发量占灌溉降雨比例

水稻生育期内地表水引用比例为 30%时，支渠衬砌与未衬砌两种情况下的腾发量占灌溉降雨比例的空间尺度变化结果见图 8.38。可以看出，支渠衬砌对根区尺度用水效率没有影响，但使支沟及以上尺度的用水效率平均提升了 2.26%。支渠衬砌可减小引用地表水量，使得支沟及以上尺度总灌溉取水量减少了 5.36%～6.82%，平均减少 6.58%，总灌溉取水量和降雨量之和平均减小了 3.01%，因此腾发量占灌溉降雨比例会有一定的增大，但效果不显著。

2）腾发量占净灌溉降雨比例

水稻生育期内地表水引用比例为 30%时，支渠衬砌与未衬砌两种情况下的腾发量占净灌溉降雨比例的空间尺度变化结果见图 8.39。考虑回归水重复利用后，支渠衬砌对尺度 3 到尺度 6 的用水效率平均提升了 1.8%，而支沟尺度和灌区尺度用水效率仅分别提高了 1.26%和 0.91%。支渠衬砌对用水效率的提升效果随尺度的变化规律主要受土地利用类型的空间变异性、各尺度的回归水及其重复利用量的影响。

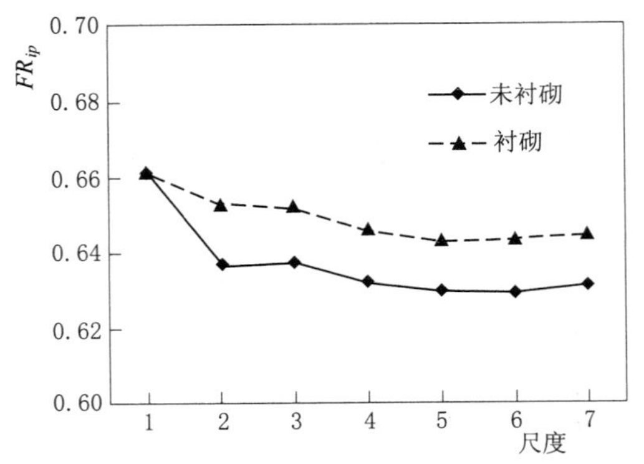


图 8.38　不同渠道水利用系数的腾发量占灌溉降雨比例的尺度效应

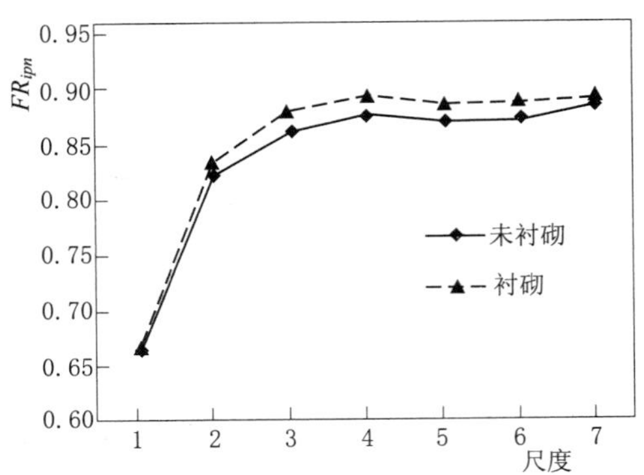


图 8.39　不同渠道水利用系数的腾发量占净灌溉降雨比例的尺度效应

水稻生育期内地表水引用比例为 30%时，支渠衬砌与未衬砌两种情况下的重复利用系数 $RF$ 和回归有效系数 $ERFF$ 随尺度的变化见图 8.40。可以看出，支渠衬砌后，重复利用系数 $RF$ 在干沟及以上尺度均有小幅增加，且增幅随尺度的增大逐渐减小，平均增大了 1.51%，在灌区尺度仅增大了 0.82%。原因是支渠衬砌导致重复利用水量在干沟及以上尺

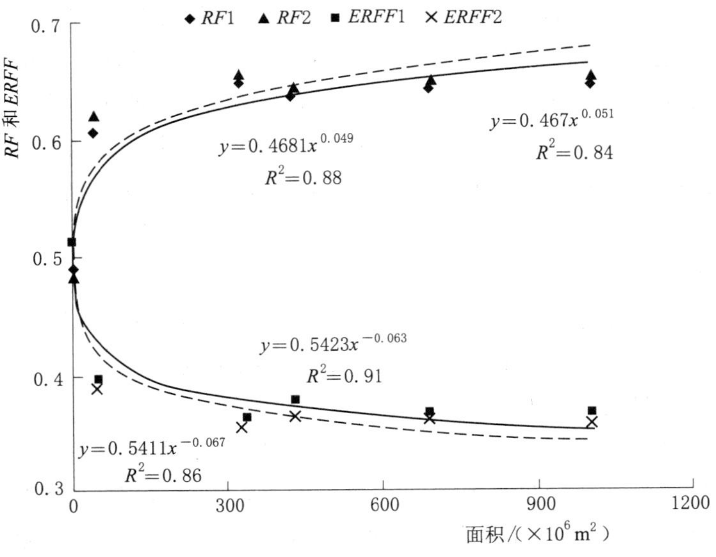


注：图中1代表支渠未初砌，2代表支渠初砌。

图 8.40　不同渠道水利用系数的重复利用系数和回归有效系数的尺度效应

度平均减小4.34%，理论回归水量平均减小5.76%，因此，重复利用系数 $RF$ 在干沟及以上尺度最终呈小幅增加。回归有效系数 $ERFF$ 在支沟尺度增加了0.69%，在干沟及以上尺度均有小幅减小，且减幅随尺度的增大逐渐减小，平均减小2.52%，在灌区尺度仅减小了1.44%。原因是支渠衬砌导致实际回归水量在干沟及以上尺度平均减小8.13%，则回归有效系数 $ERFF$ 在干沟及以上尺度最终呈小幅减小。可见，渠道衬砌后，随着尺度的增大，理论回归水量的减小值呈先减小后小幅增大的趋势，回归水重复利用量的减小值逐渐增加，这就导致用水效率提升效果在尺度3到尺度6相对较好，而灌区尺度的提升效果不明显。

水稻生育期内地表水引用比例为30%时，支渠衬砌与未衬砌两种情况下的重复利用水量占总灌溉取水量和降雨量的比例 $\lambda/(I+P)$ 及灌溉降雨回归系数 $RFF_{I+P}$ 随尺度的变化可见图8.41。可以看出，支渠衬砌后，$\lambda/(I+P)$ 在干沟及以上尺度平均减小了1.25%。由于支渠衬砌导致总灌溉取水量和降雨量的总和减小了，且减幅随尺度的增大先减小后小幅增加，平均减小3.13%，该值小于重复利用水量在干沟及以上尺度的平均减小值4.34%，因此，$\lambda/(I+P)$ 最终呈小幅减小。$RFF_{I+P}$ 在干沟及以上尺度均有小幅减小，且减幅随尺度的增大逐渐减小，平均减小了5.17%。由于实际回归水量平均减小了8.13%，该值大于总灌溉取水量和降雨量的减小值3.13%，使得 $RFF_{I+P}$ 最终呈一定幅度的减小。可见，渠道衬砌后，随着尺度的增大，灌溉和降雨的实际回归水量的减小值在逐渐减小，而回归水重复利用量的减小值在逐渐增大，总灌溉取水量和降雨量的减小值呈先减小后小幅增加，这同样会导致用水效率提升效果在尺度3到尺度6相对较好，而灌区尺度的提升效果不明显。

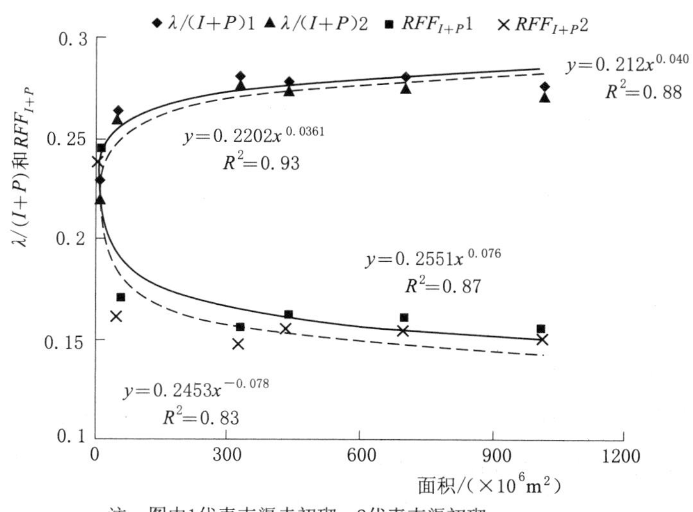

注：图中1代表支渠未初砌，2代表支渠初砌。

图8.41　不同渠道水利用系数的 $\lambda/(I+P)$ 和 $RFF_{I+P}$ 的尺度效应

支渠衬砌后，重复利用水量组成中水田补给、非水田补给、支沟补给、干沟补给、河道补给和排水再利用量在各尺度的变化较小，而支渠渗漏补给在各尺度平均减小了52.52%，干渠渗漏补给平均减小了15.94%。说明支渠衬砌后，重复利用水量的变化主要是由支渠补给的变化引起的。

（4）不同排水再利用比例

井渠结合灌溉下水稻生育期内地表水引用比例为 30%时，选取 C2、C17 和 C32 三套方案分析不同排水再利用比例对两个用水效率指标增幅尺度效应的影响。

1）腾发量占灌溉降雨比例

水稻生育期内地表水引用比例为 30%时，不同排水再利用比例对应的腾发量占灌溉降雨比例的空间尺度变化结果见图 8.42。可以看出，当排水再利用比例由 5%增加到 40%时，支沟及以上尺度的用水效率平均提升了 0.11%，原因是此时的总灌溉取水量在支沟及以上尺度平均减小了 0.58%；当排水再利用比例由 40%增加到 80%时，支沟及以上尺度用水效率平均仅提升了 0.06%，原因是此时的总灌溉取水量在支沟及以上尺度平均减小了 0.39%。说明提高排水再利用比例对各尺度用水效率的提升效果甚微，原因是排水再利用量在总灌溉取水量中所占的比例非常小，产生的节水效果也很小。

2）腾发量占净灌溉降雨比例

水稻生育期内地表水引用比例为 30%时，不同排水再利用比例对应的腾发量占净灌溉降雨比例的空间尺度变化结果见图 8.43。可以看出，当排水再利用比例由 5%增加到 40%时，支沟及以上尺度的用水效率平均约提升 0.81%；当排水再利用比例由 40%增加到 80%时，支沟及以上尺度用水效率平均仅提升了 0.24%。虽然考虑回归水重复利用后的效率提升效果大于未考虑回归水重复利用时，但提升效果仍然很小，同样是由于排水再利用量在总灌溉取水量中所占的比例非常小。

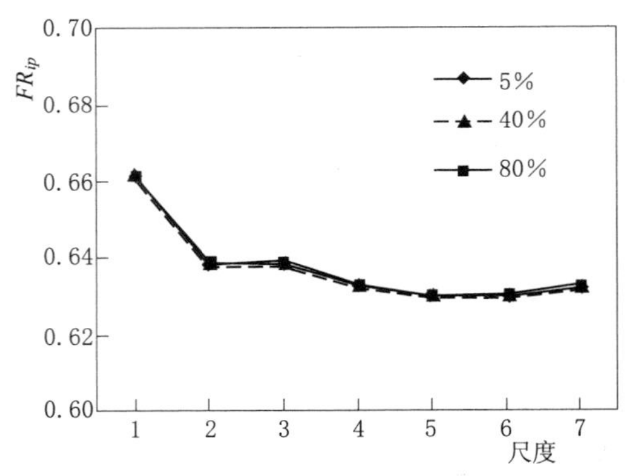


图 8.42　不同排水再利用比例的腾发量占灌溉降雨比例的尺度效应

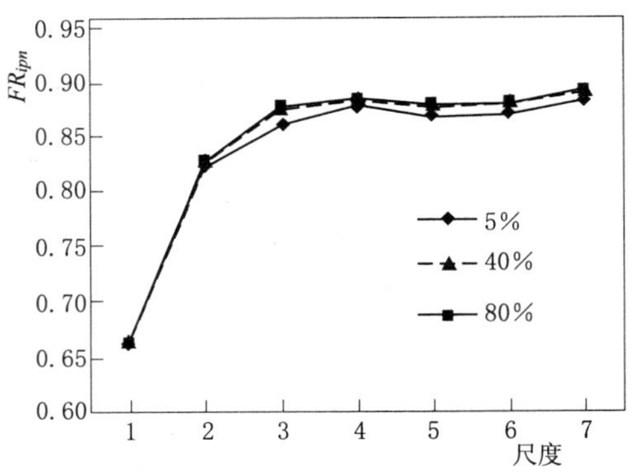


图 8.43　不同排水再利用比例的腾发量占净灌溉降雨比例的尺度效应

不同排水再利用比例的重复利用系数 $RF$ 和回归有效系数 $ERFF$ 随尺度的变化分别见图 8.44 和图 8.45。可以看出，当排水再利用比例由 5%增加到 40%时，$RF$ 平均增大了 3.77%，其中在干沟尺度的增加效果最显著，增加了 6.86%，回归有效系数 $ERFF$ 平均减小了 6.13%，干沟尺度减幅最大为 10.38%。当排水再利用比例由 40%增加到 80%时，重复利用系数 $RF$ 平均增大 1.83%，其中在干沟尺度的增幅最显著，为 2.41%，回归有效系数 $ERFF$ 平均减小 3.26%，干沟尺度减小幅度最大为 4.35%。提高排水再利用比例后，各尺度上的回归水重复利用量均有所增加，且干沟尺度的增加最明显，这就导致用水

效率提升效果在干沟尺度相对最显著。

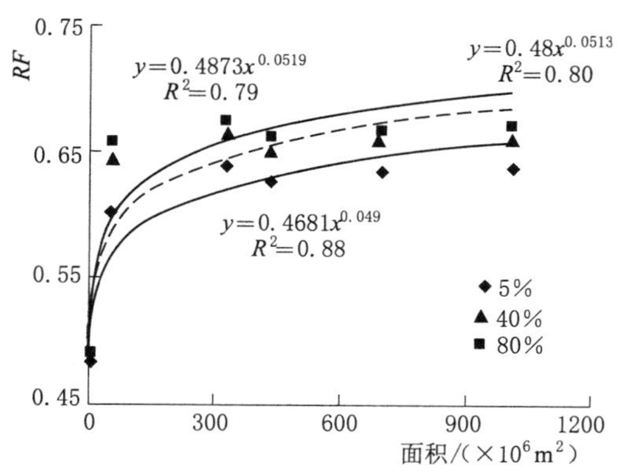


图 8.44　地表水引用比例为 30%时不同排水再利用比例的重复利用系数的尺度效应

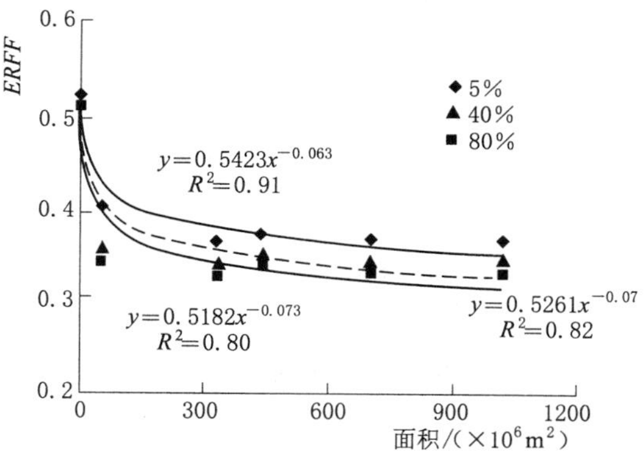


图 8.45　地表水引用比例为 30%时不同排水再利用比例的回归有效系数的尺度效应

不同排水再利用比例的重复利用水量占总灌溉取水量和降雨量的比例 $\lambda/(I+P)$ 及灌溉降雨回归系数 $RFF_{I+P}$ 随尺度的变化分别见图 8.46 和图 8.47。可以看出，当排水再利用比例由 5%增加到 40%时，$\lambda/(I+P)$ 平均增大了 1.88%，其中在干沟尺度增加了 4.17%，灌溉降雨回归系数 $RFF_{I+P}$ 平均减小了 7.82%，干沟尺度减小幅度最大为 12.63%。当排水再利用比例由 40%增加到 80%时，$\lambda/(I+P)$ 平均仅增大了 0.51%，其中在干沟尺度的增加效果相对最显著，增加了 0.81%，$RFF_{I+P}$ 平均减小了 4.51%，干沟尺度减小幅度最大为 5.85%。说明提高排水再利用比例后，各尺度对灌溉量和降雨量的有效利用程度均有所增加，干沟尺度的增加最明显，使得用水效率提升效果在干沟尺度相对最显著。

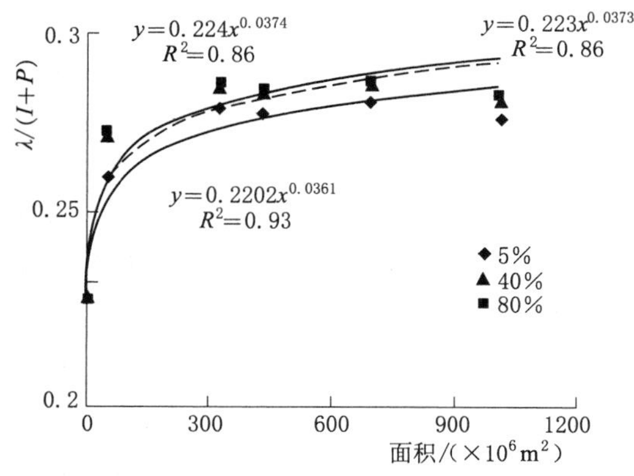


图 8.46　地表水引用比例为 30%时不同排水再利用比例 $\lambda/(I+P)$ 的尺度效应

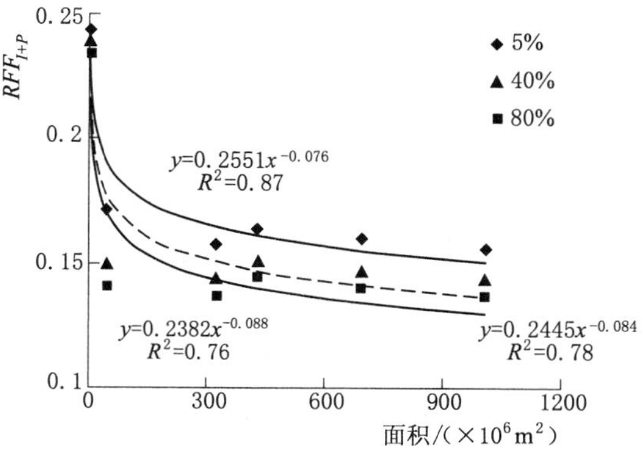


图 8.47　地表水引用比例为 30%时不同排水再利用比例的灌溉降雨回归系数的尺度效应

## 8.3　小　　结

从节水量和用水效率提升幅度两个方面，比较分析了灌区尺度上不同内涵（是否考虑回归水及其重复利用）节水效果的差异及其原因，然后通过对比分析腾发量占灌溉降雨比例和腾发量占净灌溉降雨比例及其增幅的尺度间差异，揭示了节水的尺度效应及其产生机制。本章主要结论如下：

（1）采用节水灌溉后，考虑回归水重复利用时的节水效果小于传统观念下的节水效果。纯井灌溉下，采用浅湿晒灌溉后，不考虑回归水重复利用时的节水率为 18.17%，用水效率提升了 7.81%，考虑重复利用后节水率为 11.08%，用水效率只提升了 2.11%。采用控制灌溉后，传统观念的节水率为 35.64%，用水效率提升了 16.59%，考虑重复利用后节水率仅为 5.66%，用水效率仅提升了 1.13%。

（2）引用地表水量减少后，总灌溉取水量会相应减少，补给地下水量减少，则重复利用水量也会减少。当地表水引用比例由 40%减少到 30%时，传统观念的节水率为 6.2%，用水效率提升了 1.22%，考虑回归水重复利用后，节水率为 19.0%，效率提升了 5.35%，此时考虑重复利用后的节水效果比传统观念更显著。当地表水引用比例由 30%减少到 0 时，传统观念的节水率为 19.83%，用水效率提升了 4.07%，考虑重复利用后，节水率为 31.67%，效率提升了 1.53%。因此，该情况下的节水效果应结合重复利用水量与总灌溉取水量的变化进行具体分析。

（3）对支渠进行衬砌后，传统观念的节水率为 6.82%，用水效率提升了 2.18%，考虑重复利用后，节水率为 9.64%，效率只提升了 0.91%。因此，在地表水引用比例相对较小的情况下，仅对支渠进行衬砌的节水效果并不显著。

（4）提高排水再利用比例后，如当排水再利用比例由 5%增加到 40%，按传统方法计算，节水率为 0.63%，考虑回归水重复利用后，节水率为 3.54%。该比例由 40%增加到 80%时，传统观念的节水率为 0.44%，考虑重复利用后，节水率为 1.92%，而两种情况下的用水效率提升效果均不足 1%。

（5）分析节水的尺度效应需要结合采取的措施及研究区域特点进行具体分析，不同措施产生的水文响应不同，水循环及重复利用过程也存在差异。采用节水灌溉后，未考虑回归水重复利用时，用水效率在 7 个尺度上均有较明显的提升效果，根区尺度效果最显著，其他尺度的提升效果差别不大，且随尺度的增大用水效率提升效果呈现先减小后增大的趋势，这与不同尺度土地利用的空间变异性有关。考虑回归水重复利用后，用水效率在根区尺度提升效果最显著，随着尺度的增大，其提升效果不显著，且呈先减小后增大整体较平稳的趋势，这是由回归水重复利用和土地利用的空间变异性共同引起的。增加地表水引用比例后，未考虑重复利用时，用水效率随着尺度增加而降低，且比例越大用水效率降低效果越显著。考虑重复利用时，增加地表引水会造成渠系渗漏损失增加，同时回归水量和重复利用量相应增多，前者导致用水效率随尺度降低，后者会使用水效率随尺度提升，最终的尺度效应是两方面综合作用的结果。支渠衬砌后，未考虑重复利用时，对根区尺度没有影响，但使支沟及以上尺度的用水效率平均提升了 2.26%。考虑重复利用时，支渠衬砌使尺度 3 到尺度 6 用水效率平均提升了 1.8%。提高排水再利用比例后，无论是否考虑重复利用，各尺度用水效率的提升效果很小，原因是排水再利用量在总灌溉取水量中所占的比例非常小。

# 本章参考文献


[1] Jiang Y, Xu X, Huang Q Z, et al. Assessment of irrigation performance and water productivity in irrigated areas of the middle Heihe River basin using a distributed agro－hydrological model [J]. Agricultural Water Management, 2015, 147: 67-81.

[2] 陈皓锐，黄介生，伍靖伟，等．井渠结合灌区用水效率指标尺度效应研究框架 [J]. 农业工程学报，2009，25 (8)：1-7.

[3] 黑龙江省水利厅．寒地水稻节水控制灌溉技术手册 [Z]. 2010.

[4] 聂晓．三江平原寒地稻田水热过程及节水增温灌溉模式研究 [D]. 北京：中国科学院，2012.

[5] 谢先红，崔远来．灌溉水利用效率随尺度变化规律分布式模拟 [J]. 水科学进展，2010，21 (5)：681-688.

# 第 9 章　别拉洪河水稻区多水源联合调控

别拉洪河水稻区目前主要采取纯井灌溉，由于地下水的长期超采，导致地下水位处于持续下降的态势，进而引起生态环境的持续恶化。为保障区域地下水资源的可持续利用，需要适当引用地表水来替代部分地下水，从而采取地表水与地下水联合调度灌溉模式。灌溉供水多渠道开源势必给区域水资源的合理利用提出新的问题，即如何合理调配地表水、地下水和排水资源，达到既能遏制地下水位下降，又能使区域用水效率较高，还能尽可能减少经济成本的多重目标。本章在详细分析比较不同节水和调控措施下用水效率（腾发量占净灌溉降雨量）和地下水位基础上，针对地下水位、灌区尺度用水效率和经济成本三个单目标和综合考虑上述三因素的多目标，研究确定不同水文年型的多水源联合调控方案。

## 9.1　多水源联合调控原则

随着社会经济的不断发展，人们对水的需求量越来越大，如何将地表水、地下水和排水资源等进行联合运用，缓解地表水资源短缺及避免地下水漏斗的产生是目前亟待解决的问题之一（李书琴等，2003 年；尹大凯等，2003 年）。三江平原是我国重要的粮食主产区，在保障粮食安全问题上具有重要的地位。随着地下水开采规模和强度的增加，导致地下水位持续下降，从而引发了降落漏斗及湿地退化等一系列生态环境问题（王喜华，2015 年）。为了解决由于水资源利用不均衡所产生的各种问题，合理使用水资源，保证农业的可持续发展，就需要对地表水、地下水等多水源实行联合调配运用，这样不仅可以对地表水、地下水资源进行合理评价，改善农业生产和环境条件，同时也是支撑社会经济发展和改善生态环境的有效途径。

多水源联合调配是水资源合理配置的一个重点。对于灌区而言，地表水和地下水等水源的联合运用对促进农田灌溉高产起到了重要作用，井灌能适时适量地供水，避免了渠灌供水不及时的缺点，同时单纯井灌会出现过量开采地下水的现象，造成采补失调从而导致地下水漏斗的产生（张巧玉，2009 年）。因此，通过对多水源进行联合调配既可以满足作物高产和及时灌水的要求，又合理地利用了地表水地下水等资源，而合理开发利用地下水，又可以控制调节地下水位，给农作物生长创造有利条件。在水文地质条件适合的灌区合理开发利用地下水，并与地表水资源联合运用，还能提高灌溉保证程度（孟庆伟等，2004 年）。

地表水、地下水等多水源联合调度是以地表地下水利用、调配为对象，在一定区域内为开发地表水资源、防治水患、保护生态环境、提高地表水地下水资源综合利用效益而制定的总体措施计划（褚桂红，2010 年）。地表水地下水等多水源联合优化调度的基本原则，是在满足耕地农作物用水需求的前提下，考虑地下水采补平衡的要求，充分利用天然降水，调节性地使用地表水，保护性地开采地下水，对所在区域的地表水和地下水进行合理的时空优化分配，以实现灌区经济效益最大化为目标（褚桂红，2010 年），地下水的开采量必须与地下水的补给量相适应（王志良等，2001 年）。具体来看，就是在丰水季节和丰水年份充分利用

降水和地表水，枯水季节或枯水年份适当多用一些地下水，充分发挥地表水与地下水的相互补偿作用，合理有效地利用各种水资源，缓解水资源短缺的问题（王浩等，2004 年）。

## 9.2 不同联调方案的用水效率对比

采用不同节水灌溉模式或措施对灌区尺度用水效率的影响已经在第 8 章中进行了详细分析，结果表明，考虑回归水重复利用后的评价指标能够更合理地评价灌区尺度的节水效果。因此，本小节对模拟方案用水效率进行分析时采用的指标是腾发量占净灌溉降雨的比例，此处只对相关结论进行总结。

（1）在纯井灌溉下，采用浅湿晒灌溉时，用水效率只提升了 2.11%，采用控制灌溉后，用水效率仅提升了 1.13%。原因是采用节水灌溉模式后，水田补给地下水量降幅明显，采用浅湿晒灌溉和控制灌溉后，水田补给量较现状灌溉分别下降了 34.52% 和 77.81%，而重复利用水量中的其他组成项无显著差异，因此水田单元补给量的减少直接导致了重复利用水量的减少，重复利用量占总灌溉取水量和降雨量的比例也减少了。

（2）当地表水引用比例由 40%减少到 30%时，用水效率提升了 5.35%；当地表水引用比例由 30%减少到 0 时，效率提升了 1.53%。引用地表水量减少，总灌溉取水量会相应减少，补给地下水量减少，则重复利用水量也会减少，此时的用水效率提升效果应结合重复利用水量与总灌溉取水量的变化进行具体分析。例如，当地表水引用比例由 40%减少到 30%时，重复利用水量增加了 4.64%，而总灌溉取水量减少了 6.2%，因此，用水效率会有一定的提升。

（3）对支渠进行衬砌后，用水效率仅提升了 0.91%，效果很小。原因是渠道衬砌后，重复利用水量和总灌溉取水量均减少了，但衬砌后重复利用水量占总灌溉取水量和降雨量的比例为 26.88%，略小于未衬砌时的 27.41%。

（4）提高排水再利用比例后，用水效率提升不足 1%，效果很小，这是因排水再利用量在三种灌溉水源中所占的比例较小所造成的。

45 套模拟方案的腾发量占净灌溉降雨比例的结果见表 9.1。

**表 9.1 45 套不同情景模拟方案的腾发量占净灌溉降雨比例**

| 序号 | 方案编号 | 腾发量占净灌溉降雨比例 | 序号 | 方案编号 | 腾发量占净灌溉降雨比例 | 序号 | 方案编号 | 腾发量占净灌溉降雨比例 |
|---|---|---|---|---|---|---|---|---|
| 1 | C1 | 0.838 | 16 | C16 | 0.844 | 31 | C31 | 0.848 |
| 2 | C2 | 0.883 | 17 | C17 | 0.889 | 32 | C32 | 0.892 |
| 3 | C3 | 0.897 | 18 | C18 | 0.902 | 33 | C33 | 0.904 |
| 4 | C4 | 0.884 | 19 | C19 | 0.891 | 34 | C34 | 0.894 |
| 5 | C5 | 0.906 | 20 | C20 | 0.911 | 35 | C35 | 0.913 |
| 6 | C6 | 0.915 | 21 | C21 | 0.921 | 36 | C36 | 0.923 |
| 7 | C7 | 0.898 | 22 | C22 | 0.901 | 37 | C37 | 0.903 |
| 8 | C8 | 0.900 | 23 | C23 | 0.903 | 38 | C38 | 0.905 |
| 9 | C9 | 0.907 | 24 | C24 | 0.909 | 39 | C39 | 0.911 |
| 10 | C10 | 0.874 | 25 | C25 | 0.880 | 40 | C40 | 0.883 |
| 11 | C11 | 0.891 | 26 | C26 | 0.896 | 41 | C41 | 0.898 |
| 12 | C12 | 0.908 | 27 | C27 | 0.912 | 42 | C42 | 0.915 |
| 13 | C13 | 0.910 | 28 | C28 | 0.916 | 43 | C43 | 0.918 |
| 14 | C14 | 0.903 | 29 | C29 | 0.905 | 44 | C44 | 0.907 |
| 15 | C15 | 0.904 | 30 | C30 | 0.906 | 45 | C45 | 0.908 |

## 9.3　不同联调方案的地下水位对比

以 2015 年为基准年，利用研究区 59 年的气象数据作为模型的输入数据，对不同情景方案进行模拟，得到各方案 59 年后地下水位的变幅，见表 9.2，并对采取不同节水或调控措施后地下水位的变化情况进行了具体分析。

表 9.2　45 套模拟方案 59 年后的地下水位变化幅度 $\Delta DP$

| 序号 | 方案编号 | $\Delta DP$/m | 序号 | 方案编号 | $\Delta DP$/m | 序号 | 方案编号 | $\Delta DP$/m |
|---|---|---|---|---|---|---|---|---|
| 1 | C1 | 7.10 | 16 | C16 | 5.86 | 31 | C31 | 6.11 |
| 2 | C2 | −1.95 | 17 | C17 | −1.51 | 32 | C32 | −1.72 |
| 3 | C3 | −42.88 | 18 | C18 | −41.38 | 33 | C33 | −40.65 |
| 4 | C4 | 2.17 | 19 | C19 | 2.15 | 34 | C34 | 1.61 |
| 5 | C5 | −5.86 | 20 | C20 | −5.80 | 35 | C35 | −5.98 |
| 6 | C6 | −37.87 | 21 | C21 | −36.49 | 36 | C36 | −35.92 |
| 7 | C7 | −10.94 | 22 | C22 | −11.04 | 37 | C37 | −11.34 |
| 8 | C8 | −18.22 | 23 | C23 | −18.11 | 38 | C38 | −18.20 |
| 9 | C9 | −40.13 | 24 | C24 | −39.40 | 39 | C39 | −38.82 |
| 10 | C10 | 1.61 | 25 | C25 | 2.07 | 40 | C40 | 1.96 |
| 11 | C11 | −7.65 | 26 | C26 | −7.31 | 41 | C41 | −7.44 |
| 12 | C12 | −2.63 | 27 | C27 | −2.88 | 42 | C42 | −2.89 |
| 13 | C13 | −10.90 | 28 | C28 | −10.62 | 43 | C43 | −10.69 |
| 14 | C14 | −15.65 | 29 | C29 | −15.60 | 44 | C44 | −15.76 |
| 15 | C15 | −21.78 | 30 | C30 | −21.56 | 45 | C45 | −21.54 |

### 9.3.1　纯井灌溉

#### 9.3.1.1　不同灌溉模式

选取 C3、C6 和 C9 三套方案分析纯井灌溉时，采用节水灌溉模式对地下水位变幅的影响，结果见图 9.1。可以看出，纯井灌溉下，采用节水灌溉模式可以缓解地下水位下降，但效果并不显著。按现状用水模式，59 年后研究区地下水位下降了 42.88m，年均约下降 72.7cm。采用浅湿晒灌溉后，地下水位下降 37.87m，较现状灌溉提升了 5.01m；采用控制灌溉后，地下水位下降了 40.13m，较现状灌溉提升了 2.75m，提升效果小于浅湿晒灌溉。

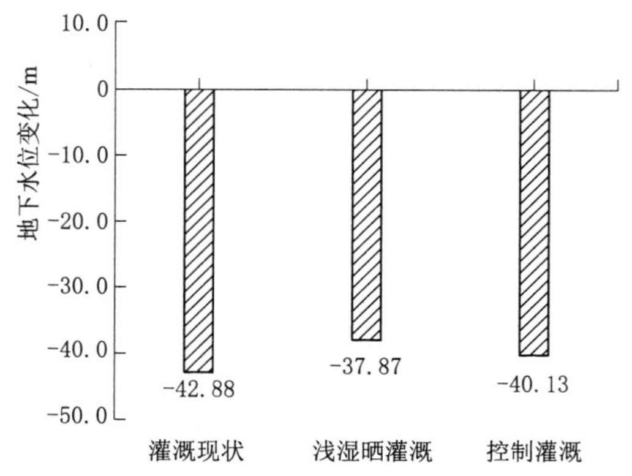


图 9.1　纯井灌溉时不同灌溉模式 59 年地下水位变幅

在纯井灌溉下，采取节水灌溉模式能够

减少地下水利用量，但同时水田单元、沟道和河道等补给地下水量也会相应减少，因此，在研究区边界流量一定的条件下，地下水位的变化是由地下水利用量和补给地下水总量二者共同作用所引起的。当地下水利用量大于补给地下水总量时，地下水位下降，反之地下水位上升。图 9.2 是分别采取现状灌溉、浅湿晒灌溉和控制灌溉时的地下水利用量和补给地下水总量。可以看出，三种灌溉模式的地下水利用量均大于补给地下水量，因此地下水位均发生显著下降。现状灌溉条件下地下水利用量与补给地下水量的差值为 $7.06\times10^9\text{m}^3$，浅湿晒灌溉时该差值为 $6.28\times10^9\text{m}^3$，控制灌溉时该差值为 $6.66\times10^9\text{m}^3$，由于现状灌溉的差值最大，因此，现状灌溉时的地下水位下降相对最显著，控制灌溉次之，浅湿晒灌溉时地下水位下降相对最小。说明在纯井灌溉下，采用节水灌溉模式虽然可以部分缓解地下水位下降的态势，但效果较小，而且过度节水反而会导致地下水位的下降。

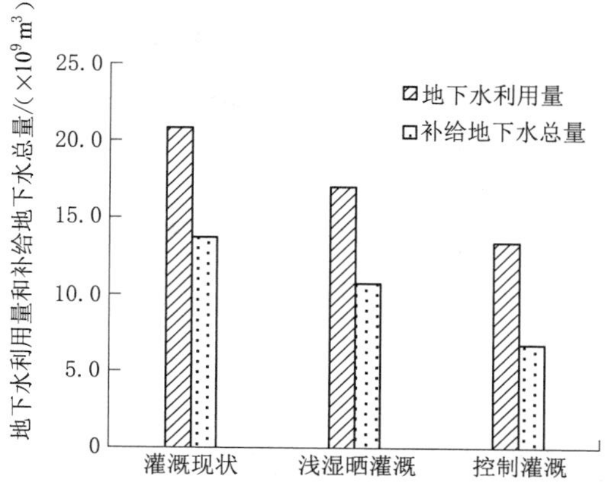


图 9.2 纯井灌溉时不同灌溉模式地下水利用量和补给地下水总量

图 9.3 是纯井灌溉下现状灌溉、浅湿晒灌溉和控制灌溉三种情况对应的补给地下水量组成。可以看出，采用节水灌溉模式后，水田补给量降幅最明显，干沟补给、支沟补给和河道补给也有所下降，但降幅不明显。采用浅湿晒灌溉时水田补给减少了 34.52%，控制灌溉时水田补给减少了 77.81%，因此采用节水灌溉模式后补给地下水总量的变化主要是由水田补给量的减少引起的。

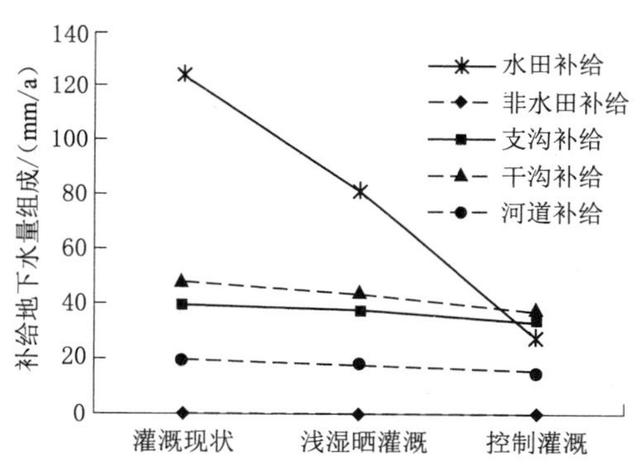


图 9.3 纯井灌溉时不同灌溉模式补给地下水量组成

通过上述分析可以看出，纯井灌溉下不论采取何种节水灌溉模式，地下水均严重超采，水位持续下降，这不仅会造成现有抽水井掉泵现象，还需要重新打更深的机井，给农业生产带来巨大的负担。因此，从长远来看，在纯井灌溉下，即便采取节水灌溉制度，也对缓解地下水位的持续下降态势效果较小。

#### 9.3.1.2 不同排水再利用比例

纯井灌溉下，选取 C3、C18 和 C33 三套方案分析了现状灌溉时不同排水再利用比例对地下水位变幅的影响，结果见图 9.4。可以看出，提高排水再利用比例有利于地下水位的恢复，但效果很小。当排水再利用比例提高到 40%时，59 年后地下水位下降了 41.38m，较比例为 5%时仅提升了 1.5m，年均提升 2.5cm；当排水再利用比例提高到 80%时，59 年后地下水位下降了 40.65m，较比例为 40%时仅提升了 0.73m，年均提升 1.2cm。造成这一现象的原因是沟道中可利用的排水量较少，在三种灌溉水源中所占的比重很小。

图 9.5 是现状灌溉下不同排水再利用比例对应的地下水利用量和补给地下水总量。可以看出，三种排水再利用比例的地下水利用量均大于补给地下水量，因此地下水位均发生显著下降。排水再利用比例为 5%时，地下水利用量与补给地下水量的差值为 $7.06\times10^9 m^3$；当排水再利用比例提高到 40%时，二者的差值为 $6.82\times10^9 m^3$；当排水再利用比例继续提高到 80%时，二者的差值为 $6.7\times10^9 m^3$。随着排水再利用比例的提高，地下水利用量与补给地下水量的差值逐渐减小，但差别不大，因此地下水位会出现小幅提升。

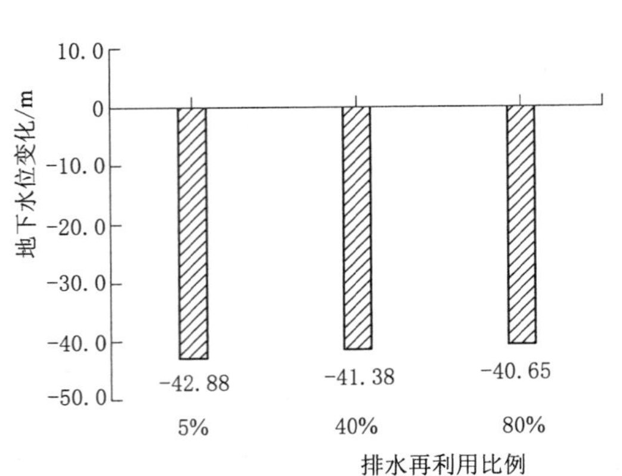


图 9.4　现状灌溉下不同排水再利用比例的 59 年地下水位变幅

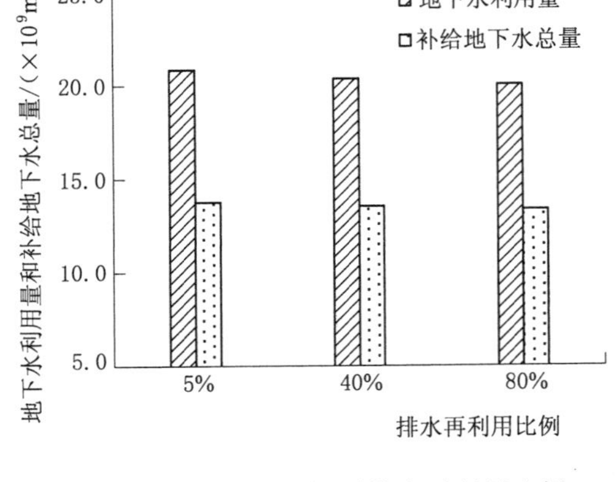


图 9.5　现状灌溉下不同排水再利用比例的地下水利用量和补给地下水总量

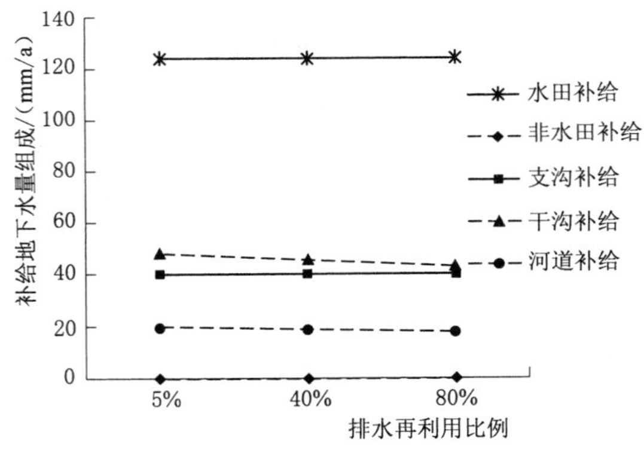


图 9.6　现状灌溉下不同排水再利用比例的补给地下水量组成

图 9.6 是现状灌溉条件下不同排水再利用比例对应的补给地下水量组成。可以看出，提高排水再利用比例后，干沟补给和河道补给的降幅相对最明显，支沟补给次之。排水再利用比例提高到 40%后，干沟补给量较比例为 5%时减少了 4.96%，河道补给量减少了 6.24%；排水再利用比例继续提高到 80%后，干沟补给量较比例为 40%时减少了 5.81%，河道补给量减少了 3.73%，说明提高排水再利用比例后补给地下水总量的变化主要是由干沟补给和河道补给量引起的。

可以看出，纯井灌溉下，仅通过提高排水再利用比例很难改变地下水位持续下降趋势，原因是需要灌溉时沟道和河道中可用于灌溉的水量有限，无论采取何种排水再利用比例均不能有效缓解地下水过度开采和地下水位持续下降现象。

### 9.3.2　井渠结合灌溉

本小节从灌溉模式、地表水引用比例和渠道水利用系数三个方面对井渠结合灌溉下的 59 年地下水位变化情况进行分析。

#### 9.3.2.1　不同灌溉模式

井渠结合灌溉下当水稻生育期引用地表水比例为40%时，选取C1、C4和C7三套方案分析了采用节水灌溉模式对59年地下水位变幅的影响，结果见图9.7。可以看出，引用地表水比例较大时，采取节水灌溉模式后地下水位上升幅度不如现状灌溉大。水稻生育期引用地表水比例为40%时，采用浅湿晒灌溉59年后地下水位上升2.17m，与现状灌溉比下降了4.93m；采用控制灌溉时地下水位下降了10.94m，较现状灌溉下降了18.04m。

采取节水灌溉模式后，地下水抽水量有所减少，同时水田单元、渠道、沟道和河道等补给地下水量也会相应减少。图9.8是当水稻生育期引用地表水比例为40%时，现状灌溉、浅湿晒灌溉和控制灌溉的地下水利用量和补给地下水总量。可以看出，现状灌溉的地下水利用量小于补给地下水量，此时地下水位会上升，而浅湿晒灌溉和控制灌溉的地下水利用量大于补给地下水量，导致地下水位下降。采用浅湿晒灌溉时地下水利用量与补给地下水量的差值为$0.095\times10^9m^3$，采用控制灌溉时该差值为$2.36\times10^9m^3$，后者大于前者，因此，控制灌溉时地下水位下降比浅湿晒灌溉更显著。

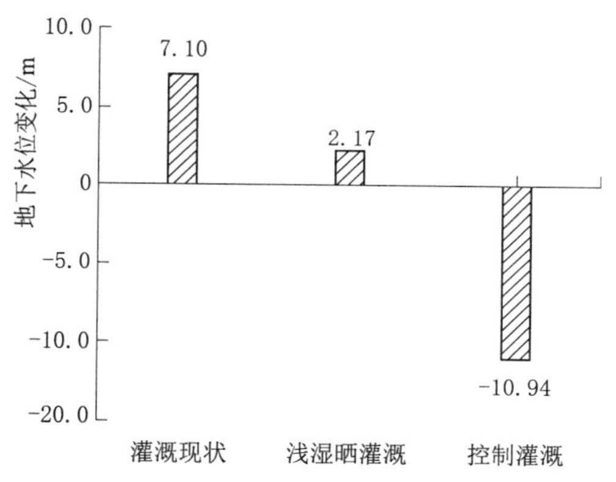


图9.7　井渠结合灌溉时不同灌溉模式59年地下水位变幅

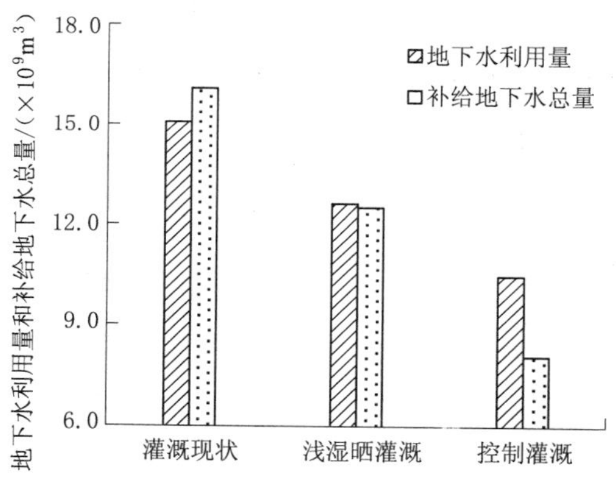


图9.8　地表水引用比例为40%时不同灌溉模式地下水利用量和补给地下水总量

图9.9是地表水引用比例为40%时现状灌溉、浅湿晒灌溉和控制灌溉的补给地下水量组成。可以看出，采用节水灌溉模式后，首先水田补给量降幅最明显，其次是支渠补给和干渠补给，干沟补给、支沟补给和河道补给也有所下降，但降幅不明显。采用浅湿晒灌溉后，水田补给减少了34.22%，支渠补给减少了26.82%，干渠补给减少了26.62%；采用控制灌溉时，水田补给减少了76.89%，支渠补给减少了55.07%，干渠补给减少了55.09%。因此，地表水引用比例较大时，采用节水灌溉模式后补给地下水总量的变化主要是由水田补给、支渠补给和干渠补给的减小引起的。

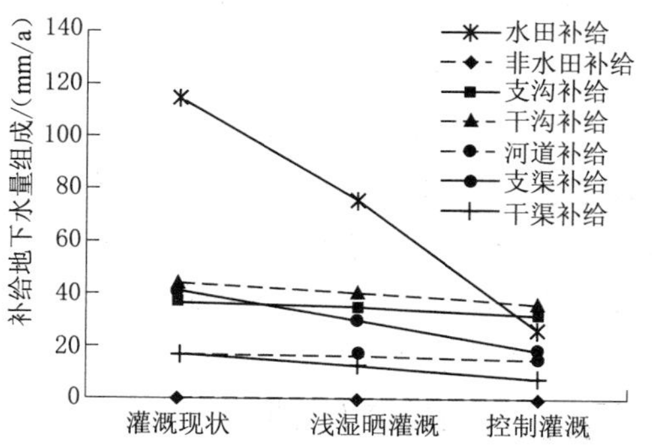


图9.9　地表水引用比例为40%时不同灌溉模式补给地下水量组成图

可以看出，当地表水引用比例较小时，采取节水灌溉模式有利于地下水位恢复，但效果不显著，且过度节水反而不利于地下水位提升。通过地表水与地下水合理调配，可以有效保障地下水的可持续发展。

#### 9.3.2.2　不同地表水引用比例

选取 C1、C2 和 C3 三套方案分析了不同地表水引用比例对 59 年地下水位变幅的影响，结果见图 9.10。可以看出，增加地表水引用比例有利于地下水位的恢复。现状灌溉条件下，水稻生育期地表水引用比例为 30%时，地下水位 59 年后下降了 1.95m，比无地表水引用时提升了 40.93m；当地表水引用比例为 40%时，地下水位会抬升 7.1m，比无地表水引用时提升了 49.98m。

增加地表水引用比例会减少抽取地下水量，同时支渠和干渠补给地下水量会相应增加，因此，增加地表水引用比例有利于地下水位的恢复。图 9.11 是现状灌溉条件下不同地表水引用比例的地下水利用量和补给地下水总量。可以看出，无地表水引用时的地下水利用量远大于补给地下水量，二者的差值为 $7.06\times10^9\mathrm{m}^3$，此时地下水位会出现大幅下降，地表水引用比例增加至 30%时，地下水利用量略大于补给地下水量，二者的差值为 $0.84\times10^9\mathrm{m}^3$，地下水位出现小幅下降，进一步增加地表水引用比例至 40%时，地下水利用量小于补给地下水量，此时地下水位会出现一定的上升。

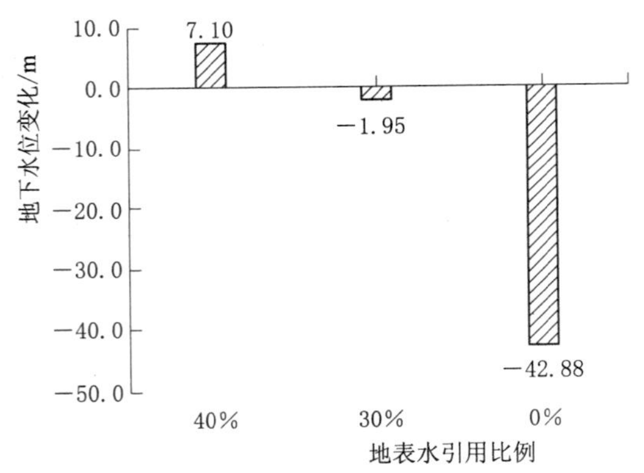


图 9.10　现状灌溉下不同地表水引用比例的 59 年地下水位变幅图

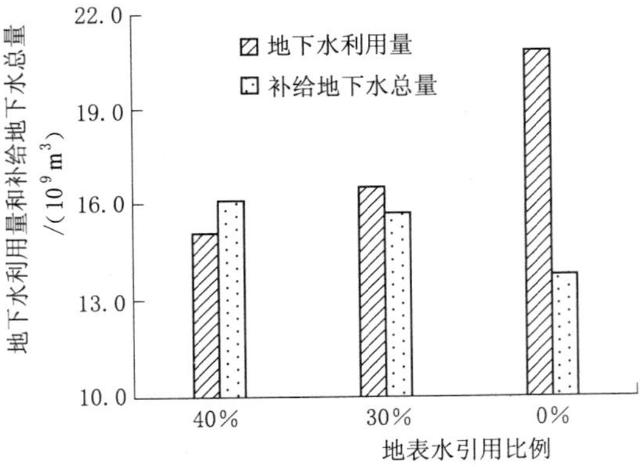

图 9.11　现状灌溉下不同地表水引用比例的地下水利用量和补给地下水总量

图 9.12 是现状灌溉条件下不同地表水引用比例对应的补给地下水量组成。可以看出，增加地表水引用比例后，支渠补给量和干渠补给量会增加，其他补给地下水量变化不大。例如，当地表水引用比例由 30%增加到 40%时，支渠补给量增加了 23.59%，干渠补给量增加了 23.47%，因此，不同地表水引用比例的补给地下水总量的变化主要是由支渠和干渠补给量的变化引起的。

#### 9.3.2.3　不同渠道水利用系数

井渠结合灌溉下，选取 C1 和 C10 方案分析水稻生育期引用地表水比例 40%时渠道是否衬砌对 59 年后地下水位变幅，选取 C2 和 C11 方案分析引用地表水比例为 30%时渠道是否衬砌对 59 年后地下水位变幅的影响，结果见图 9.13。可以看出，渠道衬砌后地下水位升幅较未衬砌时要小。现状灌溉条件下，水稻生育期引用地表水比例为 30%时，渠道衬砌后地下水位 59 年后下降 7.65m，较不衬砌时下降了 5.7m；当该比例为 40%时，渠道衬

砌后地下水位会抬升 1.61m，较不衬砌时下降了 5.49m。

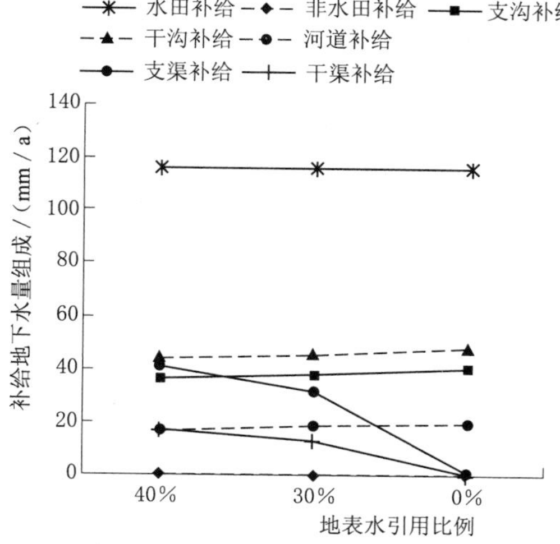


图 9.12　现状灌溉下不同地表水引用比例的补给地下水量组成

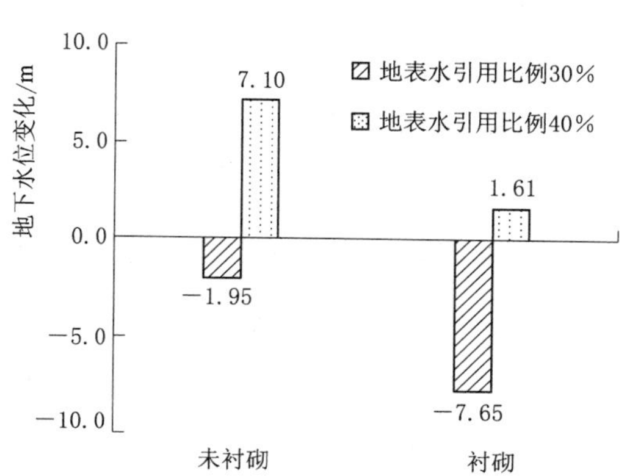


图 9.13　现状灌溉下不同渠道水利用系数的 59 年地下水位变幅

以水稻生育期引用地表水比例 30%为例，现状灌溉条件下不同渠道水利用系数的地下水利用量和补给地下水总量见图 9.14。可以看出，无论渠道是否衬砌，地下水利用量均大于补给地下水量，因此地下水位均会出现一定的下降。渠道衬砌后，地下水利用量与补给地下水量的差值为 $1.62\times10^9\mathrm{m}^3$，该值大于渠道未衬砌时二者的差值 $0.84\times10^9\mathrm{m}^3$，因此，渠道衬砌后的地下水位较未衬砌时有所下降。

图 9.15 是地表水引用比例为 30%时不同渠道水利用系数对应的补给地下水量组成。可以看出，支渠衬砌后其补给量减少了 52.96%，干渠补给量减少了 16.69%，因此不同渠道水利用系数的补给地下水总量的变化主要是由支渠补给量和干渠补给量的变化引起的。

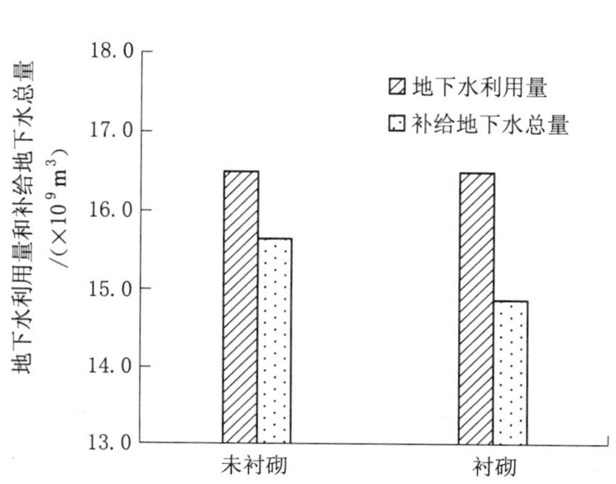


图 9.14　现状灌溉下不同渠道水利用系数的地下水利用量和补给地下水总量

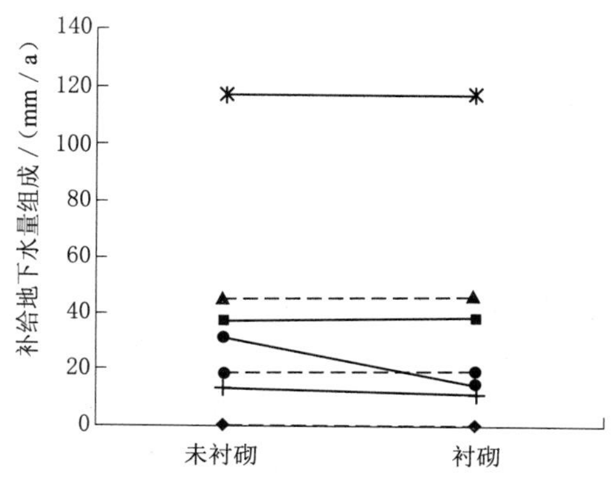


图 9.15　现状灌溉下不同渠道水利用系数的补给地下水量组成

# 9.4　多水源联调方案比选

选择调度方案时，首先需要确保研究区地下水位的可持续发展。为了遏制地下水位下降而过度引用地表水，又可能会使地下水位上升进入粉砂质黏壤土层，而该层相对较小的给水度会进一步引起地下水位快速上升，进而引起作物涝渍灾害。因此，地下水位必须控制在合理的范围才能保证可持续发展。

## 9.4.1　考虑地下水位变化的调度方案

综合研究区地下水位现状平均埋深（13.3m）、现有机井深度和粉砂质黏壤土的平均厚度，确定地下水位控制上限为粉砂质黏壤土层底部（9.8m），控制下限为现状地下水埋深以下 3m（地下水埋深 16.3m）。根据表 9.2 可以得出，C2、C4、C10、C12、C17、C19、C25、C27、C32、C34、C40 和 C42 共 12 套方案 59 年后的地下水位变化幅度在选定的地下水位控制上下限之内，即认为这 12 套方案的地下水位是可持续的。

研究区地下水位在选定的上下限之间变化时，越接近上限说明越有利于地下水位的恢复，因此，仅从地下水位变化角度选取调度方案时，方案 C4 是最合理的，此时地下水位上升了 2.17m。具体调度方案是灌溉模式采用浅湿晒灌溉、地表水引用比例为 40%、排水利用量占可利用排水量的 5%。图 9.16 是方案 C4 在 59 年的地下水埋深变化情况。

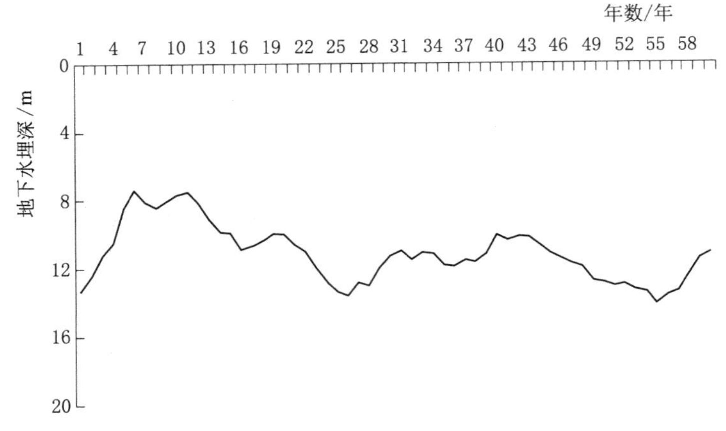


图 9.16　方案 C4 在 59 年的地下水埋深变化

根据 C4 方案的模拟结果，结合对研究区 59 年降雨的频率分析，可以得到此种情况下丰水年（25%）、平水年（50%）和枯水年（75%）的多水源灌溉方案，结果见表 9.3。可以看出，地下水是主要的灌溉水源，其次是地表引水，此种方案的排水再利用量非常小，主要是由于作物需要灌溉时排水沟道中的水量较少，且此时排水再利用量占可利用排水水量的比例仅为 5%。

图 9.17 是丰水年、平水年和枯水年的多水源调度方案。可以看出，泡田期的灌溉用水全部来源于地下水；生育期内的灌溉用水主要来自地下水和地表引水两部分，此方案的

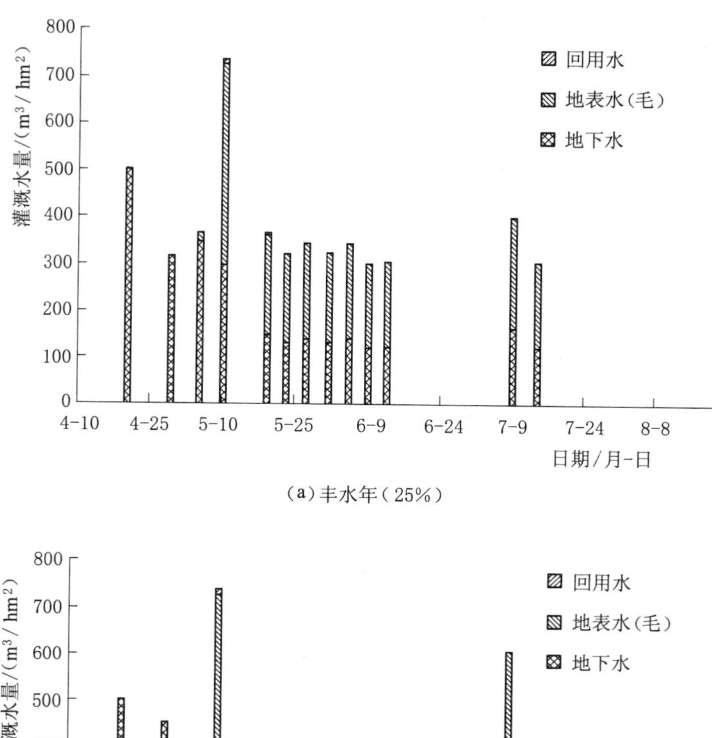


(a)丰水年(25%)

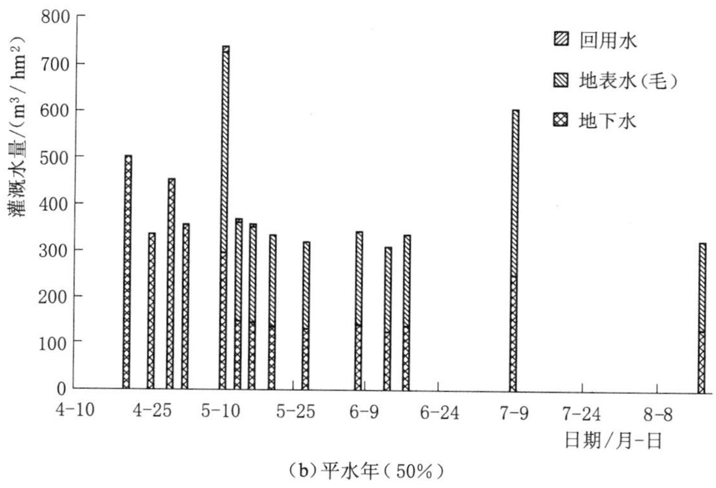


(b)平水年(50%)

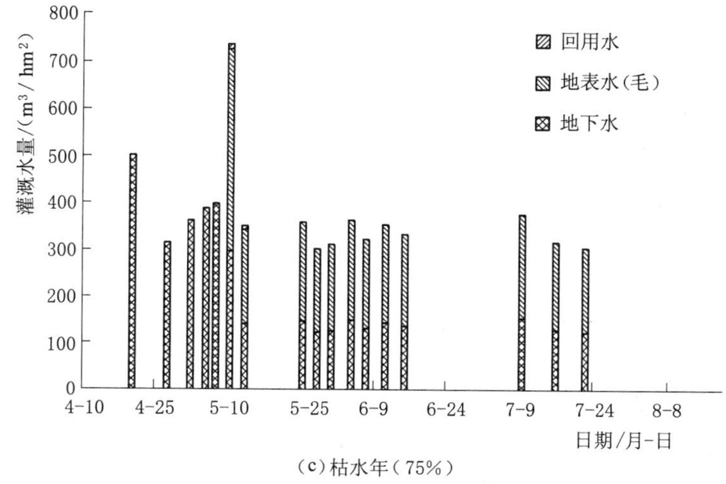


(c)枯水年(75%)

图 9.17　考虑地下水位变化的多水源调度方案

表 9.3　考虑地下水位变化的多水源灌溉方案

| 水文年 | 总灌溉量（毛）/（$m^3/hm^2$） | 灌溉水源/（$m^3/hm^2$） | | |
|---|---|---|---|---|
| | | 排水再利用量 | 地表水量（毛） | 地下水量 |
| 丰水年（25%） | 4879.5 | 12 | 2203.5 | 2664 |
| 平水年（50%） | 5650.5 | 27 | 2370 | 3253.5 |
| 枯水年（75%） | 6355.5 | 19.5 | 2602.5 | 3733.5 |

沟道排水再利用量非常小，仅可做少量补充灌溉。另外，丰水年总计灌溉了 13 次；平水年在泡田期比丰水年多灌溉一次，总计灌溉 14 次，枯水年泡田期比丰水年多灌溉 2 次，生育期较之多灌溉 2 次，总计灌溉 17 次。

### 9.4.2　考虑灌区尺度用水效率的调度方案

根据表 9.1 中不同情景模拟方案腾发量占净灌溉降雨比例的结果，方案 C42 可作为满足地下水位可持续发展和灌区尺度用水效率最高两个条件的联合调度方案，此时地下水位 59 年的降幅为 2.89m，年均降幅为 4.9cm，灌区尺度用水效率为 0.915。具体调度方案是灌溉模式采用浅湿晒灌溉、地表水引用比例为 40%、支渠渠道水利用系数提高到 0.8、排水利用量占可利用排水量的 80%。图 9.18 是方案 C42 在 59 年的地下水埋深变化情况。

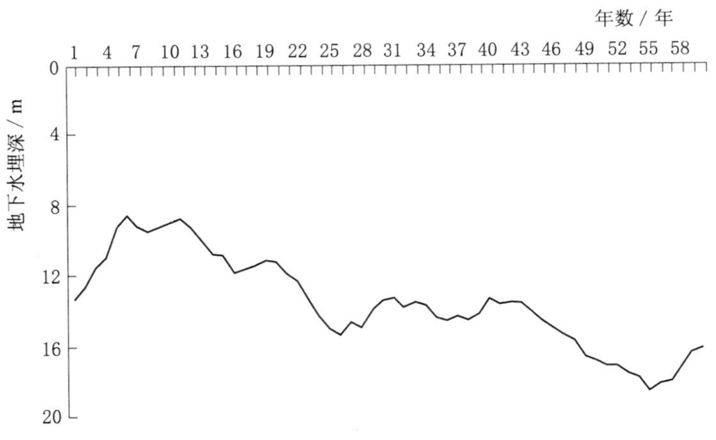


图 9.18　方案 C42 在 59 年的地下水埋深变化

根据 C42 方案的模拟结果，结合对研究区 59 年降雨的频率分析，可以得到丰水年、平水年和枯水年的多水源灌溉方案，结果见表 9.4。可以看出，地下水是主要的灌溉水源，其次是地表引水，排水再利用量较少，只是作为补充水源进行适当灌溉，此调度方案的排水再利用量大于仅考虑地下水位变化时的调度方案。

表 9.4 考虑灌区尺度用水效率的多水源灌溉方案

| 水文年 | 总灌溉量（毛）/($m^3/hm^2$) | 灌溉水源/($m^3/hm^2$) | | |
|---|---|---|---|---|
| | | 排水再利用量 | 地表水量（毛） | 地下水量 |
| 丰水年（25%） | 4431 | 121.5 | 1711.5 | 2598 |
| 平水年（50%） | 5152.5 | 196.5 | 1804.5 | 3151.5 |
| 枯水年（75%） | 5821.5 | 163.5 | 2011.5 | 3646.5 |

图 9.19 是丰水年、平水年和枯水年的多水源调度方案。可以看出，泡田期的灌溉用水全部来源于地下水；生育期内的灌溉用水主要来自地下水和地表引水两部分，沟道排水再利用可做适当的补充。排水再利用量在水稻插秧后的第一次灌溉中相对最大，原因是泡田期结束时的排水会全部进入沟道，水稻移植返青后可利用这部分排水进行补充灌溉，而其他灌溉时间沟道和河道内的水量相对较少，因此排水再利用量也会相对较少。从图中还可看出，丰水年总计灌溉了 13 次；平水年在泡田期比丰水年多灌溉 1 次，总计灌溉 14 次，枯水年泡田期比丰水年多灌溉 2 次，生育期较之多灌溉 2 次，总计灌溉 17 次。

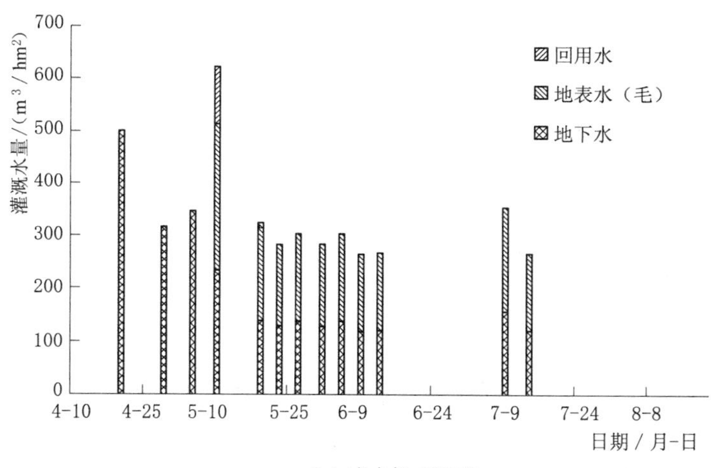


(a) 丰水年（25%）

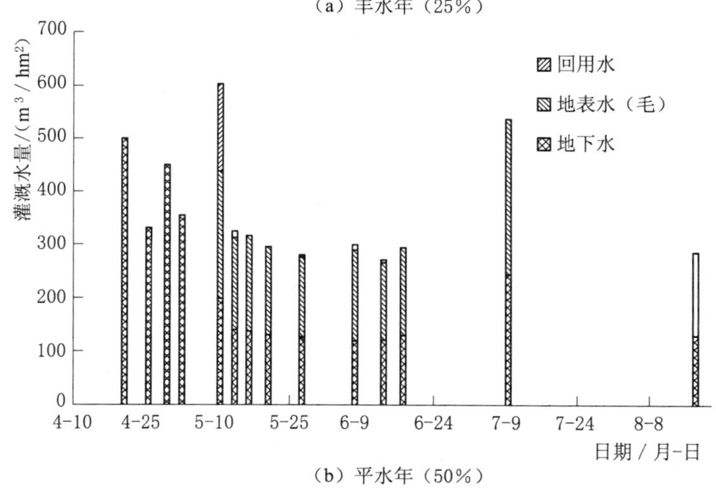


(b) 平水年（50%）

图 9.19（一） 考虑灌区尺度用水效率的多水源调度方案

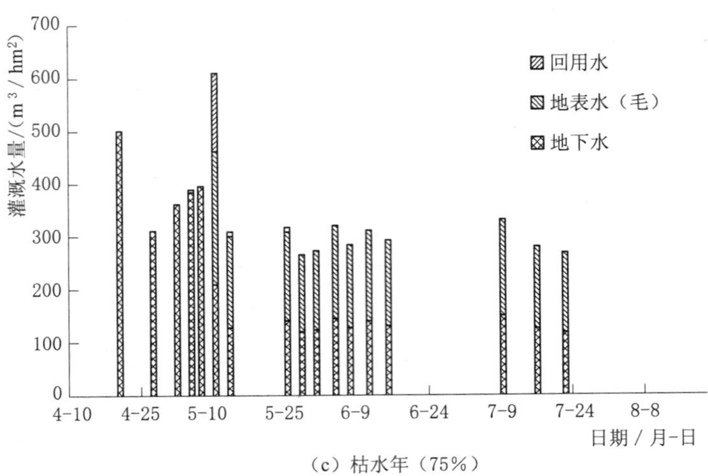


图 9.19（二）　考虑灌区尺度用水效率的多水源调度方案

### 9.4.3　考虑经济成本的调度方案

#### 9.4.3.1　不同联调方案成本分析

由于模拟方案中涉及地下水、地表水和排水三种灌溉水源，因此需要对这三种水源利用量分别进行成本分析。

（1）地下水利用成本

通过对研究区现场调研及资料收集，得到抽取地下水的各分项成本及相关价格，见表 9.5。以灌溉面积为 7.3$hm^2$，灌溉水量为 4500$m^3/hm^2$ 的水稻田为代表，经计算可得到研究区抽取地下水的单方水成本为 0.236 元/$m^3$，该值与史彦文（2004 年）在宁夏引黄灌区计算的提水灌溉成本相差不大。

**表 9.5　抽取地下水成本各分项及相关价格**

| | 分　项 | 金额/元 | 使用年限/年 |
|---|---|---|---|
| 固定费用 | 变压器 | 44000 | 20（GB/T 17468，1998） |
| | 井 | 12000 | 20（常兴玲，1987） |
| | 泵＋管 | 7800 | 10 |
| 年运行维护费 | 电费 | 3600 | |
| | 维护费 | 600 | — |

（2）排水再利用成本

通过对研究区现场调研及资料收集，得到排水再利用各分项成本及相关价格，见表 9.6。以灌溉面积为 2.8$hm^2$，灌溉水量为 4500$m^3/hm^2$ 的水稻田为代表，经计算可得到研究区排水再利用的单方水成本为 0.064 元/$m^3$，该值略大于王少丽等（2010 年）计算的宁夏沟水再利用泵站抽水成本 0.011～0.046 元/$m^3$。造成这一现象的原因是宁夏地区沟水再利用规模相对较大且集中，而研究区内的排水再利用是以单个农户为单元，因此成本相对略高。

表 9.6 排水再利用成本各分项及相关价格

| | 分 项 | 金额/元 | 使用年限/年 |
|---|---|---|---|
| 固定费用 | 座机 | 2000 | 10 |
| | 泵 | 600 | 10 |
| 年运行维护费 | 柴油费 | 500 | |
| | 维护费 | 50 | |

(3) 地表引水成本分析

对地表引水成本分析时，分为渠道未衬砌和渠道衬砌两种情况。渠道未衬砌时参考兰天洋（2015 年）对黑龙江省查哈阳灌区供水工程成本的计算，具体分项的成本和费用见表 9.7，灌区的农业供水计量水量为 29418 万 $m^3$，经计算可得到渠道未衬砌时地表引水的单方水成本为 0.078 元/$m^3$。

表 9.7 地表引水各分项成本及供水量

| | 成本和费用 | 分 项 | 金额/万元 |
|---|---|---|---|
| 生产成本和费用 | 生产成本 | 职工薪酬 | 355.92 |
| | | 直接材料 | 34.8 |
| | | 其他直接支出 | 388.92 |
| | | 制造费用 | 1401.90 |
| | | 水资源费 | 88.25 |
| | | 合计 | 2269.79 |
| | 期间费用 | 管理和财务费用 | 151.35 |
| | | 合计 | 151.35 |

对支渠进行衬砌后，参考《黑龙江省农垦总局建三江管理局“节水增粮行动”项目（水田）2014 年度实施方案》中对渠道衬砌的概算，得到研究区渠道衬砌部分的成本为 25 万元/km，将这部分费用按设计年限 40 年（刘仲桂，1992 年）进行均摊，可得到支渠衬砌时地表引水的单方水成本为 0.134 元/$m^3$。

表 9.8 是保持地下水位可持续发展的 12 套模拟方案的年均总成本统计表，可以看出，方案 C34 的年均总成本最少，因此，考虑经济成本时选取此方案作为调度方案。

表 9.8 12 套联调方案年均总成本统计表

| 方案编号 | 灌溉水源 | 单方水成本/[元/($m^3$/年)] | 年均水量/(亿 $m^3$/年) | 年均成本/(万元/年) | 年均总成本/(万元/年) |
|---|---|---|---|---|---|
| C2 | 地下水 | 0.236 | 2.797 | 6601.15 | 7866.61 |
| | 地表引水 | 0.078 | 1.609 | 1255.18 | |
| | 排水再利用 | 0.064 | 0.016 | 10.28 | |
| C4 | 地下水 | 0.236 | 2.136 | 5041.29 | 6332.41 |
| | 地表引水 | 0.078 | 1.640 | 1279.06 | |
| | 排水再利用 | 0.064 | 0.019 | 12.06 | |

续表

| 方案编号 | 灌溉水源 | 单方水成本 /[元/(m³/年)] | 年均水量 /(亿 m³/年) | 年均成本 /(万元/年) | 年均总成本 /(万元/年) |
|---|---|---|---|---|---|
| C10 | 地下水 | 0.236 | 2.553 | 6025.17 | 8370.94 |
| | 地表引水 | 0.134 | 1.743 | 2335.49 | |
| | 排水再利用 | 0.064 | 0.016 | 10.28 | |
| C12 | 地下水 | 0.236 | 2.136 | 5041.29 | 6838.30 |
| | 地表引水 | 0.134 | 1.332 | 1784.96 | |
| | 排水再利用 | 0.064 | 0.019 | 12.06 | |
| C17 | 地下水 | 0.236 | 2.743 | 6473.02 | 7748.36 |
| | 地表引水 | 0.078 | 1.558 | 1215.49 | |
| | 排水再利用 | 0.064 | 0.094 | 59.84 | |
| C19 | 地下水 | 0.236 | 2.091 | 4933.95 | 6221.79 |
| | 地表引水 | 0.078 | 1.574 | 1227.39 | |
| | 排水再利用 | 0.064 | 0.094 | 60.46 | |
| C25 | 地下水 | 0.236 | 2.506 | 5915.23 | 8236.73 |
| | 地表引水 | 0.134 | 1.688 | 2261.65 | |
| | 排水再利用 | 0.064 | 0.094 | 59.85 | |
| C27 | 地下水 | 0.236 | 2.091 | 4933.97 | 6707.27 |
| | 地表引水 | 0.134 | 1.279 | 1712.85 | |
| | 排水再利用 | 0.064 | 0.094 | 60.45 | |
| C32 | 地下水 | 0.236 | 2.705 | 6384.02 | 7666.28 |
| | 地表引水 | 0.078 | 1.523 | 1188.02 | |
| | 排水再利用 | 0.064 | 0.147 | 94.24 | |
| C34 | 地下水 | 0.236 | 2.065 | 4872.62 | 6158.71 |
| | 地表引水 | 0.078 | 1.536 | 1198.04 | |
| | 排水再利用 | 0.064 | 0.138 | 88.05 | |
| C40 | 地下水 | 0.236 | 2.474 | 5838.83 | 8143.61 |
| | 地表引水 | 0.134 | 1.650 | 2210.54 | |
| | 排水再利用 | 0.064 | 0.147 | 94.24 | |
| C42 | 地下水 | 0.236 | 2.065 | 4872.65 | 6632.59 |
| | 地表引水 | 0.134 | 1.248 | 1671.90 | |
| | 排水再利用 | 0.064 | 0.138 | 88.03 | |

#### 9.4.3.2　考虑经济成本的调度方案

根据表 9.8 计算结果，方案 C34 可作为满足地下水位相对稳定和灌区经济成本最少两个条件的联合调度方案，此时地下水位 59 年上升了 1.61m，年均升高 2.7cm，年均总成本最少为 6158.71 万元。具体调度方案是灌溉模式采用浅湿晒灌溉、地表水引用比例为 40%、排水利用量占可利用排水量的 80%。图 9.20 是方案 C34 在 59 年的地下水埋深变化情况。

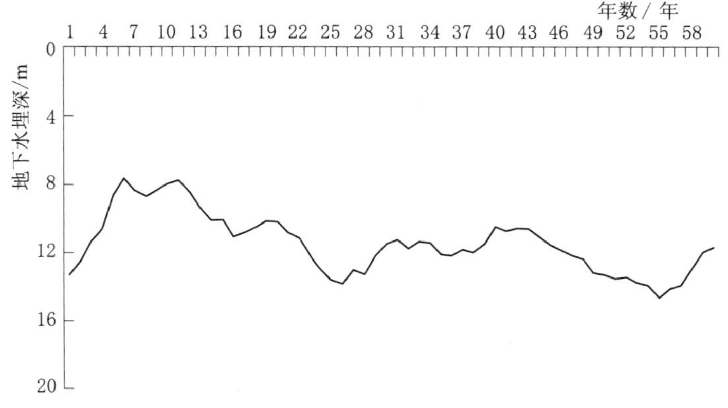


图 9.20 方案 C34 在 59 年的地下水埋深变化

根据 C34 方案的模拟结果，结合对研究区 59 年降雨的频率分析，可以得到丰水年、平水年和枯水年的多水源灌溉方案，结果见表 9.9。可以看出，考虑经济成本后的调度方案与考虑灌区尺度用水效率调度方案唯一的区别在于是否对支渠进行衬砌。由于考虑经济成本后的调度方案 C34 的支渠未进行衬砌，因此地表毛引用水量大于考虑灌区尺度用水效率的调度方案 C42，两种调度方案的地下水利用量和排水再利用量是一致的，地下水仍是主要的灌溉水源，排水再利用仅作为补充水源进行适当灌溉。

**表 9.9 考虑经济成本的多水源灌溉方案**

| 水文年 | 总灌溉量（毛）/($m^3/hm^2$) | 灌溉水源/($m^3/hm^2$) | | |
|---|---|---|---|---|
| | | 排水再利用量 | 地表水量（毛） | 地下水量 |
| 丰水年（25%） | 4827 | 121.5 | 2107.5 | 2598 |
| 平水年（50%） | 5569.5 | 196.5 | 2221.5 | 3151.5 |
| 枯水年（75%） | 6285 | 163.5 | 2475 | 3646.5 |

图 9.21 是丰水年、平水年和枯水年的多水源调度方案。可以看出，泡田期的灌溉用水全部来源于地下水；生育期内的灌溉用水主要来自地下水和地表引水两部分，沟道排水再利用可做适当的补充。另外，此种情况下丰水年、平水年和枯水年的灌溉次数分别与考虑灌区尺度用水效率后相应水文年的调度方案一致。

## 9.4.4 综合考虑多目标的联合调度方案

以保证研究区内地下水位可持续发展为基本前提，在此基础上再考虑灌区尺度用水效率和经济成本，因此给定地下水位变化的权重为 0.5，灌区尺度用水效率和经济成本的权重各为 0.25，三个指标标准化后按相应权重加权计算得到的综合权重见图 9.22。可以看出，方案 C19 的结果最大为 0.842，即综合考虑地下水位变化、灌区尺度用水效率和经济成本后的调度方案为方案 C19。

方案 C19 的具体节水和调控方案是灌溉模式采用浅湿晒灌溉、生育期地表水引用比例为 40%、排水利用量占可利用排水量的 40%。这些措施实施后，地下水位 59 年后将上升

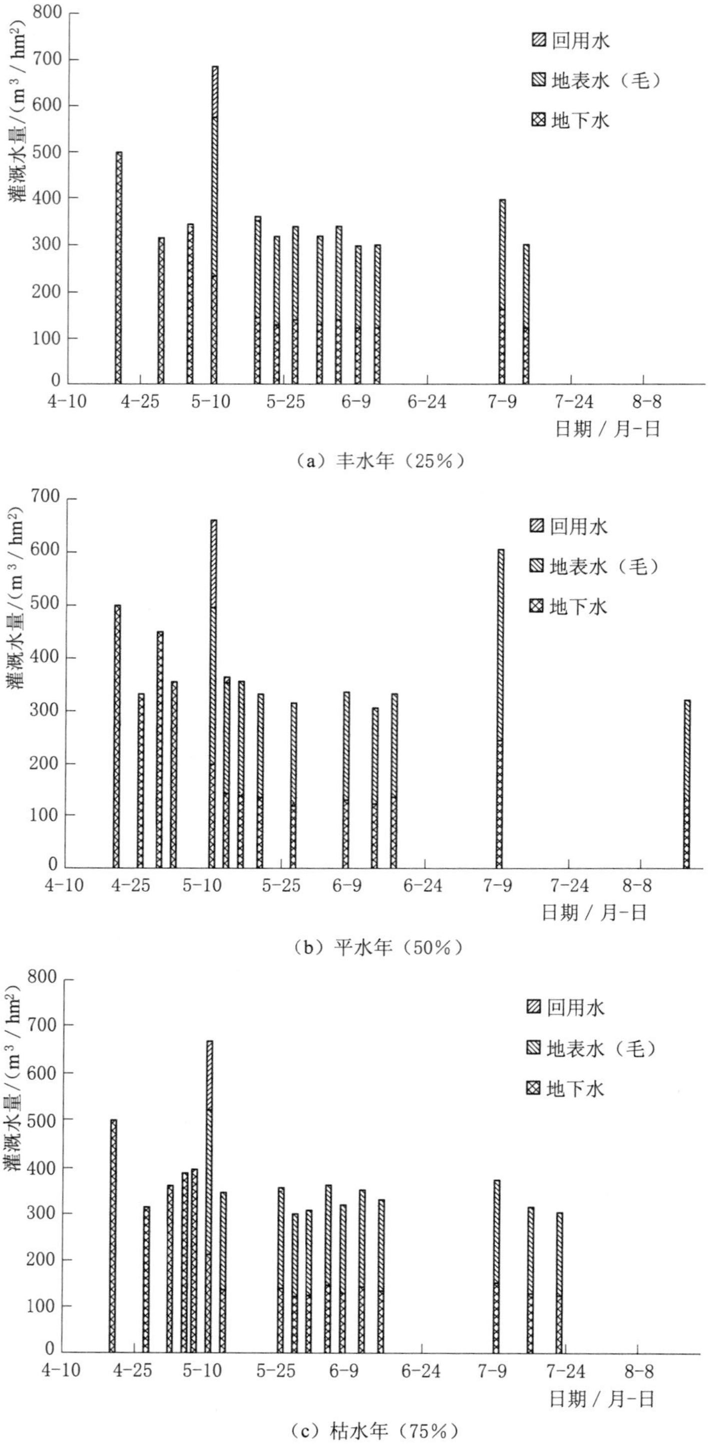

（a）丰水年（25%）

（b）平水年（50%）

（c）枯水年（75%）

图 9.21　考虑经济成本的多水源调度方案

2.15m，年均提升了 3.6cm，灌区尺度用水效率为 0.891，年均总成本为 6221.79 万元。图 9.23 是方案 C19 在 59 年的地下水埋深变化情况。

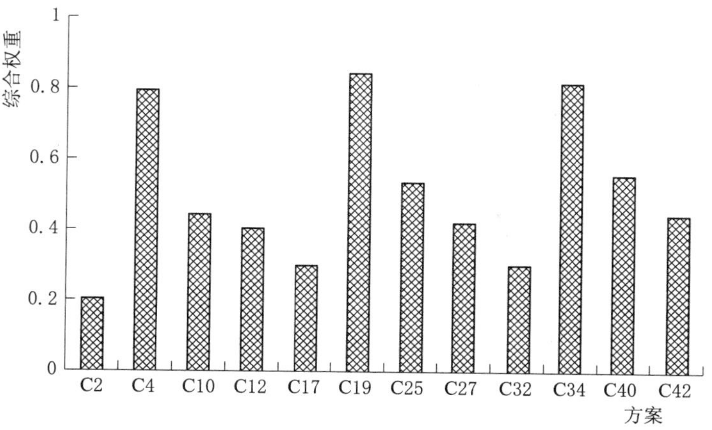


图 9.22 综合考虑多目标的方案结果

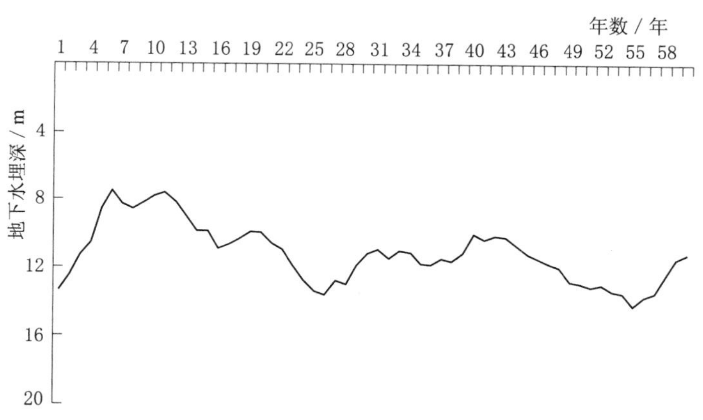


图 9.23 方案 C19 在 59 年的地下水埋深变化

根据 C19 方案的模拟结果，结合对研究区 59 年降雨的频率分析，可以得到丰水年、平水年和枯水年的多水源灌溉方案，结果见表 9.10。可以看出，地下水是主要的灌溉水源，其次是地表引水，排水再利用量作为补充水源进行适当灌溉。

**表 9.10 综合考虑多目标的多水源灌溉方案**

| 水文年 | 总灌溉量（毛）/($m^3/hm^2$) | 灌溉水源/($m^3/hm^2$) | | |
|---|---|---|---|---|
| | | 排水再利用量 | 地表水量（毛） | 地下水量 |
| 丰水年（25%） | 4851 | 70.5 | 2151 | 2629.5 |
| 平水年（50%） | 5598 | 136.5 | 2272.5 | 3189 |
| 枯水年（75%） | 6312 | 106.5 | 2524.5 | 3681 |

图 9.24 是丰水年、平水年和枯水年的多水源调度方案。可以看出，泡田期的灌溉用水全部使用地下水；生育期内的灌溉用水主要来自地下水和地表引水两部分，沟道排水再利用可做适当的补充。排水再利用量在水稻插秧后的第一次灌溉中相对最大，原因是泡田期结束时的排水会全部进入沟道，水稻移植返青后可利用这部分排水进行补充灌溉。总的

来说，丰水年需要灌溉 13 次；平水年在泡田期比丰水年多灌溉 1 次，总计灌溉 14 次，枯水年泡田期比丰水年多灌溉 2 次，生育期较之多灌溉 2 次，总计灌溉 17 次。

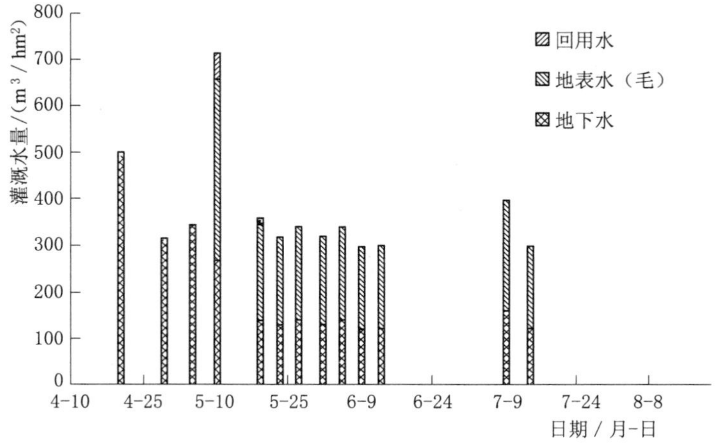

(a) 丰水年（25%）

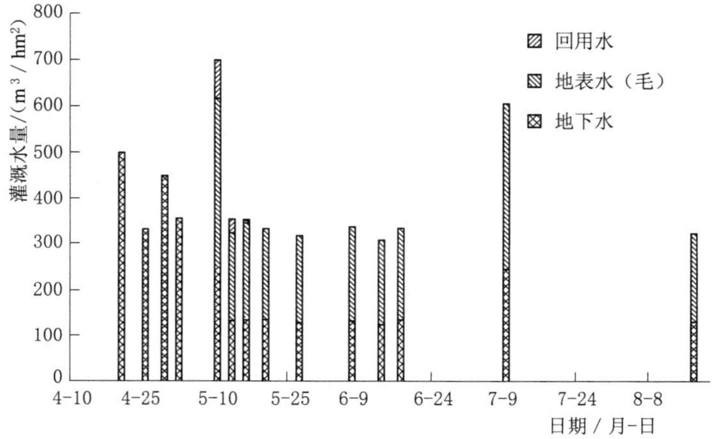

(b) 平水年（50%）

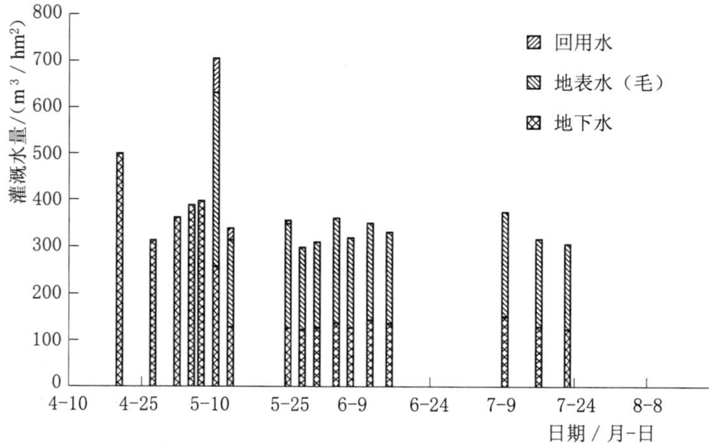

(c) 枯水年（75%）

图 9.24　综合考虑多目标的多水源调度方案

## 9.5 小 结

本章分析了不同节水灌溉模式或措施对地下水位的影响，并基于研究区地下水位变化、灌区尺度用水效率和经济成本三个方面选取了相应的地表水与地下水联合调度方案，主要结论如下：

(1) 纯井灌溉下，采用节水灌溉可缓解地下水位下降趋势，但效果不显著，采用浅湿晒灌溉后，地下水位较现状灌溉提升了5.01m。提高排水再利用比例有利于地下水位的恢复，但效果很小，排水再利用比例提高到40%时，地下水位较排水再利用比例为5%时仅提升了1.5m。因此，从地下水可持续发展的角度来考虑，纯井灌溉不可取。

(2) 井渠结合灌溉下，不同节水措施对地下水的影响效果与水循环和用水特征紧密相关。当引用地表水比例为40%时，采用浅湿晒灌溉后地下水位的上升幅度较现状灌溉减小了4.93m。随着地表水引用比例的增加，地下水位的上升幅度也逐渐增大，现状灌溉条件下，当地表水引用比例由30%增加到40%时，地下水位提升了9.05m。对支渠进行衬砌后，地下水位的上升幅度不如未衬砌时大，现状灌溉条件下，引用地表水比例为30%时，渠道衬砌后地下水位的上升幅度较不衬砌时减小了5.7m。

(3) 基于研究区地下水位、灌区尺度用水效率和经济成本多目标，确定地表水与地下水联合调度的总原则为：以地下水开采为主，地表水为辅，排水再利用少量补充。推荐的调控措施为：采用节水灌溉模式（浅湿晒灌溉）、地表水引用比例为40%、适当利用沟道排水进行补充灌溉。具体而言，丰水年（25%）需灌溉13次，平水年（50%）在泡田期多灌溉1次，总计需要灌溉14次，枯水年（75%）在泡田期比丰水年（25%）多灌溉2次，生育期较之多灌溉2次，总计需要灌溉17次。

## 本 章 参 考 文 献

[1] GB/T 17468—1998 电力变压器选用导则 [S].

[2] 褚桂红．涝河灌区地表水地下水联合调度模型及应用研究 [D]. 西安：西安理工大学，2010.

[3] 常兴玲．水稻井灌经济效益评价 [J]. 农田水利与小水电，1987 (9)：15-17.

[4] 兰天洋．黑龙江省大型灌区水价制定方法及管理模式探讨 [D]. 哈尔滨：东北农业大学，2015.

[5] 刘仲桂．渠道防渗材料的使用年限及其经济效益的分析 [J]. 水利与建筑工程学报，1992 (3)：9-14.

[6] 李书琴，许永功．灌区多水源工程联合调度的计算机实现 [J]. 农业工程学报，2003，19 (4)：88-91.

[7] 孟庆伟，刘继朝，苗长军，等．豫北平原地下水与地表水联合调度初探 [J]. 地下水，2004，26 (4)：232-235.

[8] 史彦文，方树星，刘海峰，等．宁夏引黄灌区水资源利用研究 [J]. 人民黄河，2004，26 (7)：31-32.

[9] 王喜华．三江平原地下水-地表水联合模拟与调控研究 [D]. 长春：中国科学院东北地理与农业生态研究所，2015.

[10] 王志良，邱林．非充分灌溉下作物优化灌溉制度仿真 [J]. 农机化研究，2001，(4)：82-85.

[11] 王浩，王建华，秦大庸，等．流域水资源合理配置的研究进展与发展方向 [J]. 水科学进展，2004，15 (1)：123-128.

[12] 王少丽，王修贵，瞿兴业，等．灌区沟水再利用泵站工程经济评价与结构模式探讨 [J]. 农业工程学报，2010，26 (7)：66-70.

[13] 尹大凯，胡和平，惠士博．宁夏银北灌区井渠结合灌溉三维数值模拟与分析 [J]. 灌溉排水学报，2003，22 (1)：53-57.

[14] 张巧玉．地表水与地下水联合利用技术研究——以石津灌区为例 [D]. 郑州：华北水利水电学院，2009.